力学在水利工程中的应用

（上册）

张贵金　喻和平　李梦成　鲍海艳　编著

中国水利水电出版社
www.waterpub.com.cn
·北京·

内 容 提 要

本书是针对工程教育专业认证的需要和目前我国高等工程教育中实践教学环节存在的突出问题编著的。基于学生认知规律，深入挖掘工程背景知识，对接课程核心知识点，建立基础课、专业基础课、专业课、实践教学环节相互之间，以及与工程实践之间的有机联系，汇集基础力学中的知识点在水利工程中的应用案例，有些案例为现场工程师提供的亲历的工程实例。本书按照水利工程专业各门基础力学课中各知识点顺序编排，主要章节配有例题、思考题和习题。分期编撰成册，先期《力学在水利工程中的应用（上册）》共4章，内容为：水利工程中的力学问题、理论力学在水利工程中的应用、材料力学在水利工程中的应用、水力学在水利工程中的应用；后期将结构力学、土力学、岩石力学等三部分形成《力学在水利工程中的应用（下册）》。

本书可作为水利类本科学生、研究生（水利水电工程、水工结构工程、港口航道与海岸工程、海洋工程、海洋资源开发技术、农田水利工程、水文与水资源等）的教辅资料和参考书，对于从事水利工程设计、施工、科学研究的专业技术人员也有一定的参考作用。

图书在版编目（CIP）数据

力学在水利工程中的应用. 上册 / 张贵金等编著
. -- 北京 : 中国水利水电出版社, 2018.4
ISBN 978-7-5170-6422-0

Ⅰ. ①力… Ⅱ. ①张… Ⅲ. ①力学－应用－水利工程
Ⅳ. ①TV

中国版本图书馆CIP数据核字(2018)第096148号

书 名	**力学在水利工程中的应用（上册）** LIXUE ZAI SHUILI GONGCHENG ZHONG DE YINGYONG
作 者	张贵金 喻和平 李梦成 鲍海艳 编著
出版发行	中国水利水电出版社 （北京市海淀区玉渊潭南路1号D座 100038） 网址：www.waterpub.com.cn E-mail：sales@waterpub.com.cn 电话：（010）68367658（营销中心）
经 售	北京科水图书销售中心（零售） 电话：（010）88383994、63202643、68545874 全国各地新华书店和相关出版物销售网点
排 版	中国水利水电出版社微机排版中心
印 刷	北京瑞斯通印务发展有限公司
规 格	184mm×260mm 16开本 18.75印张 444千字
版 次	2018年4月第1版 2018年4月第1次印刷
印 数	0001—2000册
定 价	**68.00**元

前言 Preface

目前，国内外高等工程教育特别强调，要重视培养学生的工程实践能力、创新能力及解决复杂工程问题的能力，达成培养目标并能持续发展。高校工程人才培养的诸多环节均应创造条件，适应这些发展的要求。

在宏观层面：①需要全过程强化学生的专业认知。要让低年级学生理解具体的专业培养目标及开设课程的目的，认识到工程问题的复杂性，激发学生的课堂学习动力和主动性。让高年级学生清楚每一门课程在专业中的作用，并能综合运用这些课程知识，提高解决工程复杂问题的能力。②需要强化师资队伍的工程实践训练，尤其是刚入职的青年教师需要加强自身工程实践能力培养。③充分利用课堂展示工程实践，弥补有限课时、有限地点的现场实习的缺陷，展示工程全过程施工环节，揭示隐蔽工程施工工艺流程，尽可能通过课堂获得系统全面的工程实践知识。

在微观层面：①对一门课而言：通过深入的知识挖掘，将课程的相关知识点与工程实践、科学问题充分联系，激发学生学习的主动性、积极性和创新动力。②课程之间：要将各阶段分散的知识点建立关联，在基础课、专业基础课、专业课、实践教学环节相互之间，以及与工程实践建立有效联系。如低年级学生，尽早将所学知识点与实际工程联系起来，建立起工程概念，明确学习目的；高年级的学生，明确专业知识和基础知识之间的联系，消除与工程实践的距离。提升学生运用知识的潜力和思维方式。

本书针对本科学习阶段的特点和需要，结合工程实践和水利工程专业认证的需要，汇集基础力学中的知识点在水利工程中的应用案例，开展教学研究与实践。

(1) 基于学生认知规律和知识挖掘的基本原理，深入挖掘水利工程背景知识，对接各课程核心知识点，建立基础课、专业基础课、专业课、实践教学环节相互之间，以及与工程实践之间的有机联系。

(2) 在案例编撰过程中，教师全程参与实践素材收集、关联知识挖掘、案例分析等工作，自然增强工程素养，提高教学水平。

(3) 在课程教学中，利用本素材采用交互式、案例式、研讨式等教学方法，可以使学生在低年级时，通过了解工程背景知识建立起工程概念，知晓水利工程的复杂性，明确学习目的；高年级时基于专业知识和基础知识、工程实践之间的联系，系统学习，获得解决水利工程复杂问题的能力。充分激发学生学习的主动性、积极性和创新性，增强学生的工程实践能力，显著提升教学质量和教学效率。

本书分上、下两部分，并分期编撰成册。理论力学、材料力学、水力学三部分形成《力学在水利工程中的应用（上册）》；结构力学、土力学、岩石力学三部分形成《力学在水利工程中的应用（下册）》，供同学们直接体会和感受这些基础课程学习的重要意义。

上册编著人员分工：前言、第1章（张贵金）；第2章、第3章（喻和平，其中鲍海艳参编2.1.7及2.2.1～2.2.3部分）；第4章（李梦成）。全书由张贵金教授统编核定。研究生汪洋、韩行进、黄一为、蒋煌斌、朱亭承担了部分文字和图表绘制工作。

本书获得教育部“长沙理工大学-五凌电力有限公司卓越工程师人才培养校外实践教育基地”项目资助。感谢清华大学金峰教授、河海大学顾冲时教授的建议和肯定，特别感谢四川大学陈建康教授对本书的宝贵意见。感谢水利部澧水流域水利水电开发有限公司黄志勇高工提供了部分实际工程案例。

目录 Contents

前言

第 1 章　水利工程中的力学问题 …… 1

1.1　水利工程概述 …… 1

1.2　水利工程中的力学问题概述 …… 26

1.3　基础力学在水利工程中的应用概述 …… 34

参考文献 …… 39

第 2 章　理论力学在水利工程中的应用 …… 40

2.1　水工建筑物中的静力学问题 …… 40

2.2　水工建筑物中的运动学问题 …… 74

2.3　水工建筑物中的动力学问题 …… 82

参考文献 …… 107

第 3 章　材料力学在水利工程中的应用 …… 108

3.1　轴向拉伸和压缩 …… 108

3.2　弯曲内力 …… 111

3.3　弯曲应力 …… 138

3.4　弯曲变形 …… 156

3.5　应力状态和强度理论 …… 163

3.6　组合变形 …… 176

3.7　压杆稳定 …… 204

3.8　温度应力 …… 210

参考文献 …… 211

第 4 章　水力学在水利工程中的应用 …… 213

4.1　水静力学问题 …… 213

4.2　水动力学基本方程 …… 223

4.3　有压管流 …… 236

4.4　明渠流 …… 242

4.5　堰流水力计算问题 …… 252

4.6 泄水建筑物下游水流衔接与消能 …… 260
4.7 港航工程（以船闸、航道整治为例）水力学问题 …… 268
4.8 水利工程中的渗流问题 …… 282
参考文献 …… 292

第1章 水利工程中的力学问题

1.1 水利工程概述

“水利”一词最早见于《吕氏春秋·孝行览·长攻》(公元前240年)。到西汉武帝时，司马迁考察了许多河流和治河、引水等工程之后写成中国第一部水利通史——《史记·河渠书》(公元前104年)，给水利下了比较完整的定义。书中写道，“甚哉，水之为利害也。”关于水利的内容，书中提到的有：“穿渠”，即开挖灌、排水沟渠及运河；“溉田”，即灌溉农田；“堵口”，即修复被洪水毁坏的堤防。这是在中国历史上首次给予“水利”一词以兴利除害的完整概念。1933年，中国水利工程学会在第三届年会的决议上提出“水利范围应包括防洪、排水、灌溉、水力、水道、给水、污渠、港工八种工程在内”。随着社会经济的发展，水利包含的内容不断丰富，现代对水利的认识更加完整，它包括了防洪、排水、灌溉、供水、水力发电、航运、水土保持以及水产、旅游和改善生态环境等方面的建设。

在欧、美国家，一般使用 Hydraulic Engineering (水利工程) 或 Water Conservancy (水利)，20世纪60年代之后，又称作 Water Resources (水资源)，其含义已引申到水资源的开发与管理。

水利在人类发展史上占有显著的地位。众所周知，水是人类生存和发展不可须臾或缺的物质。人类在漫长的历史中，经历过从适应自然，改造自然到综合利用自然为人类造福的各个阶段。古代的人类主要依靠自然的赐予，以渔牧为主，逐水草而居，避水害，择丘陵而处；到农业生产和定居的出现后，人类才开始了主动取水和排水，趋水利避水害，出现了初期的农田水利工程(如灌溉、排水沟渠，有坝引水工程等)、防洪工程(如修堤防洪、分洪泄水等)以及航运工程(如开凿运河等)。工业化社会的到来以及兴水利除水害多目标的近代水利建设技术的采用，掀起了较大范围、较大规模水利工程建设的热潮，开创了将水能转变为电能的水电事业，人类开始步入大力开发、利用水资源的阶段。20世纪中叶以来，现代水利建设大发展，全世界的灌、排面积和水力发电总装机容量均成倍增加，水利建设规模的扩大更是惊人。如坝高已从19世纪的30～50m增高到300m级，人类已不局限于除水害和兴水利，还着眼于保护水源、调配水量、防治水源污染以及避免水土流失等，提出了建设高标准水利工程和实施多目标综合利用的要求，并以取得经济、社会、生态等诸方面的效益，长期造福于人类为水利建设的目标。

水利工程是用于控制和调配自然界的地表水和地下水，达到除害兴利目的而修建的工程。其发展历程及目的如下。

(1) 古代水利工程：与自然斗争，主要用于农田灌溉、军事等。

(2) 近现代水利工程：兴利除害，主要用于防洪兴利、发电造福、改善生态、养殖致富、改善通航、改善生活（调水工程）等。

（3）将来的水利工程：可持续性，主要用于创建节水型社会、协调环境、实现可持续发展等。

1.1.1　水利工程的类型

1.1.1.1　按目标或服务对象分类

（1）防洪工程——防止洪水灾害。修建水库拦蓄洪水、挖河筑堤宣泄洪水等，防止洪水灾害，保障人们生活生产正常进行，见图 1.1。

图 1.1　典型堤防工程

（2）农业水利工程——为农业生产服务，防止旱、涝、渍灾。或称其为灌溉和排水工程，包括灌溉、排水、除涝和防治盐、渍灾害等工程，见图 1.2。

（3）水力发电工程——将水能转化为电能。

1）昆明附近的石龙坝水电站，是中国历史上第一座水电站，官商合办，聘德国工程师建造，购德国设备。1910 年 7 月开工，1912 年 4 月发电，最初装机容量为 480kW，耗资 50 余万元，现在还在发电，见图 1.3。

图 1.2　农业水利工程

2）丰满水电站。1937 年日本人开始修建该坝，1943 年日本撤退时大坝尚未完成，有些坝段还没有按设计断面浇完，而且坝基断层未经处理，已浇的混凝土质量很差，廊道里漏水严重，坝面冻融剥蚀成蜂窝状，大坝处于危险状态。后在苏联援建下建成。大坝高 90 多米，为当时亚洲第一高坝，见图 1.4。

图 1.3 石龙坝水电站

图 1.4 丰满水电站

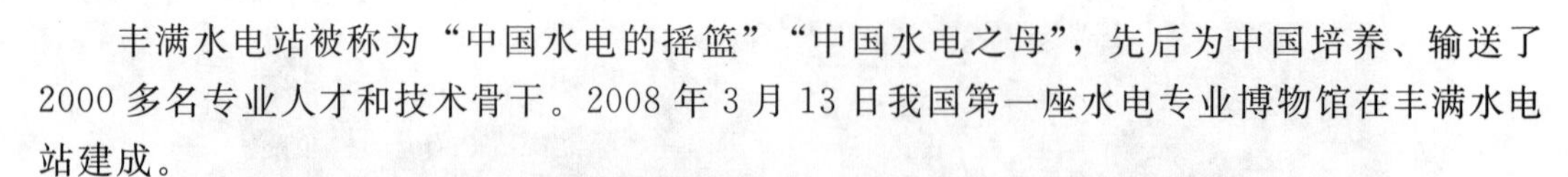

丰满水电站被称为“中国水电的摇篮”“中国水电之母”，先后为中国培养、输送了 2000 多名专业人才和技术骨干。2008 年 3 月 13 日我国第一座水电专业博物馆在丰满水电站建成。

3）坝工建设——标志性工程系列。

胡佛水坝位于美国亚利桑那州的西北部，距拉斯维加斯约 48km，建在高山峡谷之间，工程庞大，建成后对工农业发展起着巨大的作用。该坝为混凝土拱坝，坝高约 221.4m，见图 1.5。1931 年 1 月动工，1936 年 3 月竣工完成，使用 260 万 m^3 混凝土。水电站发电机组年发电 40 亿 kW·h。

图 1.5　美国胡佛水坝

20 世纪 50 年代建成的新安江水电站，混凝土宽缝重力坝，坝高 102m，是中华人民共和国成立后中国自行设计、自制设备、自主建设的第一座大型水力发电站，见图 1.6。

图 1.6　新安江水电站

60 年代建成的刘家峡水电站（图 1.7），混凝土重力坝，坝高 147m，是我国第一座高坝，坝址区地震基本烈度为Ⅷ度，主坝设防烈度为Ⅸ度。

图 1.7 刘家峡水电站

阿斯旺水坝距埃及的阿斯旺城约 10km，主坝全长 3600m。大坝为黏土心墙堆石坝，见图 1.8，最大坝高为 111m，当最高蓄水位 183m 时，水库总库容 1689 亿 m^3，电站总装机容量 210 万 kW，设计年发电量 100 亿 kW·h。工程始于 1960 年，工期 10 年，耗资 10 亿美元。大坝控制尼罗河水流量。形成的纳赛尔湖为埃及合理利用水源提供了保障，供应了埃及一半的电力需求，并阻止了尼罗河每年的泛滥。

图 1.8 埃及阿斯旺水坝

70 年代建成的乌江渡水电站，见图 1.9，建于石灰岩岩溶区，重力拱坝坝高 165m。革新成果 791 项，其中有 9 项达到国内先进水平，成功地解决了岩溶地区建设水电站的水库防渗、大坝基础稳定、泄洪及施工后期导流等重大技术难题。

图1.9　乌江渡水电站

伊泰普水坝位于巴西西南部与巴拉圭和阿根廷的交界处，为混凝土双支墩空腹重力坝，见图1.10。坝长7744m，最大坝高为196m。该坝于1975年10月开始建造，1991年5月建成，耗资183亿美元，共20台发电机组（每台70万kW），总装机1400万kW，年发电量900亿kW·h，总库容290亿m^3。电站不仅能满足巴拉圭全部用电需求，而且能供应巴西全国30%以上的用电量。

图1.10　巴西伊泰普水坝

80年代建成的葛洲坝水利枢纽，是我国万里长江上建设的第一座大坝，耗时18年，装机21台，大江截流流量达4400～4800m^3/s，年均发电量141亿kW·h，见图1.11。

图1.11　葛洲坝水利枢纽

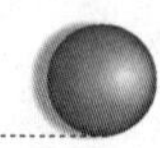

21世纪初建成的三峡水电站，是世界上规模最大的水电站，多项指标（如库容、发电量、混凝土工程量、船闸等）居世界第一，见图1.12。

图1.12 三峡工程

二滩水电站是我国第一个全面实行国际竞争性招标的水电建设项目，拱坝最大坝高240m，中国第一座超过200m的高坝。地下厂房洞室群巨大，总装机330万kW，见图1.13。

图1.13 二滩水电站

小浪底水利枢纽是治理开发黄河的关键性工程，拦河坝采用斜心墙堆石坝，最大坝高154m，在面积约1km^{2}的单薄山体中集中布置了各类洞室100多条，见图1.14。

图1.14　小浪底水利枢纽

（4）航道和港口工程——改善和创建航运条件。疏浚天然航道、人工开挖运河、修建港口码头等，见图1.15。

图1.15　航道和港口工程

（5）城镇供水和排水工程——为工业和生活用水服务，主要处理和排除污水和雨水；水体生态修复（图1.16和图1.17）。

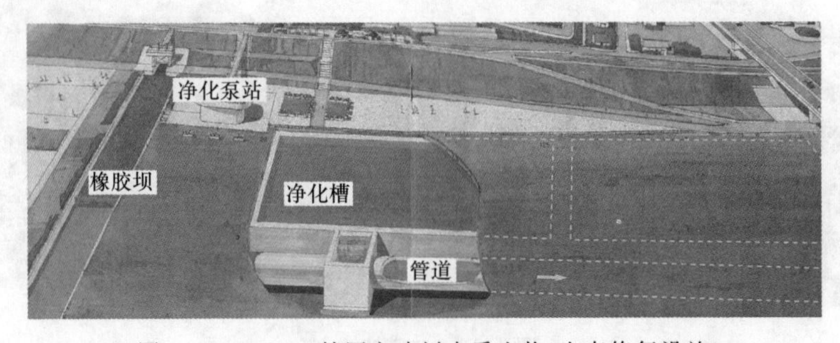

图1.16（一）　韩国良才川水质生物-生态修复设施

图 1.16（二） 韩国良才川水质生物-生态修复设施

图 1.17 河流生物浮岛净化

(6) 水土保持工程和环境水利工程——防治水土流失和水质污染，维护生态平衡；防止泥石流（图 1.18），减少地质灾害。

(7) 渔业水利工程——保护和增进渔业生产，见图 1.19。

(8) 海涂围垦工程——围海造田，满足工农业生产或交通运输需要等。

一项水利工程同时为防洪、灌溉、发电、航运等多种目标服务的，称为综合利用水利工程。

1.1.1.2 按直接目的分类

(1) 蓄水工程：水库和塘坝。

(2) 引水工程：从河道、湖泊等地表水体自流引水的工程。

图1.18　泥石流灾害

图1.19　水库水产渔业

(3) 提水工程：利用扬水泵站从河道、湖泊等地表水体提水的工程。

(4) 调水工程：水资源一级区或独立流域之间的跨流域调水工程。2400年前我国开凿大运河；公元前2400年前古埃及从尼罗河引水灌溉至埃塞俄比亚高原南部；公元前486年我国引长江水入淮河的邗沟工程；美国前后花了近80年在西部修建中央河谷、加州调水、科罗拉多水道和洛杉矶水道等长距离调水工程；中华人民共和国成立后我国的调水工程：江苏江都江水北调工程，广东东深引水工程，河北与天津引滦入津工程，山东引黄济青工程，甘肃引大入秦工程等。

我国现今的南水北调工程包括以下3部分。

1）东线工程：利用江苏已有的江水北调工程，扩大调水规模、延长输水线路（图1.20）。从长江下游扬州抽引长江水，利用京杭大运河及与其平行的河道逐级提水北送，并连接起调蓄作用的洪泽湖、骆马湖、南四湖、东平湖。出东平湖后分两路输水：一路向北，穿过黄河后自流到天津；另一路向东，通过胶东地区输水干线经济南输水到烟台、威海。

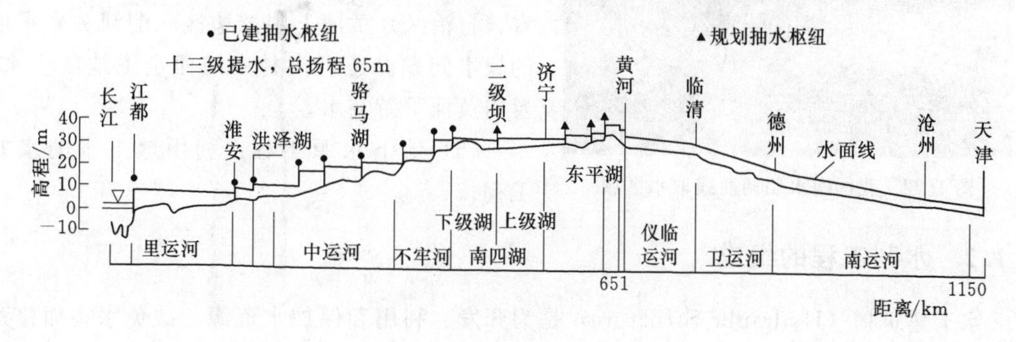

图1.20　我国南水北调东线线路图

2）中线工程：水源区工程为丹江口水利枢纽后期续建和汉江中下游补偿工程；输水工程即引汉总干渠和天津干渠（图1.21）。

(a) 丹江口加高工程

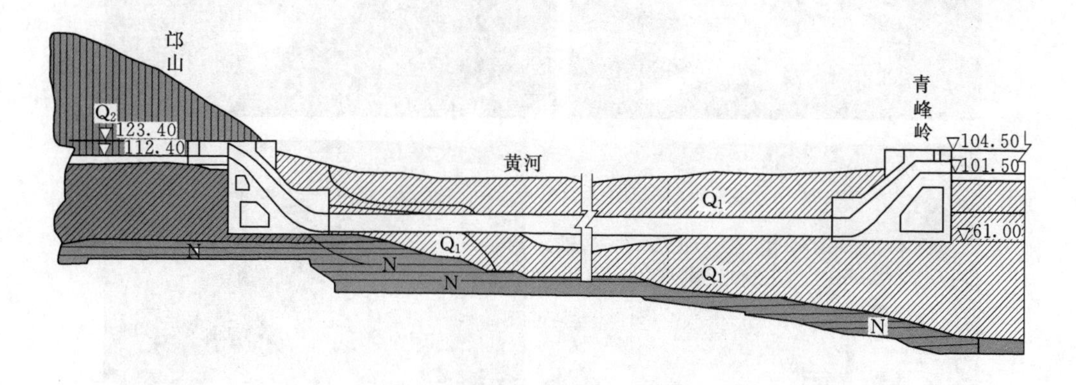

(b) 穿黄工程示意图

图1.21　我国南水北调中线取水丹江口加高工程与穿黄工程示意图

3）规划中的西线取水：在长江上游通天河、支流雅砻江和大渡河上游筑坝建库（高200m左右）（图 1.22），开凿穿过长江与黄河的分水岭巴颜喀拉山的输水隧洞（长100km以上），调长江水入黄河上游。目标是解决涉及青海、甘肃、宁夏、内蒙古、陕西、山西等6省（自治区）黄河上中游地区和渭河关中平原的缺水问题。还可向甘肃河西走廊地区供水，及向黄河下游补水。

图 1.22　我国南水北调西线取水区域

（5）地下水源工程：利用地下水的水井工程。

1.1.2　水利工程的组成

水工建筑物（Hydraulic Structure）是为开发、利用和保护水资源，减免水害而修建的承受水作用的建筑物。

水工建筑物种类较多，主要有挡水建筑物、泄水建筑物、输水建筑物、水电站厂房、排灌泵站、水闸、堤防、渠道及渠系建筑物等，建筑材料主要有混凝土、钢筋混凝土以及土、砂、堆石或砌石等当地材料。

水利工程由各种水工建筑物组成，包括挡水建筑物、泄水建筑物、进水建筑物和输水建筑物等。还有为某一目的服务的专门水工建筑物，如专为河道整治、通航、过鱼、过木、水力发电、污水处理等服务的具有特殊功能的水工建筑物。水工建筑物以多种形式组合成不同类型的水利工程，称水利枢纽。

（1）挡水建筑物——用来拦截江河、挡水蓄水、抬高水位、形成水库的建筑物，如坝、闸、堤防等。其中，坝按筑坝材料分为土石坝、混凝土坝、砌石坝、橡胶坝等，见图 1.23；按

图 1.23　挡水建筑物

坝的构造特征分为重力坝、拱坝、支墩坝等，见图 1.24；拦河闸是一种低水头水工建筑物，常用于平原丘陵地区的航运枢纽、取水枢纽等，见图 1.25。

图 1.24 坝

图 1.25 水闸

（2）泄水建筑物——宣泄多余洪水，如溢洪道、泄流孔等，见图 1.26。

图 1.26 泄水建筑物

（3）取水、输水建筑物包括渠道、隧洞、涵管等，见图 1.27。

图 1.27　取水建筑物

（4）水电站建筑物包括水电站厂房、压力前池、调压井等，见图 1.28 和图 1.29。

图 1.28（一）　水电站建筑物

图 1.28（二） 水电站建筑物

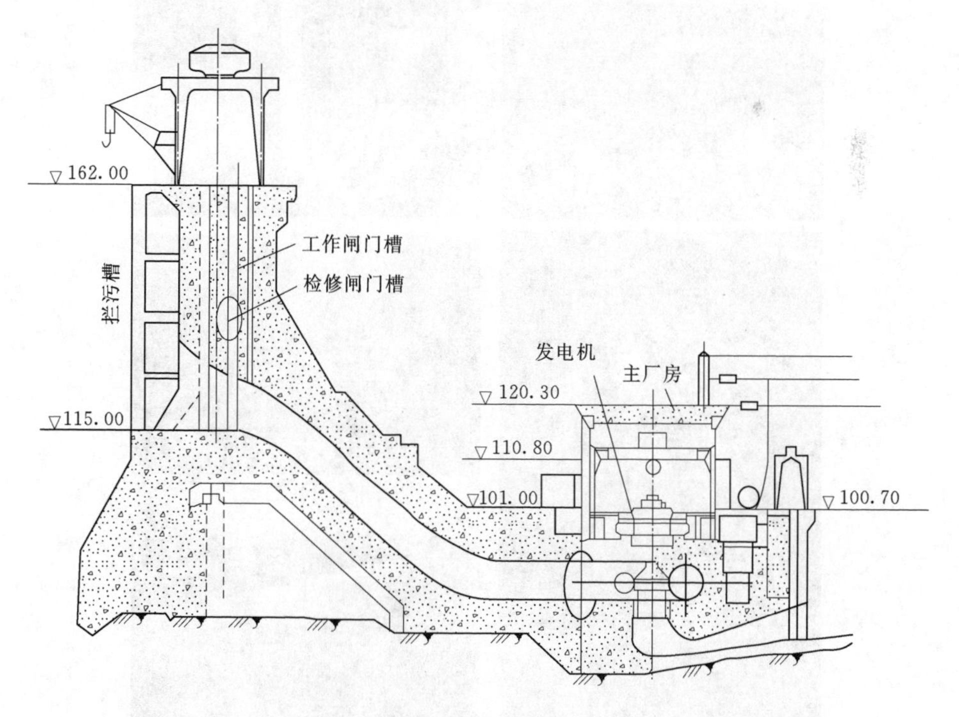

图 1.29 水电站建筑物剖面

（5）专门用途水工建筑物包括船闸、升船机、鱼道、过木道、筏道、丁坝、顺坝等，见图1.30。

图1.30 水电站专门用途建筑物

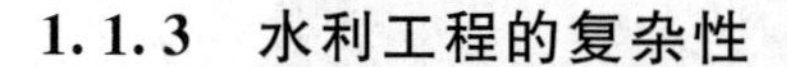

1.1.3 水利工程的复杂性

水利工程的复杂性体现在以下几个方面。

(1) 技术问题的复杂性。工程建设涉及基础岩土、上部结构、流体等方面的技术问题，且相互影响。

(2) 非技术问题的复杂性。工程建设涉及经济、环境、社会影响甚至国际影响，有些因素甚至制约工程建设。

(3) 功能效益的复杂性。工程的效益主要有防洪、发电、灌溉、航运、养殖等，有些效益之间相互矛盾。

我国西部和重要河流在建或将要修建若干大型水电站和水利控制工程，地质条件复杂，地基处理难度大，坝高库大，如小湾、溪洛渡、锦屏水电站，坝高都达 300m 级高度，库容为百亿立方米以上。要确保水利工程在正常运用条件下的安全性，并有效担负起挡水、输水或其他功能，在遭遇难以预见的意外荷载作用下，具有必要的超载潜力，必须解决好水利工程涉及的大量复杂的科学问题和技术问题。如溪洛渡水电站，设计洪水达 43700m^3/s，最大坝高 278m，泄洪功率近 100000MW，泄洪能量集中，消能难度大；多数坝址处于强震区，地震强度高，如小湾水电站（按 6000 年概率设计）地震强度为 0.308g，溪洛渡水电站为 0.321g，故需要研究强震对高坝的影响；地下厂房装机容量大，如溪洛渡水电站为 12600MW，小湾水电站为 4200MW，均存在大跨度地下厂房设计、施工及围岩稳定（地应力高）等问题。

水利工程建设与水资源开发利用涉及众多学科领域，除数学等基础学科以外，还与水力学、水文学、工程力学、土力学、岩石力学、工程地质、建筑材料以及水利勘测、水利规划、水利工程施工、水利管理等密切相关。研究方法主要有理论分析、数值计算、试验研究、原型观测和工程类比等。

从以下两个典型案例也可展现水利工程的复杂性。

【案例 1】 重力坝设计

在河流上设计一座用于防洪、发电、灌溉等具有综合功能、效益的大坝，如图 1.31 所示，需要考虑多方面的技术、非技术和其他因素，对当地的地形、地质、筑坝材料、水文气象、施工条件等进行深入的分析，才能完成各方利益不一致的众多功能建筑物的综合设计。其设计内容除了完成坝轴线选择及坝型选择、调洪演算、挡水建筑物设计、泄水建筑物设计、地基处理等（图 1.32），还包括细部结构设计、安全监测设计、水土保持和环境影响评价等。

1. 确定工程等别和设计安全标准

(1) 工程等别及主要建筑物级别。依据 GB 50201—2014《防洪标准》和 DL 5180—2003《水电枢纽工程等级划分及设计安全标准》确定工程等别、建筑物级别、防洪标准及设计标准。

(2) 洪水标准。依据 GB 50201—2014《防洪标准》和 DL 5180—2003《水电枢纽工程等级划分及设计安全标准》，确定主要水工建筑物的洪水设计标准。

(3) 抗震设防标准。依据 GB 18306—2015《中国地震动参数区划图》、中国水利水电

图 1.31　长江三峡水利枢纽工程全貌

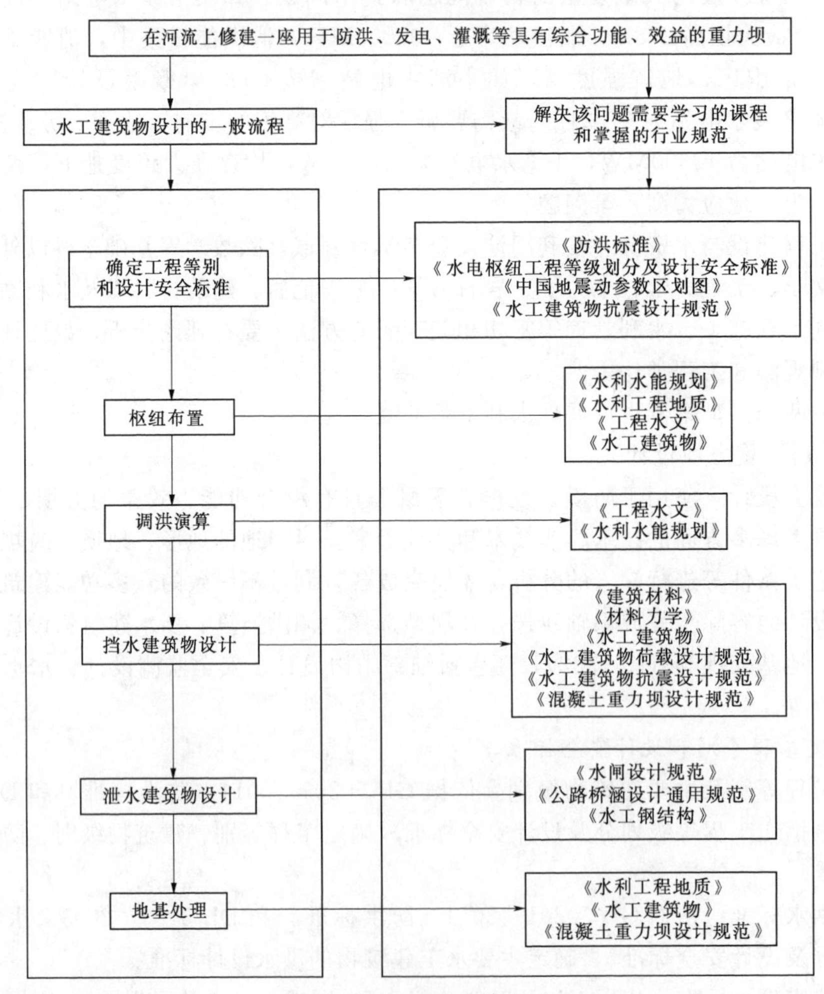

图 1.32　重力坝设计流程

科学研究院完成的《工程场地地震安全性评价和水库诱发地震评价报告》、DL 5073—2000《水工建筑物抗震设计规范》，进行抗震设计。

2. 枢纽布置

坝址、坝型选择和枢纽布置是水利枢纽设计的重要内容，三者相互联系，不同的坝址可以选择不同的坝型和枢纽布置方案。

(1) 坝轴线选择。依据《水利工程地质》《水利水能规划》《工程水文》等并结合相关实际地质资料确定坝轴线。

(2) 坝型选择。依据《水利工程地质》《水利水能规划》《工程水文》《水工建筑物》等确定坝型。

(3) 枢纽布置。依据《水利工程地质》《水利水能规划》《工程水文》《水工建筑物》等并结合实际工程需求确定枢纽布置。

3. 调洪演算

依据《工程水文》《水利水能规划》等进行调洪演算。

4. 挡水建筑物设计

依据《材料力学》《水工建筑物》、SL 319—2005《混凝土重力坝设计规范》、DL 5077—1997《水工建筑物荷载设计规范》、DL 5073—2000《水工建筑物抗震设计规范》，确定挡水建筑物的剖面，进行荷载计算、抗滑稳定分析、应力分析与计算。

5. 泄水建筑物设计

依据《材料力学》《水力学》《水工建筑物》、SL 319—2005《混凝土重力坝设计规范》、DL 5077—1997《水工建筑物荷载设计规范》、DL/T 5166—2002《溢洪道设计规范》、SL 265—2001《水闸设计规范》、JTG D60—2004《公路桥涵设计通用规范》《水工钢结构》，确定泄水建筑物的剖面及消能方式，进行荷载计算、抗滑稳定分析、应力分析与计算。

6. 地基处理

依据《水利工程地质》《水工建筑物》、SL 319—2005《混凝土重力坝设计规范》进行地基处理。

【案例 2】 土石坝碾压的施工组织与设计问题

土石坝是指采用当地的土料、石料或混合料，经过抛填、碾压方法堆筑成的挡水坝。随着大型运输车和碾压设备的改进，使得碾压式土石坝的工期缩短、成本降低。在建设过程中，土石填料填筑压实得越密实，其整体抗剪强度、抗渗性能、抗压缩性就越好，因不均匀沉降引起裂缝的可能性就越小，坝体的稳定性和安全性也越高，但造价高，技术要求也高。因此，结合筑坝材料的性质、筑坝地区的气候条件、施工条件以及坝体不同部位的具体要求，制定适宜的土石料填筑压实方案，既可获得设计期望的稳定性和安全性，又可降低工程造价。

对某特定的土石坝选择最合适的填筑压实方案，见图 1.33 和图 1.34，涉及下列需要解决的子问题。

(1) 确定土石填料在施工和运行过程中的物理力学参数与渗透参数变化。涉及《建筑材料》《土力学》《水力学》等。

图1.33 土石坝施工现场

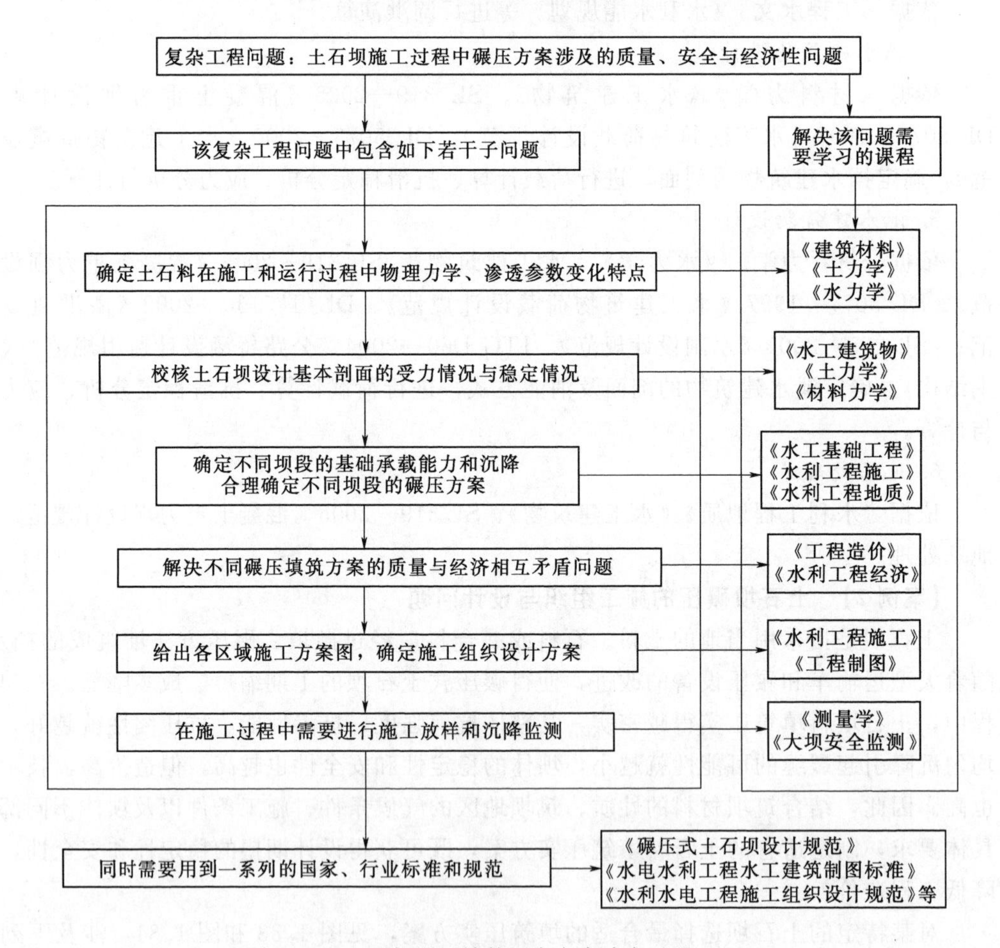

图1.34 土石坝碾压填筑压实方案确定过程

（2）校核土石坝设计基本剖面的受力情况与稳定情况。涉及《水工建筑物》《土力学》《材料力学》等。

(3) 确定不同坝段的基础承载能力和沉降，合理确定不同坝段的碾压方案。涉及《水工基础工程》《水利工程施工》《水利工程地质》等。

(4) 解决不同碾压填筑方案的质量与经济相互矛盾问题。涉及《工程造价》《水利工程经济》等。

(5) 确定适用于设计剖面和设计材料的施工方案，给出具体方案的施工组织设计图，保障大坝的安全和经济施工。涉及《水利工程施工》《工程制图》等。

(6) 在施工过程中，需要进行施工放样和沉降监测。涉及《测量学》《大坝安全监测》等。

在解决上述子问题时，需要用到一系列的国家和行业标准，包括 DL/T 5395—2007《碾压式土石坝设计规范》、SL 303—2004《水利水电工程施工组织设计规范》、DL/T 5348—2006《水电水利工程水工建筑制图标准》等。

1.1.4 水利工程的影响与新问题

1.1.4.1 水利工程建设带来的影响

水利工程建设可以兴利，但同时也会带来一些不同程度的负面影响，常见的有如下几点。

(1) 移民问题：水库移民涉及人的生存权和居住权的调整，是世界性难题。中华人民共和国成立以来，我国修建水库移民人数超过 2000 多万，三峡工程建设涉及移民 118 万。

(2) 对泥沙和河道的影响：水流条件的改变，引发泥沙对河势、河床、河口和整个河道的影响，导致河道的流态、上下游和河口的水文特征发生改变。

(3) 对大气的影响：南美洲的阿根廷、巴西、委内瑞拉等国，北美洲及俄罗斯的西伯利亚，一些大型水电站的水库淹没了大片森林，水库蓄水前，没有砍伐清库，林木长期浸泡在水中，腐烂后产生有害气体，对大气造成污染。修建水库导致水汽、水雾增多等。

(4) 水体变化带来的影响：库水相对静止，影响航运；水库水温变化影响水质，易发生水华、水污染。

(5) 对鱼类和生物物种的影响：对动物（如洄游鱼类）、植物和微生物造成影响。

(6) 对文物和景观的影响。

(7) 地质灾害问题：修建大坝后可能会触发地震、崩岸、滑坡、消落带等不良地质灾害。

(8) 溃坝：由于大坝运行不当、工程质量问题、遇超标准负荷、战争等可能引起溃坝等重大灾害。

以阿斯旺水坝为例说明水利工程建设带来的影响。由于设计大坝的时候，人们对环境保护的认识不足，阿斯旺水坝建成后在对埃及的经济起了巨大推动作用的同时也对生态环境造成了一定的破坏：①大坝工程造成了沿河流域可耕地的土质肥力持续下降；②修建大坝后沿尼罗河两岸出现了土壤盐碱化；③库区及水库下游的尼罗河水水质恶化，以河水为生活水源的居民的健康受到危害；④河水性质的改变使水生植物及藻类蔓延，不仅蒸发掉大量河水，还堵塞河道灌渠等等；⑤尼罗河下游的河床遭受严重侵蚀，尼罗河出海口处海岸线内退。

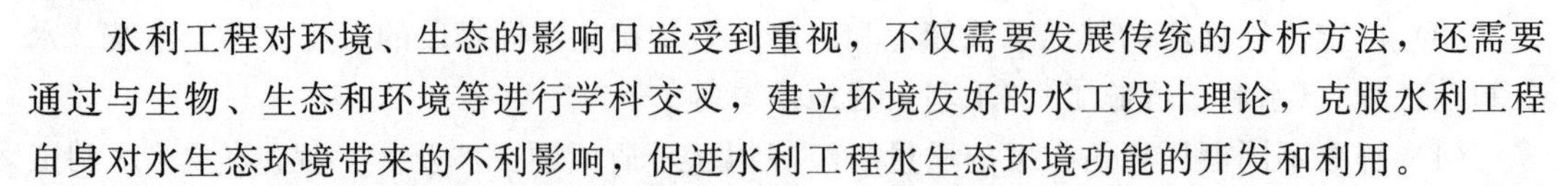

水利工程对环境、生态的影响日益受到重视，不仅需要发展传统的分析方法，还需要通过与生物、生态和环境等进行学科交叉，建立环境友好的水工设计理论，克服水利工程自身对水生态环境带来的不利影响，促进水利工程水生态环境功能的开发和利用。

1.1.4.2　气候不断变化对水利工程的影响

气候变化必然影响水循环，水利基础设施是管理水资源的重要手段，在气候变化条件下，既发挥了越来越重要的作用，同时也会带来一些不利影响。

气候变化对水利工程的影响主要表现在：①极端低温使得工程材料的抗冻融指标出现不足，从而引发严重的破坏；②持续干旱高温导致水利工程的应力变化和趋势性变形；③江河径流量减少和海平面上升导致的沿海和河口地区水体盐度及导电率增加，大气中二氧化硫等酸性气体含量增高等对水利工程的腐蚀破坏。

在气候变化背景下，水利工程的设计和运行管理中需要考虑以下一些问题[3]。

（1）气候变化引起流域降雨和径流的变化，将影响流域的设计暴雨和设计洪水，即需要调整水利工程防洪的设计标准。

（2）气候变化将可能加剧干旱发生的频率、范围和程度，进而影响到水利工程的供水保证率。

（3）暴雨强度和暴雨次数的增加，可能引发地质灾害的发生和加大泥沙冲淤对水利工程安全和寿命的影响。

（4）气候变化和变异将可能增加极端水文气候事件发生的频次和强度，对已建工程的运行规则和规程需要作相应的必要调整，以保障水利工程的安全和洪水资源化。

（5）由于极端气象灾害发生的频率和强度有进一步增强的趋势，在运行管理中要重视水情信息的监测和预报，加强防洪抗旱应急预案的编制和执行。

如美国加州奥罗维尔大坝溢洪道失事。美国最高大坝加利福尼亚州奥罗维尔（Oroville）大坝，高 230m，比胡佛大坝还要高 8.6m，是世界上著名的土石坝工程。工程的主要用途为供水、发电、防洪、旅游和养殖，于 1967 年完建。溢洪道装有 8 扇宽 5.4m、高 10.1m 的弧形闸门，泄槽为衬砌式陡槽，最大泄量为 $7100m^3/s$。除此主溢洪道之外，工程还设置了非常溢洪道，为无闸门控制的反弧堰，堰顶长 570m，但非常溢洪道自 1967 年完建后从未使用。2017 年降雨量在 90 天内连续超过正常水平，首次启用非常溢洪道，2 月 7 日，在泄洪时出现了一个长 60m、深 9m 的大洞，属于典型的渗流冲蚀破坏，基础为土质山坡，底板混凝土存在缺陷，见图 1.35。当地至少 18.8 万民众被疏散。

图 1.35　美国 Oroville 大坝溢洪道失事

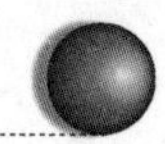

这个事件使人们认识到，对于老坝：①要对运行状况密切加强巡查监管；②对隐蔽部位进行监测，要随时检查已埋设仪器的工作性态和数据可靠性，适时增添新型观测仪器，实现全方位实时监控；③要在风险源分析的基础上建立切实可行的应急抢险预案。

1.1.4.3 人类社会发展带来的水利工程新问题

1. 城市内涝

随着全球气候变化和城镇化快速发展，城市降雨特性、产汇流规律发生着急剧的变化，极端天气明显增多，局地遭遇强降雨频发，城区排水能力偏低，承担城市排涝的河道排水能力不足，城市洪涝问题越来越突出。随之带来许多水利工程新问题，如城市防洪除涝标准与设计方法、城市洪涝调控与雨洪综合利用、城市洪涝灾害防控应急管理等。

如 2016 年，湖北武汉、湖南益阳、福建闽清县等地方内涝严重，见图 1.36～图

图 1.36 湖北武汉内涝（2016 年）

1.38。武汉6月30日20时至7月6日15时周降雨量突破历史记录最高值，累计雨量574.1mm，突破1991年7月5日至11日7天内降下542.8mm的记录，大水围城，多处溃堤，上万人转移，全部学校停课，火车站多处出口临时封闭，长江隧道、三环线江岸段封闭，多个地铁站点被雨水倒灌。

图1.37　湖南益阳内涝（2016年）

图1.38　福建闽清县溪口大桥被洪水冲塌（2016年）

为了解决城市内涝问题，日本东京建设地下巨大蓄水分洪设施。1988年，在东京神田川环状7号线公路建造了一个巨大的地下隧道，位于地下40多m深的混凝土隧道直径为12.5m，长约4.5km，蓄水能力约达54万m^3，见图1.39。自1997年该地下隧道部分投入使用到2013年，神田川地下调节池在发生暴雨和台风时共引流34次，对减轻该流域洪灾起到了明显作用。截至2014年年底，东京都建设局在流经东京的11条河流附近已建设了30个调节池。河流附近的低地公园在突发暴雨河流涨水时，也可被作为城市分洪设

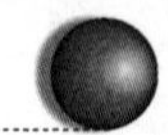

施使用，一定程度上降低河流水位。计划到2025年将东京的调节池容量进一步提高。这种地下蓄水分洪设施适合在河流比较小、人口又比较密集的地区采用，应对大江大河汛情则需要结合当地实际情况寻求对策。

图1.39 日本东京地下蓄水分洪隧道

2. 节水与可持续发展

水资源有限的情况下，要保证工农业生产用水、居民生活用水和良好的水环境，必须建立节水型社会。包括合理开发利用水资源，大力提高农业用水和城市生活用水的利用率。

全面准确掌握自然生态格局，限定人类经济行为空间和规模，并加以立法，使人口、资源、环境协调发展。规划人类对水的需求：以供定需，以水定人口，以水定规模，以水定发展；重视水源涵养、雨水蓄存、水质保护、节水治污、地下水回灌和洪水资源化等实施措施。

3. 生态问题

受自然和人类活动双重影响，有些流域出现草地沙化、冰川后退、湖泊萎缩、湿地减少等生态环境问题。需要研究河道（河口）生态修复、河道（水库）水质控制、水利工程生态环境功能设计、感潮河道水环境改善、成潮分析与应对、水库蓝藻控制、水污染处理技术等问题。如通过限定电站下泄生态流量，以解决环境用水，生态需水问题；采取宣传、法规、监督执法、退牧还草、监测等综合措施，有效控制水土流失；对受污染的江河湖库水体进行修复，对氮磷等营养物和有机物污染，湖泊水库蓝藻及赤潮等，采取培育生物、接种微生物，转移、转化及降解污染物等措施，恢复水体质量。

1.1.4.4 水利科学技术新问题

水利科学与工程技术问题来源于人类社会生存和发展的需要，其目标是认识自然规律并通过多种技术和工程措施，对自然界的水和水域进行人为的控制和调配，以防治水旱灾害，开发利用和保护水资源。目前，我国水安全和水利科技热点与前沿，涉及水资源短缺严重、水污染问题突出、水灾害威胁加重、水生态退化严重等方面，以及超强地震、超标洪水及特大地质灾害等因素的潜在影响[4]。

（1）在水资源安全保障方面：未来气候变化影响下水资源供需预测、水资源的跨流域时空调配以及以节水、治污、开源、调配为核心的最严格水资源管理技术。

（2）在流域水沙-环境生态方面：在工农业发展、城镇化、大规模水利工程建设条件

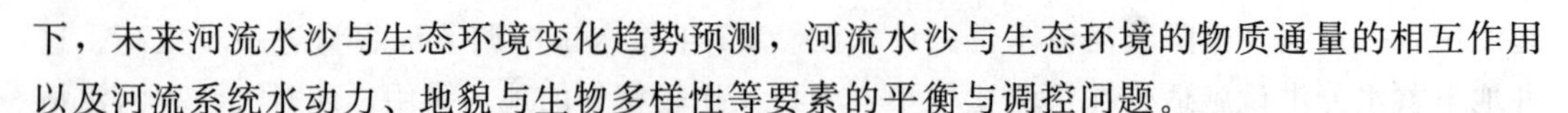

下，未来河流水沙与生态环境变化趋势预测，河流水沙与生态环境的物质通量的相互作用以及河流系统水动力、地貌与生物多样性等要素的平衡与调控问题。

（3）在水电能源开发与长效安全运行保障方面：重点研究极端致灾因子如超强地震、超标洪水与复杂地质条件下水电站高坝枢纽群的灾害链风险问题。

（4）在洪旱灾害防御方面：重点研究极端气象条件与人类活动影响下的江河洪水、城市洪涝、山洪泥石流、风暴潮与干旱的灾害机理与风险控制问题。

1.2　水利工程中的力学问题概述

水利工程的发展是和科学技术的进步息息相关的，其中工程力学的不断发展起了重要的促进作用，做出了突出的贡献。例如，水坝是水利工程中的典型建筑物，往往反映各个不同历史时期的工程技术水平。早期的水坝均凭借经验设计，因而垮坝的记录很多，比较著名的有西班牙洛尔卡（Lorca）附近的蓬特斯（Puentes）重力坝，曾于1648年和1802年两次被洪水冲垮，到1884年才得到第三次重建。直到19世纪中叶以后，随着混凝土结构的广泛应用、钢筋混凝土结构的出现以及土力学和岩石力学的发展，坝工设计才有了初步的理论和方法，1866年在法国弗兰（Furan）河上用现代技术建成当时世界上最高的古夫尔-登伐（Couffre - d' Enfer）重力坝（高60m）。

进入20世纪以来，随着坝工技术的提高和基于工程力学基础的坝工设计理论的进一步发展，坝工迅速发展。以美国和西欧为例，高于15m的大坝数目，从20世纪初期的190座增加到20世纪50年代的2850座。坝的高度也在不断突破，如1936年在美国科罗拉多（Colorado）河上建成高221.4m的胡佛（Hoover）重力拱坝；1962年在瑞士建成高285m的大狄克逊（Grand Dixence）坝；在苏联，1980年建成高达300m的努列克（Hypek）土石坝，1985年建成高335m的罗贡（PoryH）土石坝。此外，中国1997年建成高240m的二滩拱坝，2010年建成小湾拱坝（294.5m），2015年全面竣工溪洛渡拱坝（285.5m）等。在此期间，水坝的质量也在相应提高，垮坝比例在大幅度减小。据统计，美国与西欧15m以上大坝的垮坝比例，从1900—1909年的4.7%，减小到了1950—1959年的0.4%。

力学是一门独立的基础学科，是有关力、运动和介质（固体、液体、气体），宏、细、微观力学性质的学科，研究对象以机械运动为主，及其同物理、化学、生物运动耦合的现象。力学又是一门技术学科，研究能量和力以及它们与固体、液体及气体的平衡、变形或运动的关系。力学可粗分为静力学、运动学和动力学三部分，静力学研究力的平衡或物体的静止问题；运动学只考虑物体怎样运动，不讨论它与所受力的关系；动力学讨论物体运动和所受力的关系。

水利工程主要通过工程技术手段，控制和调配自然界的地表水和地下水，达到除害兴利的目的。由于水利工程的复杂性，在水利工程设计、施工及管理实践中会涉及许多力学问题。

（1）涉及理论力学、材料力学、水力学、结构力学、土力学、岩石力学等基础力学问题。这些多在本科阶段完成学习。

（2）也涉及弹性力学、塑性力学、流变力学、损伤断裂力学等难题。这些需要在研究生阶段深入学习。

1.2.1 水利工程中的基础力学问题

1.2.1.1 水利工程中的理论力学问题

理论力学是研究物体机械运动一般规律的学科，内容分为两大部分：工程静力学和工程动力学。工程静力学研究物体在力系作用下的平衡规律及力学的简化；工程动力学从几何角度研究物体的机械运动以及研究物体运动变化与所受力之间的关系，其内容又分为运动学和动力学两部分。

水利工程中的理论力学问题具体如下。

（1）水利工程中的静力学问题：水利工程中的不同建筑物，如水闸、水坝、水电站、渡槽、桥梁、隧洞等，为了承受一定荷载以满足各种使用要求，其受力一般必须满足力系的平衡条件，比如设计水电站的厂房结构时，要先对屋架、吊车梁、柱、基础等构件进行受力分析，根据应用力系的平衡条件求出这些力中的未知量，然后设计这些构件的断面尺寸及钢筋的配置等。静力学研究是水利工程建设的基础。

（2）水利工程中的运动学问题：水工建筑物在泄洪时的水流和发电过程中的水流的运动规律研究离不开运动学理论；水电站厂房里的吊车门机在起吊水轮机、发电机、闸门等设备时，设备的运动轨迹可以根据运动学理论进行计算。

（3）水利工程中的动力学问题：研究物体在不平衡力系作用下将如何运动，涉及物体本身的属性和所作用的力，并对物体的机械运动做全面的分析。如水电站厂房结构、桥梁和大坝在动荷载作用下的振动，以及各类建筑物的抗震问题等；溢流坝泄洪时水流对坝体的作用力，水力发电过程的水锤现象，水流流过水轮机对其产生的作用力，溢洪道泄槽中水流的运动规律及转弯时的运动稳定问题等；还有起重机起吊或重物下降时突然刹车所发生的超重现象，定向爆破山石的落点估计等都要用到动力学理论。

1.2.1.2 水利工程中的材料力学、结构力学问题

材料力学是研究构件的强度、刚度和稳定性规律的学科，它的任务是建立构件在外力作用下的应力、应变、位移等的理论公式，确定材料的破坏准则，对构件进行强度、刚度、稳定性计算和评价。

结构力学是研究工程结构在静力、动力等各种荷载，温度变化，支座位移等因素作用下强度、刚度和稳定性的计算原理、计算方法以及结构组成规律和合理形式的一门学科。

水工建筑物既对水起制约作用，又承受水的作用。其中有服务于多目标的通用性水工结构物，如各种水坝、水闸、隧洞、渡槽、泵站、堤防和整治建筑物等；也有服务于单目标的专用结构物，如水电站厂房与压力管道、船闸与升船机、码头、水处理厂和水土保持等建筑物。

水利工程中水工建筑物的设计、优化和验证与材料力学、结构力学关系非常密切。水工建筑物的结构形式、尺寸、材料、细部结构和地基处理措施等诸多因素的确定，水工结构的应力、变形、沉降、稳定性和耐久性等诸方面是否符合要求的验证，均得依靠材料力学、结构力学等力学的理论分析、实验研究和数值计算的结果给出量化的回答。因此，建

设高标准的水利工程必须具有高水平的力学研究手段。

研究上述水工结构的工作条件，描述其在外来因素（如水压、结构自重、泥沙压力、渗透压力、温度变化、地震载荷等）作用下引起的内部响应（如变形、应力、塑性屈服区或脆性开裂区等）是材料力学、结构力学等力学学科的任务，也是建立水工结构的设计理论、分析和优化方法以及制定水工结构设计规范标准的重要依据。因此可以说，材料力学、结构力学是水工结构的最重要的基础力学之一。

1.2.1.3　水利工程中的水力学问题

水力学是水利工程专业重要的专业基础课，要求掌握水流运动的基本概念、基本理论和分析方法，能够分析水利工程中一般的水流现象，学会常见的工程水力计算。水利工程中的水力学问题一般包含有压管流、明渠流、堰流与闸孔出流、水流衔接与消能、船闸与渠化工程中的水力学、流态等内容。

1. 水利工程及其他相关工程技术的发展促进了水力学的发展

我国古代修建了都江堰、灵渠和郑国渠等工程，在实践中积累、具备了液体力学的经验知识；文艺复兴时期意大利达·芬奇在实验水力学方面获得巨大进展，用悬浮砂粒在玻璃槽中观察水流现象，描述了波浪运动、管中水流和波的传播、反射和干涉；18世纪初，欧拉和伯努利推动了经典水动力学的迅速发展。18世纪末至整个19世纪，形成了两个相互独立的研究方向：①开尔文、瑞利、斯托克斯、兰姆等人运用数学分析的理论流体动力学；②谢才、达西、巴赞、弗朗西斯、曼宁等人依靠实验的应用水力学，提出了各种实用的经验公式。19世纪末，雷诺理论及实验研究、布金汉因次分析、弗劳德的船舶模型实验等流体力学的发展，更多地有了理论指导。由于发现流体边界部位的水力学差异性，20世纪初普朗特发现边界层理论，把无黏性理论和黏性理论联系起来。

2. 大量水利工程的兴建引发了许多与水力学有关的新问题

20世纪快速发展的经济建设涉及越来越复杂的水力学问题，如高浓度泥沙河流的治理、高水头水力发电的开发、输油干管的敷设、采油平台的建造、河流湖泊海港污染的防治等，从而推动水力学的研究方向不断发展变化，如从定床水力学转向动床水力学，从单向流动到多相流动，从牛顿流体规律到非牛顿流体规律，从流速分布到温度和污染物浓度分布，从一般水流到产生掺气、气蚀的高速水流等。

1.2.1.4　水利工程中的岩土力学问题

土力学是研究土的工程特性的科学，即土体内应力应变之间的关系以及应力-应变-时间三者之间的关系，具体研究土的变形性质、地基沉降计算、土的抗剪强度、土压力、土坡稳定性、天然地基承载力、地基处理、土的动力及地震特性等内容。水利工程建设面临许多土力学问题，如土质堤坝控制沉降变形，边坡的安全评价与防灾减灾措施设计等等。

岩石力学是运用力学原理和方法来研究岩石的力学以及与力学有关现象的科学。考虑岩体的结构、赋存条件、工程类型与载荷性质、非连续性及加载速率等，研究岩体力学性质、变形、强度及破坏等的结构效应；关于岩体的水力学特性，岩石变形的流变特性与时间效应，岩石地基或围岩与构筑物及建筑物的相互作用等等。世界范围内的大型或特大型工程，例如，英吉利海底隧道、日本青函海底隧道、美国赫尔姆斯水电站地下厂房、加拿大亚当贝克水电站地下压力管道、美国鲍尔德水库重力大坝、日本关门铁路隧道、巴西伊

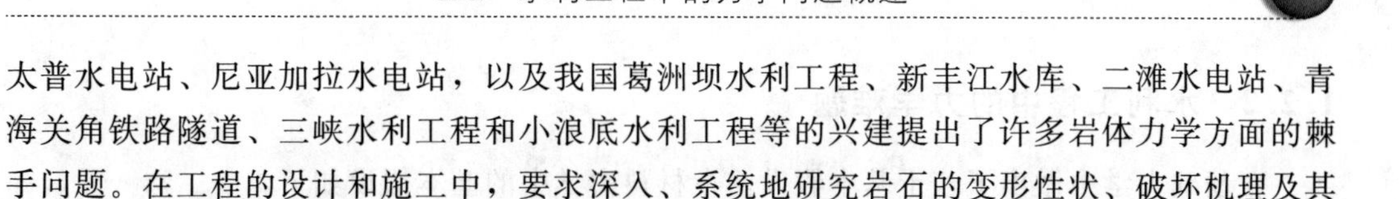

太普水电站、尼亚加拉水电站，以及我国葛洲坝水利工程、新丰江水库、二滩水电站、青海关角铁路隧道、三峡水利工程和小浪底水利工程等的兴建提出了许多岩体力学方面的棘手问题。在工程的设计和施工中，要求深入、系统地研究岩石的变形性状、破坏机理及其力学模型，从而在工程设计中预测岩石工程的可靠性和稳定性，并使工程尽可能的经济，其中的岩体力学问题往往具有决定性的作用。

1. 土质堤坝的土力学问题

堤坝需要承受上部建筑及挡水体的载荷，使堤坝产生相应的变形，在重力方向产生沉降，包括不均匀沉降、相邻部位的沉降差、平均总沉降等。出现沉降会对整个建筑的力学特性产生很大的影响，如应力分布不均会导致堤坝产生裂缝，影响工程正常使用。因此，在工程项目开始之前，准确地估计出沉降数据，在此基础上采取必要的措施以避免沉降造成的影响，可大大提升工程项目的质量和使用寿命。

2. 水利工程基础中的岩土力学问题

(1) 土质基础承载力。基础承受上部水工建筑物传来的载荷，要满足强度要求、刚度要求及稳定性要求，以确保整个水工建筑物的稳定性。由于岩土材料的复杂性，掌握其力学性质是一个难题。

(2) 基岩地质缺陷。如肯尼亚的卡利达电站厂房，由于有几条断层在开工前没有发现，在以后施工过程中造成了很多困难。

3. 水利工程边坡中的岩土力学问题

边坡工程根据地层材料不同可分为土质边坡、岩质边坡。水利工程涉及大量的边坡工程（如库岸边坡、坝肩两岸边坡、渠道边坡），涉及边坡稳定、边坡防护和边坡处理的岩土力学问题。

土质边坡防护的重要方法是构筑挡土墙。挡土墙是防止土体坍塌下滑的构筑物，在市政工程、铁路公路工程、水利工程、山区建设等领域都有着十分广泛的应用。挡土墙在工程项目中，对于稳定局部的土体结构，保证整个工程的稳定性十分重要；但要构筑性能优良的挡土墙，就必须结合土力学理论，对挡土墙进行土压力分析。土压力是指挡土墙背部土体因为自重或者外力对挡土墙施加的侧向压力。土压力是挡土墙主要的外载荷，设计时要对土压力的性质、大小、方向、作用点有清晰的认识。

库岸边坡如有倾向水库内的滑动面，且沿滑动面蠕动，岩石可能沿这一滑面整体塌下来，要研究这个滑面，必须针对岩石的性质进行静力学和动力学研究。岩体性质不仅取决于节理裂隙的发育程度和方向，还取决于岩体的大小，如取一小块岩体进行研究，与取整个坝肩或取一个洞室整个围岩研究相比，前者强度可以是后者的5～10倍。

4. 水工洞室中的岩石力学问题

大规模洞室群和长距离、大埋深水工隧洞在国内外许多水利工程中已被大量采用。对岩体施加荷载的持续时间不同，加载的速度不同，岩体的反应情况完全不一样，岩体变形和时间的密切关系在隧洞开挖中已经得到证实，围岩大都表现出强烈的流变特性，遇到的软弱围岩具有更明显的流变特性。水对岩石的性态影响也很大，内部水压力的作用下岩石有变软趋势。

1.2.2　水利工程中的力学难题

在基础力学中做出了若干基本假设。在材料力学中的基本假设如下。

（1）对变形固体的基本假设：①连续性假设：组成固体的物质毫无空隙地充满了固体所占有的整个几何空间；②均匀性假设：固体的力学性能在固体内处处相同；③各向同性假设：固体在各个方向上的力学性能完全相同。

（2）对构件变形的基本假设：小变形假设。构件受力产生的变形量远小于构件的原始尺寸。

水力学中，将水视为不可压缩无黏性的理想液体，将受压收缩、受热膨胀、有弹性的液体，看作弹性密度不变的不可压缩流体；流动时因黏性作用产生内摩擦力的液体，看作黏性不起作用、无内摩擦力的流体。

水利工程特别是高坝大库的建设，涉及的许多力学难题（如高坝的温度与应力、高坝抗震与坝基稳定、高速水流消能及地下洞室围岩变形稳定等）已经远超出了上述假设，是基础力学不能解决的，必须利用不断创新的现代力学研究成果，如固体弹性与塑性力学、流体力学与湍流理论、岩土力学、损伤断裂力学与流变学、随机波动力学、材料细观与微观力学等理论，实验力学中的高新技术和求解现代力学问题的数值模拟技术等。这是由于：①在力学研究中一些过去常用的近似简化或假定，如物质的连续均匀各向同性与材料本构方程的线弹性假设已发展为非连续非均匀各向异性介质的非线性假设；②由宏观强度指标发展为建立微细观破损机理与宏观指标关系的研究；③由确定性分析发展为随机的、统计学上的模糊的分析方法；④单一介质模型发展为多相介质耦合模型；⑤由研究传统小变形响应发展为大变形破坏模型。中国高坝水电站的建设涉及的部分问题概括起来如下[2]。

1. *水工结构的力学性能及结构强度稳定理论与方法*

近半个世纪以来，高坝的结构强度稳定理论方法已经历了刚体力学—材料力学—弹性与弹塑性力学的发展阶段，如：混凝土重力坝由材料力学重力法发展为弹性力学法；拱坝由结构力学的试荷载法发展为弹性力学的各类数值方法；土石坝稳定则由瑞典圆弧法到有限元法。但许多现行方法迄今仍停留在半经验、半理论的阶段。

现代计算力学与计算技术的发展为坝体力学性能与结构强度稳定分析提供了良好的基础。结构—地基耦联系统整体稳定性研究、混凝土坝施工过程仿真和高坝断裂力学等方面，都是重点研究方向，具体研究问题有：

（1）高混凝土坝的地基应力、变形、稳定分析理论与方法。

（2）高土石坝的地基应力、变形、稳定分析理论与方法。

（3）高坝施工、运行全过程仿真与原型观测验证。

（4）高混凝土坝坝踵断裂、奇异性及网格敏感性与能量准则。

（5）混凝土坝损伤、破坏力学。

（6）高混凝土坝温度应力与温度控制。

（7）高土石坝的渗流稳定。

（8）高坝优化理论与方法。

(9) 混凝土坝随机力学模型与可靠度理论。

2. 水工岩土力学问题

由于我国水能开发集中在西部高山峡谷地区，必然遇到大型洞室工程、深厚覆盖层基础工程、筑坝堆石材料性能、库岸高陡脆弱边坡防护等岩土力学问题。

大型地下厂房是众多巨型水电站的主要建设形式，巨型引水式电站与跨流域调水工程也需要在大埋深、高地应力、复杂水文地质条件下建设长距离输水隧洞。在复杂地质条件、“三高”（高烈度、高地应力、高渗压）环境下建设大跨度洞室和地下洞室群仍然具有很大的挑战性。

深厚覆盖层筑坝技术和坝基稳定问题。由于水荷载作用，致使坝基变形失稳导致大坝破损或溃坝的实例在世界上已有多起，如法国玛尔巴塞拱坝因坝基滑动导致溃坝。高坝坝基稳定的判据，目前在多数工程设计中仍沿用刚体极限平衡理论，但有限元法的应用使坝肩岩体稳定研究进入了弹塑性、蠕变、损伤断裂力学的领域或离散元、非连续变形分析阶段（Discontinuous Deformation Analysis，DDA）。实际上，地基岩体受节理裂缝切割为连续-非连续耦合介质，其体系是黏弹塑性和接触非线性的，且由于蓄水与渗流改变了界面的荷载条件，其受力破损特征是由小变形到大变形的破坏过程，因此，计算分析与现代力学中诸多领域均有紧密联系。

堆石坝材料性能问题。目前黏土心墙堆石坝已发展到300m级，面板堆石坝达到300m级。制约堆石坝设计水平的关键因素在于堆石坝的应力应变分析精度不足。堆石材料的力学行为依赖于应力路径，还存在剪胀剪缩等特性，加上遇水软化、颗粒破碎等复杂因素影响，且受制于试验试件尺寸，土石材料的本构关系及堆石坝应力变形分析模型需要深化研究。

库岸边坡工程安全及风险控制问题（如意大利瓦依昂拱坝因库岸滑坡导致涌浪重大灾难）影响因素众多，教训深刻，值得研究总结。

有关这方面的科学问题有：

(1) 岩、土的弹塑性力学模型，动、静力强度与流变特性。

(2) 岩、土渗流场与应力场耦合模型、渗流场网络模型。

(3) 节理岩体连续-非连续介质力学与高坝地基稳定的大变形理论。

(4) 岩体损伤、断裂与地基非线性破坏理论与分析方法如分岔，局部化宏细观耦合模型。

(5) 岩土工程数值计算与分析方法。

(6) 岩、土细观力学等。

3. 水工材料

水工混凝土材料、土工合成材料等（特别是高坝混凝土材料）的性能及其耐久性问题。如300m级的混凝土双曲拱坝，其库水总推力达到千万吨级水平，坝体混凝土最大静动拉应力达5～6MPa，已超过了一般混凝土强度，需要开发适应高坝建设的混凝土材料，并对其在多轴应力状态、高水压饱和状态及在静动荷载联合作用下的强度与本构关系开展深入研究。高坝混凝土的温控与裂缝稳定性也是值得高度关注的关键问题。此外，水工特种混凝土、高强耐磨混凝土以及掺合料、高效减水剂等外加剂的研究也具有重要的工程应用价值。有关这方面的研究课题有：

（1）全级配混凝土的强度-本构关系与断裂韧度。

（2）混凝土多轴应力的强度与断裂特性。

（3）在高压饱和水作用下的水工混凝土的强度特性。

（4）水工大体积混凝土力学性能的数值模拟方法。

（5）水工混凝土在恶劣环境（高寒、海水环境等）下的性能。

（6）水工混凝土老化以及水工结构的病害诊断与评价。

（7）水工混凝土的蠕变特性。

（8）荷载速率、历史对混凝土强度与韧度的影响。

（9）纤维混凝土、氧化镁混凝土、硅粉混凝土等特种混凝土研究。

（10）水工混凝土的各项附加剂、掺合料研究及水工混凝土的改性。

4. 高坝水力学与流体力学问题

在窄河谷修建的高坝水电站工程水头高、流量大，泄洪时高速水流能量集中，消能难度大。

以溪洛渡水电站为例，其大坝坝高278m，泄洪量达43700m^3/s，泄洪功率近100000MW，流速大于50m/s，不仅带来消能、冲刷及空化空蚀问题，而且还有掺气雾化对岩坡稳定影响和流激振动等问题。这些问题在学科上属于紊动水流与两相流问题，涉及高速水流、气流与边壁、结构、岩体的动力相互作用，目前已有的计算方法多属简化模型，主要依靠模型试验、原型运行观测等手段取得一定的经验公式。在高坝泄流、高速水流与消能的数值模拟方面仍处于半试验半理论阶段。这方面的前沿课题有：

（1）高速水流紊动、冲击特性；节理岩体的冲刷机理、抗冲强度与各类消能防护形式的效果。

（2）自由射流、明槽紊流、管道紊流的结构特性；高速水流脉动、掺气、扩散消能、空化、空蚀等主要现象的物理机制与数值模型。

（3）高速水流脉动的频谱和时空相关特性与高坝、闸门等水工结构物的耦联振动。

（4）高速射流水-气混掺特性，水气两相流运动规律；射流碰撞、掺气与雾化的物理与数值模拟。

（5）流速大于50m/s时水流空化的形成、生长与溃灭，以及初生空化数、空蚀影响因子与减蚀措施（不平整度控制与通气措施等）。

（6）涌浪冲击波和溃坝水力学。

（7）冰、水流对水工建筑物的影响。

5. 高碾压混凝土坝与面板堆石坝

目前世界上已建造的碾压混凝土坝超过230座，其中碾压混凝土重力坝高度已达200m以上［缅甸塔山（TaSang）坝217m、广西龙滩碾压混凝土重力坝216m］，碾压混凝土拱坝高度已达120m以上（四川沙牌碾压混凝土拱坝132m）。目前世界上高度在100m以上的面板堆石坝总数超过20座，最高的达233m（湖北水布垭混凝土面板堆石坝）。碾压混凝土坝主要特点是施工简便、快速、工期短，水泥用量少、造价经济；而面板堆石坝的特点是抗渗透冲刷的安全性能好、施工简便、造价低，且施工受环境干扰少、

可省工期。目前这两种坝型均在向更高、更省、更快的方向发展，但也带来一系列的科学与工程技术问题：

（1）碾压混凝土坝的施工过程仿真、温度环境与裂缝控制。

（2）碾压混凝土坝层面的抗剪强度特性与抗滑稳定。

（3）碾压混凝土坝的渗流场与防渗措施。

（4）碾压混凝土坝的抗震稳定性。

（5）新的拌和料配比、施工工艺与方法研究（如斜层碾压法）。

（6）碾压混凝土拱坝的结构形式与抗裂措施。

（7）堆石的强度与本构关系。

（8）面板堆石坝的强度、变形与稳定性。

（9）面板堆石坝的三维抗震模型、横河向地震反应与地震永久变形。

（10）面板、过渡层与堆石的非线性接触本构关系。

（11）深覆盖层上的面板堆石坝。

6. 水利工程安全与风险

由于水工建筑物处于临水、渗水、地下水、水下、高速水流等环境中，必然存在渗漏和溶蚀、冻融冻胀、剥蚀和气蚀、水质侵蚀等长期危害，加上水工混凝土本身存在的裂缝、碳化、钢筋锈蚀、混凝土碱集料反应等病害，会加剧其他病害的发生和发展，不同程度地影响服役水利工程的安全和耐久性，增加水利工程的风险。

复杂条件下水工材料和结构的风险源辨识、风险因子度量、风险量化和转嫁等，有许多课题值得研究。

7. 高坝地震动力学与抗震

高坝诱发水库地震，目前世界上已有66座高坝发生过这类现象，震害包括坝体产生严重裂缝［广东新丰江水库大坝1962年发生、印度柯伊纳（Koyna）大坝1967年发生］，断层错动引起坝体断裂（中国台湾石冈坝1999年发生），强震引起横缝拉开［美国帕克伊马（Pacoima）大坝1971年发生］，以及土石坝地震液化滑坡［美国费南度（San Fernando）大坝1971年发生、北京密云水库1976年发生］等。但迄今对其地质力学机理仍缺乏深入研究。

混凝土高坝的地震动力反应与抗震分析目前仍沿用线弹性介质理论，地震荷载以截断边界的无质量地基作均匀同步输入，但坝基与坝体的动力稳定分析各自独立、互不耦联。虽然近年来各类数值方法（有限元、边界元、无限元等）的应用有了长足的进步，但问题仍局限于连续介质小变形范畴。对高土石坝来说，等效非线性、弹塑性模型目前已有应用，但由于对土石材料的动力本构关系缺乏深入了解，所以对高坝的地震弹塑性反应与残余变形的研究仍停留在工程近似水平上。这方面的研究课题有：

（1）水库诱发地震的机理与预测。

（2）高坝地震荷载的设防标准与风险分析。

（3）高坝结构地震响应及坝体的动态损伤、断裂。

（4）高坝、水库、地基与淤沙线性、非线性动力相互作用。

（5）地震随机理论在高坝振动中的应用。

(6) 震源与震波传播机制与拱坝峡谷地震荷载自由场空间分布。

(7) 高拱坝与坝肩的动力稳定破坏机制与分析模型。

(8) 高坝振动控制理论与抗震技术。

(9) 土石坝的动力反应、地震永久变形与沙土地基液化。

(10) 堆石坝面板的防渗体止水、过渡层的抗震构造。

(11) 高坝强震观测网。

(12) 高坝非线性与多相介质相互作用的模型试验技术。

1.3　基础力学在水利工程中的应用概述

1.3.1　理论力学在水利工程中的应用

1. 理论力学在水工建筑物稳定性分析中的应用

水利工程建筑物在设计过程中均需要考虑稳定性问题，如坝体、水闸、压力管道等的稳定性分析。稳定性分析首先对建筑物进行受力分析，需要应用静力学理论，如对建筑物进行平面及空间一般力系的简化与平衡分析，受力分析，考虑摩擦时的平衡问题等。荷载计算时还需考虑动水荷载，此时则需要应用动力学理论来计算动水压力，如溢流坝反弧段动水压力、压力管道末端的水击压力等。

2. 理论力学在水工建筑物构造布置中的应用

坝体上部构造的布置、船闸的布置及水电站厂房设备的布置等，均需要运用运动学理论对闸门、船闸、吊车起吊重物的运动轨迹进行分析，进而避免上部构造的布置影响闸门的正常工作，避免厂房设备的布置影响吊车起吊重物。

1.3.2　材料力学、结构力学在水利工程中的应用

1. 水工建筑物的应力分析与强度计算

重力坝、水闸、渡槽、溢洪道等的强度计算，必然需要计算各水工建筑物及地基在不同载荷组合作用下产生的应力，以便根据强度准则判断该坝是否满足强度要求，而各水工建筑物及地基应力的获得则需要建立相应的力学计算模型和分析方法。材料力学法是常用的方法之一，也是规范规定的方法，又称重力分析法。该计算模型是将重力坝、拱坝、水闸、溢洪道等视为悬臂梁结构，固定在地基上，并假定材料是均质和各向同性的弹性体，截面上正应力为线性分布。然后采用材料力学中的应力分析方法计算各建筑物的应力。该方法是早期提出的近似分析方法，由于它不能考虑坝基变形的影响以及采用的假定不能符合实际情况，其计算的坝体应力显然存在一定的误差，但因其使用方便快捷，又有长期应用的经验，目前仍是一种广泛应用的基本方法，也是各国规范中的推荐方法。

2. 水工建筑物构件的结构计算

工作桥、交通桥、心墙、闸门、渡槽、排架、吊车梁等的设计需要用到梁（柱）内力、应力的计算和强度理论。这些构件中的梁在荷载的作用下，既产生应力，同时也发生变形。这些梁不仅需要具有足够的强度，而且其变形不能过大，即必须具有足够的刚度，

否则会影响正常使用。如吊车梁若因为荷载过大而发生过度的变形，吊车就不能正常行驶；厂房楼板梁变形过大，会使下面的抹灰层开裂、脱落；直柱受压突然变弯，称其丧失了稳定性，厂房中柱失稳将造成类似房屋倒塌的严重后果；水闸闸门横梁变形过大，会使闸门与门槽之间配合不好，发生启闭困难和严重漏水。在工程中，根据不同的用途，对梁的变形要给以一定的限制，使之不能超过一定的容许值。

3. 水工建筑物基础处理

坝体对其基础有严格的要求，首先，它必须具有足够的整体性和稳定性，保证坝体的抗滑安全；其次，必须具有足够的承载能力，不致发生过大的变形、位移和不均匀沉降；此外，还必须有足够的抗渗能力，满足渗透稳定的要求。为此在坝体设计中，必须借助力学手段检验其基础是否满足上述要求；若不能满足，还需采取相应的岩基处理或软基处理措施（如灌浆加固、设置抗滑桩或排水等）。

4. 混凝土坝体材料分区

为了充分发挥材料的作用，常常根据坝体不同部位不同的受力状态或不同的工作条件，采用不同标号的混凝土或浆砌石，例如坝踵附近（坝基的上游部位）容易出现拉应力，坝趾附近（坝基的下游部位）往往承受最大的压应力，上下游坝面或孔口周围出现最大拉应力或最大压应力，这些部位的强度要求较高。此外，水位以上坝体外部有抗冻要求；水位以下坝体外部有抗渗、抗侵蚀和强度要求；溢流面混凝土有强度、抗冻、抗冲刷和抗侵蚀要求等。对于这些不同特点的部位应当采用不同标号的材料。

5. 坝体的抗滑稳定性分析

为了防止坝体在外载作用下产生整体或局部的滑移，设计时必须进行稳定性分析。坝体的稳定性要求往往是坝体尺寸设计的控制条件。重力坝失稳可能沿建基面滑移，也可能沿岩基中的软弱结构面产生滑移，为了确保重力坝的稳定，对所有可能产生的滑移面均要进行稳定性计算。工程中的抗滑稳定性的定义比较笼统，概括地说，所谓工程的稳定性就是维持考察体平衡的承载能力。丧失了这种能力就称之为失稳。因此，现行重力坝抗滑稳定性的分析方法是：考察一个给定的可能滑面，计算其极限的阻滑力和实际的滑动力，将两者的比值定义为抗滑稳定安全因数 K，并作为衡量考察体稳定性的判据：当 $K<1$ 时为失稳；$K>1$ 为稳定；$K=1$ 为临界状态。K 越大，稳定性越高。

由于工程稳定性的定义介于力学中定义的稳定和强度概念之间，有别于力学中定义的结构稳定性，故对其研究的理论和方法的水平受到限制；加上需要事先依靠经验选定可能的滑动面，而滑动面形状有简单的单斜面，也有复杂的折面或曲面，对滑面上的阻滑力和滑动力的计算又有不同的假定和公式，因此各国根据本国的实践经验制定了相应的规范作为设计的依据。各国规范中分析抗滑稳定性的方法基本上采用刚体极限平衡法。近年来出现变形体模型的有限元法虽比较合理，但限于无规范可循，仅作为重要工程设计的验证和参考。由此看来，工程稳定性问题的研究，需结合水工结构学和力学深入开展。

6. 坝体的抗震分析

抗震分析包括动力环境下的变形、强度及稳定分析，其关键是正确地确定地震载荷。已知地震载荷后，就可以用结构的动力分析方法或模型试验方法算出各瞬时的动变形、动应力和动滑动力，然后以其最大值验算坝体的安全性。结构的动力分析在力学的结构动力

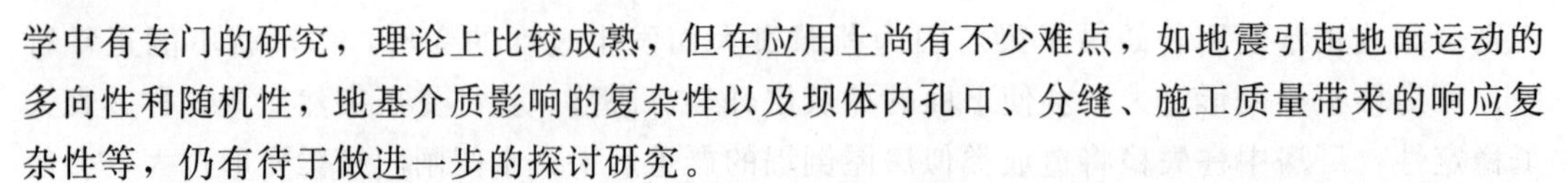

学中有专门的研究，理论上比较成熟，但在应用上尚有不少难点，如地震引起地面运动的多向性和随机性，地基介质影响的复杂性以及坝体内孔口、分缝、施工质量带来的响应复杂性等，仍有待于做进一步的探讨研究。

7. 重力坝剖面的形状设计

重力坝大多采用混凝土或砌石材料修筑。在俯视平面上，重力坝的轴线多半为直线，故在力学分析中，可视其为平面受力问题，即只需计算其中一个典型剖面的变形与应力，根据强度、刚度和稳定性条件进行重力坝剖面形状尺寸的设计。

重力坝的剖面设计，要弄清外部作用的载荷，坝体内部的构造以及坝体的变形、应力等是否满足强度和稳定性的要求。

早期兴建的重力坝剖面均较肥大，轮廓近似梯形（甚至矩形），造成坝体工程量十分庞大。随着对重力坝受力特性认识的提高、设计理论的建立以及结构优化方法的发展，其剖面轮廓逐渐接近于三角形。

重力坝剖面的演变反映了重力坝设计水平的提高，其中起着重要作用的因素是人们基于力学分析掌握了重力坝的工作性态。目前设计重力坝的原则有三条，即：①满足稳定和强度要求，保证大坝安全运行；②外形简单，便于施工，操作方便；③根据结构优化的体形，其工程量最小。在这三条原则中至少有两条是力学提供的依据。

8. 重力坝的优化设计

重力坝设计准则之一是在满足大坝安全工作的前提下达到经济的要求，即工程量最小或成本最低等。这就要求采用结构力学中的结构最优设计方法进行优化设计，常选用成本最低（经济）作为设计变量（体型尺寸）的目标函数，在满足几何约束、应力约束、位移约束和稳定约束（安全）等条件下求出最小目标函数值。其解法可用基于泛函极值问题的解析法、数学规划法（线性规划法和非线性规划法等）等。

9. 材料力学、结构力学在拱坝中的应用

世界上第一座拱坝是于公元3世纪修建的法国鲍姆（Borm）砌石拱坝，坝高12m，当时人们是凭经验设计的。1854年，法国人采用弹性力学中的圆筒理论设计拱坝，建成了左拉（Zola）砌石拱坝，坝高为42.7m。在1920—1930年，经过美国和瑞士的工程师们多年探索和改进，最后由美国垦务局总工程师萨维奇（J. L. Savage）领导下的一大批专家们提出了基于杆系结构力学模型的拱梁分载理论的试载法，为高拱坝的设计提供了一种可靠实用的方法（至今仍被规范认定为拱坝设计的主要计算方法），并掀起了修建拱坝的第一次高潮。到1936年，美国在科罗拉多（Colorado）河上建成了坝高为221.4m的胡佛拱坝，它是当时全球最高的坝（是之前已建坝体最大高度的2倍），其库容是当时最大的水库埃及阿斯旺（Aswan）水库的8倍，引起世人的注目。在1935—1970年，西欧各国兴建了众多双曲薄拱坝，掀起了全球第二次兴建拱坝的高潮。他们不囿于美国人的拱梁并重概念，而是强化拱的作用。全球兴建拱坝的第三次高潮发生在20世纪70年代的中国，其间中国总共修建533座拱坝，几乎占据全球拱坝总数的一半，一跃成为全世界建造拱坝最多的国家。

拱坝的结构设计包括拱坝轮廓（拱圈和拱冠梁形状以及坝基连接面）布置、拱坝的应力分析和坝肩的稳定分析等。第一项是定形状，后两项是定尺寸或确定地基处理设施。每

一项均要保证拱坝具有足够的强度、刚度和稳定性，因此拱坝设计是离不开力学分析的。

由于拱坝形状的多样性（有单曲的，有双曲的，曲线又有不同的形状），地基的复杂性，其力学分析和计算远比重力坝困难。早期拱坝是靠经验设计的；之后才采用了弹性力学的圆筒理论、拱冠梁法（将拱坝离散为由一个拱冠梁和若干个水平拱组成的计算模型）和多拱梁分载法（计算模型为多拱多梁的杆系结构，由拱梁交点变形相容的条件，求出拱和梁各自承担的载荷，最后根据杆件内力公式计算坝体的内力）；在20世纪中叶出现了有限元法后，拱坝计算有了比较精确的方法。但工程中的问题远比理论分析中的理想模型复杂，拱坝的设计还需要工程实践的经验作为借鉴。因此，尽管在理论上认为有限元模型比多拱梁模型先进，但由于后者已经在众多拱坝设计中积累了经验，制定了可循的规范，在目前依然是拱坝设计的主要手段。但在大中型坝工设计中，特别是近年的高拱坝（如已建成的二滩、李家峡、溪洛渡和小湾高拱坝等）设计中，有限元计算已成为不可缺少的工具。

1.3.3 水力学在水利工程中的应用

水力学广泛应用在农田灌溉、防洪抢险、水力发电、港口码头、渠化通航、生态养殖等领域，其中：

（1）水静力学研究液体静止或相对静止状态下的力学规律及其应用，探讨液体内部压强分布、液体对固体接触面的压力、液体对浮体和潜体的浮力及浮体的稳定性等，应用于水利工程中蓄水容器、输水管渠、挡水构筑物、沉浮于水中的构筑物（如水池、水箱、水管、闸门、堤坝、船舶等）的静力荷载计算。

（2）水动力学研究液体运动状态下的力学规律，应用于分析水利工程中管流、明渠流、堰流、孔口流、射流多孔介质渗流的流动规律，设计计算流速、流量、水深、压力、水工建筑物结构，解决给水排水、道路桥涵、农田排灌、水力发电、防洪除涝、河道整治及港口工程中的相关水力学问题。

建设一个水利水电枢纽工程，很多问题要应用水力学解决，如：堰闸、挡水坝段的水静力学计算，溢流坝段的水力计算，流态、消能措施、压力引水计算，坝基渗流、库岸边坡稳定、船闸水力学设计等。一方面，这些问题在工程规划设计、建设运营、维护管理等不同阶段都可能存在；另一方面，可能要与其他学科关联交叉才能很好解决工程实际问题，如溢流坝段水力学计算，要联合运用数学、物理学、水文学、工程力学等技术基础知识，采用理论分析、数值计算、试验研究、原型观测、工程类比等综合研究方法。

1.3.4 岩土力学在水利工程中的应用

1. 土力学在土质堤坝变形及地基沉降计算中的应用

1925年由奥地利的太沙基出版了第一部《土力学》。对于沉降量的计算，土力学早已经提出了公式。在计算时，首先要掌握基础平面尺寸和埋深、地质剖面图、总荷载及其在基底上的作用点位置等资料。掌握这些原始资料后，将土层的剖面图分成若干薄层进行计算，就能较准确地计算出地基沉降。同样的，土力学也可以计算出土体的沉降差及倾斜量。计算、掌握了这些数据之后，就能够采取适当的措施避免沉降带来的问题，提升工程项目的施工质量。

南水北调中线工程总干渠跨越了长江、黄河、淮河、海河等多个流域以及从南往北的气候带和不同地质结构，存在膨胀土、黄土、砂土等特殊性质的岩土。该干渠穿越数百千米膨胀土地区的渠段断面设计以及相应的工程处理措施，涉及：①膨胀土抗剪强度试验方法及指标的选取；②膨胀土渠道合理的断面形式、边坡坡比及处理措施；③膨胀土边坡稳定分析方法；④膨胀土作为填方土料的可行性及处理措施研究；⑤工程运行期渠坡的变形与破坏的长期监测等。其中，膨胀土抗剪强度是渠坡稳定分析、断面设计、渠道处理措施设计的基础。膨胀土边坡在一定深度范围内的含水率随着降雨、温度、蒸发等环境因素发生变化，而含水率的变化将使土体的负孔隙水压力（基质吸力）随之改变，直接导致非饱和土的抗剪强度随之呈现出显著的“变动强度”特性。如果不了解膨胀土边坡破坏的内在原因，不掌握膨胀土边坡变形的真实机理，忽视了土体内部结构、裂隙面、胀缩性等客观因素对其抗剪强度的影响，要么使得膨胀土滑坡的隐患长期存在；要么采取放缓边坡的设计，导致工程量增大，造成大量宝贵农田的浪费。

2. 土力学在天然地基承载力计算中的应用

地基检算成为工程设计中的一项重要内容，包括对地基强度、变形和稳定性三方面的检算。其中，地基强度的检算是最基本的问题。土力学为地基检算、确定地基的容许承载力提供了方法。

在确定地基容许承载能力时，常运用的方法包括：控制地基中塑性区发展深度的方法；由原位测试确定地基的容许承载力；按理论公式求地基的极限载荷再除以安全系数；按相关规范提供的经验公式确定容许承载力。我国关于水利工程基础、铁路路基、建筑地基等的容许承载力的确定都有比较明确的规范和经验公式。目前的工程项目大多采用依据相关规范确定容许承载力的方法。

在一些软弱地基上施工，需要置入高强度的其他材料，形成复合地基。目前这些新材料、新工艺的应用已经有了一定范围的推广。但目前的设计理论还不能满足应用需要，需做进一步研究。

3. 土压力在挡土墙中的应用

土压力的计算十分复杂，不但要考虑挡土墙后土体、地基和墙身三者的关系，还与施工方式、墙身位移、墙体材料、墙后土体性质乃至地下水状况等诸多因素有关。土力学中关于土压力计算的理论有郎肯土压力理论和库仑土压力理论，这两种理论基本可以解决目前的土压力分布问题。

4. 土的动力及地震特性在滑坡和地基处理中的应用

若出现外界因素导致土坡失去平衡，土体将会沿某一滑面发生滑动，即滑坡。为了避免这种现象的出现，土力学提出了相应于不同滑面土坡稳定的分析方法。根据这些理论，能够提出加强土坡稳定的措施，包括减载、加重、排水、支挡等。

当地基不能满足工程要求时，可应用土力学原理对地基进行处理。地基处理主要是为了改善土体性质，满足建筑物对地基力学的基本要求。工程中的地基处理方式主要有四种技术思路，即：胶结、固化、电化学加固类；换填类；夯实、挤密类；加筋类等。土体在动载荷作用下的性质是不容忽视的问题。不同的工程项目有不同的动载荷来源，包括车辆

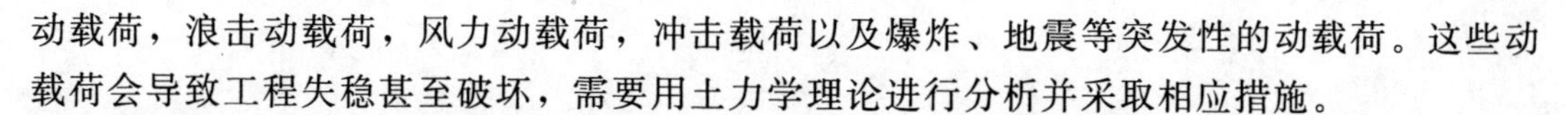

动载荷，浪击动载荷，风力动载荷，冲击载荷以及爆炸、地震等突发性的动载荷。这些动载荷会导致工程失稳甚至破坏，需要用土力学理论进行分析并采取相应措施。

5. *岩石力学在水工洞室设计、施工中的应用*

水工引水洞室、地下厂房的设计、施工过程中，要解决地应力分布特征、岩石力学特性、工程岩体分级、洞室围岩变形破坏特征、岩体稳定与支护分析、超载安全度以及洞室围岩开挖与支护措施等岩石力学问题。

如洞室开挖后，岩体变形会随时间发生变化，因此需要设计合理的支护方案和采取合理的支护措施。通过岩石力学数值模拟和力学计算，得到地下厂房适宜的开挖方案；根据各种围岩支护措施条件下围岩的变形、应力状态、塑性区分布等评价加固效果，确定支护时机和优化的支护方案等。

力学在水利工程中的应用十分广泛和深入。本书对基础力学问题进行工程应用案例分析，将理论力学、材料力学、水力学三部分形成《力学在水利工程中的应用（上册）》；结构力学、土力学、岩石力学等三部分形成《力学在水利工程中的应用（下册）》。

参 考 文 献

[1] 张建云，盛金保，蔡跃波，等. 水库大坝安全保障关键技术 [J]. 水利水电技术，2015，46（1）：1-10.

[2] 张楚汉. 高坝——水电站工程建设中的关键科学技术问题 [J]. 贵州水力发电，2005，19（2）：1-5.

[3] 张建云. 气候变化与水利工程安全 [J]. 岩土工程学报，2009，31（3）：326-330.

[4] 张楚汉，王光谦. 我国水安全和水利科技热点与前沿 [J]. 中国科学：技术科学，2015，45（10）：1007-1012.

[5] 国家自然科学基金委员会，中国科学院. 中国学科发展战略：水利科学与工程 [M]. 北京：科学出版社，2016.

第2章 理论力学在水利工程中的应用

2.1 水工建筑物中的静力学问题

静力学研究物体在力作用下的平衡规律，是一门研究有关物体平衡问题的科学，它和其他科学技术一样是在生产实践中产生、发展又服务于生产实践的。

水利建设的各种工程设计和施工都涉及静力学问题。在水利工程建设中，为了承受一定荷载以满足各种使用要求，需要建造不同的建筑物，如水利工程中的水闸、水坝、水电站、渡槽、桥梁、隧洞等。建筑物中承受荷载并起到骨架作用的部分称为结构。组成结构的各单独部分称为构件。结构是由若干构件按一定方式组合而成的，如：支撑渡槽槽身的排架是由立柱和横梁组成的刚架结构，见图2.1（a）；支撑弧形闸门面板的腿架是由弦杆和腹杆组成的桁架结构，见图2.1（b）；电厂厂房结构由屋顶、楼板、吊车梁和柱等构件组成，其屋顶是由板、次梁和主梁组成的肋形结构，见图2.1（c）。

水利工程结构的受力必须满足力系的平衡条件。在设计如图2.1（c）所示的厂房结

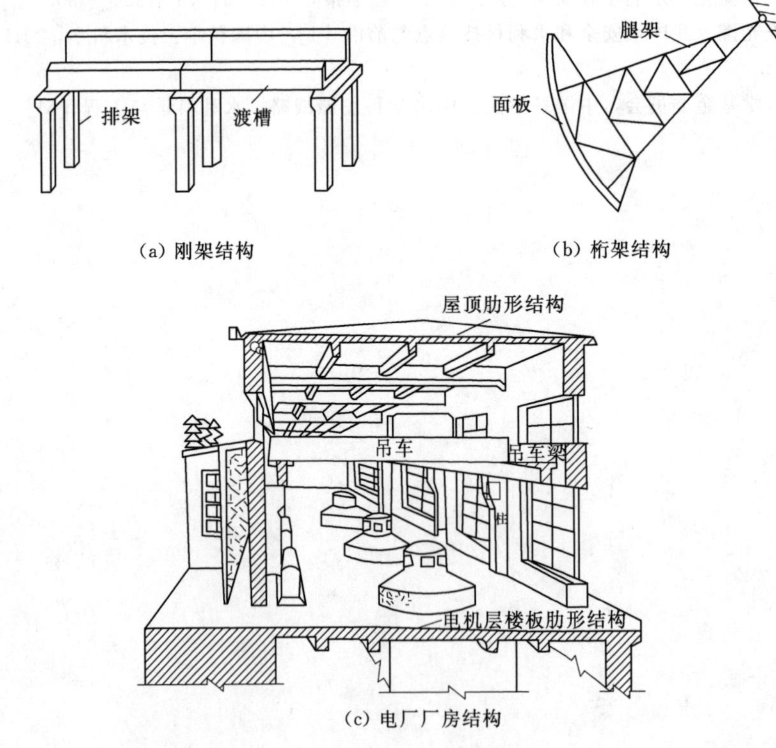

(a) 刚架结构　　(b) 桁架结构

(c) 电厂厂房结构

图2.1　结构示意图

构时，要先对屋架、吊车梁、柱、基础等构件进行受力分析，根据力系的平衡条件求出这些力中的未知量，然后设计这些构件的断面尺寸及配置钢筋等。对重力坝、拱坝、水闸、溢洪道等都要进行受力分析，利用力系的平衡条件来计算其稳定性和应力。支撑渡槽的排架、渡槽、工作桥、交通桥也需要应用力系的平衡条件求出力系中的未知力，然后对这些结构进行断面设计，计算其应力和变形。因此，静力学研究是水利工程建设的基础。

2.1.1　物体的受力分析

【工程实例 1】　南水北调中线工程沙河渡槽

沙河渡槽工程是南水北调中线一期工程的组成部分，工程起点位于鲁山县薛寨村北，终点为鲁山坡流槽出口 50m 处，与鲁山北段设计单元相接。工程设计流量为 $320\text{m}^3/\text{s}$，加大流量为 $380\text{m}^3/\text{s}$。渡槽起点断面设计水位为 132.37m，终点设计水位为 130.49m。

该工程跨沙河、将相河、大郎河三条河，各类交叉建筑物共 12 座，其中沙河梁式渡槽、沙河-大郎河箱基渡槽、大郎河梁式渡槽、大郎河-鲁山坡箱基渡槽和鲁山坡落地槽统称为沙河渡槽（图 2.2～图 2.4）。其中大郎河梁式渡槽采用多跨 U 形 3 孔连接方式，预应力预制整体吊装，槽墩间距 30m，一次吊装重量 1200t，是当前国内最大的梁式渡槽。

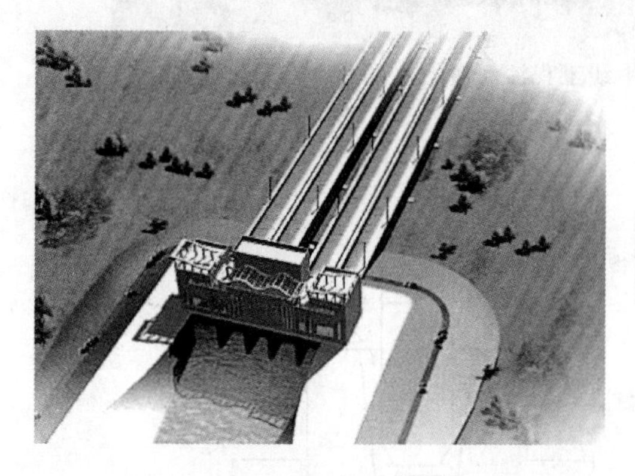

图 2.2　沙河渡槽进水闸效果图

图 2.3　沙河渡槽跨越沙河主河床

【问题】　画出渡槽槽身、排架受力图。

分析：如图 2.5 和图 2.6 所示，渡槽的槽身直接支撑在槽墩或排架上，每段槽身有两个支撑点，槽身与槽身之间的伸缩缝设在槽墩或排架位置，所以每段槽身可以简化为简支梁进行计算。排架与基础（一般为板式基础）的连接常采用固接或铰接两种形式。现场浇筑时，排架与基础常整体结合，立柱竖向钢筋直接伸入基础内，按固接考虑。预制装配式排架则根据排架吊装就位后的杯口处理方式而按固接或铰接考虑（图 2.7）。

图 2.4　沙河渡槽

图 2.5　南水北调中线工程沙河渡槽（建设中）

图 2.6　南水北调中线工程沙河渡槽

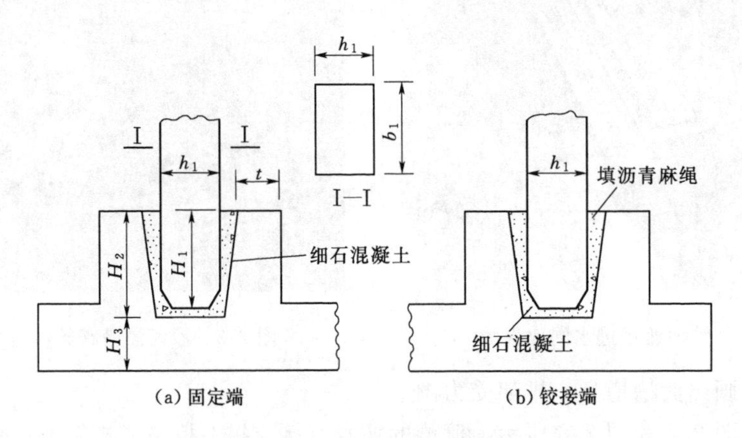

图 2.7　排架与基础的连接（单位：cm）

解：

取渡槽槽身和排架为研究对象，除去约束画其受力图。

每段槽身可简化为如图 2.8 所示的力学模型。作用于槽身的荷载一般按匀布荷载考

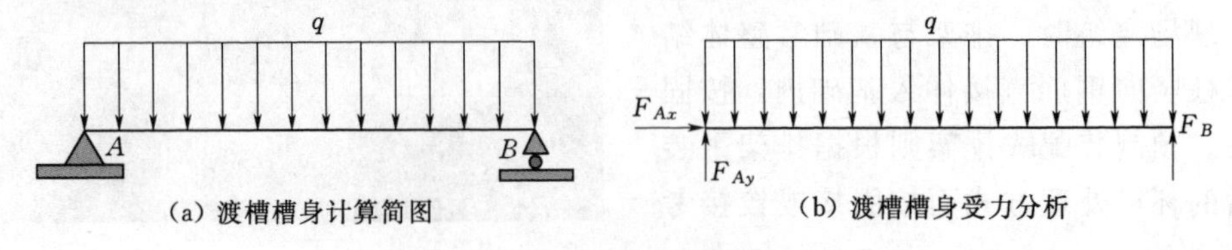

图 2.8　渡槽槽身计算分析

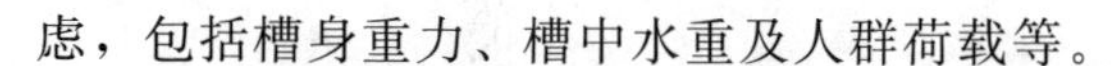

虑，包括槽身重力、槽中水重及人群荷载等。

排架受力如图 2.9 所示。作用于排架的铅直荷载有：①槽身重力及槽内水重力 P；②槽身在横向风压力 P_1 作用下通过支座传给支柱的轴向拉力和压力 P'；③排架重力，计算时将排架重力化为节点荷载，每一节点荷载等于相邻上半柱和下半柱重力以及横梁重力之半的总和。

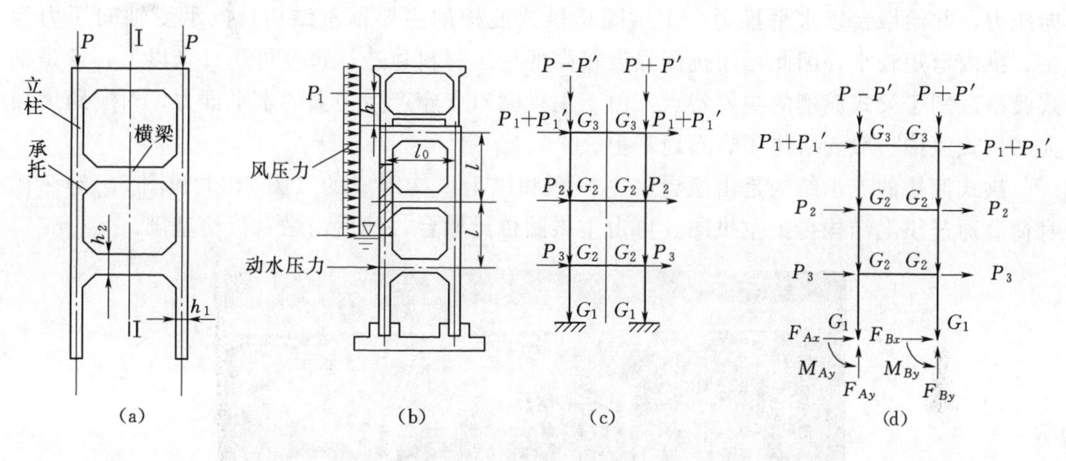

图 2.9 排架受力分析

作用于排架的水平荷载有：①通过摩阻作用传至支柱顶部的槽身横向风压力 P'_1；②作用于排架立柱上的横向风压力或动水压力等（P_i，$i=1$，2，…）。

【工程实例 2】 太行渡槽

太行渡槽位于河北省沙河市渡口村东南。20 世纪 70 年代，在沙河上游修建东石岭水库（现今的秦王湖）。该渡槽为东石岭水库干渠上的控制性工程，是中国第一单孔宽度浆砌石拱桥。渡槽犹如一道彩虹飞架于两山之间，气势磅礴，雄伟壮观（图 2.10）。

图 2.10 太行渡槽

太行渡槽于 1973 年动工建设，1976 年竣工。渡槽跨度 101m，全长 220m，高 53m，是一座浆砌单拱渡槽，主拱为空腹式变截面悬链线无铰拱，小拱 17 孔，单孔单跨 6m，渠道墙高 2.3m，厚 1m，过水深 2m，过水宽 2.4m，主拱上约有 8900 块弧形石，每块约重 1.2t。

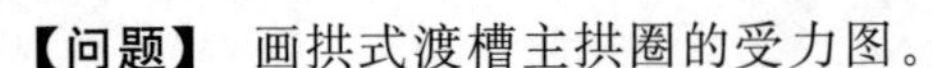

【问题】 画拱式渡槽主拱圈的受力图。

分析： 拱是一种轴线为曲线或折线形、在竖向荷载作用下拱脚产生水平推力的结构。拱脚须有水平向约束。如果拱脚无水平向约束，在铅直荷载作用下只产生竖向反力的拱形结构，只能称为曲梁。拱式渡槽与梁式渡槽不同之处，是在槽身与墩台之间增设了主拱圈和拱上结构。拱上结构将上部荷载传给主拱圈，主拱圈再将传来的拱上铅直荷载转变为轴向压力，并给墩台以水平推力。主拱圈是拱式渡槽的主要承重结构，以承受轴向压力为主，拱内弯矩较小，因此可用抗压强度较高的圬工材料建造，跨度可达百米以上，这是拱式渡槽区别于梁式渡槽的主要特点。由于主拱圈对支座产生强大的水平推力，对于跨度较大的拱式渡槽一般要求建于岩石地基上。

拱式渡槽的支承结构是由墩台、主拱圈和拱上结构组成的（图 2.11 和图 2.12)。槽身荷载通过拱上结构传给主拱圈，再由主拱圈传给墩台，然后由墩台传给基础。

图 2.11　拱式渡槽

主拱圈在跨径中央处称为拱顶，两端与墩台连接处称为拱脚，各径向截面重心的连线称为拱轴线。两拱脚截面重心的水平距离 l 称为计算跨度（简称跨度)，拱顶截面重心到拱脚截面重心的铅直距离 f 称为计算矢高（简称矢高)，拱圈外边缘的距离 b 称为拱宽，矢高与跨度的比值 f/l 称为矢跨比，拱宽 b 与跨度 l 的比值 b/l 称为宽跨比。

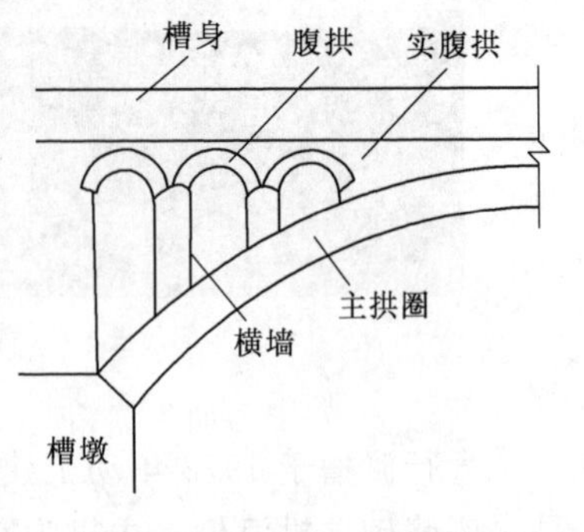

图 2.12　拱式渡槽示意图

解：

取主拱圈为研究对象，除去约束画受力图如图 2.13 所示。

图 2.13 中 G_1、H_1 是由靠近拱顶的腹拱拱脚传给拱圈的铅直集中荷载和水平推力，G_2 是由横墙或立柱传来的铅直集中力，W_1 是由拱顶实腹段

传来的分布荷载，W_2是拱圈自重。

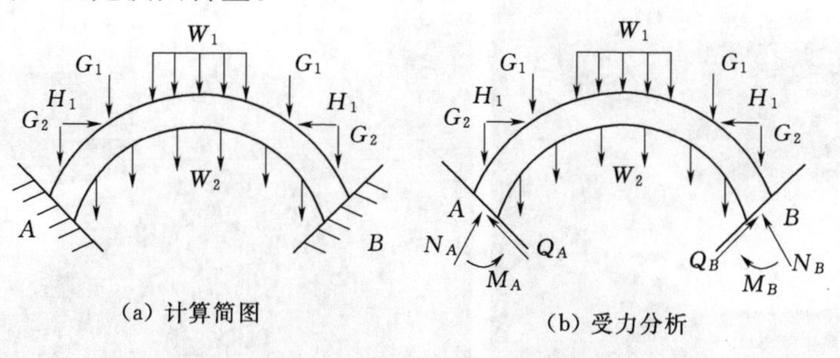

图 2.13 拱式渡槽主拱圈计算分析

【工程实例 3】 都江堰水利工程

都江堰是由秦国蜀郡太守李冰父子率众于公元前 256 年左右修建并使用至今的大型水利工程，被誉为“世界水利文化的鼻祖”，是全世界迄今为止，年代最久、唯一留存、以无坝引水为特征的宏大水利工程。渠首枢纽主要由鱼嘴分水堤、飞沙堰溢洪道、宝瓶口进水口三大主体工程构成（图 2.14）。三者有机配合，相互制约，协调运行，引水灌田，分洪减灾，具有“分四六，平潦旱”的功效。

【问题 1】 都江堰外江水闸（图 2.15）上的工作桥受力分析。

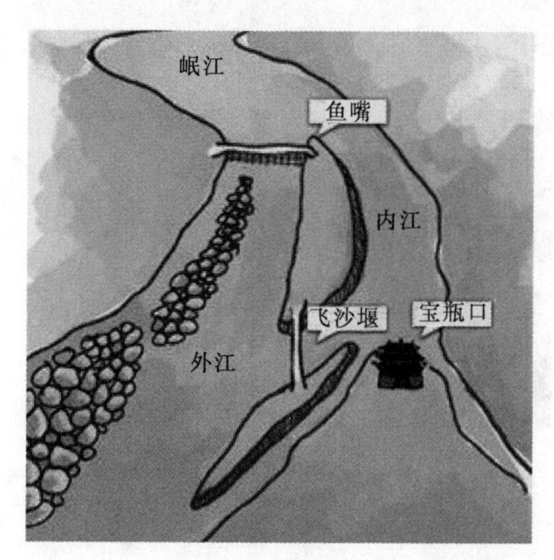

图 2.14 都江堰水利工程示意图

图 2.15 都江堰外江水闸

分析： 工作桥是为启闭闸门而设置的，工作桥两端分别支撑在闸墩上（图 2.16），所以工作桥计算时可以被简化为支撑在闸墩或桁架上的简支梁，力学模型与梁式渡槽相同。

解：

取工作桥作为研究对象，工作桥的一端为固定铰约束，另一端为活动铰约束，如图 2.17（a）所示。解除两端约束，画工作桥受力图，如图 2.17（b）所示。图 2.17 中 q 为工作桥面板单位宽度自重，F_{Ax}、F_{Ay}、F_B 为约束反力。

【问题 2】 闸墩受力分析。

分析： 闸墩［图 2.18（a）和图 2.18（b）］承受闸门传来的水压力，也是坝顶桥梁的

图 2.16　工作桥

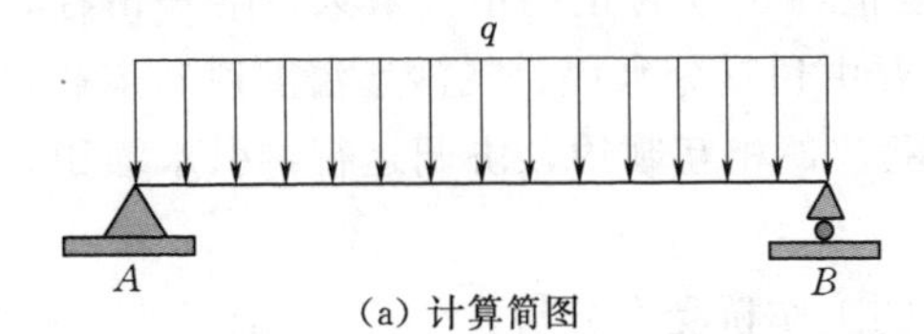

(a) 计算简图

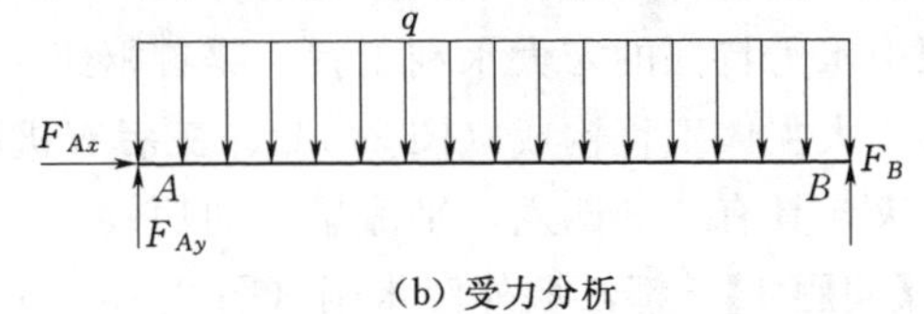

(b) 受力分析

图 2.17　工作桥计算分析

(a) 闸墩

(b) 闸墩（建设中）

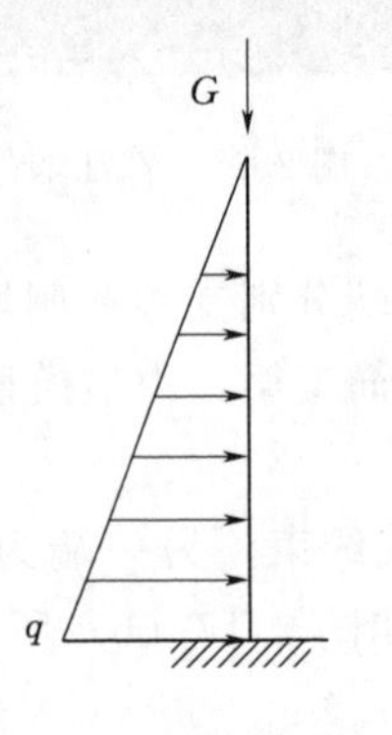

(c) 计算简图

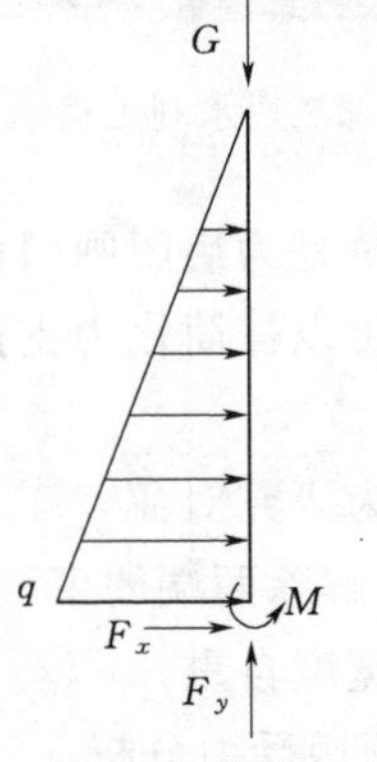

(d) 受力分析

图 2.18　闸墩及其计算分析

支承。闸墩与闸室底板相连，可作为固接于底板的悬臂结构，其力学模型为悬臂梁。

解：

取闸墩作为研究对象，闸墩承受自重及桥梁传来的荷载 G 和水压力 q 的作用，去除约束画受力图［图 2.18（c）和图 2.18（d）］。

【工程实例 4】 南水北调东线皂河泵站工程

南水北调东线工程规划从江苏省扬州附近的长江干流引水，利用京杭大运河以及与其平行的河道输水，连通洪泽湖、骆马湖、南四湖、东平湖，并作为调蓄水库，经泵站逐级提水进入东平湖后，分水两路。一路向北穿黄河后自流到天津，从长江到天津北大港水库输水主干线长约 1156km；另一路向东经新辟的胶东地区输水干线接引黄济青渠道，向胶东地区供水（图 2.19）。

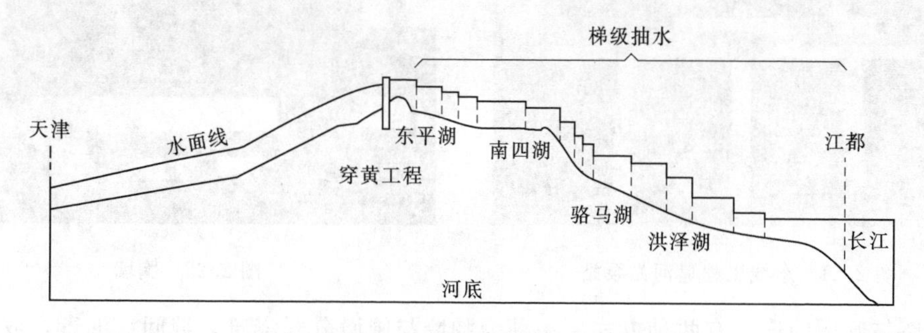

图 2.19 南水北调东线逐级提水示意图

南水北调东线一期工程第六梯级泵站——皂河站工程（图 2.20），位于宿迁市宿豫区皂河镇北 5km 处，东临中运河、骆马湖，西接邳洪河、黄墩湖。其主要任务是与泗阳泵站、刘老涧泵站一起，通过中运河线向骆马湖输水 $175m^3/s$，与运西徐洪河共同满足向骆马湖调水 $275m^3/s$ 的目标，并结合邳洪河和黄墩湖地区排涝。整个皂河站工程总投资为 3.95 亿元，建设工期为 3 年。工程建成后不仅提高了洪泽湖向骆马湖的调水能力，同时对工程沿线的防洪、排涝、灌溉和改善运河航运条件等发挥重要作用。

图 2.20 东线皂河站工程

【问题】 对胸墙进行受力分析。

分析：胸墙位于闸孔上部，是处于闸室胸位的挡水墙（图 2.21 和图 2.22）。当水闸设计挡水位高于泄流控制水位且差值较大时，为减小闸门高度，可设置胸墙。弧形闸门的胸墙一般置于闸门上游；平面闸门的胸墙可置于闸门上游或下游。胸墙与闸门间设止水件。胸墙与闸门在闸室中的位置，决定闸前水重及墩上荷载的位置和大小，因而对闸室稳定、基底及闸墩应力分布都有影响，应综合考虑各项设计要求，通过分析计算来确定。

图 2.21　东线工程皂河站泵站

图 2.22　胸墙

胸墙与闸墩的连接有两种方式，一种为胸墙与闸墩分开浇筑，缝间涂沥青，或可将预制墙体插入闸墩预留槽内，做成活动胸墙，为简支式［图 2.23（a)］。另一种就是胸墙与闸墩同期浇筑，胸墙钢筋伸入闸墩内，形成刚性连接，为固接式［图 2.23（b)］。

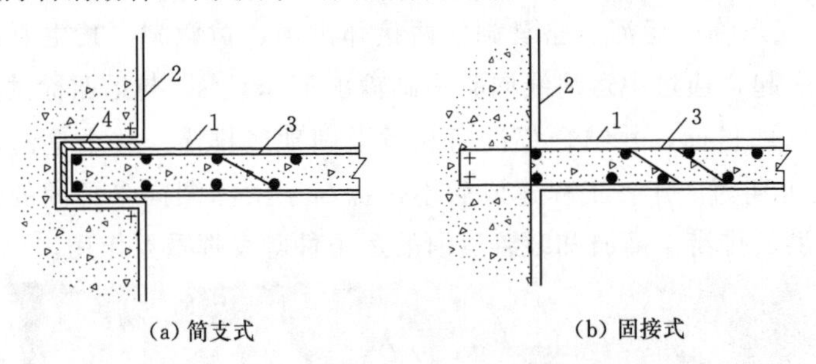

图 2.23　胸墙的支承型式

1—胸墙；2—闸墩；3—钢筋；4—涂沥青

解：

简支式胸墙可以简化为简支梁，固接式胸墙可以简化为两端固定的超静定梁，受力分析如图 2.24 所示。

【工程实例 5】 向家坝水利工程

向家坝水电站位于云南水富与四川省交界的金沙江下游河段上，距水富市区仅 1500m，是金沙江水电基地最后一级水电站，上距溪洛渡水电站坝址 157km。电站拦河大坝为混凝土重力坝，最大坝高为 162m，坝顶长度为 909.26m。坝址控制流域面积 45.88 万 km^2，占金沙江流域面积的 97%，多年平均径流量为 $3810m^3/s$。水库总库容为 51.63

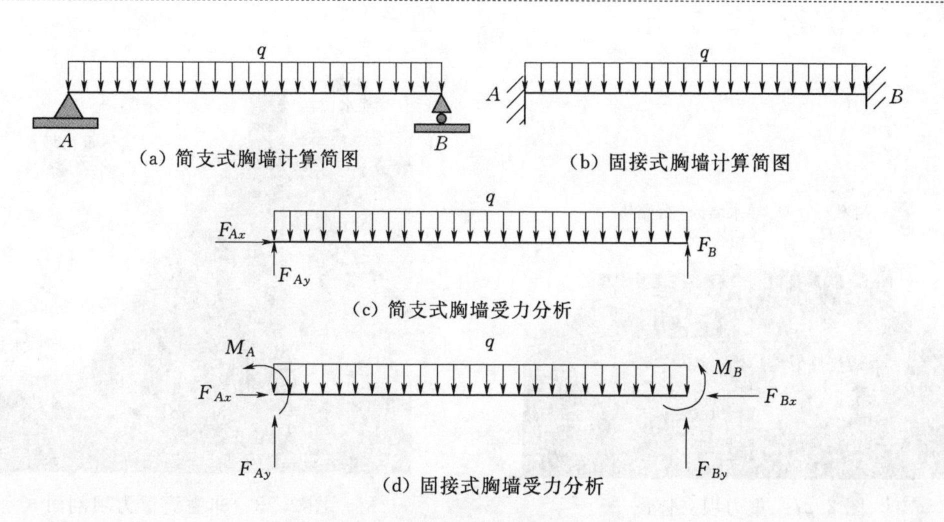

(a) 简支式胸墙计算简图　(b) 固接式胸墙计算简图

(c) 简支式胸墙受力分析

(d) 固接式胸墙受力分析

图 2.24　简支式与固接式胸墙计算分析

亿 m^3，回水长度为 156.6km。电站装机容量 784 万 kW，多年平均发电量 307.47 亿 kW·h。总投资约 542 亿元。是中国第三大水电站，世界第五大水电站，也是西电东送骨干电源点。该坝是目前金沙江水电基地中唯一修建升船机的大坝，升船机最大提升高度为 114.20m，规模与三峡相当，属世界最大单体升船机，船舶翻坝效率远超三峡五级船闸，千吨级船舶过坝只需 15min（三峡船闸平均过坝时间 5h）。

图 2.25　向家坝水利枢纽工程

枢纽工程由混凝土重力坝、右岸地下厂房及左岸坝后厂房、通航建筑物和两岸灌溉取水口组成（图 2.25 和图 2.26）。

图 2.26　向家坝三维模型

【问题】 重力坝非溢流坝段和溢流坝段受力分析。

分析： 对重力坝（图 2.27）的非溢流坝段（图 2.28 和图 2.29）和溢流坝段（图 2.30 和图 2.31）进行受力分析时，沿坝轴线取单位长度进行计算。重力坝主要是依靠坝

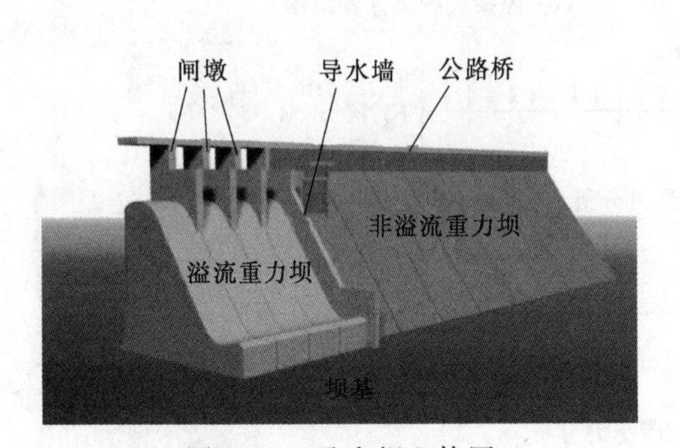

图 2.27　重力坝立体图

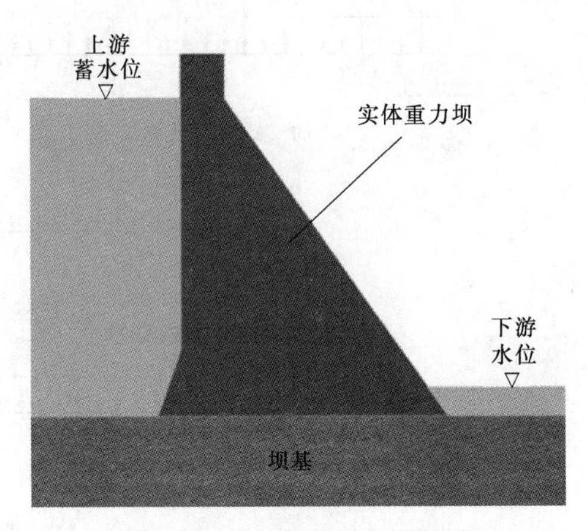

图 2.28　非溢流重力坝剖面

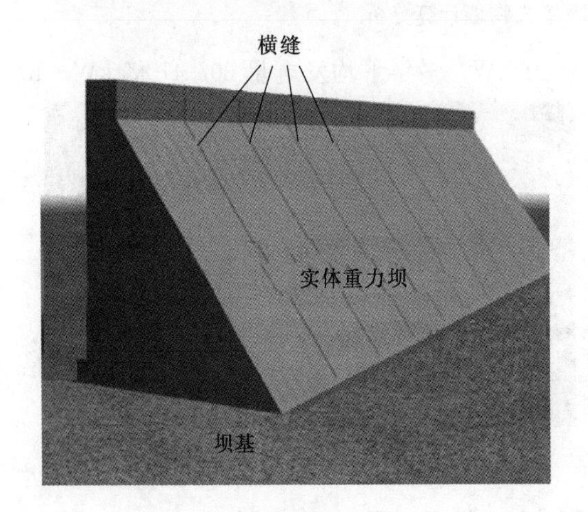

图 2.29　非溢流重力坝立体

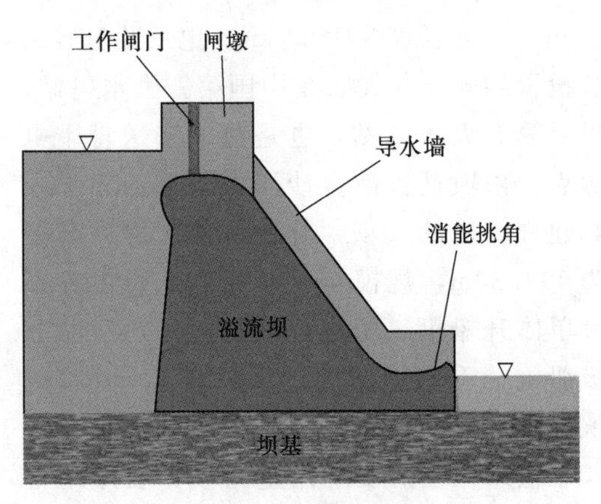

图 2.30　溢流重力坝挡水

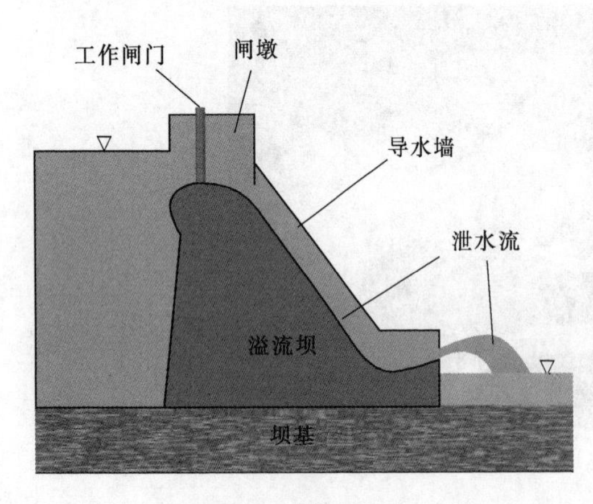

图 2.31　溢流重力坝泄水

体自重产生的抗滑力来维持稳定，同时依靠坝体自重产生的压应力来抵消由于水压力所引起的拉应力以满足强度要求。重力坝一般修建在岩基上，混凝土直接浇筑在经加固处理好的地基上，所以重力坝溢流坝段、非溢流坝段均可简化为固接于地基上的悬臂梁。

解：

沿坝轴线取单位长度非溢流坝段或溢流坝段，坝体上面作用有水压力、重力、浪压力、泥沙压力、渗透力等（图 2.32 和图 2.33），其中：q 为均布水压力，U 为扬压力，G、G_1、G_2 为自重，P_1 为上游总水平水压力，P_2 为下游总水平压力，P_3 为动水压力。

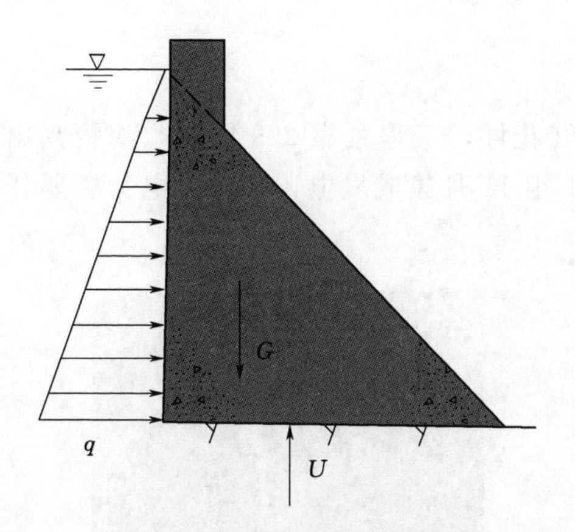

图 2.32 非溢流重力坝受力图

图 2.33 溢流重力坝受力图

计算时将非溢流坝和溢流坝均简化为固定在地基上的悬臂梁（图 2.34）。

【问题】 混凝土重力坝，忽略浪压力、泥沙压力、地震力，画出重力坝的受力图。

解：

（1）取坝体为研究对象，画出脱离体图（图 2.35）。

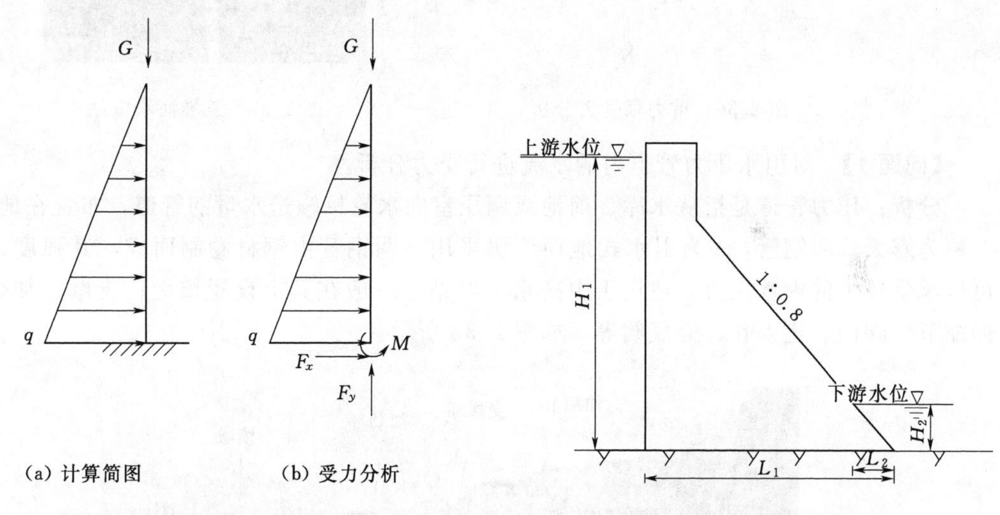

图 2.34 非溢流坝（溢流坝）计算简图及受力分析

图 2.35 重力坝剖面图

（2）画脱离体所受的全部主动力（图 2.36）：重力 $W=W_1+W_2$，作用在坝体的重心上，铅垂向下；上游坝面所受水压力为 P_1，作用在距离水面 $2H_1/3$ 处，水平指向坝体；下游坝面所受水压力为 P_2，作用在距离水面 $2H_2/3$ 处，水平指向坝体；下游坝面所受水重力为 Q，作用在与坝趾水平距离 $L_1/3$ 处，铅垂向下；坝基面所受的扬压力包括上浮力和渗透压力，上浮力 U_1 是由坝体下游水深产生的浮托力，垂直向上，作用在坝基面中点，渗透压力 U_2 是由在上、下游水位差作用下，水流通过基岩节理、裂隙产生的向上的静水压力，作用在距离坝踵 $L_1/3$ 处。

（3）分析坝体所受约束的类型，在脱离体上去掉约束的地方，按约束的性质画上约束反力以代替约束的作用；坝体受岩基摩擦的约束，摩擦力 F，水平向左；同时受约束反力

N，垂直于接触面，指向坝体。

【工程实例 6】　三堆河水电站

三堆河水电站（图 2.37）位于神农架林区红花坪，工程紧靠 209 国道，南距兴山县城 40km，北离林区首府松柏镇 130km，于 2001 年 11 月建成发电，是以发电为主要任务的小型引水式水电站工程。

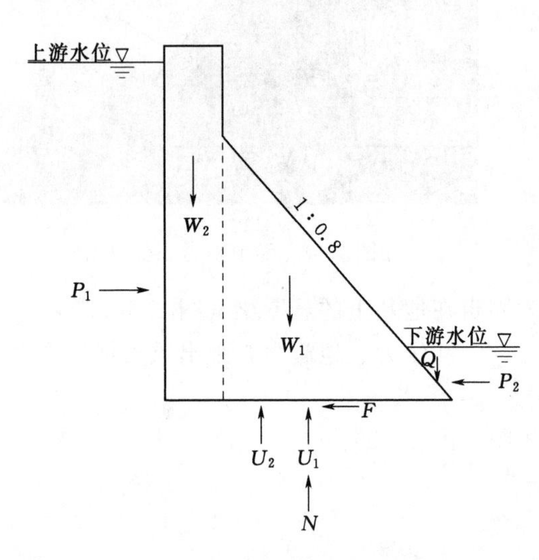

图 2.36　重力坝受力分析

图 2.37　三堆河水电站

【问题 1】　对引水压力管道内的水流进行受力分析。

分析： 压力管道是指从水库、前池或调压室向水轮机输送水量的管道，布置在地面以上称为露天式明钢管，多为引水式地面厂房采用。明钢管由钢材卷制而成，其强度很高，可以承受较大的内水压力，适用于中高水头电站。一般在其上设置镇墩、支墩、加劲环、伸缩节、阀门、进人孔、通气阀等，如图 2.38 所示。

图 2.38　引水压力钢管组成

明钢管敷设在一系列的支墩上，底面一般高出地表不小于 0.6m。在自重和水重的作用下，支墩上的管道相当于一个多跨连续梁，在管道转弯处设置镇墩，将管道固定，不使其有任何位移，相当于梁的固定端。

压力管道里面的水流受到水流自重、水压力、管壁对水体的总约束反力作用。

【问题 2】 如图 2.39 所示，某水电站输水管道中有一呈 150°的立面弯管置于镇墩内，试画出弯管内水体的受力图。

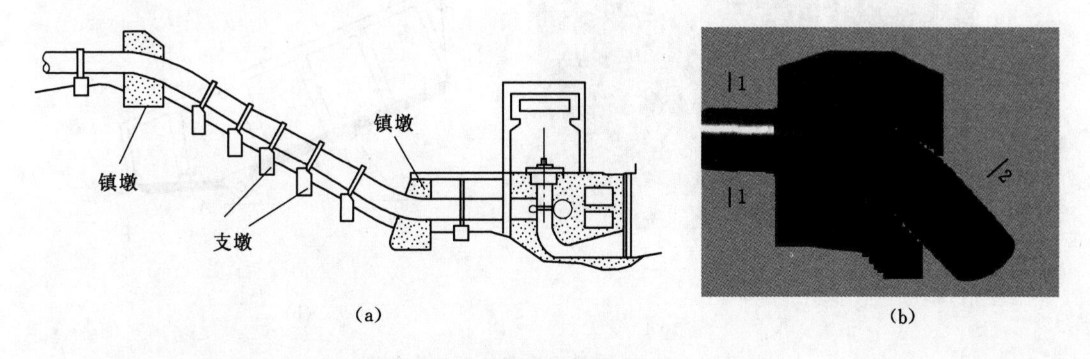

图 2.39　压力管道示意图

解：

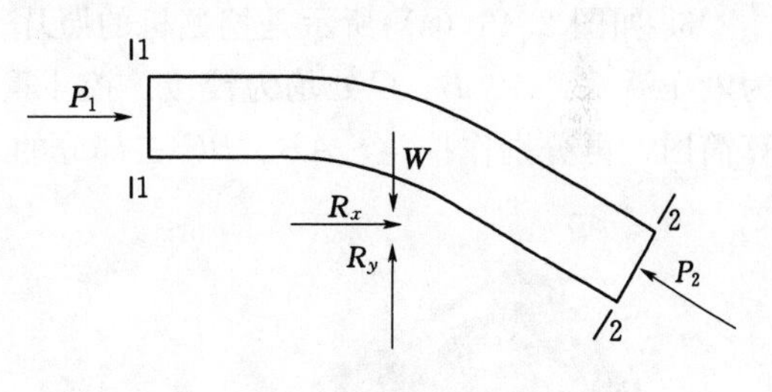

图 2.40　水流受力分析

（1）取弯管内的水流（断面 1—1 与 2—2 之间）为脱离体，画出脱离体图。

（2）画脱离体所受的全部主动力（图 2.40）：重力 W，作用在水体的重心上，铅垂向下；脱离体两端截面上的水压力，截面 1—1 上的水压力 P_1，作用在截面中心，垂直于截面，指向水体；截面 2—2 上的水压力 P_2，作用在截面中心，垂直于截面，指向水体。

（3）管道转弯处设置镇墩，将管道固定，不使其有任何位移，相当于梁的固定端，因此管壁对水体的总约束反力 R，以相互垂直的分量 R_x、R_y，方向可先行假定。

习　　题

1. 升船机连同船体共重 W，用钢绳拉动沿导轨上升，如图 2.41 所示，试以升船机连同船体为考察对象，作示力图。升船机与导轨之间假设是光滑接触，升船机与船体的重心在 C 点。

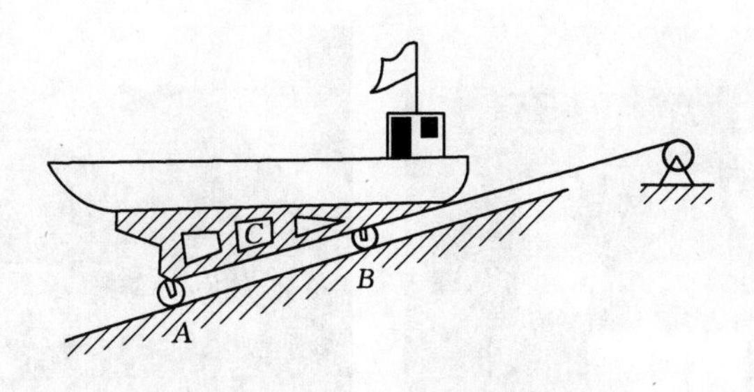

图 2.41　升船机连同船体示意图

2. 图 2.42（a）、（b）分别是自卸载重汽车的照片和简图，要求分析翻斗的受力情况。

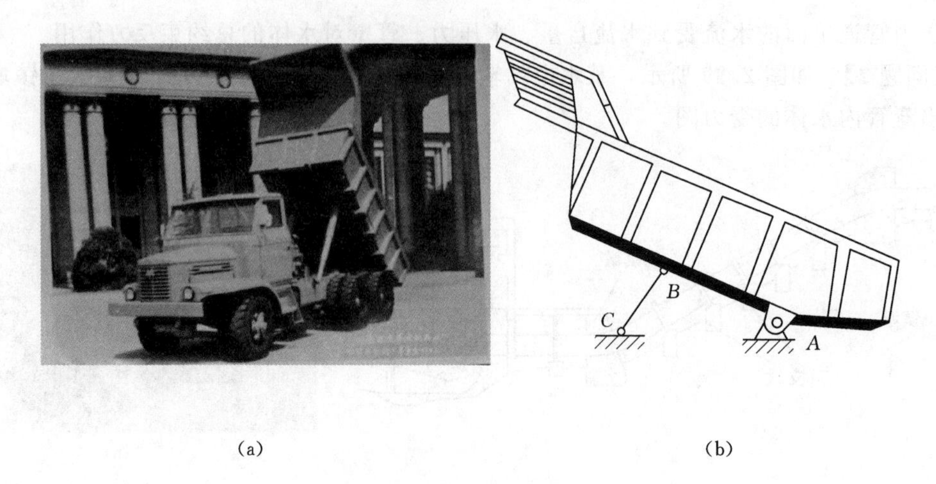

(a)　　　　(b)

图 2.42　自卸载重汽车的照片和简图

3. 如图 2.43（a）所示是挖掘机的照片，如图 2.43（b）所示是其简图。Ⅰ、Ⅱ、Ⅲ为液压活塞，A、B、C 处均为铰接。挖斗重 Q，AB、BC 重分别为 P_1、P_2。试先画出计算简图，再分别作挖斗、AB、BC 三部分的示力图。

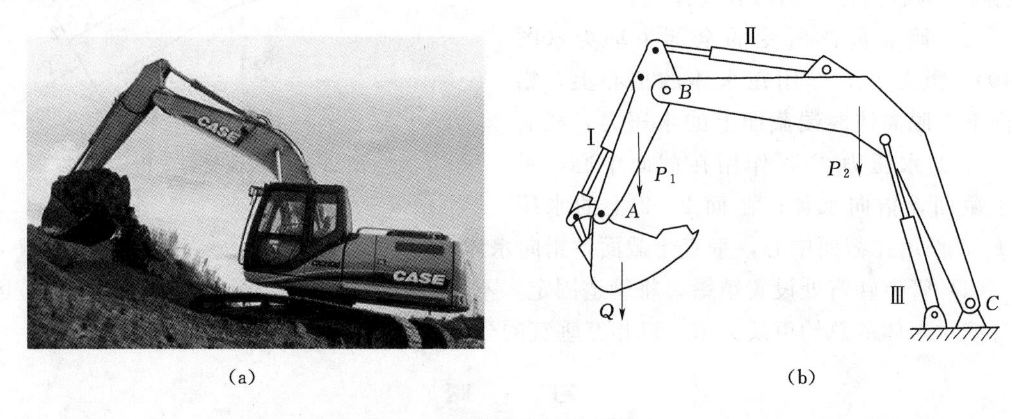

(a)　　　　(b)

图 2.43　挖掘机照片和简图

4. 用于安装弧形闸门的闸墩上的牛腿（图 2.44）受力如何分析？闸墩长度不够时在闸墩上增加的外伸悬臂结构（图 2.45）受力如何分析？交通桥（图 2.46）受力如何分析？

图 2.44　牛腿

图 2.45 悬臂结构

图 2.46 交通桥

2.1.2 平面汇交力系

【问题】 对起吊安装（图 2.47）时的平面闸门进行受力分析和求解。

图 2.47 节制闸工程闸门安装

分析： 取平面闸门作为研究对象，闸门受力为平面汇交力系。

解：

取平面闸门作为研究对象，闸门受到绳子的拉力 F_1、F_2 和自重 G 的作用保持平衡，假定 F_1、F_2 与竖直方向的夹角为 α_1、α_2，不考虑摩擦力，画受力图，如图 2.48 所示。

列平衡方程：

$$\sum X=0,\ F_1\sin\alpha_1=F_2\sin\alpha_2$$

$$\sum Y=0,\ F_1\cos\alpha_1+F_2\cos\alpha_2=G$$

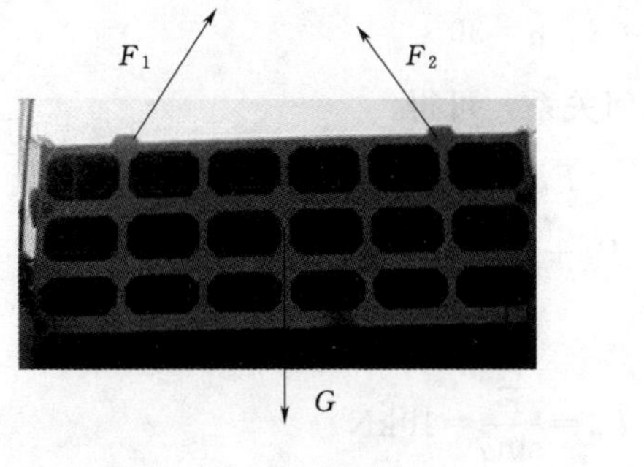

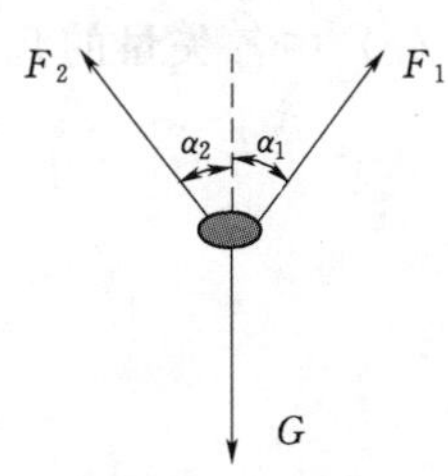

(a) 物体受力图　　(b) 受力分析简化

图 2.48 闸门起吊受力分析

【例题】 如图 2.49（a）所示的压路碾子，自重 $P=20\text{kN}$，半径 $R=0.6\text{m}$，障碍物高 $h=0.08\text{m}$。碾子中心 O 处作用一水平拉力 F。求：

（1）当水平拉力 $F=5\text{kN}$ 时，碾子对地面及障碍物的压力。

（2）欲将碾子拉过障碍物，水平拉力至少应为多大。

（3）F 沿什么方向拉动碾子最省力，此时 F 为多大。

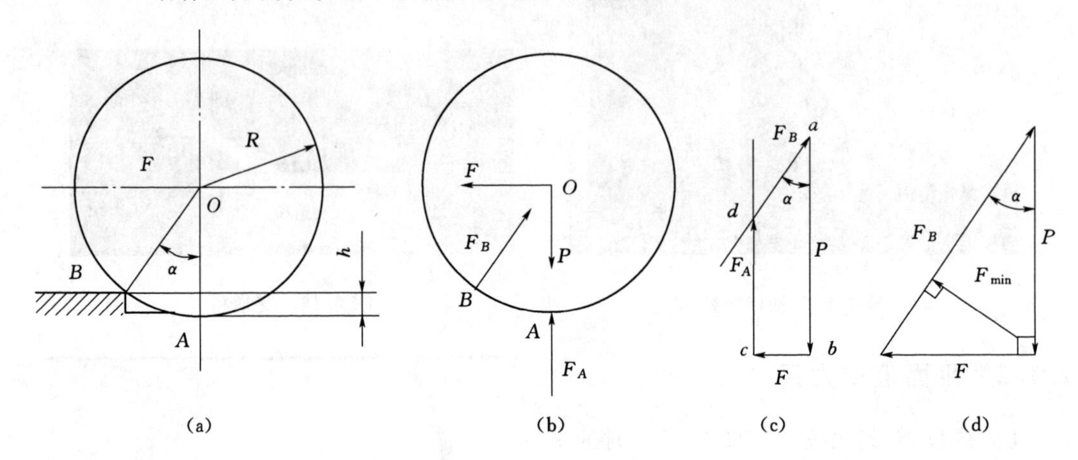

图 2.49　压路碾子示意图

解：

（1）选碾子为研究对性，其受力图如图 2.49（b）所示，各力组成平面汇交力系。根据平衡的几何条件，力 P、F、F_A 与 F_B 应组成封闭的力多边形。按比例先画已知力矢 P 与 F 如图 2.49（c）所示，再从 a、c 两点分别作平行于 F_B、F_A 的平行线，相交于点 d。将各力矢首尾相接，组成封闭的力多边形，则图 2.49（c）中的矢量 $\overrightarrow{cd}$ 和 $\overrightarrow{da}$ 即为 A、B 两点约束反力 F_A、F_B 的大小与方向，按比例量得

$$F_A=11.4\text{kN}，\ F_B=10\text{kN}$$

由图 2.49（c）的几何关系，也可以计算 F_A、F_B 的数值。按已知条件可求得

$$\cos\alpha=\frac{R-h}{R}=0.866$$

$$\alpha=30°$$

再由图 2.49（c）中各矢量的几何关系，可得

$$F_B\sin\alpha=F$$

$$F_A+F_B\cos\alpha=P$$

解得

$$F_B=\frac{F}{\sin\alpha}=10\text{kN}$$

$$F_A=P-F_B\cos\alpha=11.34\text{kN}$$

根据作用与反作用关系，碾子对地面及障碍物的压力分别等于 11.34kN 和 10kN。

（2）碾子能越过障碍物的力学条件是 $F_A=0$，因此，碾子刚刚离开地面时，其封闭的力三角形如图 2.49（d）所示。由几何关系，此时水平拉力

$$F=P\tan\alpha=11.55\text{kN}$$

此时 B 处的约束反力

$$F_B=\frac{P}{\cos\alpha}=23.09\text{kN}$$

(3) 从图 2.49 (d) 中可以清楚地看到，当拉力与 F_B 垂直时，拉动碾子的力最小，即

$$F_{\min}=P\sin\alpha=10\text{kN}$$

习　　题

1. 如图 2.50 所示为一履带式起重机，起吊重量 $P=100\text{kN}$，在图示位置平衡。如不计吊臂 AB 自重及滑轮半径和摩擦，求吊臂 AB 及缆绳 AC 所受的力。

2. 如图 2.51 所示，弧形闸门自重 $W=150\text{kN}$，试用作图法求提起闸门所需的拉力 T 和铰支座 A 处的反力。

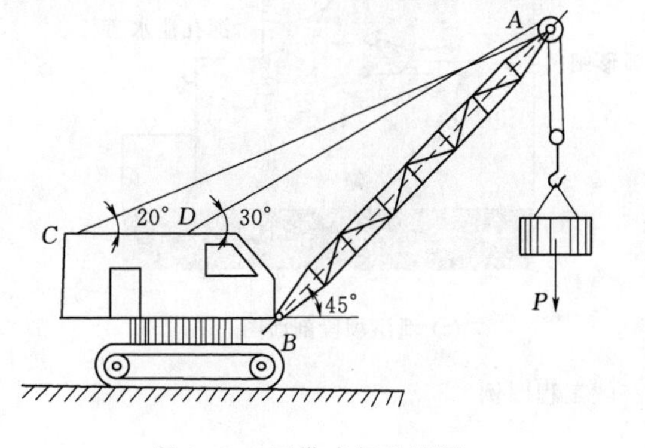

图 2.50　履带式起重机图

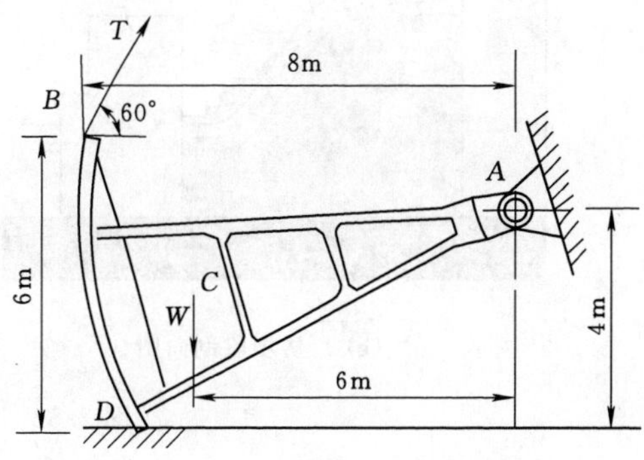

图 2.51　弧形闸门结构图

2.1.3　平面任意力系

【工程实例】　三峡水利枢纽工程

三峡水利枢纽工程位于重庆市到湖北省宜昌市之间的长江干流上。是世界上规模最大的水电站，也是中国有史以来建设的最大型的工程项目。1994 年正式动工兴建，2003 年开始蓄水发电，2009 年竣工。

水电站大坝高 185m，坝顶全长 2309.47m。采用混凝土重力坝。大坝中间部分是泄洪坝段，两侧是发电厂房坝段，再两侧是非溢流坝段（图 2.52）。

【问题】　对三峡工程重力坝溢流坝段和非溢流坝段进行受力分析。

分析： 沿坝轴线取单位长度坝体作为研究对象，进行受力分析。重力坝在水平静水压力、垂直静水压力、扬压力等荷载作用下保持稳定，单位长度坝体可作为平面问题处理，在各荷载作用下，坝体保持平衡。

解：

单位长度坝段受力如图 2.53 和图 2.54 所示，坝段在各受力作用下维持平衡，保持稳定。

(a) 三峡水电站大坝

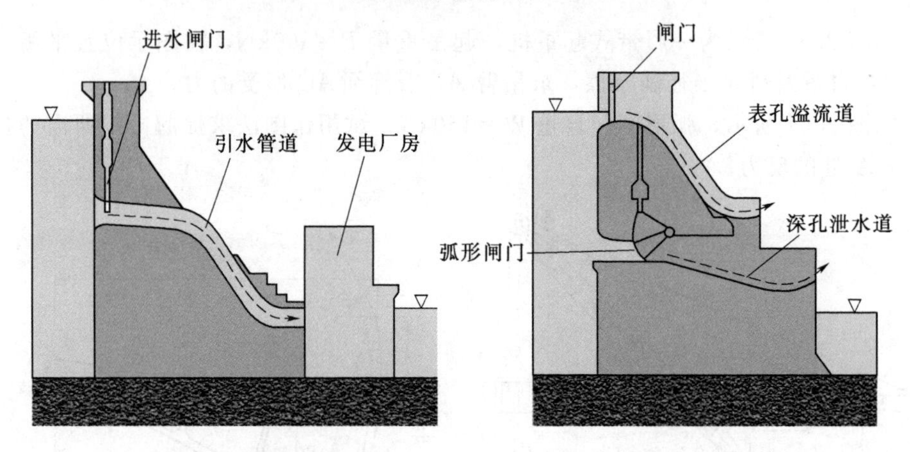

(b) 厂房坝段剖面图　　(c) 泄洪坝段剖面图

图 2.52　三峡工程图例

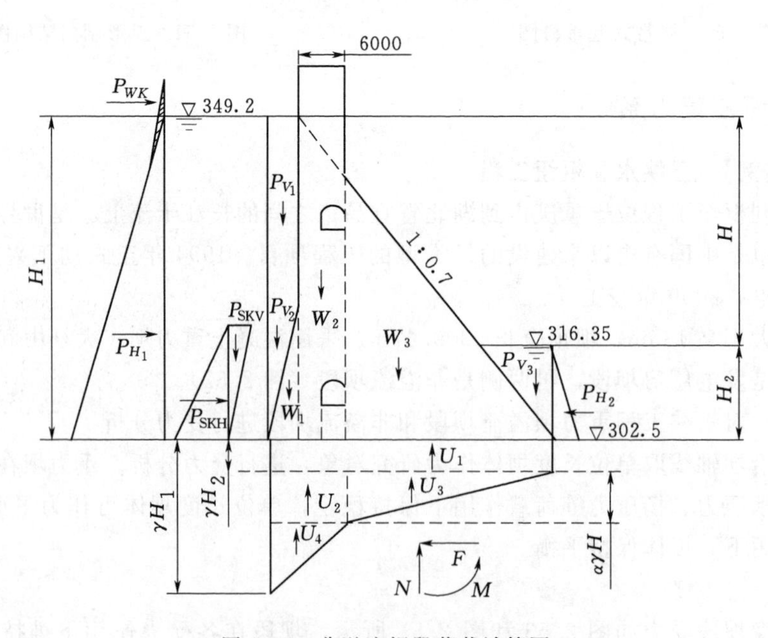

图 2.53　非溢流坝段荷载计算图

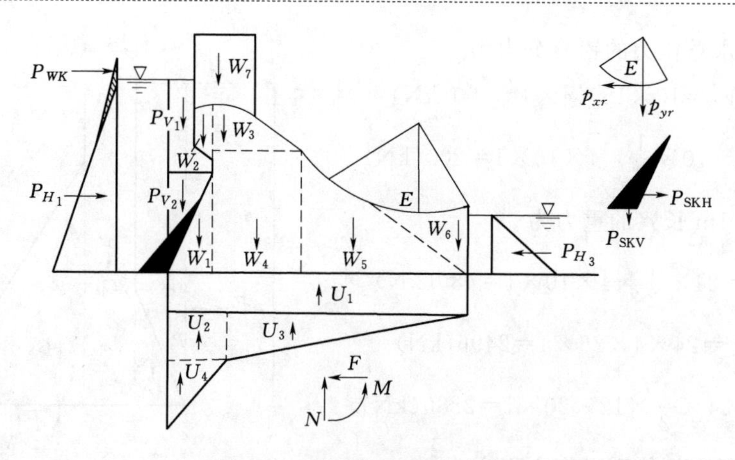

图 2.54　溢流坝段荷载计算图

列平衡方程：

$$\sum X=0$$

$$\sum Y=0$$

$$\sum M=0$$

【例题 1】　如图 2.55 所示，已知坝上游水深 $H=25\text{m}$ 及坝的剖面尺寸。混凝土的容重 $\gamma=24\text{kN/m}^3$。暂不考虑坝基渗流对坝底作用力的影响，求坝体底部的受力（假定坝体底部受力作用点为底面中心）。

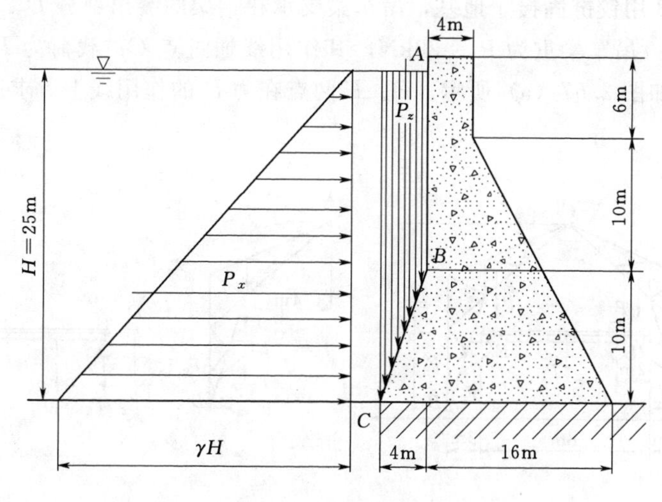

图 2.55　坝体剖面图

解：

取 1m 长的坝段来分析。坝体受力分析如图 2.56 所示。

坝面上静水总压力的水平分力为

$$P_x=\frac{1}{2}\gamma_w H^2 b=\frac{1}{2}\times 10\times 25^2\times 1=3125(\text{kN})$$

坝面上静水总压力的铅直分力为

$$P_{z_1}=\gamma_w V_1'=10\times15\times4\times1=600(\text{kN})$$

$$P_{z_2}=\gamma_w V_2'=10\times\frac{1}{2}\times4\times10\times1=200(\text{kN})$$

坝体（每 1m 长）的重力为

$$G_1=\gamma V_1=24\times\frac{1}{2}\times4\times10\times1=480(\text{kN})$$

$$G_2=\gamma V_2=24\times4\times26\times1=2496(\text{kN})$$

$$G_3=\gamma V_3=24\times\frac{1}{2}\times12\times20\times1=2880(\text{kN})$$

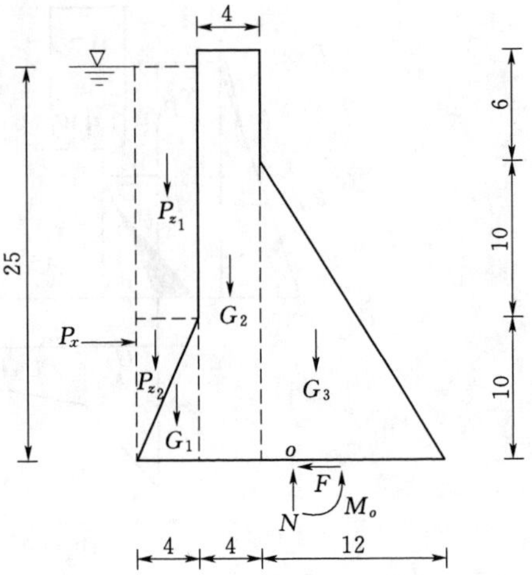

图 2.56　坝体受力分析（单位：m）

对 1m 长研究坝体列平衡方程：

$\sum X=0$，$P_x-F=0$，$F=P_x=3125\text{kN}$

$\sum Y=0$，$P_{z_1}+P_{z_2}+G_1+G_2+G_3-N=0$

$$N=P_{z_1}+P_{z_2}+G_1+G_2+G_3=600+200+480+2496+2880=6656(\text{kN})$$

$$\sum M_o=0,\ M_o-P_x\times\frac{25}{3}+P_{z_1}\times8+P_{z_2}\times\left(\frac{8}{3}+6\right)+G_1\times\left(\frac{4}{3}+6\right)+G_2\times6-G_3\times2=0$$

$$M_o=3125\times\frac{25}{3}-600\times8-200\times\left(\frac{8}{3}+6\right)-480\times\left(\frac{4}{3}+6\right)-2496\times6+2880\times2=6772.33(\text{kN})$$

【例题 2】 图 2.57（a）所示钢结构拱架，拱架由两个相同的钢架 AC 和 BC 用铰链 C 连接，拱脚 A、B 用铰链固接于地基，吊车梁支承在钢架的突出部分 D、E 上。设两钢架各重为 $P=60\text{kN}$；吊车梁重为 $P_1=20\text{kN}$，其作用线通过点 C；载荷为 $P_2=10\text{kN}$，风力 $F=10\text{kN}$。尺寸如图 2.57（a）所示。D、E 两点在力 P 的作用线上。求固定铰支座 A 和 B 的约束反力。

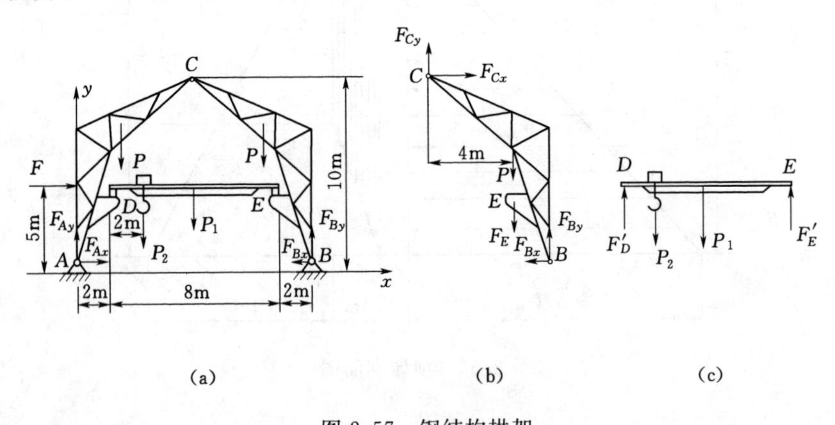

图 2.57　钢结构拱架

解：

(1) 选整个拱架为研究对象。拱架在主动力 P、P_1、P_2、F 和铰链 A、B 的约束反力 F_{Ax}、F_{Ay}、F_{Bx}、F_{By} 作用下平衡，受力如图 2.57（a）所示。列出平衡方程，有

$$\sum M_A(F)=0,\ 12F_{By}-5F-2P-10P-4P_2-6P_1=0 \qquad \text{(a)}$$

$$\sum X=0，F+F_{Ax}-F_{Bx}=0 \tag{b}$$

$$\sum Y=0，F_{Ay}+F_{By}-P_2-P_1-2P=0 \tag{c}$$

以上 3 个方程包含 4 个未知数，欲求得全部解答，必须再补充一个独立的方程。

(2) 选右边钢架为研究对象，其上受有左边钢架和吊车梁对它的作用力 F_{Cx}、F_{Cy} 和 F_E 的作用。另外还有重力 P 和铰链 B 处的约束反力 F_{Bx}、F_{By} 的作用，如图 2.57 (b) 所示。于是可列出三个独立的平衡方程。为了减少方程中的未知量数目，采用力矩方程，即

$$\sum M_c(F)=0，6F_{By}-10F_{Bx}-4(P+F_E)=0 \tag{d}$$

这时又出现了一个未知数 F_E。为求得该力的大小，可再考虑吊车梁的平衡。

(3) 选吊车梁为研究对象，吊车梁在 P_1、P_2 和支座约束反力 F'_D、F'_E 的作用下平衡，如图 2.57 (c) 所示。为求得 F'_E 可列如下方程：

$$\sum M_D(F)=0，\quad 8F'_E-4P_1-2P_2=0 \tag{e}$$

由式 (e) 解得

$$F'_E=12.5\text{kN}$$

由式 (a) 求得

$$F_{By}=77.5\text{kN}$$

将 F_{By} 和 F_E 的值代入式 (d) 得

$$F_{Bx}=17.5\text{kN}$$

代入式 (b) 得

$$F_{Ax}=7.5\text{kN}$$

代入式 (c) 得

$$F_{Ay}=72.5\text{kN}$$

【例题 3】 如图 2.58 所示挖掘机计算简图中，挖斗载荷 $P=12.25\text{kN}$，作用于 G

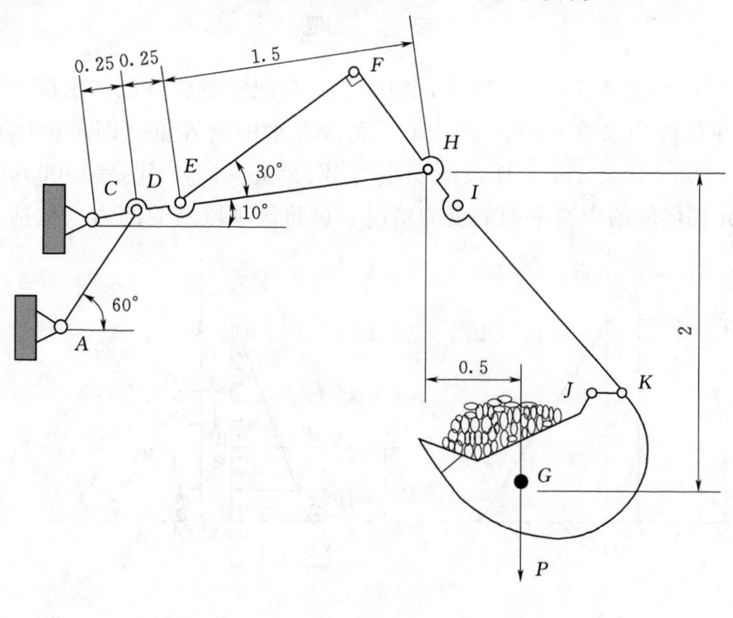

图 2.58 (一) 挖掘机计算简图及受力分析 (单位：m)

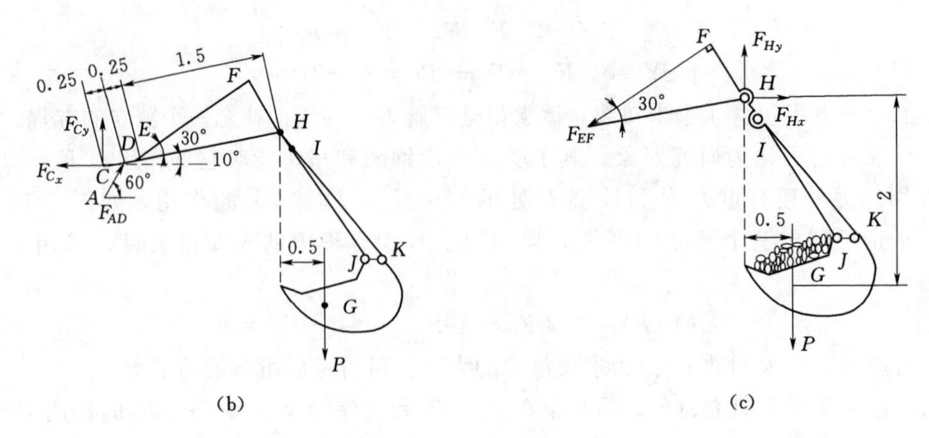

图2.58(二) 挖掘机计算简图及受力分析(单位:m)

点,尺寸如图2.58(a)所示。不计各构件自重,求在图示位置平衡时杆EF和AD所受的力。

解:

(1)取整体分析,受力如图2.58(b)所示。

$$\sum M_C=0,\ F_{AD}\cos40°\times0.25-P(0.5+2\cos10°)=0,\ F_{AD}=158\text{kN}(压)$$

(2)考虑$FHIJK$及挖斗的平衡,受力如图2.58(c)所示。

$$\sum M_H=0,\ P\times0.5-F_{EF}\times1.5\sin30°=0,\ F_{EF}=8.17\text{kN}(拉)$$

习 题

1. 重力坝断面如图2.59(a)所示,坝的上游有泥沙淤积。已知水深$H=46$m,泥沙厚度$h=6$m,单位体积水重$r=9.8\text{kN/m}^3$,泥沙在水中的容重(即单位体积重,常称为浮容重)$r'=8\text{kN/m}^3$,又1m长坝段所受重力$W_1=4500$kN,$W_2=14000$kN。如图2.59(b)所示为1m长坝段的中央平面的受力情况。试将该坝段所受的力(包括重力、水压力

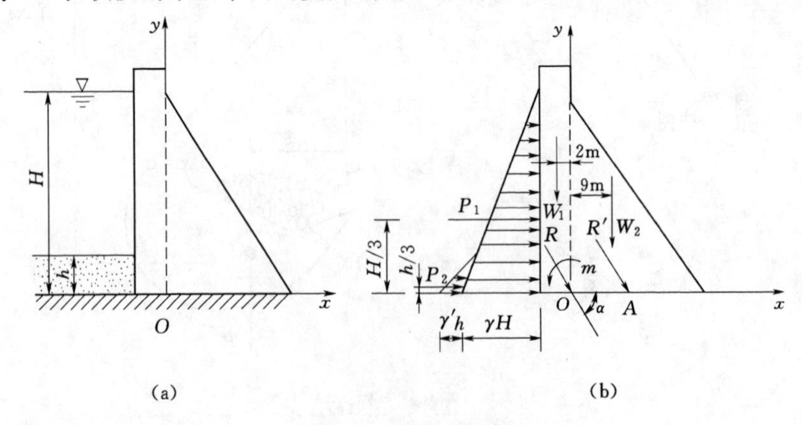

图2.59 重力坝断面图

和泥沙压力）向 O 点简化，并求出简化的最后结果。

2. 已知挡土墙（图 2.60）重 $W_1=75\text{kN}$，铅直土压力 $W_2=120\text{kN}$，水平土压力 $P=90\text{kN}$。试求三力对前趾 A 点的矩之和，并判断挡土墙是否会倾倒。

3. 如图 2.61 所示为某厂房排架的柱子，承受吊车传来的力 $P=250\text{kN}$，屋顶传来的力 $Q=30\text{kN}$，试将该两力向底面中心 O 简化。图 2.61 中长度单位是 mm。

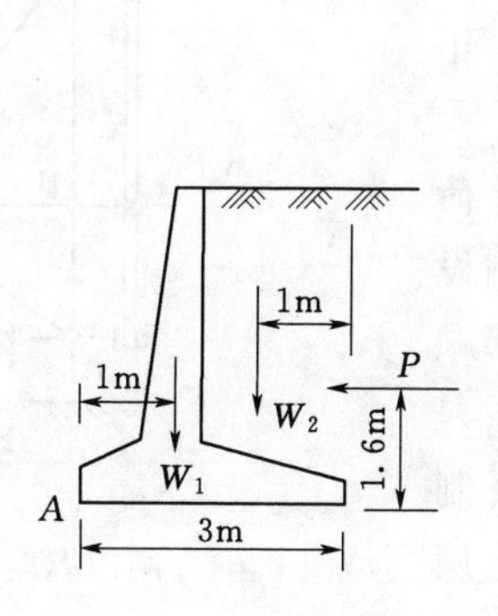

图 2.60　挡土墙示意图

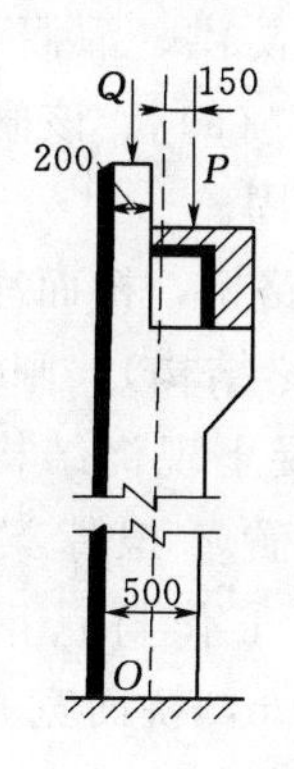

图 2.61　某厂房排架的柱子示意图

4. 某厂房柱，高 9m，柱的上段 BC 重 $P_1=8\text{kN}$，下段 CA 重 $P_2=37\text{kN}$，风力 $q=2\text{kN/m}$，柱顶水平力 $Q=6\text{kN}$，各力作用位置如图 2.62 所示。求固定端 A 处的反力。

5. 如图 2.63 所示，挡土墙重 $W=400\text{kN}$，土压力 $F=320\text{kN}$，水压力 $H=176\text{kN}$，求这些力向底面中心 O 简化的结果，如能简化为一合力，试求出合力作用线的位置。

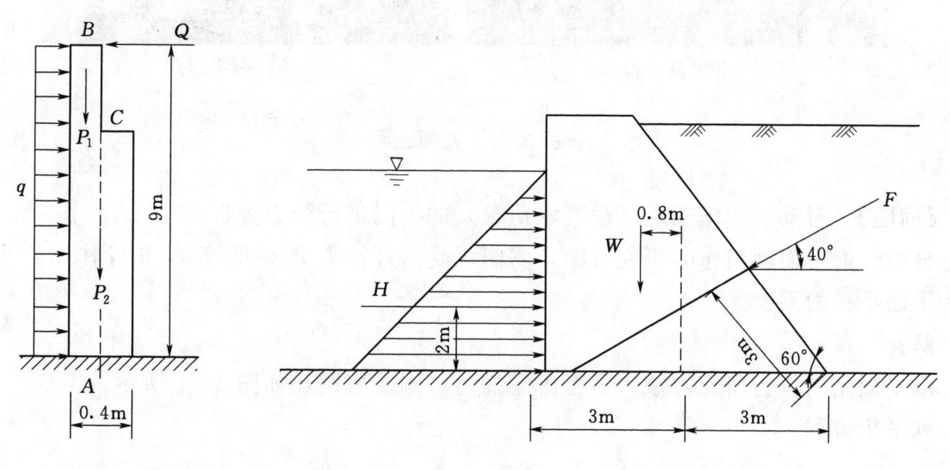

图 2.62　厂房柱示意图

图 2.63　挡土墙示意图

6. 如图 2.64 所示，闸门纵向桁架承受 2m 的面板的水压力，设水深与闸门顶齐平，试求桁架各杆内力。

2.1.4　平面平行力系

【工程实例】 盐河北闸工程

盐河北闸位于江苏省灌云县侍庄乡境内的新沂河北大堤上（92.3km 处），与盐河南闸共同构成了盐河穿过新沂河的航道，是集防洪、灌溉、航运于一体的综合性水利工程［图 2.65（a)]。该闸始建于 1970 年 10 月，于 1998 年 11 月加固。

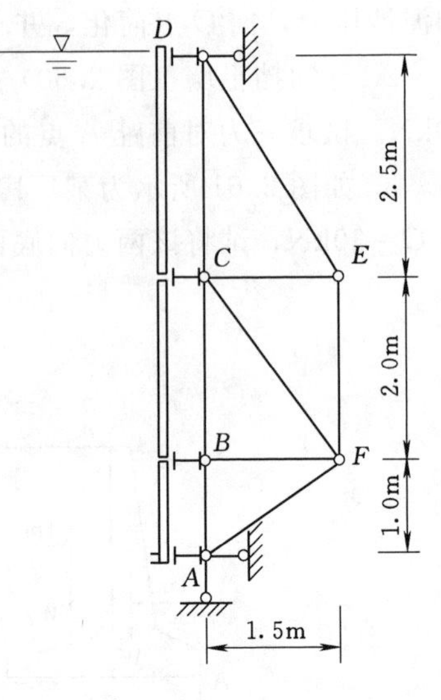

图 2.64　闸门纵向桁架结构图

闸墩顶部上游侧设公路桥，桥面净宽 6m，设计荷载汽-10（钢筋混凝土板梁结构）。闸墩顶部下游侧设 3m 宽人行便桥（钢筋混凝土现浇结构），闸墩顶部顺水流向 16m 长范围内布置 4 根撑梁（断面 60cm×75cm），排架顶高 17m，工作桥（钢筋混凝土预制“Ⅱ”型）桥面高程 17.80m，桥面宽 5.6m。闸门采用上、下扉钢结构平板门，各一台启闭机控制［图 2.65 (b)]。

(a) 盐河北闸工程

(b) 平面闸门

图 2.65　盐河北闸

【问题】 对安装或施工期（没有水荷载）的闸门进行受力分析。

分析： 取平面闸门作为研究对象，闸门承受吊杆拉力 F_1、F_2 和自重 G 作用，闸门受力为平面平行力系。

解：

取平面闸门作为研究对象，不考虑摩擦力，画受力图，如图 2.66 所示。

列平衡方程：

$$\sum Y=0,\quad F_1+F_2=G$$

$$\sum M_O=0,\quad F_1a_1=F_2a_2$$

【例题 1】 如图 2.67 所示，液压式汽车起重机全部固定部分（包括汽车自重）总重

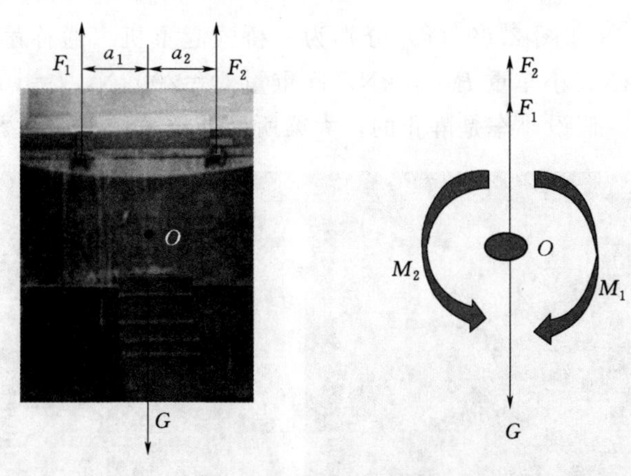

图 2.66　闸门受力分析

为 $P_1=60\text{kN}$，旋转部分总重为 $P_2=20\text{kN}$，$a=1.4\text{m}$，$b=0.4\text{m}$，$l_1=1.85\text{m}$，$l_2=1.4\text{m}$。求：

(1) 当 $l=3\text{m}$，起吊重为 $P=50\text{kN}$ 时，支撑腿 A、B 所受地面的约束力。

(2) 当 $l=5\text{m}$ 时，为了保证起重机不致翻倒，问最大起重为多大？

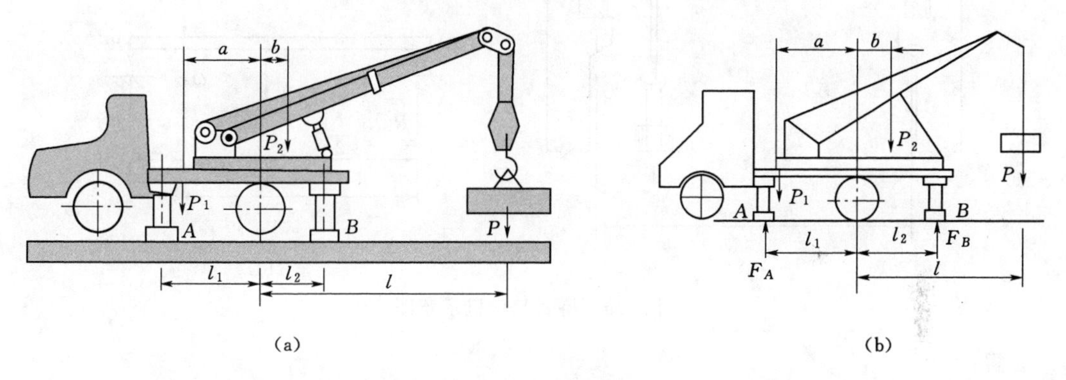

图 2.67　液压式汽车起重机示意图

解：

取整体分析，坐标及受力如图 2.67 (b) 所示。

(1) 求当 $l=3\text{m}$，$P=50\text{kN}$ 时的 F_A、F_B。

$$\sum M_A=0,\ -P_1(l_1-a)-P_2(l_1+b)-P(l+l_1)+F_B(l_1+l_2)=0$$

$$F_B=\frac{1}{l_1+l_2}[P_1(l_1-a)+P_2(l_1+b)+P(l+l_1)]=96.8\text{kN}$$

$$\sum F_y=0,\ F_A+F_B-P_1-P_2-P=0$$

$$F_A=P_1+P_2+P-F_B=33.2\text{kN}$$

(2) 求当 $l=5\text{m}$ 时，保证起重机不翻倒的 P。起重机处于不翻倒的临界状态时，$F_A=0$。

$$\sum M_B=0,\ P_1(a+l_2)+P_2(l_2-b)-P(l-l_2)=0$$

$$P=\frac{1}{l-l_2}[P_1(a+l_2)+P_2(l_2-b)]=52.2\text{kN}$$

由此得，$P_{max}=52.2\text{kN}$。

【例题 2】 图 2.68 和图 2.69（a）分别为一桥式起重机（通称吊车）的照片和示意图。大梁重 $W=180\text{kN}$，小车重 $P=40\text{kN}$，起重量 $Q=200\text{kN}$，$l=10\text{m}$。求当 $a=2\text{m}$ 时轨道 A、B 处的反力。假设小车是静止的，大梁所受的重力作用于大梁中点。

图 2.68　水电站厂房桥式起重机

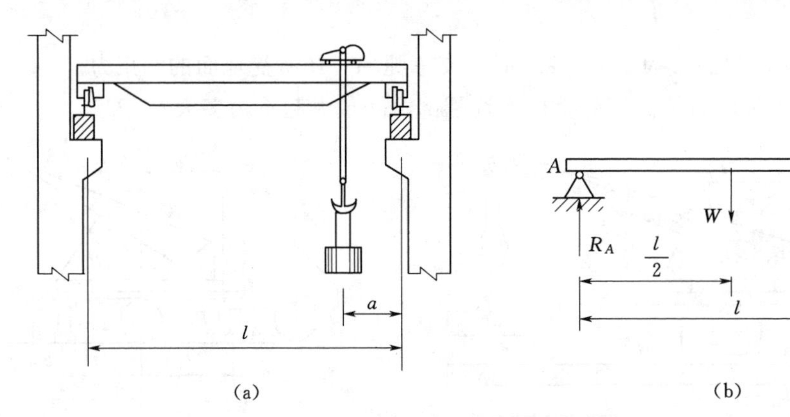

图 2.69　桥式起重机示意图

解：

将轨道对于大梁的约束简化为铰支座及辊轴支座约束。作大梁的受力图如图 2.69（b）所示。由于所有主动力都是铅直的，所以铰 A 处的反力也是铅直的。于是，W、P、Q、R_A 及 R_B 组成一平衡的平行力系，由两个平衡方程可以求解 R_A、R_B 两个未知数。由

$$\sum M_{Ai}=0，R_B l-W\frac{l}{2}-(P+Q)(l-a)=0$$

即

$$10R_B-180\times5-240\times8=0$$

解得

$$R_B=282\text{kN}$$

再由

$$\sum Y_i=0，R_A+R_B-W-P-Q=0$$

将各已知值代入，解得

$$R_A=138\text{kN}$$

也可利用 $\sum M_{Bi}=0$ 求解出 R_A 作为校核条件。

习　　题

1. 如图 2.70 所示，行动式起重机不计平衡锤的重为 $P=500\text{kN}$，其重心在离右轨 1.5m 处。起重机的起重力为 $P_1=250\text{kN}$，突臂伸出离右轨 10m。跑车本身重力略去不计，欲使跑车满载时起重机均不致翻倒，求平衡锤的最小重力 P_2 以及平衡锤到左轨的最大距离 x。

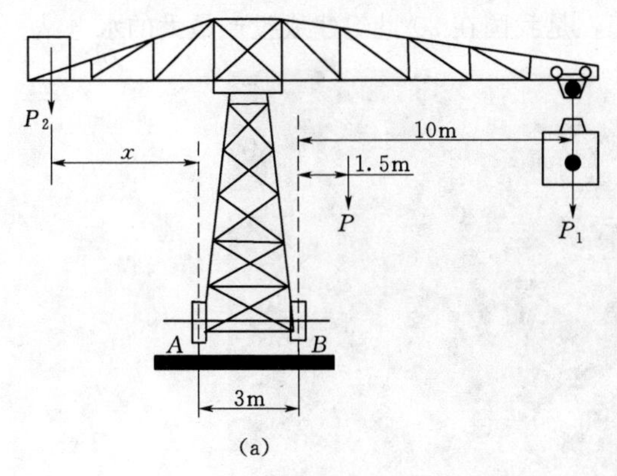

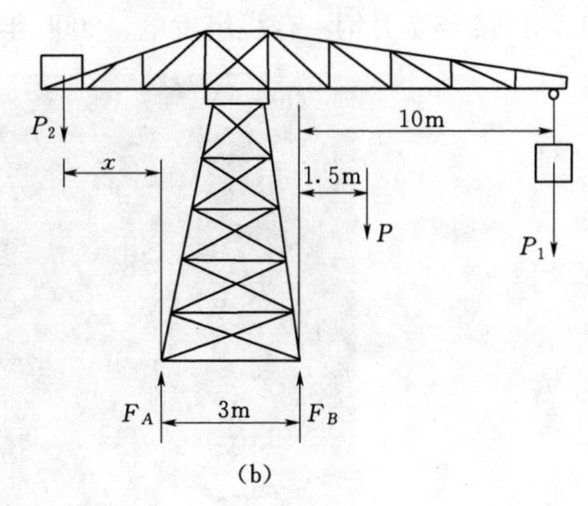

图 2.70　行动式起重机示意图

2. 如图 2.71 所示，汽车起重机在图示位置保持平衡。已知起重机质量 $Q=10\text{kN}$，起重机自重 $W=70\text{kN}$。求 A、B 两处地面的反力，起重机在这位置的最大起重重量为若干？

3. 如图 2.72 所示，工人启闭闸门时，为了省力，常常用一根杆子插入手轮中，并在杆的一端 O 施力，以转动手轮。设手轮直径 $AB=0.6\text{m}$，杆长 $l=1.2\text{m}$，在 O 端用 $P=100\text{N}$ 的力能将闸门开启，若不借用杆子而直接在手轮 A、B 处施加力偶 (F,F')，问 F 至少应为多大才能开启闸门？

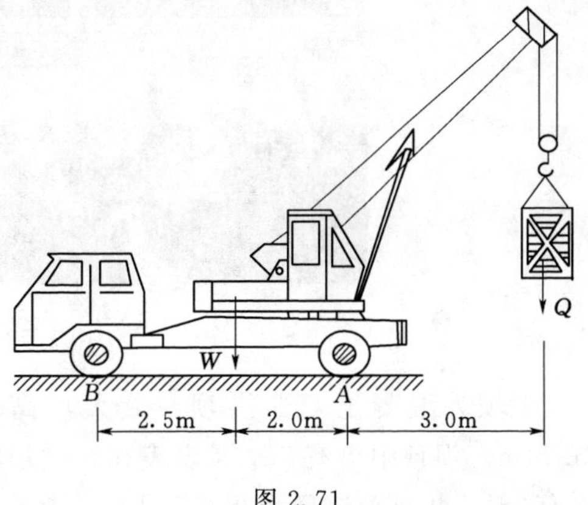

图 2.71

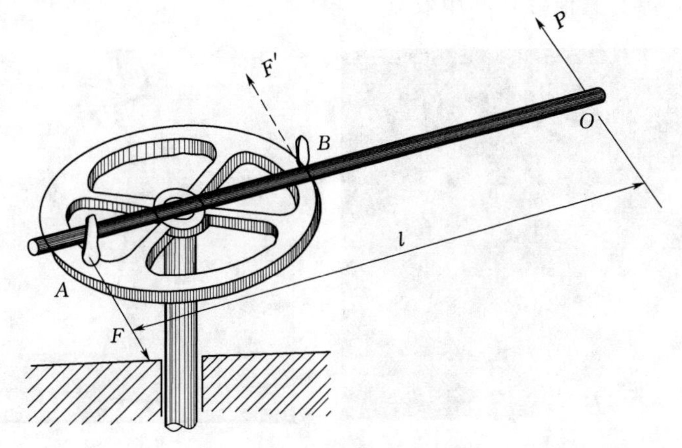

图 2.72　闸门手轮示意图

2.1.5　空间任意力学

【工程实例】 二滩水电站

二滩水电站（图 2.73）处于雅砻江下游，坝址距雅砻江与金沙江的交汇口 33km，距四川省攀枝花市区 46km，是雅砻江水电基地梯级开发的第一个水电站。工程于 1991 年 9 月开工，1998 年 7 月第一台机组发电，2000 年完工，是我国在 20 世纪建成投产最大的水电站。

图 2.73　二滩水电站

大坝为混凝土双曲拱坝，最大坝高为 240m，坝顶弧长为 775m，坝底部厚度为 55.74m，坝顶中央有 7 个泄洪表孔，拱坝坝体中部有 6 个泄水中孔（图 2.74）。总库容为 58 亿 m^3，装机总容量为 330 万 kW，多年平均发电量为 170 亿 kW・h，投资 286 亿元。工程以发电为主，兼有其他综合利用效益。

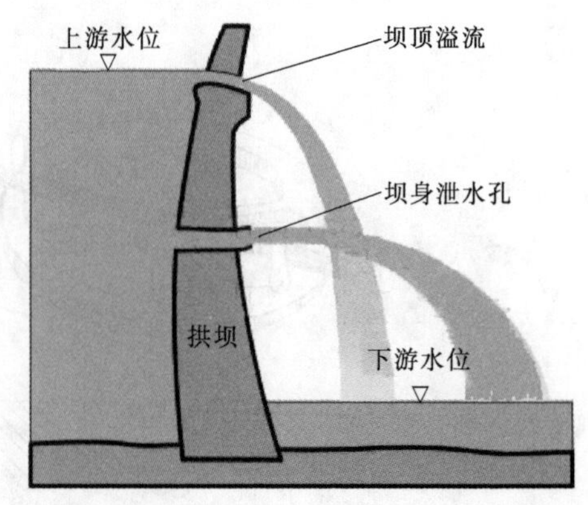

图 2.74　二滩水电站泄水建筑物

【问题】 拱坝坝肩受力分析。

分析：拱坝是固接于基岩的空间壳体结构，在平面上成凸向上游的拱形，横剖面呈竖直的或向上游凸出的曲线形［图 2.75（a）、（b）］。拱坝主要通过水平拱把承受的荷载传向两岸，同时也通过竖直梁把荷载传到坝底基岩。

(a) 拱坝三维图

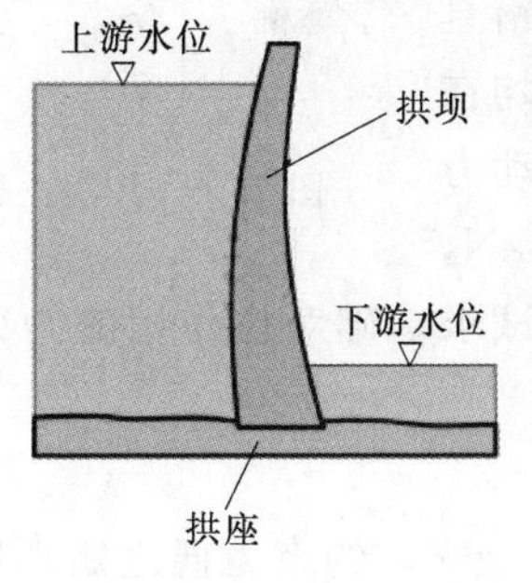

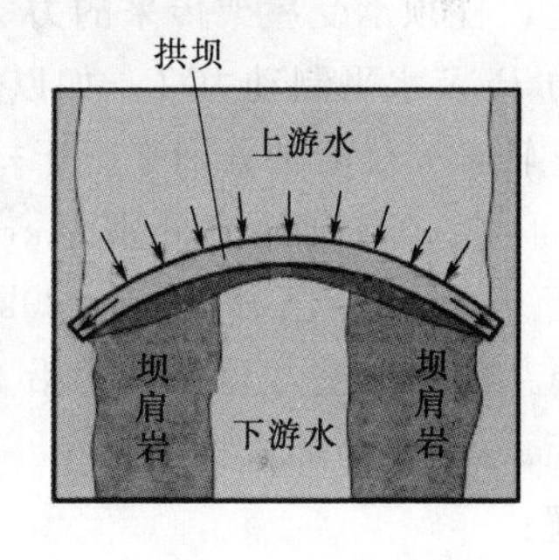

(b) 拱坝侧视图、主视图和俯视图

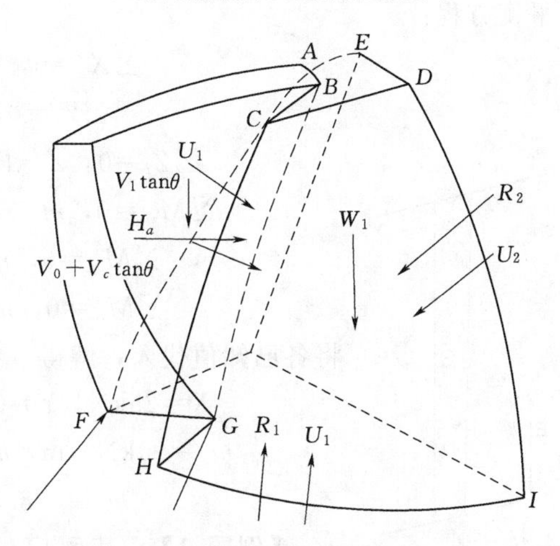

(c) 拱坝坝肩整体稳定分析计算图

图 2.75 拱坝示意图及拱坝坝肩受力分析

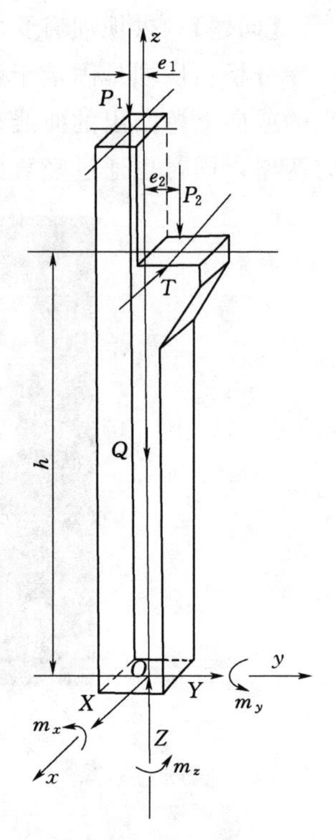

图 2.76　厂房立柱

拱坝是空间壳体结构，在水平面上发挥拱的作用，在竖直面上发挥梁的作用，拱坝工作是两种作用共同的体现，所以不能被当做平面问题来处理。拱坝通过拱的作用把巨大的荷载传至两岸山体，所以拱坝坝肩岩体的稳定是保证拱坝安全的重要因素之一。拱坝坝肩岩体的整体稳定性分析一般采用刚体极限平衡法。坝肩岩体为一空间任意受力结构。

解：

取坝肩岩体作为研究对象，受力如图 2.75（c）所示。

列平衡方程：

$$\sum X=0，\sum M_x(F)=0$$

$$\sum Y=0，\sum M_y(F)=0$$

$$\sum Z=0，\sum M_z(F)=0$$

【例题 1】 某厂房支撑屋架和吊车梁的柱子（图 2.76）下端固定，柱顶承受屋架传来的力 P_1，牛腿上承受吊车梁传来的铅直力 P_2 及水平制动力 T。如以柱脚中心为坐标原点 O，铅直轴为 z 轴，x 及 y 轴分别平行于柱脚的两边，则力 P_1 及 P_2 均在 yz 平面内，与 z 轴距离分别为 $e_1=0.1\text{m}$，$e_2=0.34\text{m}$，制动力 T 平行于 x 轴。已知 $P_1=120\text{kN}$，$P_2=300\text{kN}$，$T=25\text{kN}$，$h=6\text{m}$。柱所受重力 Q 可认为沿 z 轴作用，且 $Q=40\text{kN}$。试求基础对柱作用的约束力及力偶矩。

解：

将基础对柱的约束力分解为沿 3 个坐标轴的分力 X、Y 及 Z，约束力偶之矩则用 m_x、m_y、m_z 表示。写出 6 个平衡方程：

$$\sum X_i=0，X-T=0$$

$$\sum Y_i=0，Y=0$$

$$\sum Z_i=0，Z-P_1-P_2-Q=0$$

$$\sum M_{xi}=0，m_x+P_1e_1-P_2e_2=0$$

$$\sum M_{yi}=0，m_y-Th=0$$

$$\sum M_{zi}=0，m_z+Te_2=0$$

将各已知值代入，解得

$$X=25\text{kN}，Y=0，Z=460\text{kN}，$$

$$m_x=90\text{kN}\cdot\text{m}，m_y=150\text{kN}\cdot\text{m}，$$

$$m_z=-8.5\text{kN}\cdot\text{m}$$

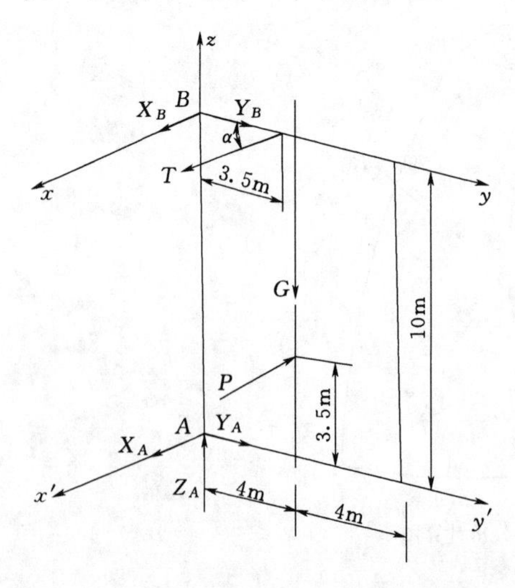

图 2.77　闸门尺寸及受力图

【例题 2】 某闸门的尺寸及受力情况如图 2.77 所示。已知门重 $G=150\text{kN}$，总的水压力 $P=2700\text{kN}$，推拉杆在水平面内并与闸门顶边成角

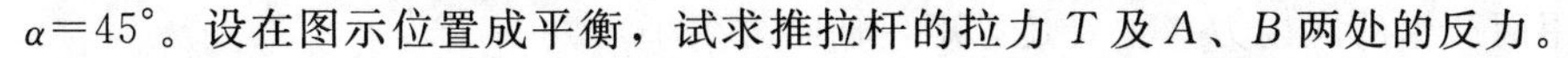

$\alpha=45°$。设在图示位置成平衡，试求推拉杆的拉力 T 及 A、B 两处的反力。

解：

取闸门平面为 yz 平面，将 A、B 两处反力用它们的分力表示如图 2.77 所示，写出平衡方程，求解未知量。

$$\sum M_{zi}=0,\ P\times4-T\sin\alpha\times3.5=0$$
$$T=4P/(3.5\sin\alpha)=4364\text{kN}$$
$$\sum Z_i=0,\ Z_A-G=0$$
$$Z_A=G=150\text{kN}$$
$$\sum M_{xi}=0,\ Y_A\times10-G\times4=0$$
$$Y_A=4G/10=60\text{kN}$$
$$\sum M_{yi}=0,\ P\times6.5-X_A\times10=0$$
$$X_A=6.5P/10=1755\text{kN}$$
$$\sum M_{x'i}=0,\ T\cos\alpha\times10-G\times4-Y_B\times10=0$$
$$Y_B=T\cos\alpha-4G/10=3026\text{kN}$$
$$\sum M_{y'i}=0,\ X_B\times10+T\sin\alpha\times10-P\times3.5=0$$
$$X_B=3.5P/10-T\sin\alpha=-2141\text{kN}$$

或不用 $\sum M_{x'i}=0$ 及 $\sum M_{y'i}=0$，而用 $\sum X_i=0$ 及 $\sum Y_i=0$，亦可求出 X_B 及 Y_B。

习　　题

使水涡轮转动的力偶矩 $M_z=1200\text{N}\cdot\text{m}$。在锥齿轮 B 处受到的力分解为 3 个分力：圆周力 F_t，轴向力 F_a 和径向力 F_r。这些力的比例为 $F_t:F_a:F_r=1:0.32:0.17$。已知水涡轮连同轴和锥齿轮的总重为 $P=12\text{kN}$，其作用线沿轴 C_z，锥齿轮的平均半径 $OB=0.6\text{m}$，其余尺寸如图 2.78 所示。试求止推轴承 C 和轴承 A 的反力。

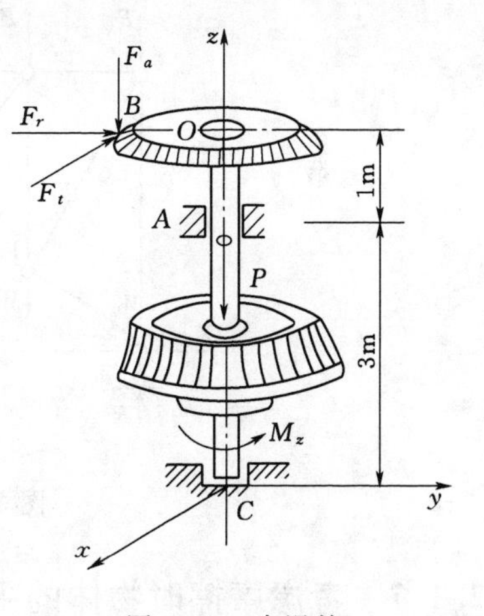

图 2.78　水涡轮

2.1.6　二力杆

【问题】　渡槽桁架拱受力分析。

分析： 桁架拱式渡槽的桁架拱是墩台与槽身之间的支承结构，相当于拱式渡槽的主拱圈和拱上结构，其下的墩台与拱式渡槽基本相同［图 2.79 (a)］。

桁架拱是用横向联系构件将数榀桁架拱片连接而成的整体结构。桁架拱片则是由上、下弦杆和腹杆拼接而成的平面拱形桁架。桁架拱式渡槽的槽身一般采用矩形断面，支承于桁架拱的节点上，故槽身荷载是桁架拱的节点荷载。

对于桁架拱式渡槽，简化计算做如下假定：将实际桁架视为理想桁架，即桁架的结点是光滑的铰接点，所有荷载均作用于铰接点上；所有各杆的轴线均为直线，并通过铰接点的中心；按理想桁架计算各杆的轴力，即进行主内力计算，不计算由于结点的刚性和杆件自重的匀布作用而产生的次内力（主要是弯矩，轴向力很小）。

解：

取拱式渡槽上的桁架为研究对象，根据其受力情况，画受力图［图 2.79（b)］。

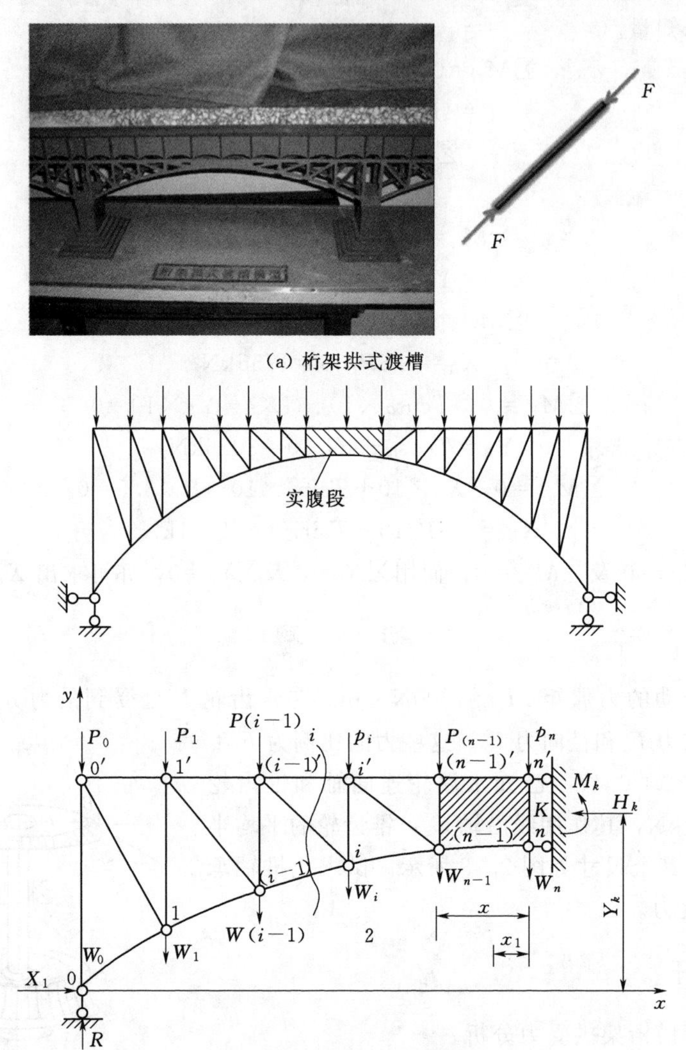

(a) 桁架拱式渡槽

(b) 桁架拱式渡槽计算简图

图 2.79　桁架拱式渡槽及其受力分析

2.1.7　考虑摩擦时物体的平衡

【例题 1】　如图 2.36 所示的某混凝土重力坝，单位宽度坝体上作用有自重、水压力、扬压力等荷载，已知：$P_1=51207\text{kN}$，$P_2=1625\text{kN}$，$U_1=12621\text{kN}$，$U_2=29109.5\text{kN}$，$W_1=19603\text{kN}$，$W_2=68129\text{kN}$，$Q=1138\text{kN}$。若坝底与河床岩面间的静摩擦系数 $f=0.6$，试校核此坝是否可能滑动。

解：

(1) 取单位坝段为研究对象，取脱离体，画受力图，如图 2.36 所示。F 是使坝体保持不发生相对岩面滑动的摩擦力，必须满足 $F \leqslant F_{max}$。

（2）列平衡方程：

$$\sum X_i = P_1 - P_2 - F = 51207 - 1625 - F = 0$$

故 $F = 49582\text{kN}$；

$$\begin{aligned}\sum Y_i &= U_1 + U_2 - W_1 - W_2 - Q + N \\ &= 12621 + 29109.5 - 19603 - 68129 - 1138 + N = 0\end{aligned}$$

故 $N = 47139.5\text{kN}$。

（3）坝底与岩面之间可能产生的最大静摩擦力为

$$F_{max} = fN = 28283.7\text{kN}$$

此时 $F = 49582\text{kN} > F_{max} = 28283.7\text{kN}$，所以坝体要沿河床岩面滑动，这在工程上是绝对不允许的，必须修改设计方案或采取其他工程措施以增大最大静摩擦力，保证坝体的抗滑稳定。

【例题 2】 如图 2.80 所示为一木制闸门。闸门自重 $W = 2.6\text{kN}$，水压力的合力 $P = 32\text{kN}$。设闸门与门槽之间摩擦系数为 0.5，求所需的启门力 T_1 与闭门力 T_2（不计水的浮托力）。

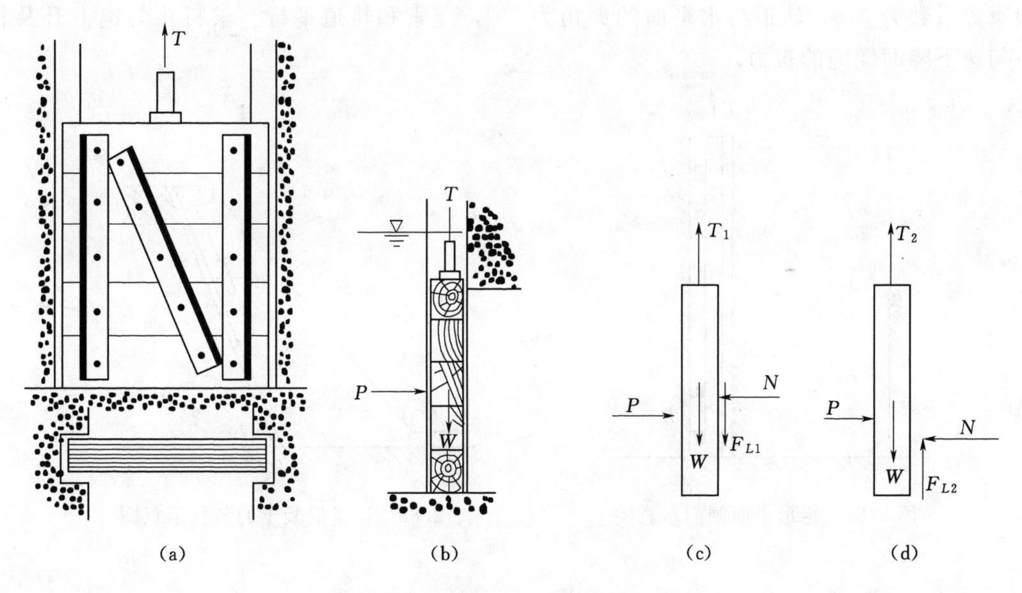

图 2.80 木制闸门示意图及其受力图

解：

当开启闸门时，闸门上所受的力有：闸门自重 W、水压力 P、门槽反力 N 和向下的极限摩擦力 F_{L1}，如图 2.80（c）所示，写出平衡方程：

$$P - N = 0 \tag{a}$$

$$T_1 - W - F_{L1} = 0 \tag{b}$$

由（a）式得 $N = P$。因 $F_{L1} = fN = fP$，代入（b）式得

$$T_1 = W + fP = 2.6 + 0.5 \times 32 = 18.6(\text{kN})$$

关闭闸门时，闸门向下滑动，故摩擦力向上，如图 2.80（d）所示，由平衡方程可得

$$P=N \tag{c}$$

$$T_2=W-F_{L2} \tag{d}$$

由式（c）、（d）及 $F_{L2}=fN$，得闭门力为

$$T_2=W-fP=2.6-16=-13.4(\text{kN})$$

“－”号表示 T_2的实际方向与图示方向相反，即应向下。

可见，当启门时，启门力向上，为拉力；而在关门时，关门力应向下，即压力。也就是说门的自重小，依靠它本身重量还不能下降，必须外加向下的压力 13.4kN 才能使门关闭。故当闸门小而轻时，常采用螺杆式启闭机，因为通过螺杆既可施加拉力，也可施加压力。通常，为了减小摩擦，闸门和门槽上镶有铜片或其他材料。

习　题

1. 矩形平板闸门宽 6m，重 150kN。为了减少摩擦，门槽以瓷砖贴面，并在闸门上设置胶木滑块 A、B，位置如图 2.81 所示。瓷砖与胶木的摩擦系数 $f=0.25$，水深 8m。求开启闸门时需要的启门力 T。

2. 图 2.82 为运送混凝土的装置示意图，料斗连同混凝土总重 25kN，它与轨道面的动摩擦系数为 0.3，轨道与水平面的夹角为 70°，缆索和轨道平行。求料斗匀速上升及料斗匀速下降时缆绳的拉力。

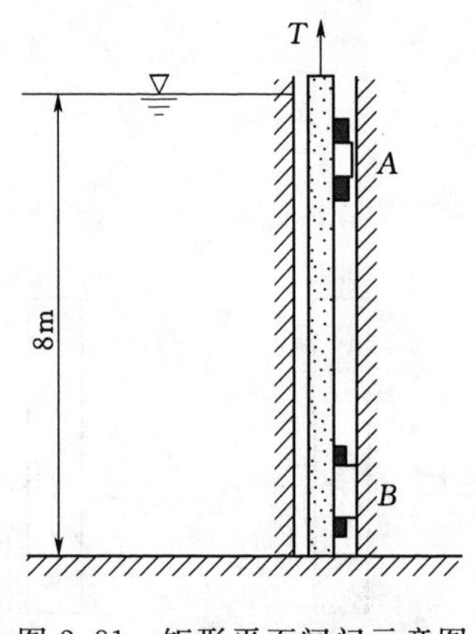

图 2.81　矩形平面闸门示意图

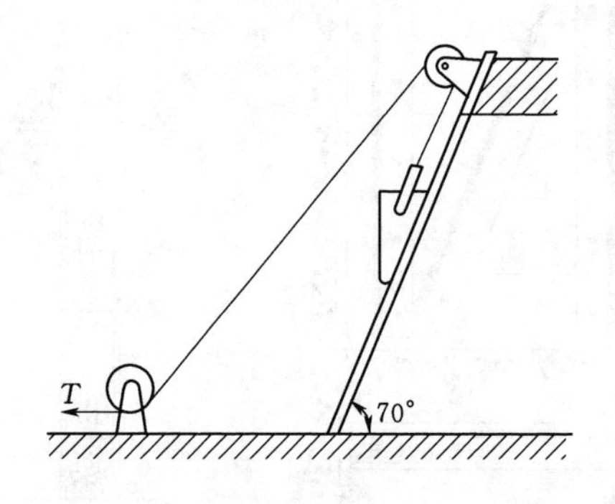

图 2.82　运送混凝土的装置示意图

2.2　水工建筑物中的运动学问题

运动学是从几何学的角度来研究物体的运动，而不考虑引起运动的原因。即运动学只研究物体运动的几何性质，如物体运动的轨迹、运动方程、速度和加速度等，而不涉及运动与作用力之间的关系。运动学不需要对物体的受力进行计算，主要是研究怎样才能使它的运动符合一定要求。在水利工程结构的设计和施工中，经常要用到运动学理论。

在水力机械传动设计时，要分析各部件之间的运动传递与转换，研究某些点的轨迹、速度和加速度，比如卷扬机的电动机启动后，通过减速机构使卷筒转动，钢丝绳便将重物提升，见图 2.83。由电动机的转速来计算重物的提升速度，需要用到运动学理论。平面

闸门、弧形闸门等的起吊、安装和运行均需要用到运动学理论。水工建筑物在泄洪时的水流和发电过程中的水流的运动规律研究也离不开运动学理论。厂房里面的吊车在起吊水轮机、发电机等设备，门机在起吊闸门等设备时，被起吊的水轮机、发电机、闸门的运动轨迹可以根据运动学理论进行计算。

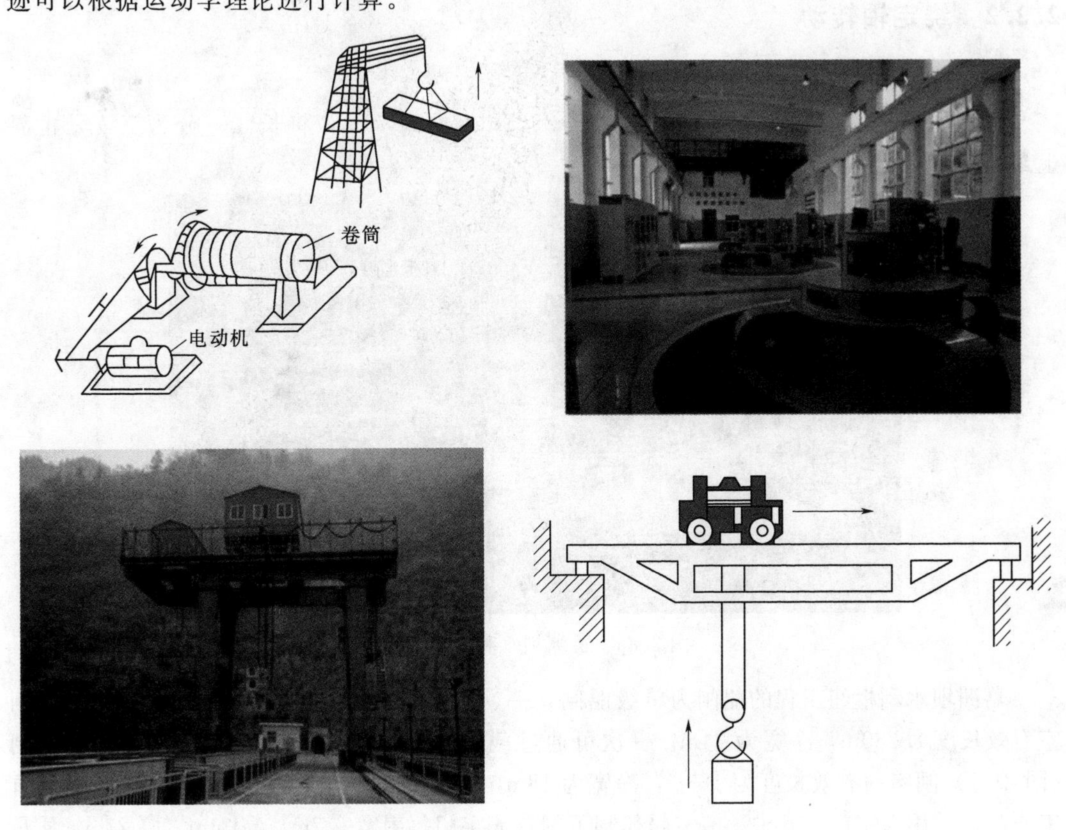

图 2.83　水利工程中启吊物品运动轨迹示意图

2.2.1　平行移动

【问题】　平面闸门开启和关闭时的运动分析。

分析：平面闸门（图 2.84）可以看作为一刚体，开启和关闭运动过程中闸门始终与

图 2.84　平面闸门

它的初始位置平行，故闸门开启和关闭过程的运动为刚体的平行移动。

解：

平面闸门开启和关闭过程的运动为刚体的平行移动。

2.2.2　绕定轴转动

【工程实例 1】　葛洲坝水利枢纽工程

葛洲坝水利枢纽工程（图 2.85）全长 2561m，坝高 70m，将长江一分为三，是世界上最长的水坝之一。

图 2.85　葛洲坝水利枢纽工程

葛洲坝水利枢纽工程的船闸为单级船闸，一、二号两座船闸（一号船闸见图 2.86）闸室有效长度为 280m，净宽为 34m，一次可通过载重为 1.2 万～1.6 万 t 的船队。三号船闸（图 2.87）闸室的有效长度为 120m，净宽为 18m，可通过 3000t 以下的客货轮。上、下闸首工作门均采用人字门，其中一、二号船闸下闸首人字门每扇宽 9.7m、高 34m、厚 27m，质量约为 600t。为解决过船与坝顶交通的矛盾，在二号和三号船闸桥墩段建有铁路、公路、活动提升桥，大江船闸下闸首建有公路桥。叠梁门用来检修时挡水，位于人字形工作闸门上游。

(a) 人字门

(b) 叠梁门

图 2.86　葛洲坝水利枢纽一号船闸

图 2.87 葛洲坝水利枢纽三号船闸

【问题 1】 人字门开启和关闭时的运动分析。

分析：人字门开启和关闭时在力的作用下，绕两边的定轴做转动。

解：

人字门开启和关闭时为绕定轴转动。

【问题 2】 叠梁门开启和关闭时的运动分析。

分析：叠梁门开启和关闭时，沿竖直面内做直线运动。

解：

叠梁门开启和关闭时运动为平行移动。

【问题 3】 弧形闸门开启和关闭时的运动分析。

分析：弧形闸门开启和关闭时围绕固定在闸墩里的支铰转动，定轴为两个支铰点的连线（图 2.88）。

图 2.88 定轴运动的弧形闸门

解：

弧形闸门开启和关闭时运动为绕定轴转动。

【工程实例 2】 英国法尔柯克水轮

英国的千年结工程浩大，投资高达 8450 万英镑，其目的是连接两条落差 25m 的运河——福斯-克莱德运河和联盟运河，以便恢复通航，为中部苏格兰的水路联网复兴计划提供一个通道。

但是这项工程在施工过程中遇到了一个重大的难题：福斯-克莱德运河水面低于联盟运河 35m。过去，英国人曾用台阶式的水坝在法尔柯克处连接两条运河，该水坝共有 11

个台阶，全长 1500m。但到了 1933 年，水坝被拆，两运河再次“咫尺相隔”。而要克服这一落差问题，就需要找到一个用船只升降转轮来连接两条运河的方法。英国水道（非政府组织）迫切希望能够充分利用这一机会提出一个长远性构图，建造一座恢弘但不失平衡的建筑来纪念千禧，作为英国一个标志性符号。于是，这个完美的构想便诞生了，法尔柯克水轮（图 2.89）也成了世界上首个也是唯一一个船只升降转轮。准确地说，这个名叫法尔柯克水轮的庞大建筑被称为水上电梯毫不为过。作为世界第一个旋转式船舶吊桥，2002 年 5 月 24 日，由英女王揭幕正式落成。

图 2.89 法尔柯克水轮

【问题】 法轮运动分析。

分析： 法轮的作用是把船只从低水位运送到高水位，或把船只从高水位运送到低水位，法轮运动是绕定轴转动（图 2.90）。

图 2.90 定轴运动的法轮

解：

法轮的运动为定轴转动。

【例题】 有一抽水机，转轮的直径为 3.1m，额定转速为 150r/min。由静止开始加速到额定转速所需的时间为 15s。设此启动过程为匀加速转动，求转轮的角加速度和在此时间内转过的角度。在达到额定转速以后，转轮做匀速转动，求转轮外缘上任一点 M 的速度和加速度。

解：

因启动过程为匀加速转动，初角速度 $\omega_0=0$，末角速度 $\omega=150\text{r/min}=150\times\dfrac{2\pi}{60}\text{rad/s}=$

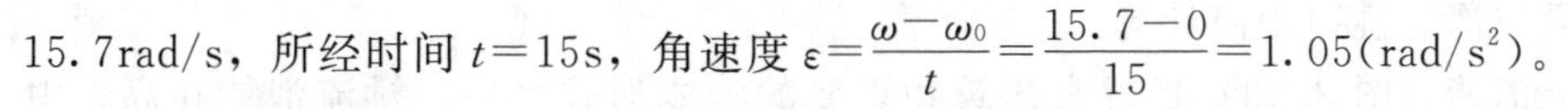

15.7rad/s，所经时间 $t=15\text{s}$，角速度 $\varepsilon=\dfrac{\omega-\omega_0}{t}=\dfrac{15.7-0}{15}=1.05(\text{rad/s}^2)$。

转过的角度为

$$\varphi-\varphi_0=\frac{\omega^2-\omega_0^2}{2\varepsilon}=\frac{15.7^2-0}{2\times1.05}=117(\text{rad})$$

当转轮的转速达到额定转速以后，做匀速转动，$\omega=15.7\text{rad/s}$，$\varepsilon=0$，转轮外缘上任一点 M 的速度 v 的大小为

$$v=\rho\omega=\frac{3.1}{2}\times15.7=24.3(\text{m/s})$$

v 的方向沿转轮外缘的切线，指向与 ω 转向一致。

点 M 的切向加速度和法向加速度分别为

$$a_\tau=\rho\varepsilon=0\quad a_n=\rho\omega^2=\frac{3.1}{2}\times15.7^2=382(\text{m/s}^2)$$

总加速度 $a=a_n=382\text{m/s}^2$，方向指向转动轴。

2.2.3　运动分解

【工程实例】　潘家口水利枢纽

潘家口水利枢纽（图 2.91）是滦河干流上的大型水利枢纽，坝址控制流域面积 33700km^2，水库总库容为 29.3 亿 m^3。枢纽主要建筑物有混凝土宽缝重力坝、坝后式厂房、副坝及下池等。主坝最大坝高 107.5m，坝顶长 1040m。

图 2.91　潘家口水利枢纽

泄洪建筑物（图 2.92）布置在河床中部，溢流坝设 18 个表孔，每孔装 15m×15m 弧形闸门；另设 4 个 4m×6m 深式泄水孔，也装有弧形闸门；下游均为挑流消能。

图 2.92　潘家口水利枢纽泄洪建筑物

【问题】 挑流消能挑射距离计算。

分析：挑流消能（图 2.93）是过水建筑物重要的消能形式之一，挑流消能在高、中水头泄水建筑物中广泛应用，挑流消能的设计需要计算水舌挑距、估算冲刷深度等。挑射水流运动可以分解为水平方向的匀速直线运动和竖直方向的匀加速直线运动。

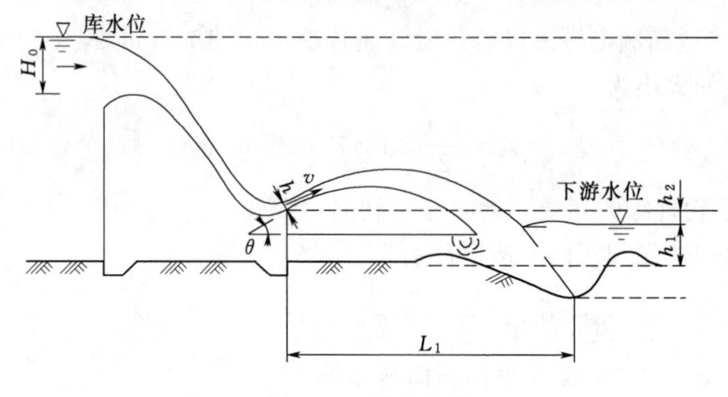

图 2.93　挑流消能

解：

水平方向匀速直线运动速度为 $v_1\cos\theta$，竖直方向匀加速直线运动初始速度为 $v_1\sin\theta$，加速度为 g，设水流从出挑坎到落入水面所经历的时间为 t，有

$$h_1+h_2=-v_1\sin\theta t+\frac{1}{2}gt^2$$

$$t=\frac{v_1\sin\theta+\sqrt{v_1^2\sin^2\theta+2g(h_1+h_2)}}{g}$$

水流从挑坎坎顶至水舌外缘与下游水面交点的水平挑距 L_1：

$$L_1=v_1\cos\theta t=\frac{v_1^2\sin\theta\cos\theta+v_1\cos\theta\sqrt{v_1^2\sin^2\theta+2g(h_1+h_2)}}{g}$$

$$v=\varphi\sqrt{2gH_0}$$

$$h_1=h\cos\theta$$

以上各式中：v_1 为坎顶水面流速，m/s，约为鼻坎处平均流速 v 的 1.1 倍；θ 为水舌出射角（可近似取挑坎挑角），(°)；h_1 为挑坎坎顶铅直方向水深，m；h 为坎顶法向平均水深，m；h_2 为挑坎坎顶与下游水位的高差，m；g 为重力加速度，取 9.81m/s^2；H_0 为上游水位至挑坎坎顶的高差（含行近流速水头），m；φ 为水流流速系数；v 为鼻坎处平均流速，m/s。

【例题 1】 某水利枢纽，溢流坝段设 9 孔，每孔净宽 11m，溢流坝段总净宽度为 99m，坝基面高程 230.00m，坝底采用挑流消能，校核洪水位 316.61m，下游相应水位 271.20m，校核洪水位对应的单宽流量 91.56m^3/s，堰顶高程为 304.00m，鼻坎高程 272.50m，挑角 25°，反弧半径取 35m，已知水流流速系数 $\varphi=0.92$，坎顶法向平均水深 $h=3.276$m，溢流坝设计剖面如图 2.94 所示，试计算消能时水舌外缘挑射水平距离。

解：

$$h_1=h\cos\theta=3.276\cos25^\circ=2.969(\text{m})$$

$$v=\varphi\sqrt{2gH_0}=0.92\times\sqrt{2\times9.81\times(316.61-272.5)}=27.06(\mathrm{m/s})$$

$$v_1=1.1v=1.1\times27.06=29.77(\mathrm{m/s})$$

$$h_2=272.5-230=42.50(\mathrm{m})$$

$$L_1=\frac{v_1^2\sin\theta\cos\theta+v_1\cos\theta\sqrt{v_1^2\sin^2\theta+2g(h_1+h_2)}}{g}$$

$$=\frac{1}{9.81}[29.77^2\sin25°\cos25°+29.77\cos25°\sqrt{29.77^2\sin^225°+2\times9.81\times(2.969+42.5)}]$$

$$=123.74(\mathrm{m})$$

【例题 2】 已知水流入水轮机转轮的入口速度（相对于地面）为 v_1，与轮缘切线的夹角为 α［图 2.95（a)］。设转轮半径为 r，转速为 n 转/min，求入口处水流相对于转轮的速度。

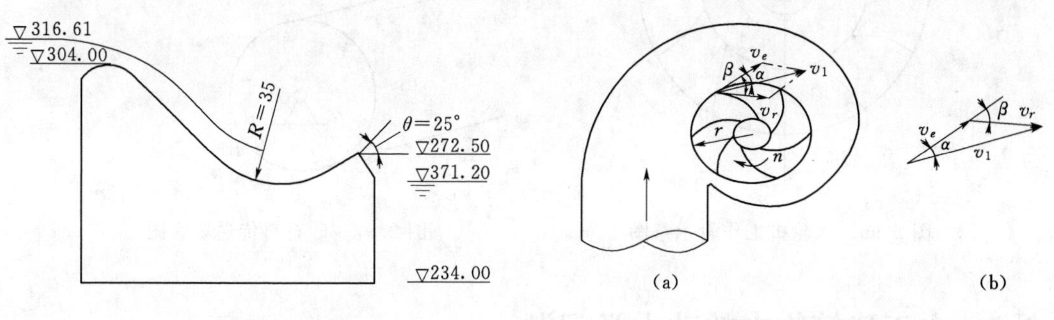

图 2.94　溢流坝设计剖面

图 2.95　水轮机转轮

解：

选轮缘处的水点为动点，动坐标系固接于转轮上。水流入口速度 v_1 是绝对速度，它的大小和方向都是已知的。轮缘上与水点相重合的一点的速度为牵连速度 v_e，它的大小是

$$v_e=r\omega=r\frac{2\pi n}{60}=\frac{\pi nr}{30}$$

v_e 的方向沿轮缘切线顺转轮转动的方向。所要求的是水点对于转轮的相对速度 v_r 的大小和方向。

根据 $v=v_e+v_r$ 作速度三角形如图 2.95(b)。由余弦定律可求出相对速度 v_r 的大小为

$$v_r=\sqrt{v_1^2+v_e^2-2v_1v_e\cos\alpha}$$

设 v_r 与轮缘切线的夹角为 β，由正弦定律有

$$\frac{\sin(180°-\beta)}{\sin\alpha}=\frac{v_1}{v_r}$$

即

$$\sin\beta=\frac{v_1}{v_r}\sin\alpha$$

由此可求出 β。

习　　题

1. 水流在水轮机工作轮入口处的绝对速度 $v_a=15\mathrm{m/s}$，并与直径成 60°角，如图 2.96 所示。工作轮的外缘半径 $R=2\mathrm{m}$，转速 $n=30\mathrm{r/min}$。为避免水流与工作轮叶片相冲击，叶片应恰当地安装，以使水流对工作轮的相对速度与叶片相切。求在工作轮外缘处水

流对工作轮的相对速度的大小和方向。

2. 如图 2.97 所示，砂石料从传送带 A 落到另一传送带 B 的绝对速度为 $V_1=4\text{m/s}$，其方向与铅直线为 30°角。设传送带 B 与水平面成 15°角，其速度为 $V_2=2\text{m/s}$，求此时砂石料对于传送带 B 的相对速度。又当传送带 B 的速度多大时，砂石料的相对速度才能与带垂直。

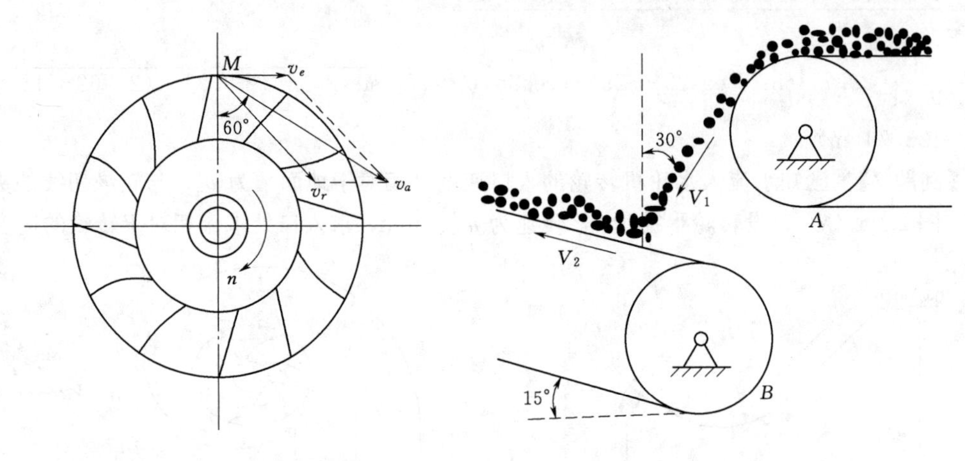

图 2.96　水轮机工作轮示意图　　图 2.97　砂石料传送示意图

2.3　水工建筑物中的动力学问题

静力学分析作用于物体上的力，研究物体在力系作用下的平衡问题，但没有研究物体在不平衡力系作用下将如何运动。运动学仅从几何的角度研究物体的空间位置随时间的变化规律，而不涉及物体本身的属性和所作用的力。动力学则对物体的机械运动做全面的分析，研究作用于物体上的力与物体运动之间的关系，从而建立物体机械运动的普遍规律。

水利建设的各种工程设计和施工都涉及动力学问题。在水利工程中，动力基础的隔振与减振，厂房结构、桥梁和大坝的动荷载作用下的振动，以及各类建筑物的抗震问题等都离不开动力学。如溢流坝泄洪时水流对坝体的作用力，水力发电过程的水锤现象，水流流过水轮机对其产生的作用力，溢洪道泄槽中水流的运动规律及转弯时的运动稳定问题等，都需要用到动力学理论。又如起重机起吊或重物下降时突然刹车所发生的超重现象，要应用动力学的理论来分析。在定向爆破山石时，土石碎块向各处飞落，如图 2.98 所示，可以利用动力学理论，来预先估计大部分土石块堆落的地方。

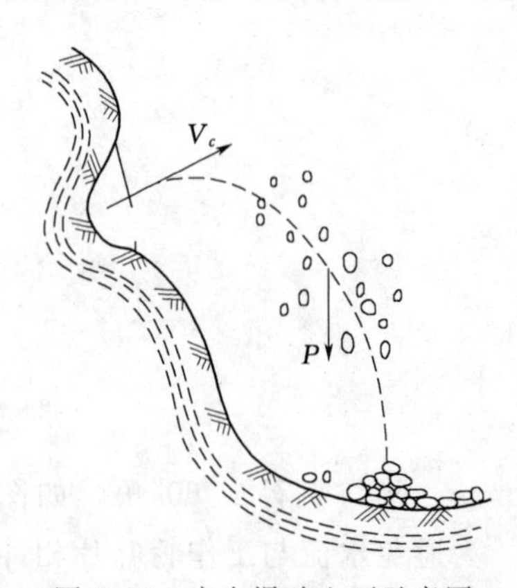

图 2.98　定向爆破山石示意图

2.3.1　质点运动微分方程

【工程实例】　三门峡水库

三门峡水库（图 2.99）是黄河上第一个大型水利枢纽工程，于 1960 年 9 月开始蓄水，在“蓄水拦沙”运用期，最高蓄水位达 332.58m，库区泥沙淤积发展迅速，

淤积量达 17.96 亿 m^3，水库淤积末端出现“翘尾巴”现象，潼关高程（流量为 $1000m^3/s$ 时的水位）比建库前的 323.4m 急剧抬升了 4.5m，导致渭河下游河床不断淤积抬高，使素有“八百里秦川”美称的关中地区、渭河两岸的生态环境恶化，并严重威胁西安市的防洪安全，迫使水库不得不进入改建和改变运用方式阶段。三门峡水库改建工程包括：打开原施工导流洞和增设排沙隧洞等，并两次改变运行方式，严格控制水库在正常运用期的蓄水位。到 1973 年汛后潼关高程降为 326.64m。1973 年 10 月以后，水库采用“蓄清排浑”的方式，即在汛期河水中含沙量大的时候不蓄水，等到了河水变清的时候再蓄水。这种方法使水库淤积和潼关高程得到了有效控制，潼关高程基本维持在 327.00m 左右。

(a) 三门峡水库

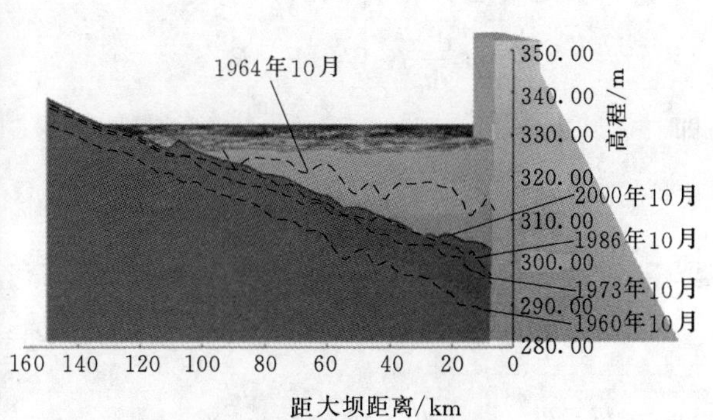

(b) 三门峡水库纵剖面图

(c) 三门峡水库所在地俯视图

图 2.99 三门峡水库

【问题】 水库泥沙淤积问题分析。

分析： 水流进入库区后，由于水深沿流程增加，水面坡度和流速沿流程减小，因而水流挟沙能力沿流程降低，出现泥沙淤积。泥沙淤积问题是水库建设必然要面对的难题，因为入库后水流趋缓，上游来水中夹带的泥沙将沉降、淤塞库容，缩短水库的使用寿命。泥沙在水库末端淤积，抬高河床，出现“翘尾巴”的现象，严重的会给上游带来新的灾害。泥沙问题处理得好，会延长水库的寿命，充分发挥水库的综合效益；处理不好不仅会影响效益的发挥，还会带来灾害。

【例题】 一颗质量为 m 的泥沙 M 在水库中由 O 处自由沉降，如图 2.100 所示。已知与泥沙同体积的水的质量为 m'，水体对匀速下沉的泥沙的运动阻力为 $R=\mu v^2$，v 为泥沙的沉降速度，系数 μ 与泥沙形状、横截面尺寸及水的密度有关。求泥沙的沉降速度及其运动方程。

解：

取泥沙 M 为研究对象，并视之为质点。泥沙所受的力有：重力 W、水的浮力 F 及运动阻力 R。以泥沙运动的初始位置为坐标原点，x 轴铅垂向下，如图 2.100 所示。

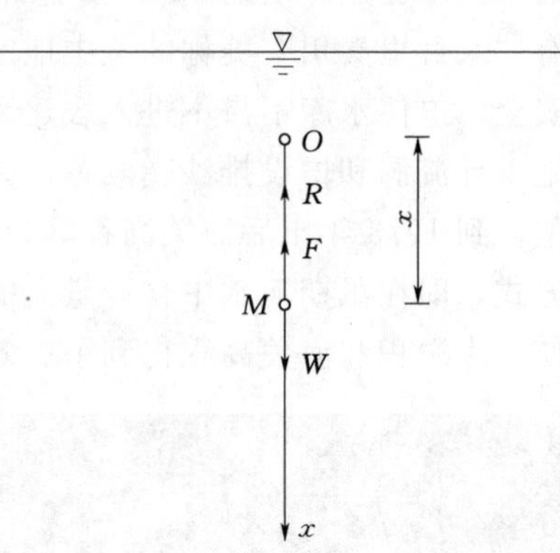

图 2.100　水流夹沙颗粒运动示意图

泥沙运动的初始条件为 $t=0$ 时，$x_0=0$，$v_0=0$。于是其运动微分方程为

$$m\frac{\mathrm{d}^2x}{\mathrm{d}t^2}=W-F-R$$

即

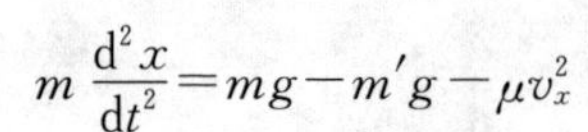

$$m\frac{\mathrm{d}^2x}{\mathrm{d}t^2}=mg-m'g-\mu v_x^2$$

或

$$\frac{\mathrm{d}v_x}{\mathrm{d}t}=\frac{m-m'}{m}g-\frac{\mu}{m}v_x^2 \tag{a}$$

设 $a=\dfrac{m-m'}{m}$，$n=\dfrac{\mu}{m}$，则式（a）为

$$\frac{\mathrm{d}v_x}{\mathrm{d}t}=ag-nv_x^2 \tag{b}$$

在积分之前先就式（b）讨论泥沙的沉降加速度和极限速度问题。

（1）在 $t=0$ 即运动刚开始时，由于 $v_{0x}=0$，阻力 $R=0$，其加速度为

$$a_x=\frac{\mathrm{d}v_x}{\mathrm{d}t}=ag \tag{c}$$

可见泥沙在水中，$a_x<g$。若泥沙在真空中沉降，则 $a=1$，$a_x=g$；在空气中，$a\approx1$，$a_x\approx g$。

（2）开始沉降后，随着速度 v_x 逐渐增大，阻力 R 将很快地增加，而加速度 a_x 则很快地减小。当速度达到某一数值时，其加速度为零，此时的速度称为极限速度，以 C 表示，此后泥沙将保持匀速 C 沉降。由式（b）得

$$0=ag-nC^2$$

故

$$C=\sqrt{\frac{a}{n}g}=\sqrt{\frac{am}{\mu}g} \tag{d}$$

现在对式（b）积分。由 $ag=nC^2$，可将式（b）写成

$$\frac{\mathrm{d}v_x}{\mathrm{d}t}=nC^2-nv_x^2=n(C^2-v_x^2)$$

分离变量后积分：

$$\int_0^{v_x}\frac{\mathrm{d}v_x}{C^2-v_x^2}=\int_0^t n\mathrm{d}t$$

即
$$\frac{1}{2C}\ln\frac{C+v_x}{C-v_x}=nt$$
解得

$$v_x=\frac{\mathrm{d}x}{\mathrm{d}t}=C\frac{\mathrm{e}^{2nct}-1}{\mathrm{e}^{2nct}+1}=C\mathrm{th}(nct) \tag{e}$$

再分离变量后积分：

$$\int_0^x \mathrm{d}x=\int_0^t C\mathrm{th}(nct)\mathrm{d}t$$

得

$$x=\frac{1}{n}\ln[\mathrm{ch}(nct)] \tag{f}$$

将式（d）及 $n=\frac{\mu}{m}$ 代入式（e）和式（f），得泥沙的沉降速度及运动方程分别为

$$v_x=\sqrt{\frac{am}{\mu}g}\,\mathrm{th}\left(\frac{a\mu}{m}gt\right) \tag{g}$$

$$x=\frac{m}{\mu}\ln\left[\mathrm{ch}\left(\sqrt{\frac{a\mu}{m}}gt\right)\right] \tag{h}$$

由式（e）可知，沉降速度随时间 t 的增加而增大，当 $t\to\infty$ 时，$\mathrm{th}(nct)=1$，则 $v_x=C$，实际上当 $nct=3.8$ 时，$v_x=0.999C$，可见在很短时间内，泥沙的速度就趋于极限速度了。如 $nct=2\pi$ 时，$v_x=0.9999C\approx C$，由此可得到泥沙由静止开始下沉达到极限速度所需的时间为

$$t=\frac{2\pi}{Cn} \tag{i}$$

习　题

1. 如图 2.101 所示，重 $Q=100\mathrm{kN}$ 的重物用钢绳悬挂于跑车之下，随同跑车以 $v=1\mathrm{m/s}$ 的速度沿桥式吊车的水平桥架移动。重物之重心到悬挂点的距离为 $l=5\mathrm{m}$。当跑车突然停止时，重物因惯性而继续运动，此后即绕悬挂点摆动。试求钢绳的最大张力。设摆至最高位置时的偏角为 8°，求此时的张力。

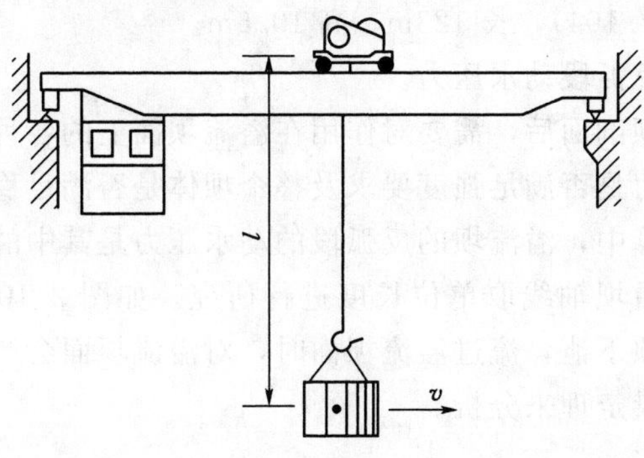

图 2.101　习题 1 图

2. 如图 2.102 所示，重 60kN 的货车以 21.6km/h 的速度驶入渡船。在刚驶入时开始制动，货车移动 10m 后停止。设货车做匀减速运动，求系渡船于岸上的绳索的拉力。假定开始刹车时绳索已拉紧。

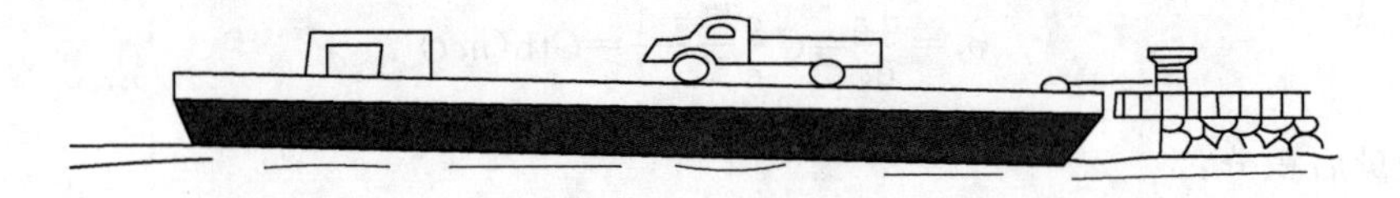

图 2.102　习题 2 图

3. 如图 2.103 所示为一斜坡式升船机构。设升船车 A 连同船只共重 W，平衡车 B 重 Q。两车在导轨上运动时，摩擦力各为其重量的 1%；导轨的倾角为 α，启动时的加速度为 a。试求加于鼓轮 C 上的力偶矩 M。鼓轮的半径为 r，质量不计。

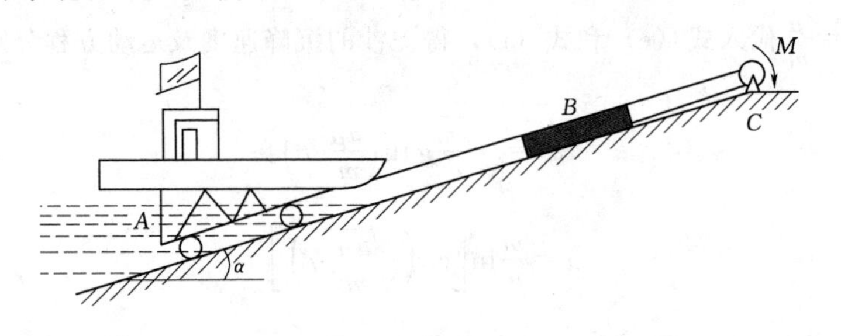

图 2.103　习题 3 图

4. 泥沙在水中下沉时，受到的阻力可用斯托克斯公式计算：$F=6\pi\eta vr$。其中，η 为水的阻力系数；v 为泥沙运动之速度，以 mm/s 计；r 为泥沙的半径，以 mm 计；F 以 N 计。已知细沙半径 $r=0.05\text{mm}$，沙的容重 $\gamma=2.74\times10^{-5}\text{N/mm}^3$，$\eta=1\times10^{-9}\text{N}\cdot\text{s/mm}^2$。试求细沙在水中下沉的极限速度。

2.3.2　动量定理

【工程实例 1】　石头水电站

石头水电站位于黑龙江省宁安县中部石岩乡境内牡丹江上，为河床式小水电站。坝址控制流域面积为 1.4 万 km^2。电站由拦江坝、泄洪闸、进水闸、厂房等建筑物组成。拦江坝为浆砌石溢流坝（图 2.104），长 123m，高 10.6m。

【问题】　求溢流坝反弧段动水压力。

分析： 在确定溢流坝剖面后，需要对作用在溢流坝面上的各种荷载进行计算，以便确定溢流坝内任一点的应力是否满足强度要求及整个坝体是否满足稳定要求，校核溢流坝的稳定安全性。在荷载计算中，溢流坝的反弧段的动水压力是其中的计算荷载之一。

溢流坝的荷载分析沿坝轴线取单位长度进行研究。如图 2.105（a）所示，当溢流坝上闸门打开，水流从坝顶下泄，流过溢流坝面时，对溢流坝面会产生动水压力。动水压力的计算可采用质点系动量定理来分析。

解：

反弧段动水压力的分布如图 2.105（b）所示，把分布力分解为相互垂直的两个分力，

图 2.104 石头水电站溢流坝

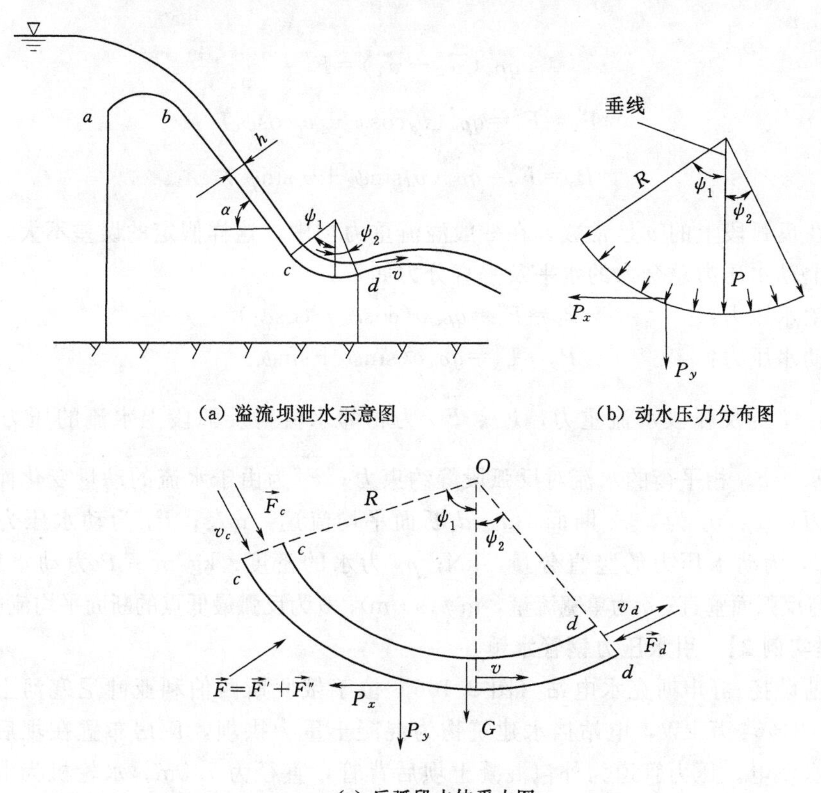

(a) 溢流坝泄水示意图　(b) 动水压力分布图

(c) 反弧段水体受力图

图 2.105 溢流坝反弧段受力分析

由于作用面为曲面，计算分布力分解后的总合力。

取 $c—c$ 截面和 $d—d$ 截面段水流作为研究对象［图 2.105（c）］，利用质点系动量定理（在某一时间间隔内，质点系动量的改变量等于在这段时间内作用于质点系外力冲量的矢量和），得

$$\vec{P}_d - \vec{P}_c = \sum_{i=1}^{n} \vec{I}_i^{(e)}$$

$$P_{dx} - P_{cx} = \sum_{i=1}^{n} I_{ix}^{(e)}$$

$$P_{dy} - P_{cy} = \sum_{i=1}^{n} I_{iy}^{(e)}$$

$$\vec{P}_d - \vec{P}_c = q\rho_w \mathrm{d}t(\vec{v}_d - \vec{v}_c)$$

$$\sum_{i=1}^{n} \vec{I}_i^{(e)} = (\vec{F}_c + \vec{F}_d + \vec{G} + \vec{F}' + \vec{F}'')\mathrm{d}t$$

$$q\rho_w \mathrm{d}t(\vec{v}_d - \vec{v}_c) = (\vec{F}_c + \vec{F}_d + \vec{G} + \vec{F}' + \vec{F}'')\mathrm{d}t$$

由平衡条件得

$$\vec{F}_c + \vec{F}_d + \vec{G} + \vec{F}' = 0$$

又

$$q\rho_w(\vec{v}_d - \vec{v}_c) = \vec{F}''$$

$$P_x = F''_x = q\rho_w(v_d\cos\psi_2 - v_c\cos\psi_1)$$

$$P_y = F''_y = q\rho_w(v_d\sin\psi_2 + v_c\sin\psi_1)$$

假定在反弧段上的 v 是常数，在一般溢流重力坝中，这样假定的误差不大，在反弧段单位宽度上动水压力总合力的水平及垂直分力如下：

水平动水压力：　　$P_x = F''_x = q\rho_w v(\cos\psi_2 - \cos\psi_1)$

垂直动水压力：　　$P_y = F''_y = q\rho_w v(\sin\psi_2 + \sin\psi_1)$

以上式中：$\vec{G}$ 为反弧段水流重力；$\vec{F}_c$、$\vec{F}_d$ 为相邻水流对反弧段上水流的压力；$\vec{F}'$为与外力$\vec{G}$、$\vec{F}_c$、$\vec{F}_d$ 相平衡的水流对反弧段静约束力；$\vec{F}''$为由于水流的动量变化而产生的附加动约束力；v_c、v_d 为 $c—c$ 断面、$d—d$ 断面平均流速，m/s；P_x 为动水压力的水平分量，kN；P_y 为动水压力的竖直分量，kN；ρ_w 为水的密度；kg/m^3；P 为动水压力强度，Pa，方向与反弧面垂直；q 为单宽流量，m^3/(s·m)；v 为反弧最低点的断面平均流速，m/s。

【工程实例 2】　引水压力钢管水锤

俄罗斯萨扬-舒申斯克水电站（图 2.106）位于俄罗斯西伯利亚叶尼塞河上游，总装机容量为 10×64 万 kW，电站挡水建筑物为混凝土重力拱坝，厂房布置在坝后，采用单管单机引水发电。压力管道为外包混凝土坝后背管，直径为 7.5m。水轮机为混流式，转轮直径为 6.77m，额定水头为 194m，额定流量为 358m^3/s，额定转速为 142.8r/min，在最大水头 220m 时，最大出力为 735MW。

2009 年 8 月 17 日 8 时 13 分，俄罗斯萨扬-舒申斯克水电站发生了灾难性事故，水电

图 2.106　俄罗斯萨扬-舒申斯克水电站

站发电机层以下厂房淹没，2、7 和 9 号机组被摧毁，其余各台机组及厂房设施均有不同程度的严重损毁（图 2.107），造成 75 人死亡，13 人受伤。

(a) 2 号机组破坏情况

(b) 排水后展现的 2 号机组情况

图 2.107（一）　俄罗斯萨扬-舒申斯克水电站事故

(c) 7 号机组破坏情况

(d) 9 号机组破坏情况

(e) 坝和背管完好无损，厂房损毁约 1/3，变压器损毁 1 台

图 2.107（二）　俄罗斯萨扬-舒申斯克水电站事故

俄罗斯萨扬-舒申斯克水电站事故的直接原因：2 号水轮机长期在振动摆度大的状态下运行，顶盖紧固螺栓疲劳损伤失效。其他原因：水轮机稳定运行范围过窄，结构设计存在缺陷，年久失修，关键部件老化；机组自动功率调节（AGC）规则未能全面反映机组的实际运行状态，使“带病”运行的 2 号机组承担功率调节的首选机组，并频繁穿越不推荐运行区；在机组振动摆度严重超标的状况下，水电站管理者、运行人员未及时发现并采取措施。萨扬水电站 7 号和 9 号机组极有可能经历了负荷转移引起的增负荷、电气短路引起的甩负荷、导叶拒动引起的飞逸以及进入不容许运行区机组剧烈振动导致轴系失稳、转子与定子摩擦碰撞、巨大的水锤压力引起的抬机和顶盖张裂等一系列事故。

分析：在水电站运行过程中，为了适应负荷变化或由于事故原因而突然启闭水轮机导叶时，进入水轮机的流量迅速改变。由于水流具有较大的惯性，流速的突然变化使压力水管、蜗壳及尾水管中的压力随之变化，这种交替升降的一种波动，如同锤击作用于管壁，有时还伴随轰轰的响声和振动，这种现象称为水锤。

水锤压力上升过大，会对蜗壳和压力管道结构安全带来影响：①压强升高可以达到很大的程度，甚至引起管道的破裂；②尾水管中负压过大，产生尾水管空蚀，使得水轮机运行时产生振动。由于水锤的危害很大，故在管道及水轮机等工程设计中必须考虑水锤问题。

【问题】 如图 2.108 所示的简单引水管道系统，管道的首部与水库相连，末端装有一可调节流量的阀门，管道长为 L，管道直径为 D，管壁厚度 e 沿程不变。设初始时管道水流为恒定流，流速为 v_0，压强为 p_0，试运用动量定理分析管道末端阀门突然瞬间关闭时，管道末端的压强变化值，即水锤压强（忽略阻力及二阶微量，并认为 $\Delta pA \gg p_0\Delta A$）。

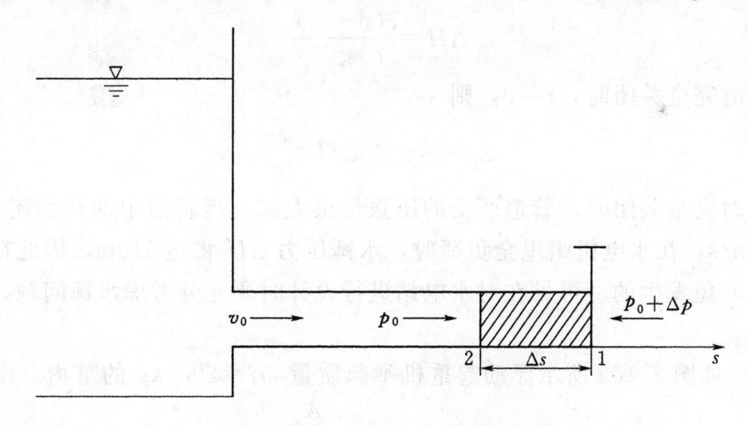

图 2.108　简单引水管道系统

解：

如图 2.108 所示的简单引水管道系统，其管道末端的阀门瞬时完全关闭时，首先是与阀门紧相连的微小段的水流流速为零，这时该微小段水流的动量发生相应的变化，压强增大，液体受到压缩，密度增大，管道受压膨胀。紧连着此微小段的另一微小段内的液体也相应地速度为零、压强增大和受到压缩。并依次一段一段地以波的形式向上游传播，也称为弹性波。其传播速度称为水锤波速，以 c 表示。

由液体速度的减小，引起压强的增大，所产生的这一压强增量可根据动量定理来确定。

设 Δt 时间段内，水击波由 1 断面行进到 2 断面，受水锤波影响的微小段长度为 Δs，此微小段的液体速度由原来的 v_0 减少至 v，这时因惯性作用，使压强由 p_0 增大到 $p_0+\Delta p$，密度由 ρ 增大到 $\rho+\Delta\rho$，管道断面面积由 A 增大到 $A+\Delta A$。

在 Δt 时间段内，Δs 微小段液体的动量变化率为

$$\frac{[(\rho+\Delta\rho)\Delta s(A+\Delta A)v]-\rho\Delta sAv_0}{\Delta t}$$

将上式分子展开，并忽略二阶微量，其动量变化率可写成

$$\frac{\rho\Delta sA(v-v_0)}{\Delta t}$$

同时，微小段所受到的作用力，在不计阻力的情况下，为

$$p_0A-(p_0+\Delta p)(A+\Delta A)$$

根据动量定理，有

$$p_0A-(p_0+\Delta p)(A+\Delta A)=\frac{\rho\Delta sA(v-v_0)}{\Delta t}$$

忽略二阶微量，并认为 $\Delta pA\gg p_0\Delta A$，整理后可得

$$\Delta p=\rho\left(\frac{\Delta s}{\Delta t}\right)(v-v_0)$$

式中 $\Delta s/\Delta t$ 表示压强变化的传播速度，即水锤波的传播速度，以 c 表示。故，上式可写为

$$\Delta p=\rho c(v-v_0)$$

上式为阀门关闭时的水锤压强增量表达式。以重度 γ 同除上式两边，可得水锤压强的水柱高表示为

$$\Delta H=\frac{c(v-v_0)}{g}$$

当阀门瞬时完全关闭时，$v=0$，则

$$\Delta p=\rho cv\ 或\ \Delta H=\frac{cv}{g}$$

当阀门瞬时完全关闭时，管道所受的压强是很大的。当管道中的初始流速 $v_0=5\text{m/s}$，波速 $c=1000\text{m/s}$，在水电机组甩全负荷时，水锤压力 ΔH 将达 510m，因此在水电站中这种情况是绝对避免发生的。可见在对水电站进行设计时要充分考虑水锤问题，否则会出现严重的后果。

【例题 1】 如图 2.109 所示浮动起重机举起质量 $m_1=2000\text{kg}$ 的重物。设起重机质量

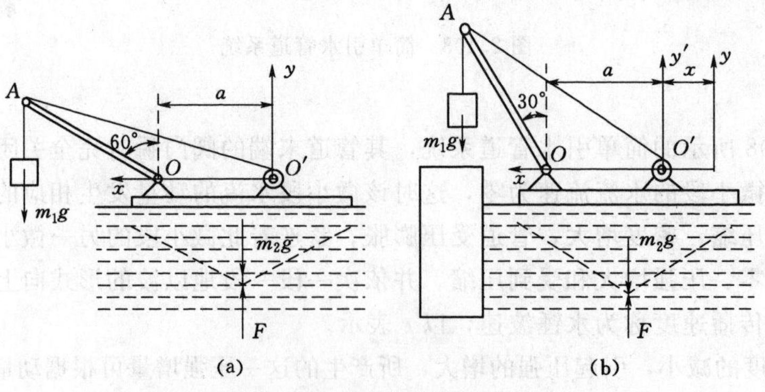

图 2.109　浮动起重机示意图

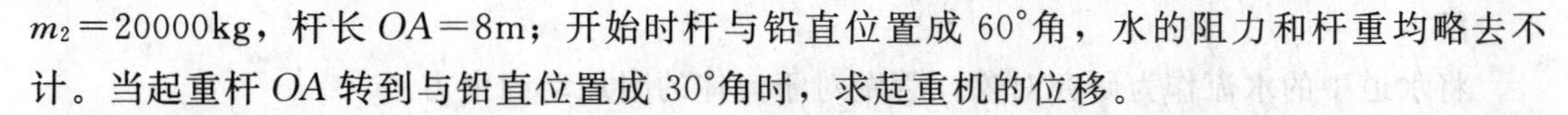

$m_2=20000\text{kg}$，杆长 $OA=8\text{m}$；开始时杆与铅直位置成 60°角，水的阻力和杆重均略去不计。当起重杆 OA 转到与铅直位置成 30°角时，求起重机的位移。

解：

起重机和重物组成的系统，在水平方向不受外力，故系统在水平方向动量守恒，因初始时系统静止，动量为 0，所以终止时动量也应为 0，如图 2.109（b）所示。设起重机速度为 v，$\overline{OA}=r$。点 A 的速度

$$\vec{v}_A=\vec{v}_e+\vec{v}_r$$

其中 $v_e=v$，$v_r=r\dfrac{\mathrm{d}\varphi}{\mathrm{d}t}$，将上式向水平方向投影，得

$$v_{Ax}=v+r\frac{\mathrm{d}\varphi}{\mathrm{d}t}\cos\varphi$$

由 x 轴方向的动量守恒可得

$$m_1v_{Ax}+m_2v=0$$

得

$$(m_1+m_2)v+m_1r\frac{\mathrm{d}\varphi}{\mathrm{d}t}\cos\varphi=0$$

$$(m_1+m_2)\frac{\mathrm{d}s}{\mathrm{d}t}=-m_1r\frac{\mathrm{d}\varphi}{\mathrm{d}t}\cos\varphi$$

上式中，s、v 分别为起重机水平位移和水平方向移动速度，将上式两边积分，得

$$\int_0^s(m_1+m_2)\mathrm{d}s=-\int_{\frac{\pi}{3}}^{\frac{\pi}{6}}m_1r\cos\varphi\mathrm{d}\varphi$$

$$(m_1+m_2)s=-m_1r\times\frac{1-\sqrt{3}}{2}$$

$$\begin{aligned}s&=-\frac{m_1r(1-\sqrt{3})}{2(m_1+m_2)}=-\frac{2000\times8(1-\sqrt{3})}{2(2000+20000)}\\&=-0.2662(\text{m})(\leftarrow)\end{aligned}$$

所以起重机左移 0.2662m。

【例题 2】 水流以速度 $v_0=2\text{m/s}$ 流入固定水道，速度方向与水平面成 90°角，如图 2.110 所示。水流进口截面积为 0.02m^2，出口速度 $v_1=4\text{m/s}$，它与水平面成 30°角。求水作用在水道壁上的水平和铅直的附加压力。

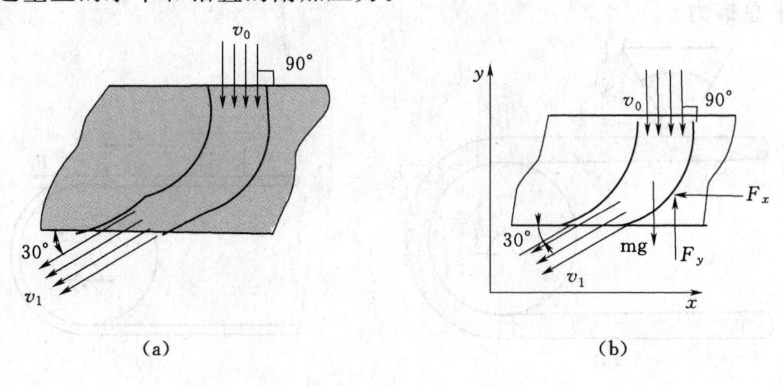

图 2.110　水流在固定水道流动示意图

解：

将水道中的水流作为研究对象，管壁对于流体的附加动约束力

$$\vec{F}=q_v\rho(\vec{v}_1-\vec{v}_0) \tag{a}$$

$$\rho=1000\text{kg/m}^3$$

由不可压缩流体的连续性定律知

$$q_v=v_0A_0=v_1A_1$$

将式（a）分别向轴 x，y 投影，得

$$-F_x=-v_0A_0v_1\cos30°\rho$$

$$F_y=v_0A_0[-v_1\sin30°-(-v_0)]\rho$$

将 $v_0=2\text{m/s}$，$A_0=0.02\text{m}^2$，$v_1=4\text{m/s}$，代入上式，得

$$F_x=139\text{N}(\leftarrow),\ F_y=0$$

水对管壁作用的附加动压力

$$F'_x=139\text{N}(\rightarrow),\ F'_y=0$$

F'_x方向与 F_x 方向相反。

习　题

1. 已知水的体积流量为 q_v，密度为 ρ；水冲击叶片的速度为 v_1，方向沿水平向左；水流出叶片的速度为 v_2，与水平线成 θ 角。求图 2.111 所示水柱对涡轮固定叶片作用力的水平分力。

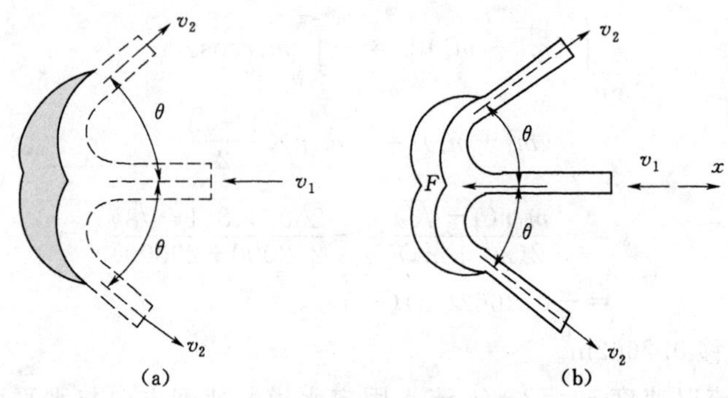

图 2.111　习题 1 图

2. 如图 2.112 所示传送带的运煤量恒为 20kg/s，胶带速度恒为 1.5m/s。求胶带对煤块作用的水平总推力。

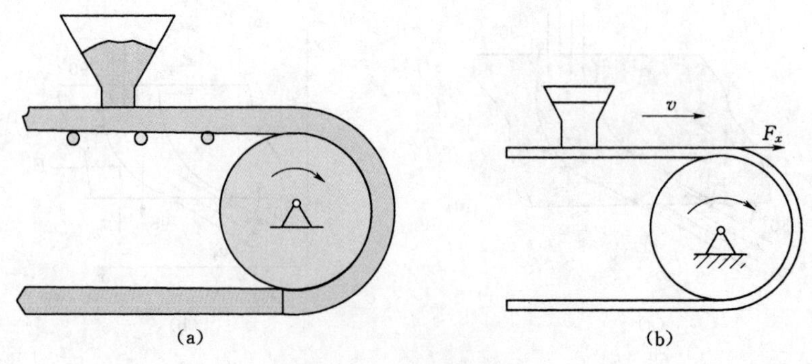

图 2.112　习题 2 图

3. 如图 2.113 所示移动式胶带输送机，每小时可输送 $109m^3$ 的砂子。砂子的密度为 $1400kg/m^3$，输送带速度为 1.6m/s，设砂子在入口处的速度为 v_1，方向垂直向下，在出口处的速度为 v_2，方向水平向右。如输送机不动，问此时地面沿水平方向总的阻力有多大？

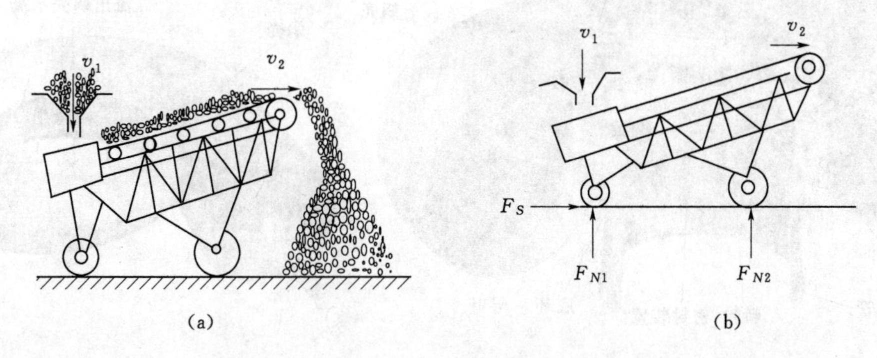

图 2.113　习题 3 图

4. 如图 2.114 所示，施工中广泛采用喷枪浇注混凝土衬砌。设喷枪的直径 $D=80mm$，喷射速度 $v_1=50m/s$，混凝土比重 $\gamma=21.6kN/m^3$，求喷浆对壁之压力。

5. 压实土壤的振动器，由两个相同的偏心块和机座组成。机座重 Q，每个偏心块重 P，偏心距 e，两偏心块以相同的匀角速 ω 反向转动，转动时两偏心块的位置对称于 y 轴。试求振动器在图 2.115 所示位置时对土壤的压力。

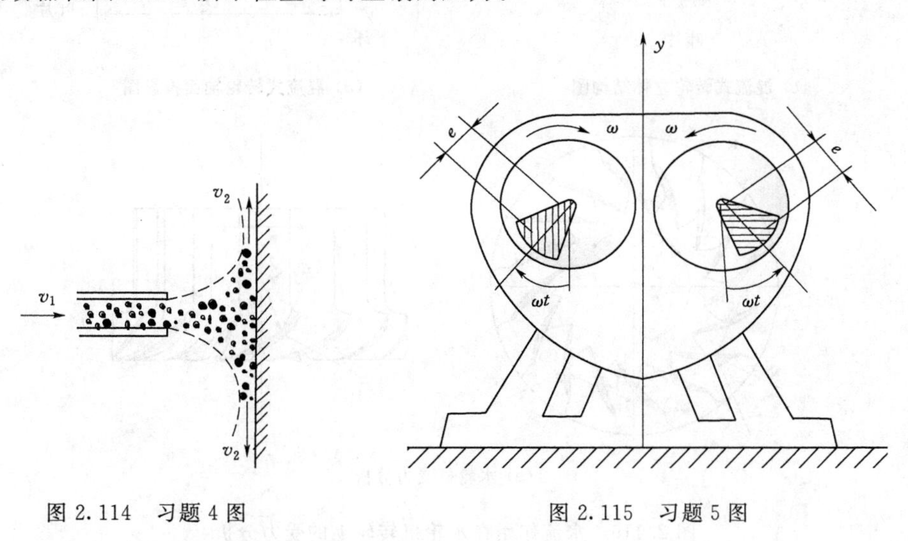

图 2.114　习题 4 图　　图 2.115　习题 5 图

2.3.3 动量矩定理

【问题】 水流作用在水轮机转轮上的转动力矩计算。

分析： 反击式水轮机同时利用了水流的势能与动能，水流通过蜗壳均匀分布到转轮周围，轴对称地进入水轮机［图 2.116 (a)、(b)］。水流充满整个转轮的空间，在转轮叶片约束下改变流速与方向，从而对转轮叶片产生反作用力，驱动转轮旋转。通过水轮机水流的大部分动能与势能都转换成转轮旋转的机械能。

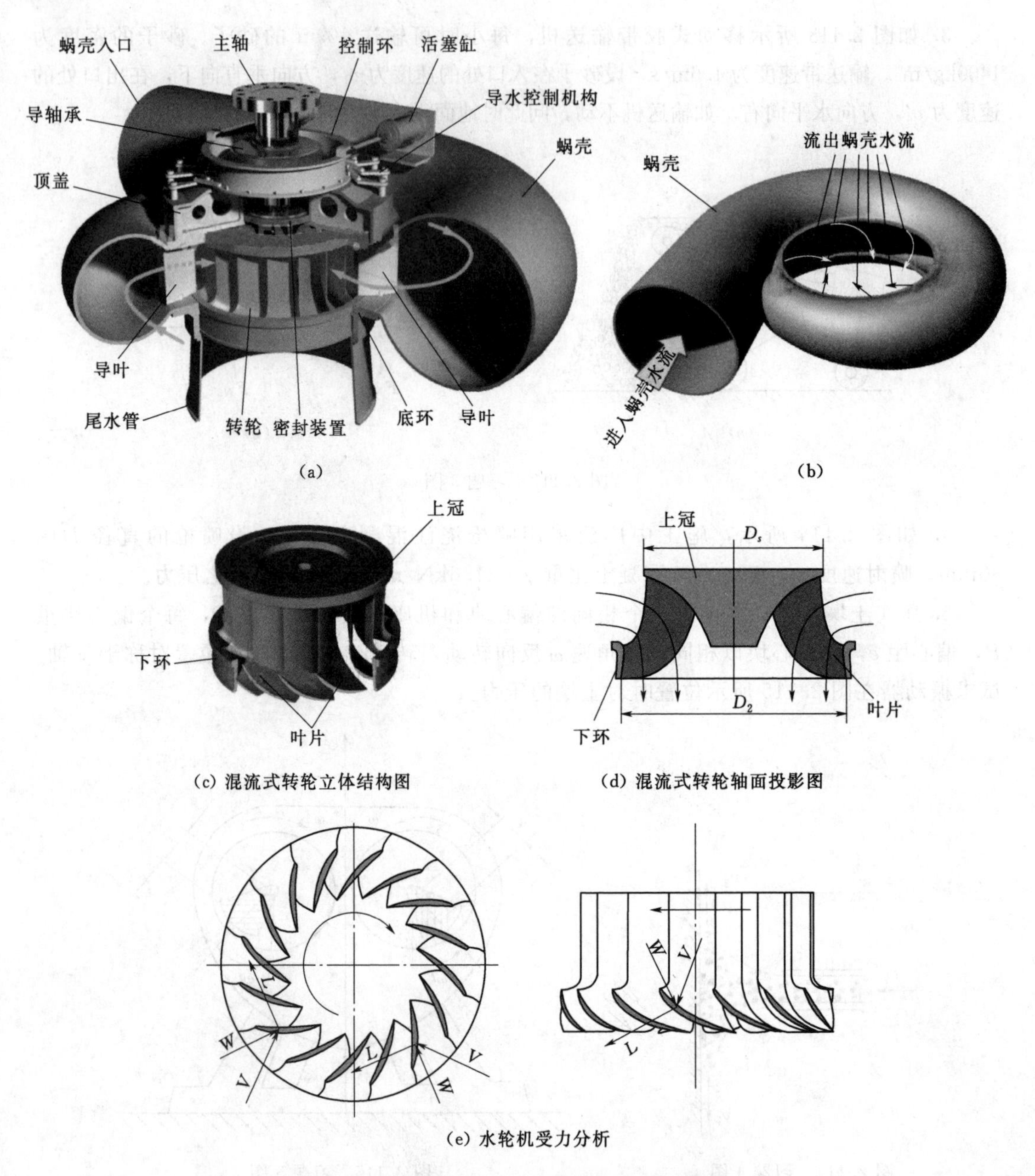

图 2.116　水流作用在水轮机转轮上的受力分析

$\xrightarrow{V}$进转轮水流方向与大小；$\xrightarrow{L}$产生升力方向与大小；

$\longrightarrow$转轮旋转方向；$\xrightarrow{W}$水流对叶片的相对方向与大小

混流式水轮机的转轮［图 2.116（c）］看起来较复杂，水流从水轮机四周水平方向向中心流入转轮（径向进入），然后转为向下方向出口［图 2.116（d）］，水流进入转轮内在向轴芯方向通过叶片时推动转轮，同时在向下通过叶片时也推动转轮，也就是说水流在径向与轴向通过叶片时都做功［图 2.116（e）］，故称为混流式水轮机。

【例题 1】 水轮机转轮在水流的冲击下以匀角速度 ω 绕铅垂轴 O 转动，如图 2.117 所示。设水流进蜗壳的总流量为 Q，水的密度为 ρ，水流进转轮和离开转轮的绝对速度分别为 v_1 及 v_2，与轮缘切线夹角方向分别为 a_1 及 a_2，转轮的外圆与内圆的半径分别为 r_1 与 r_2。假定水流为恒定流，试求水流作用在转轮上的转动力矩。

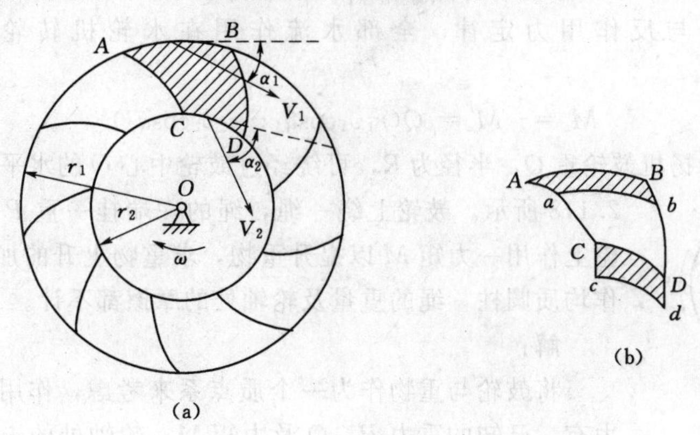

图 2.117 水轮机受力分析

解：

由于水流为恒定流，流进蜗壳的总水流量就是流进转轮的流量，设流进两叶片间的水流量为 q，则 $Q=\sum q$。

取转轮上两个叶片间的水体（图 2.117 中的 $ABCD$ 部分）为研究的质点系。作用在质点系上的外力有：水体的重力和叶片对水体的反力。而重力与转轴 z（z 轴与图 2.117 平面垂直）平行，它对转轴 z 的矩为零，所以两叶片对水流的反力对于 z 轴的矩 m' 在数值上等于水流作用在两叶片上的力矩 m_{zi}。应用质点系动量矩定理得

$$\frac{\mathrm{d}H_{zi}}{\mathrm{d}t}=m'_{zi} \tag{a}$$

下面计算在 $\mathrm{d}t$ 时间内，$ABCD$ 水体对固定点 O 的动量矩的改变量 $\mathrm{d}H_{zi}$。设在瞬时 t 水体在 $ABCD$ 位置，在瞬时 $t+\mathrm{d}t$，它运动到 $abcd$ 新位置，如图 2.117（b）所示。则在 $\mathrm{d}t$ 时间内水体对 z 轴的动量矩的改变量为

$$\begin{aligned}\mathrm{d}H_{zi}&=(H_{zi})_{\mathrm{abcd}}-(H_{zi})_{\mathrm{ABCD}}\\&=(H_{zi})_{\mathrm{abCD}}+(H_{zi})_{\mathrm{CDcd}}-(H_{zi})_{\mathrm{ABab}}-(H_{zi})_{\mathrm{abCD}}\\&=(H_{zi})_{\mathrm{CDcd}}-(H_{zi})_{\mathrm{ABab}}\\&=\rho q\mathrm{d}tr_2v_2\cos a_2-\rho q\mathrm{d}tr_1v_1\cos a_1\\&=\rho q(r_2v_2\cos a_2-r_1v_1\cos a_1)\mathrm{d}t\end{aligned} \tag{b}$$

将式（b）代入式（a）后，得到两叶片对水流的反力对于 z 轴的转动力矩为

$$m'_{zi}=\frac{\mathrm{d}H_{zi}}{\mathrm{d}t}=\rho q(r_2v_2\cos a_2-r_1v_1\cos a_1) \tag{c}$$

对于转轮整体（全部叶片），转轮作用于水体的转动力矩为

$$M'_z=\sum m'_{zi}=\sum \rho q(r_2v_2\cos a_2-r_1v_1\cos a_1)$$
$$=\rho Q(r_2v_2\cos a_2-r_1v_1\cos a_1) \tag{d}$$

或

$$M'_z=-\rho Q(r_1v_1\cos a_1-r_2v_2\cos a_2) \tag{e}$$

根据作用力与反作用力定律，全部水流作用在水轮机转轮上的转动力矩$M'_z=-M'_z$，即

$$M_z=-M'_z=\rho Q(r_1v_1\cos a_1-r_2v_2\cos a_2) \tag{f}$$

【例题2】 卷扬机鼓轮重Q，半径为R，可绕经过鼓轮中心O的水平轴O_z转动，如图2.118所示。鼓轮上绕一绳，绳的一端挂一重P的物体。今在鼓轮上作用一力矩M以提升重物，求重物上升的加速度。鼓轮可看作均质圆柱，绳的重量及轮轴处的摩擦都不计。

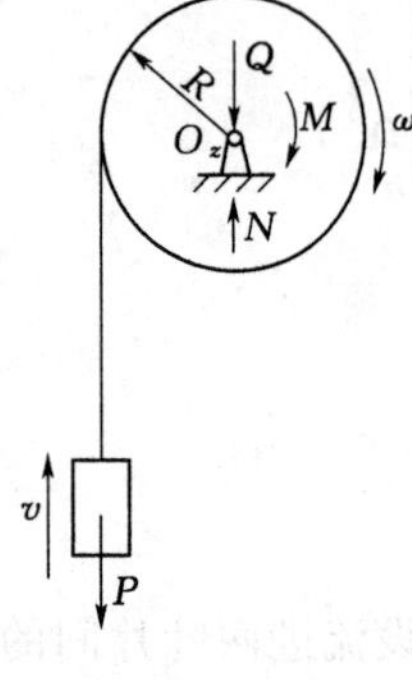

图2.118　卷扬机示意图

解：

将鼓轮与重物作为一个质点系来考虑，作用于该质点系的外力有：已知的重力P、Q及力矩M；轮轴处的未知约束力N。约束力N通过轮轴O_z，因此，如以O_z为矩轴而应用动量矩定理求解，则方程中将不包含未知力N，可直接求得加速度。

设重物上升的速度为v，鼓轮的角速度为ω，则整个质点系对于z轴的动量矩为

$$L_z=\frac{1}{2}\frac{Q}{g}R^2\omega+\frac{P}{g}vR$$

但$\omega=v/R$，所以

$$L_z=\frac{Q+2P}{2g}Rv$$

外力对z轴的矩为

$$M_z^E=M-PR$$

于是根据动量矩定理有

$$\frac{R(Q+2P)}{2g}\frac{\mathrm{d}v}{\mathrm{d}t}=M-PR$$

由此可得重物上升的加速度

$$a=\frac{\mathrm{d}v}{\mathrm{d}t}=\frac{2(M-PR)}{(Q+2P)R}g$$

习　题

1. 如图2.119所示通风机的转动部分以初角速度ω_0绕中心轴转动，空气的阻力矩与角速度成正比，即$M=k\omega$，其中k为常数。如转动部分对其轴的转动惯量为J，问经过多少时间其转动角速度减少为初角速度的一半？又在此时间内共转过多少转？

2. 图2.120所示为一卷扬机。鼓轮为均质圆盘，重为P，半径为R，可绕经过鼓轮中心O的中心轴Z转动。小车和车上材料总重为Q。作用在鼓轮上有一力矩M，轨道的倾角为α。绳的重量及摩擦均忽略不计。求小车上升的加速度。

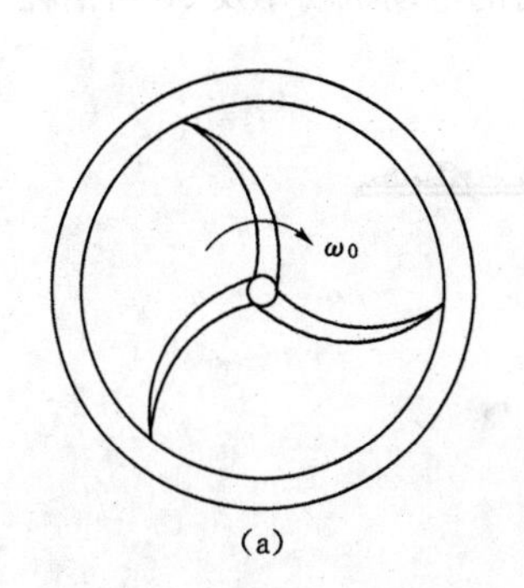

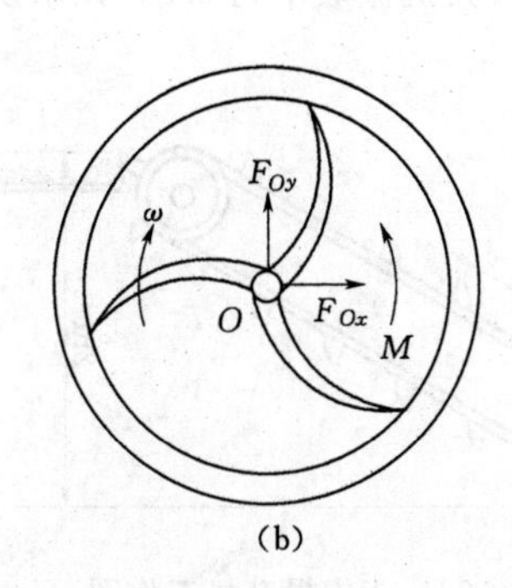

图 2.119 通风机的转动部分示意图

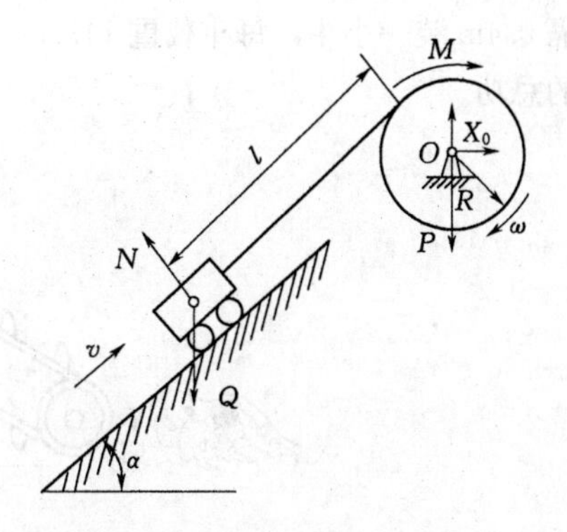

图 2.120 卷扬机工作图

2.3.4 动能定律

【例题】 用绞车提升重物（图 2.121）。绞车的转动惯量为 J，半径为 r；重物的质量为 m；钢绳总长 l，单位长度的质量为 γ。设绞车电动机输出功率为 P，求重物上升的加速度与其速度之间的关系。换向滑轮的质量及各处的摩擦均不计。

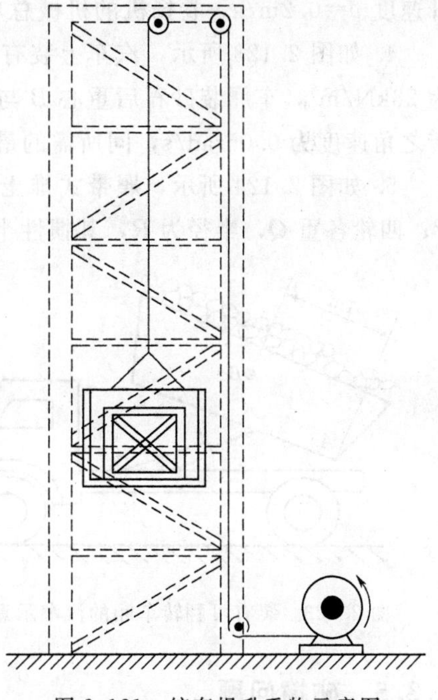

图 2.121 绞车提升重物示意图

解：

设重物的速度为 v，则整个系统的动能为

$$T=\frac{1}{2}(m+\gamma l)v^2+\frac{1}{2}J\omega^2$$

$$=\frac{1}{2}\left[m+\gamma l+\frac{J}{r^2}\right]v^2$$

而

$$\frac{\mathrm{d}T}{\mathrm{d}t}=\left[m+\gamma l+\frac{J}{r^2}\right]va \tag{a}$$

在运动过程中，钢绳重心的位置改变很小，其重力的功率可以忽略不计，因而

$$\sum P_i=P-mgv \tag{b}$$

令（a）、（b）两式相等，得

$$a=\frac{P-mgv}{v\left(m+\gamma l+\dfrac{J}{r^2}\right)}$$

习 题

1. 一水泵抽水量 $Q=0.06\mathrm{m^3/s}$，扬程 $H=20\mathrm{m}$。如抽水机总效率为 $\eta=0.6$，问需选用多大马力的电动机？

2. 如图 2.122 所示，斗式提升机提升高度为 2m，传送带以匀速 $v=0.3\mathrm{m/s}$ 运动，带上每隔0.4m装一小斗，每斗载重147N。若其机械效率为0.8，试求所需的电动机功率及8h所消耗的总功。

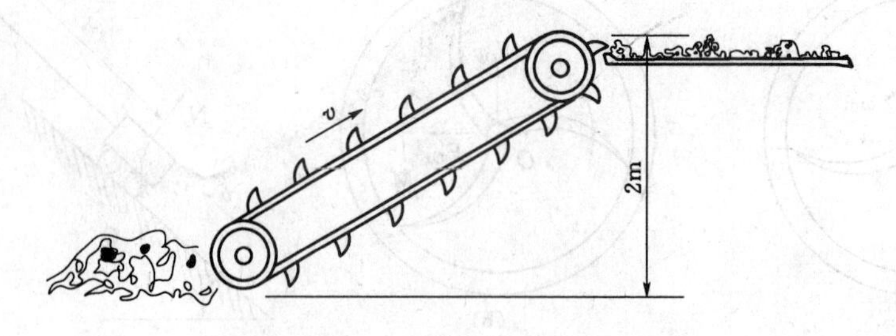

图2.122　斗式提升机工作图

3. 平板闸门重 $W=60\text{kN}$，最大水压力 $P=460\text{kN}$，门槽摩擦系数 $f=0.2$。设闸门提升速度 $v=0.2\text{m/s}$，卷扬机的机械总功率为0.8，求卷扬机的电动机应有的功率。

4. 如图2.123所示，汽车上装有一可翻转之车厢，内装有 5m^3 的砂石，砂石的容重为 23kN/m^3，车厢装砂石后重心 B 与翻转轴 A 之水平距离为1m。如欲使车厢绕 A 轴翻转之角速度为0.05rad/s，问所需的最大功率为多少？

5. 如图2.124所示，履带式推土机前进速度为 v。已知车架总重 W；两条履带各重 P；四轮各重 Q，半径为 R，其惯性半径为 ρ。试求整个系统的动能。

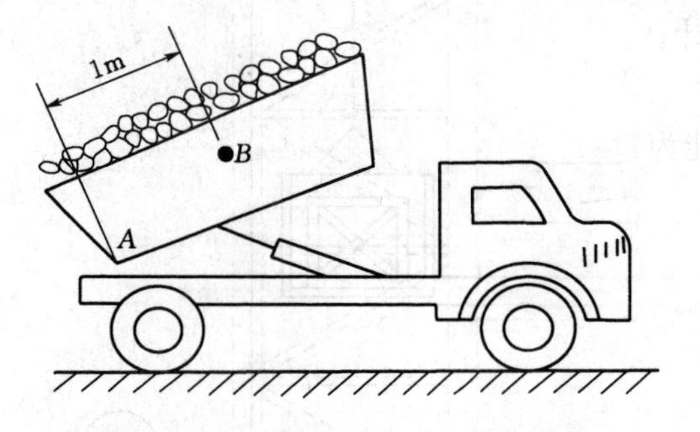

图2.123　装有可翻转车厢的汽车示意图

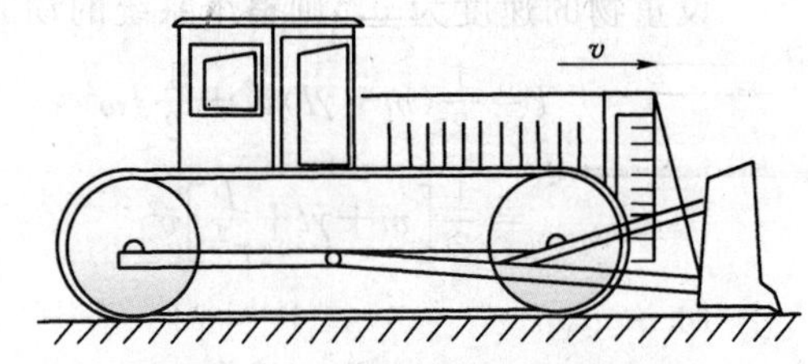

图2.124　履带式推土机示意图

2.3.5　碰撞问题

【例题】 如图2.125所示，木桩质量为 m_2，其下部已打入泥土。铁锤质量为 m_1，从桩顶铅直上方高 h 处自由落下打桩。已知锤在某次下落打桩时，使桩下沉 δ。试求泥土对木桩的平均阻力 R 的大小。假设锤与桩的碰撞是塑性的。

解：

锤与桩碰撞时，锤的速度为 $v_1=\sqrt{2gh}$，而桩的速度 $v_2=0$。在碰撞的过程中，桩没有位移，可不计泥土阻力，即无外碰撞冲量作用。于是，得到碰撞后锤与桩的共同速度

$$u=\frac{m_1}{m_1+m_2}\sqrt{2gh}$$

碰撞结束后，锤与桩一同开始下降。从开始下降到停止下降这一过程，已不是碰撞过

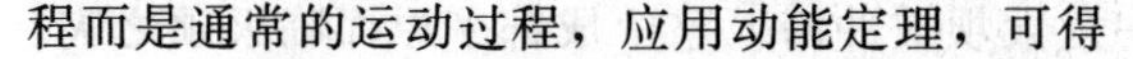

程而是通常的运动过程，应用动能定理，可得

$$0-\frac{m_1+m_2}{2}\left(\frac{m_1}{m_1+m_2}\sqrt{2gh}\right)^2=(m_1g+m_2g-R)\delta$$

由此得

$$R=m_1g+m_2g+\frac{m_1^2gh}{(m_1+m_2)\delta}=P_1+P_2+\frac{P_1^2h}{P_1+P_2}\delta$$

其中 $P_1=m_1g$ 及 $P_2=m_2g$ 分别是锤与桩的重量。通常 P_1+P_2 远较第三项之值为小，往往可以不计。于是，应用如下的简化公式，能求得足够精确的 R 之值：

$$R=\frac{P_1^2h}{(P_1+P_2)\delta}$$

如设 $P_1=2\text{kN}$，$P_2=1\text{kN}$，$h=2\text{m}$，$\delta=15\text{mm}$，则

$$R=\frac{2^2\times2}{3\times0.015}=178(\text{kN})$$

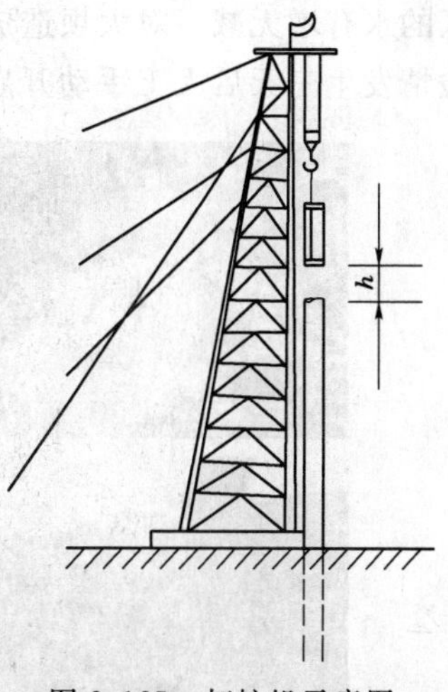

图 2.125　打桩机示意图

若计及锤与桩的重量，则 $R=178+3=181$（kN）。可见，略去 P_1+P_2 之值，R 的误差尚不及 2%。

将阻力 R 的近似公式改写成

$$R\delta=\frac{P_1}{P_1+P_2}P_1h=\frac{P_1}{P_1+P_2}\times\frac{P_1v_1^2}{2g}=\frac{P_1}{P_1+P_2}T_0$$

其中 $T_0=m_1v_1^2/2$ 是碰撞前锤的动能。可见，锤的动能 T_0 仅有一部分保持为机械能，在量上等于使桩下沉的有用的功 $R\delta$，而另一部分动能则在碰撞时转变成了非机械能。并且，P_1 越大，P_2 越小，即锤越重，桩越轻，则有用的功越大，打桩的效率越高。

习　　题

打桩机的锤重 $W_1=4.5\text{kN}$，自高 $h=2\text{m}$ 处下落，初速为零；桩重 $W_2=500\text{N}$，恢复系数 $e=0$，经过一次锤击后，桩下沉 $\delta=0.5\text{cm}$。试求土壤对桩的平均阻力 R 及碰撞时动能的损失 ΔT。（参考答案：$R=166.72\text{kN}$；$\Delta T=900\text{J}$）

2.3.6　达朗贝尔原理（动静法）

【工程实例】　汶川地震中的紫坪铺水库

紫坪铺水库是四川省最大的水库，它位于四川省都江堰市麻溪乡，岷江上游干流处。工程是以灌溉、城市供水为主，兼顾防洪、发电、环保用水、旅游等综合效益的水利工程。水库最早是在 1958 年开始建设的，但因暴雨冲垮大坝和苏联专家的撤走而被搁置，后于 2001 年 3 月 29 日在争议中动工，2006 年 12 月竣工。

北京时间 2008 年 5 月 12 日发生的汶川地震，根据中华人民共和国地震局的数据，面波震级达 8.0Ms、矩震级达 8.3Mw（根据美国地质调查局的数据，矩震级为 7.9Mw），严重破坏地区超过 10 万 km^2。地震烈度达到 9 度，造成紫坪铺水库大坝面板发生裂缝，厂房等其他建筑物墙体发生垮塌，局部沉隐，避雷器倒塌，整个电站机组全部停机。而由地震引发的山崩，使得大量土石滚入水库（图 2.126）。地震损坏了水库泄洪闸，使得库

区的水有增无减，对大坝造成严重威胁。一旦大坝被冲垮，整个成都平原面临灭顶之灾！险情发生三天后人工手动开启泄洪洞终于获得成功，大坝险情得到排除。

图 2.126　紫坪铺水库及其震损

【问题】 水利工程地震计算。

分析： 动静法是对水工建筑物进行地震计算的方法之一，即作用在质点系上的所有外力与虚加在每个质点上的惯性力在形式上组成平衡力系。

解：

用动静法进行计算时，把作用在各质点上的惯性力看作是物体的外力，然后列平衡方程：

$$\sum X=0$$

$$\sum Y=0$$

$$\sum M=0$$

【例题 1】 某一混凝土挡水坝，如图 2.127 所示。已知坝上游水深 $H_1=58\text{m}$，坝下游水深 $H_2=19.484\text{m}$。混凝土的容重 $\gamma=24.0\text{kN/m}^3$，水的容重 $\gamma_w=9.81\text{kN/m}^3$，坝基摩擦系数 $f=0.6$。已知地震惯性力大小如图 2.128 所示，暂不考虑坝基渗流对坝底作用力的影响，试校核坝的滑动稳定性。

解：

取 1m 长的坝段来分析，使坝向下游滑动的力是作用于坝体上的水平力总和 P_x，使坝抵抗滑动的力是作用于坝体上的铅直分力在坝底产生的摩擦力 F_x，如果 $P_x>F_x$，坝就会向下游滑动。

画坝体受力图如图 2.129 所示。

坝面上静水总压力的水平分力为

$$P_1=\frac{1}{2}\gamma H_1^2 b=\frac{1}{2}\times 9.81\times 58^2\times 1=16500.42(\text{kN})$$

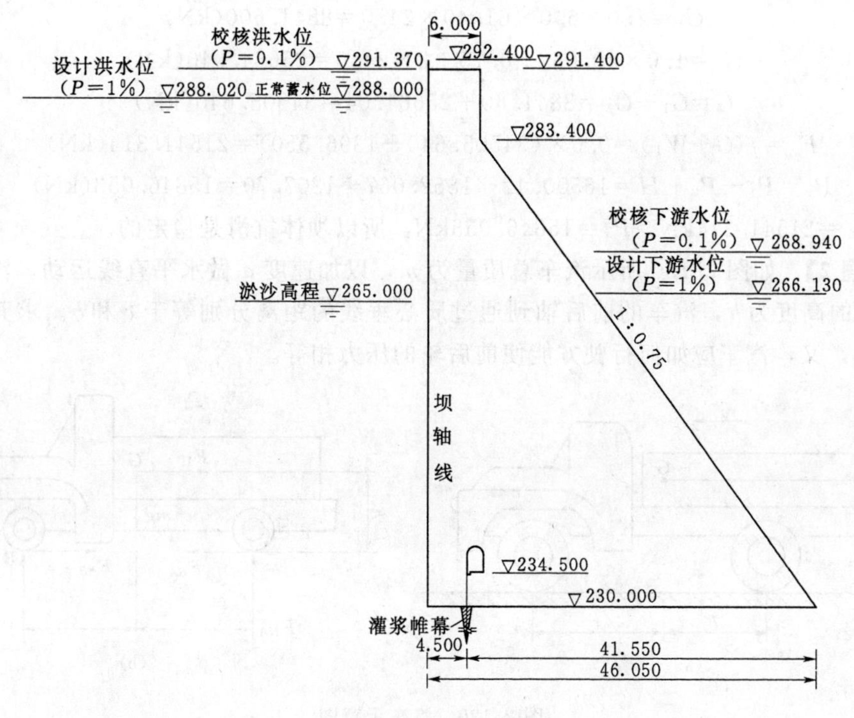

图 2.127　坝体剖面图

$$P_2=\frac{1}{2}\gamma H_2^2 b=\frac{1}{2}\times 9.81\times 19.484^2\times 1=1862.067(\text{kN})$$

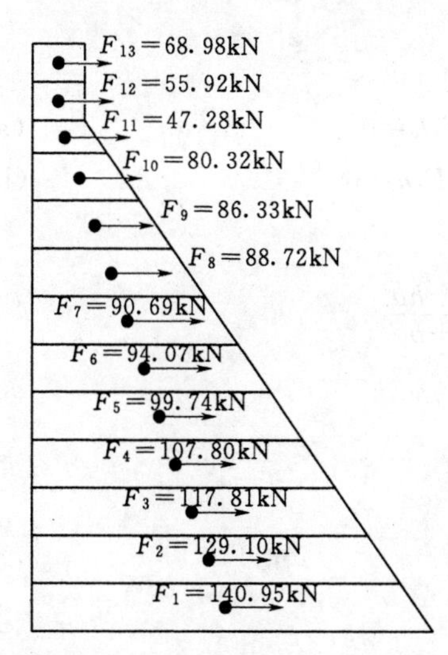

图 2.128　坝体惯性力大小图

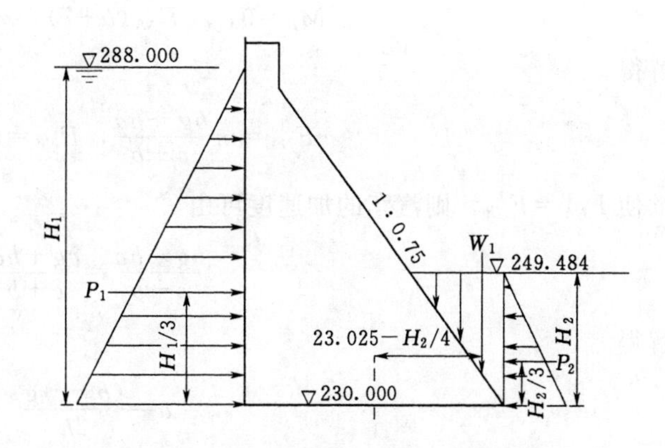

图 2.129　坝体受力图（不计地震惯性力）

坝面上静水总压力的铅直分力为

$$W_1=\gamma\times\text{压力体的体积}=9.81\times\frac{1}{2}\times 19.484\times 0.75\times 19.484\times 1=1396.550(\text{kN})$$

坝体（每 1m 长）的重力为

$$G_1=1.0\times6.0\times61.40\times24.0=8841.600(\text{kN})$$
$$G_2=1.0\times40.05^2\div0.75\div2\times24.0=25664.040(\text{kN})$$
$$G=G_1+G_2=8841.60+25664.04=34505.640(\text{kN})$$
$$F_x=f(G+W_1)=0.6\times(34505.640+1396.550)=21541.314(\text{kN})$$
$$P_x=P_1-P_2+H=16500.42-1862.067+1207.70=15846.053(\text{kN})$$

因 $F_x=21541.314\text{kN}>P_x=15846.053\text{kN}$，所以坝体抗滑是稳定的。

【例题 2】 如图 2.130 所示汽车总质量为 m，以加速度 a 做水平直线运动。汽车质心 G 离地面的高度为 h，汽车的前后轴到通过质心垂线的距离分别等于 c 和 b。求其前后轮的正压力，又，汽车应如何行驶方能使前后轮的压力相等。

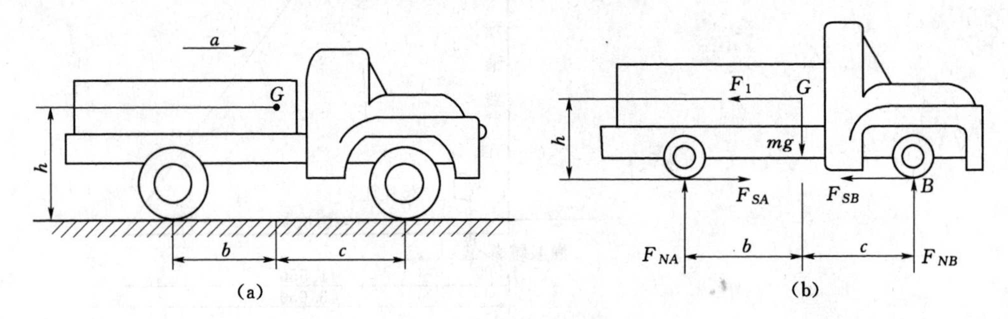

图 2.130　汽车示意图

解：

取汽车为研究对象，受力（含虚加惯性力）如图 2.130（b）所示。其中惯性力

$$F_1=ma$$

由动静法：

$$\sum M_A=0,\ F_{NB}(b+c)-mgb+F_1h=0 \quad \text{(a)}$$
$$\sum M_B=0,\ -F_{NA}(b+c)+mgc+F_1h=0 \quad \text{(b)}$$

解得

$$F_{NA}=m\frac{bg-ha}{c+b},\ F_{NB}=m\frac{cg+ha}{c+b}$$

欲使 $F_{NA}=F_{NB}$，则汽车的加速度可由

$$\frac{bg-ha}{c+b}=\frac{cg+ha}{c+b}$$

解得

$$a=\frac{(b-c)g}{2h}$$

【例题 3】 如图 2.131 所示的升降重物用的叉车，B 为可动圆滚（滚动支座），叉头 DBC 用铰链 C 与铅直导杆连接。由于液压机构的作用，可使导杆在铅直方向上升或下降，因而可升降重物。已知叉车连同铅直导杆的质量为 1500kg，质心在 G_1；叉头与重物的共同质量为 800kg，质心在 G_2。如果叉头向上加速度使得后轮 A 的约束力等于零，求这时滚轮 B 的约束力。

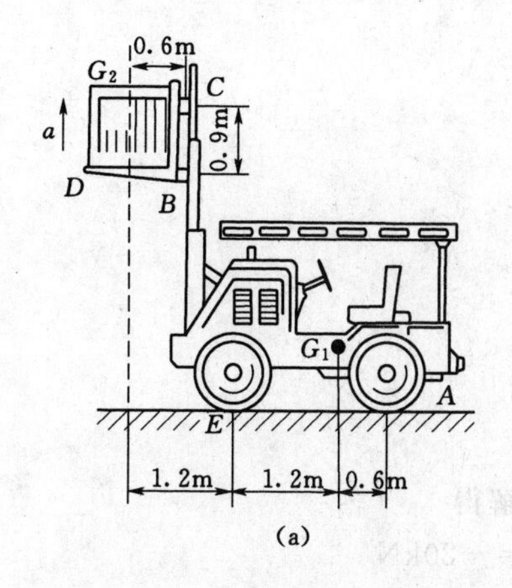

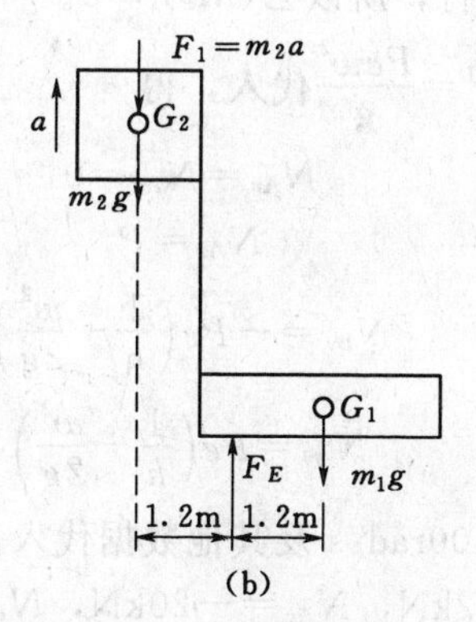

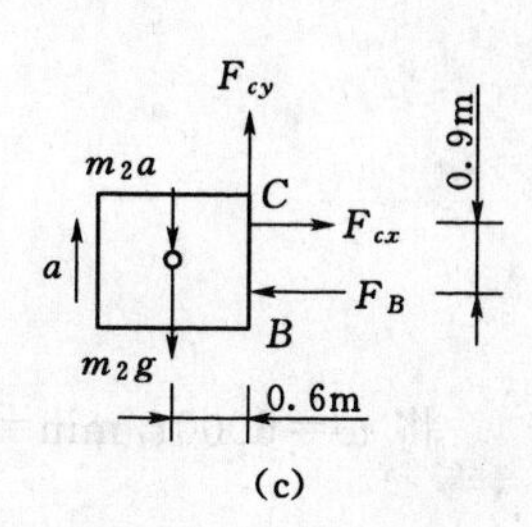

图 2.131 叉车示意图

解：

(1) 整体平衡，受力如图 2.131 (b) 所示。

$$\sum M_E=0,\ m_2(a+g)=m_1g,\ 800(a+g)=1500g,\ a=\frac{7}{8}g$$

(2) 叉头与重物受力如图 2.131 (c) 所示，平衡时：

$$\sum M_C=0,\quad 0.9F_B=m_2(a+g)\times 0.6$$

$$F_B=\frac{2}{3}m_2(a+g)=\frac{2}{3}\times 800\times\left(\frac{7}{8}+1\right)\times 9.8=9.8\times 10^3(\text{N})=9.8(\text{kN})$$

【例题 4】 如图 2.132 所示，涡轮机的转轮具有对称面，并有偏心距 $e=0.5\text{mm}$，已知轮重 $P=2\text{kN}$，并以 6000r/min 的匀角速度转动。设 $AB=h=1\text{m}$，$BD=h/2=0.5\text{m}$，转动轴垂直于对称面。试求止腿轴承 A 及环轴承 B 处的反力。

解：

转轮做匀速转动时，因为没有角加速度，质心 C 只有向心加速度，而无切向加速度，且 $M_Z^J=0$，所以只需在质心 C 加一离心惯性力 F^J，其大小为

$$F^J=\frac{Pew^2}{g}$$

方向如图 2.132 所示。于是 A、B 两处的反力与重力 P 及惯性力 F^J 成平衡。

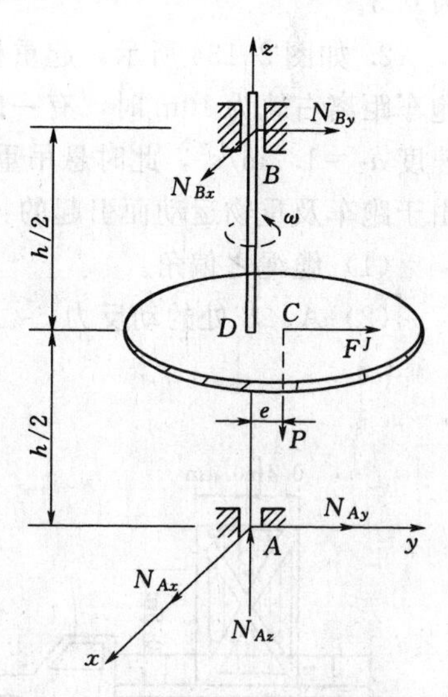

图 2.132 涡轮机转轮示意图

为了简化计算，取质心 C 在 yz 平面内，即 $x_C=0$。于是可写出平衡方程：

$$\sum X_i=0,\ N_{Ax}+N_{Bx}=0$$

$$\sum Y_i=0,\ N_{Ay}+N_{By}+F^J=0$$

$$\sum Z_i=0,\ N_{Az}-P=0$$

$$\sum(M_x)_i=0,\ -hN_{By}-eP-\frac{h}{2}F^J=0$$

$$\sum(M_y)_i=0,\ N_{Bx}=0$$

因各力都与 z 轴相交或平行，所以$\sum(M_z)_i\equiv0$。

求解以上 5 个方程式，并将 $F^J=\dfrac{Pew^2}{g}$代入，得

$$N_{Ax}=N_{Bx}=0$$

$$N_{Az}=P$$

$$N_{By}=-Pe\left(\frac{1}{h}+\frac{w^2}{2g}\right)$$

$$N_{Ay}=Pe\left(\frac{1}{h}-\frac{w^2}{2g}\right)$$

将 $w=6000\text{r/min}=2\pi\times100\text{rad/s}$ 及其他数据代入，解得

$$N_{Az}=2\text{kN},\ N_{Ay}=-20\text{kN},\ N_{By}=-20\text{kN}$$

在 N_{Ay} 及 N_{By} 的表达式中，$\dfrac{Pew^2}{2g}$一项是由于转动而引起的，称为动反力。计算数值时，$1/h$一项因远比$\dfrac{w^2}{2g}$为小而被略去了，所以 N_{Ay} 及 N_{By} 几乎完全是由于转轮的动力作用而有的。从计算结果可以看出，虽然只有 0.5mm 的偏心距，转速也不是太高，而动反力却达到轮重的 10 倍。所以对于由高速旋转的物体所引起的动反力，必须予以足够的重视。还须注意，上面已经说明，为了简化计算，我们就质心 C 位于 yz 平面内这一特定位置进行讨论的。事实上，质心位置是随着时间改变的，因而轴承反力的方向也是随时间而变的。

习　题

1. 一卡车运载质量为 1000kg 的货物以速度 $v=54\text{km/h}$ 行驶（图 2.133），求使货物既不倾倒又不滑动的刹车时间。设刹车时货车做匀减速运动，货物与车板间的摩擦系数为 0.3。

2. 如图 2.134 所示，起重机跑车 D 重 10kN，起重量为 30kN，铁轨之距离为 3m，当跑车距离右轨为 10m 时，有一向左的加速度 $a_1=1\text{m/s}^2$，同时重物相对于起重机有向上加速度 $a_2=1.2\text{m/s}^2$，此时悬吊重物的缆绳长为 3m，跑车轨道与地面轨道之距离为 6m。求由于跑车及重物运动而引起的：

（1）缆绳之偏角。

（2）A、B 处的动反力。

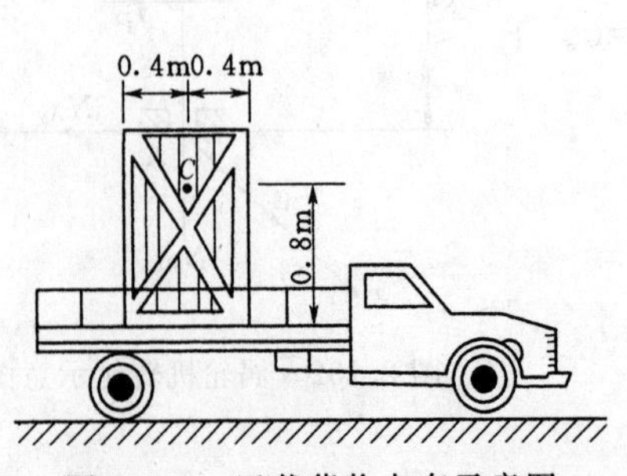

图 2.133　运载货物卡车示意图

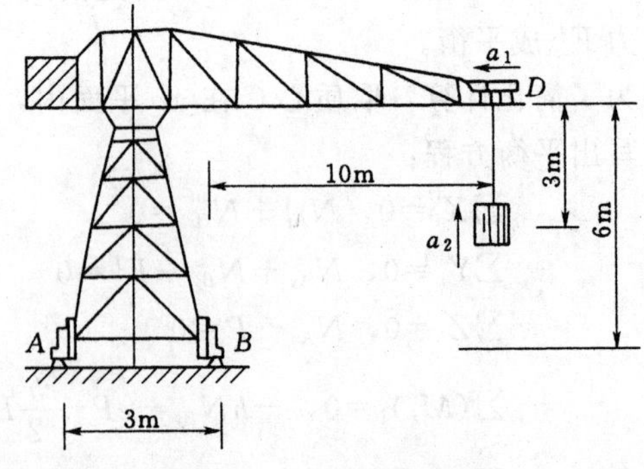

图 2.134　起重机示意图

3. 如图 2.135 所示为一打桩装置，支架重 $Q=20\text{kN}$，重心在 C 点，底宽 $a=4\text{m}$，高 $h=10\text{m}$，又 $b=1\text{m}$。打桩锤重 $P=7\text{kN}$，绞车转筒的半径 $r=0.2\text{m}$，重 $P_1=5\text{kN}$，惯性半径 $\rho=0.2\text{m}$，拉索与水平线夹角 $\alpha=60°$，$M=2\text{kN}\cdot\text{m}$，求支座 A、B 的约束力。滑轮 D 的尺寸及质量均可忽略不计。

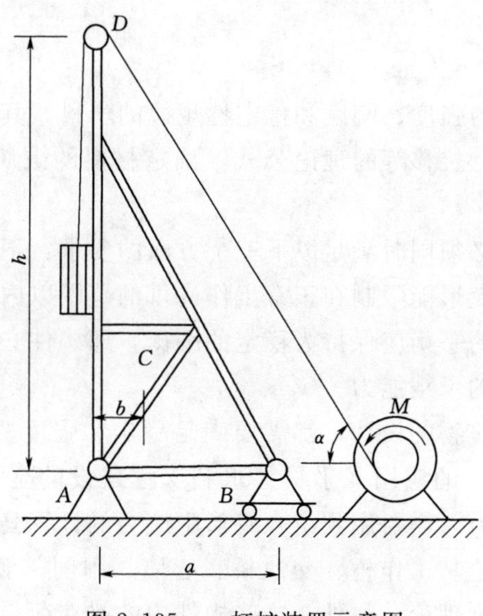

图 2.135　一打桩装置示意图

参　考　文　献

［1］ 徐昭光，欧珠光．理论力学［M］．武汉：武汉大学出版社，2001.

［2］ 哈尔滨工业大学研究室．理论力学［M］．北京：高等教育出版社，2009.

［3］ 华东水利学院工程学教研室．理论力学［M］．北京：高等教育出版社，1984.

［4］ 杨建东，赵琨，李玲，等．浅析俄罗斯萨扬-舒申斯克水电站 7 号和 9 号机组事故原因［J］．水力发电学报，2011，30（4）：226－234.

第3章 材料力学在水利工程中的应用

材料力学是研究构件的强度、刚度和稳定性规律的学科，其主要内容包括建立构件在外力作用下的应力、应变、位移等的理论公式，确定材料的破坏准则，对构件进行强度、刚度、稳定性计算和评价。

构件要能正常工作，必须同时满足以下三个方面的要求：不会发生破坏，即构件必须具有足够的强度；发生的变形能限制在正常工作许可的范围以内，即构件必须有足够的刚度性；构件在原有形状下的平衡应保持为稳定的平衡，即构件必须具有足够的稳定性。这三方面的要求统称为构件的承载能力。

水利工程中的水工建筑物的设计，都需要满足稳定和强度要求，并保证大坝的安全，因此材料力学在水利工程中的应用几乎贯穿水利工程建设的全过程。如：为了计算重力坝、水闸、溢洪道等的应力，需要用到组合变形中应力的计算公式；为了判断强度是否满足要求，需要用到强度理论。工作桥、交通桥、心墙、闸门、渡槽等的设计需要用到梁、柱内力、应力的计算和强度理论。另外，这些构件中的梁在荷载的作用下，既产生应力同时也发生变形。这些梁不仅需要具有足够的强度，而且其变形不能过大，即必须具有足够的刚度，否则会影响工程上的正常使用。如：吊车梁若因为荷载过大而发生过度的变形，吊车就不能正常的行驶；厂房楼板梁变形过大，会使下面的抹灰层开裂、脱落；直柱受压突然变弯的现象称为丧失了稳定性，厂房中柱失稳将造成类似房屋倒塌的严重后果；水闸闸门横梁变形过大，会使闸门与门槽之间配合不好，发生启闭困难和严重漏水。在工程中，根据不同的用途，对梁的变形要给以一定的限制，使之不能超过一定的容许值。

3.1 轴向拉伸和压缩

【例题1】 有一支承渡槽的块石柱墩，高 $h=24\text{m}$，受轴向压力为 $P=1000\text{kN}$，单位体积的重量为 $r=25\text{kN/m}^3$，$[\sigma]=1000\text{kN/m}^3$，试比较在采用①等直柱；②三段等长的阶梯柱；③等强度柱3种情况（图3.1）下所需的材料体积。

解：

（1）等直柱。由轴向拉、压应力计算公式得

$$F=\frac{P}{[\sigma]-\gamma L}=\frac{1000}{1000-25\times24}=2.5(\text{m}^2)$$

因此等直柱的体积

$$V_1=FL=2.5\times24=60(\text{m}^3)$$

（2）阶梯柱：

第一段：

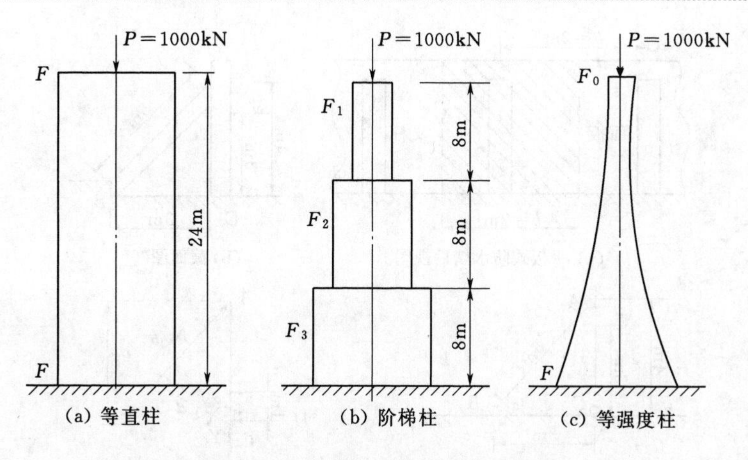

图 3.1 3 种情况下块石墩柱示意图

$$F_1=\frac{P}{[\sigma]-\gamma L_1}=\frac{1000}{1000-25\times 8}=1.25(\mathrm{m}^2)$$

第二段：

$$F_2=\frac{P[\sigma]}{([\sigma]-\gamma L_1)([\sigma]-\gamma L_2)}=1.56(\mathrm{m}^2)$$

第三段：

$$F_3=\frac{P[\sigma]^2}{([\sigma]-\gamma L_1)([\sigma]-\gamma L_3)([\sigma]-\gamma L_3)}=1.95(\mathrm{m}^2)$$

因此阶梯柱的体积

$$V_2=(F_1+F_2+F_3)\frac{L}{3}=38.1(\mathrm{m}^3)$$

(3) 等强度柱。柱的顶、底面积分别为

$$F_0=\frac{P}{[\sigma]}=\frac{1000}{1000}=1(\mathrm{m}^2)$$

$$F=F_0\mathrm{e}^{\frac{\gamma l}{[\sigma]}}=1\times\mathrm{e}^{\frac{25\times 24}{1000}}=\mathrm{e}^{0.6}=1.82(\mathrm{m}^2)$$

底截面上能承受的荷重为 $p=[\sigma]F$，而作用在底截面上的荷重有外力 P 和自重 Q，按静力平衡条件：

$$P+Q=[\sigma]F$$

由此得

$$Q=[\sigma]F-P$$

等强度柱的体积应为

$$V_3=\frac{Q}{\gamma}=\frac{[\sigma]F-P}{\gamma}=32.8(\mathrm{m}^3)$$

所以等直柱、阶梯柱、等强度柱的体积比值为 1.83∶1.16∶1。

【例题 2】 如图 3.2 所示的平板式防水墙，是用很多支杆撑住面板所组成的。如支杆所用材料的许应力为 2MPa，支杆的横截面为圆形，两支杆间的距离为 2m，试求支杆的直径。

解：

(1) 作计算简图如图 3.2 (c) 所示。由于面板插入土中不深，受力后可稍有转动，

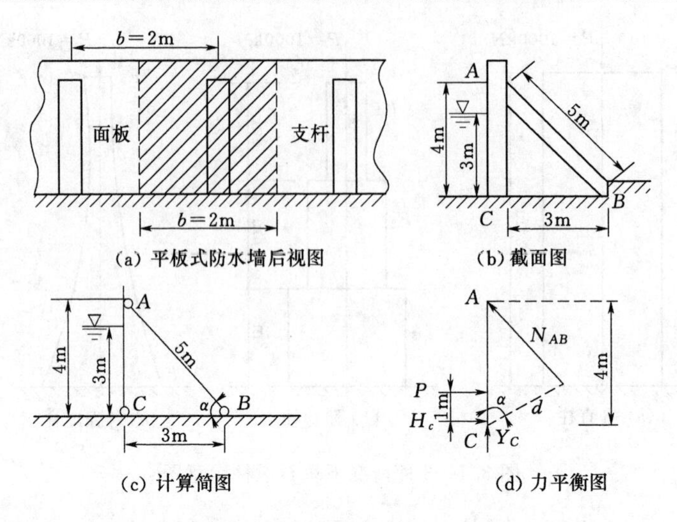

图 3.2　平板式防水墙

因此它的上下端可看作是铰支的。

(2) 确定支杆 AB 的内力 N_{AB}。防水墙面板上受有水压力，每一支杆要协助面板共同承受距支杆两侧距离 $\frac{b}{2}$ 范围内［如图 3.2 (a) 中所示的阴影部分］的水压力。在此范围内的水压力为

$$P=\frac{1}{2}\gamma h^2 b$$

式中：γ 为水的单位重量，等于 10kN/m^3；h 为水深。

所以

$$P=\frac{1}{2}\times10\times3^2\times2=90(\text{kN})$$

在水压力作用下，面板 AC 与杆 AB 处于平衡状态，用截面法取板 AC 为脱离体并假设 AB 杆的内力为压力，如图 3.2 (d) 所示，即可列平衡方程式：

$$\sum M_C=0$$

$$P\times1=N_{AB}d=N_{AB}\overline{AC}\cos\alpha=N_{AB}\times4\cos\alpha$$

所以

$$N_{AB}=\frac{P}{4\cos\alpha}=\frac{90}{4\times\frac{3}{5}}=37.5(\text{kN})$$

答案为正值，说明力的方向和假设的方向相符。

(3) 设计支杆的截面。由轴向抗压应力计算公式得

$$F=\frac{N_{AB}}{[\sigma]}=\frac{37.5\times10^3}{2\times10^6}=187.5(\text{cm}^2)$$

因支杆截面为圆形，即

$$F=\frac{\pi D^2}{4}$$

所以支杆的直径应为

$$D=\sqrt{\frac{4\times 187.5}{\pi}}=15.45(\text{cm})$$

【例题 3】 如图 3.3 所示用两根钢索吊起一扇平面闸门。已知闸门的启力共为 60kN，钢索材料的容许拉应力 $[\sigma]=160\text{MPa}$，试求钢索所需的直径 d。

解：

每根钢索的轴力为

$$F_N=30\text{kN}$$

由强度公式，得

$$A=\frac{1}{4}\pi d^2\geqslant\frac{F_N}{[\sigma]}=\frac{30\times 10^3\text{N}}{160\times 10^6\text{Pa}}$$

$$d\geqslant 15.5\text{mm}$$

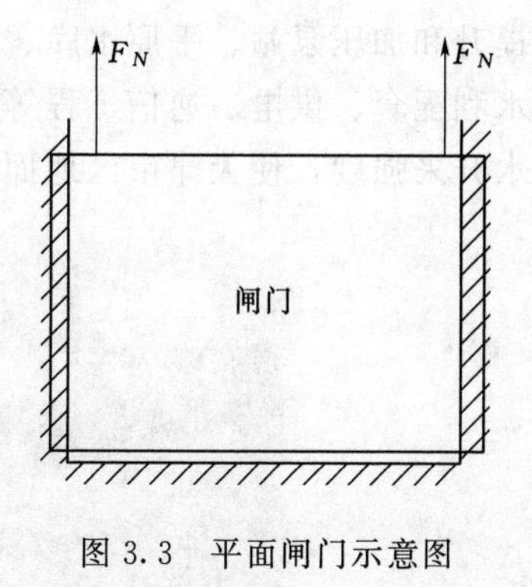

图 3.3 平面闸门示意图

习 题

1. 如图 3.4 所示为一挡水墙示意图，其中 AB 杆支撑着挡水墙，各部分尺寸已示意图中。若 AB 杆为圆截面，材料为松木，其容许应力 $[\sigma]=11\text{MPa}$，试求 AB 杆所需的直径。

2. 如图 3.5 所示为打入土中的混凝土地桩，顶端承受载荷 F，并由作用于地桩的摩擦力所支持。已知地桩的横截面面积为 A，弹性模量为 E，埋入土中的长度为 l，沿地桩单位长度的摩擦力即摩擦力集度为 f，且 $f=ky^2$，式中，k 为常数。试求地桩的轴向缩短量 δ。

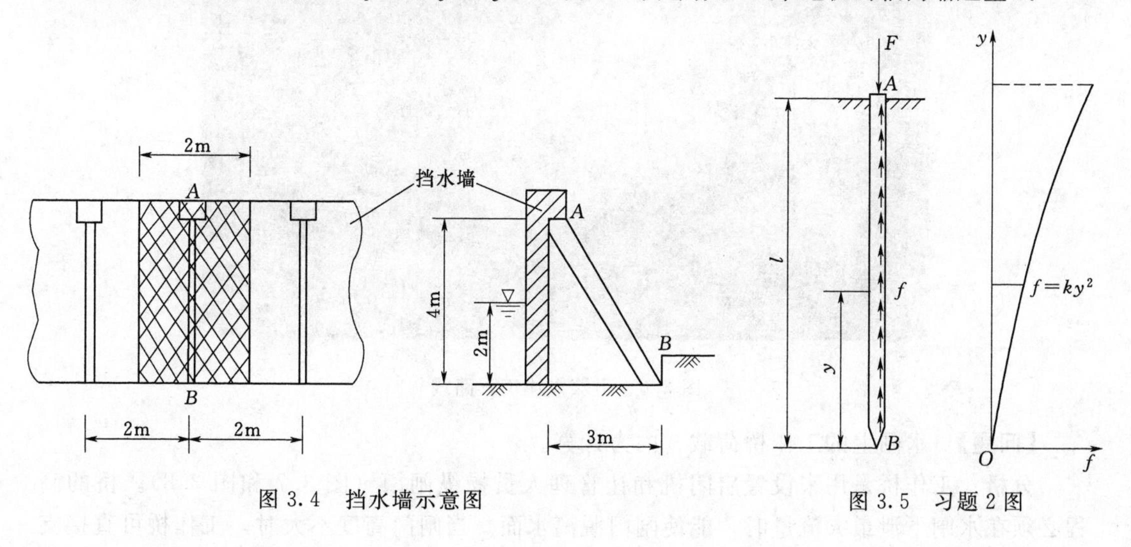

图 3.4 挡水墙示意图

图 3.5 习题 2 图

3.2 弯曲内力

【工程实例 1】 引滦入津工程

引滦入津工程是中国大型供水工程，任务就是把滦河上游、河北省境内的潘家口和大

黑汀两个水库的水引进天津市（图3.6）。工程于1982年5月11日动工，于1983年9月11日建成。工程全长234km，整个工程由取水、输水、蓄水、净水、配水等工程组成。年输水量10亿m^3，最大输水能力60～100m^3/s。主要工程包括河道整治、进水闸枢纽、提升和加压泵站、平原水库、大型倒虹吸、明渠、暗渠、暗管、净水厂、公路桥以及农田水利配套、供电、通信工程等。工程缓解了天津市的供水困难，改善了水质，减轻了地下水开采强度，使天津市区地面下沉趋于稳定。

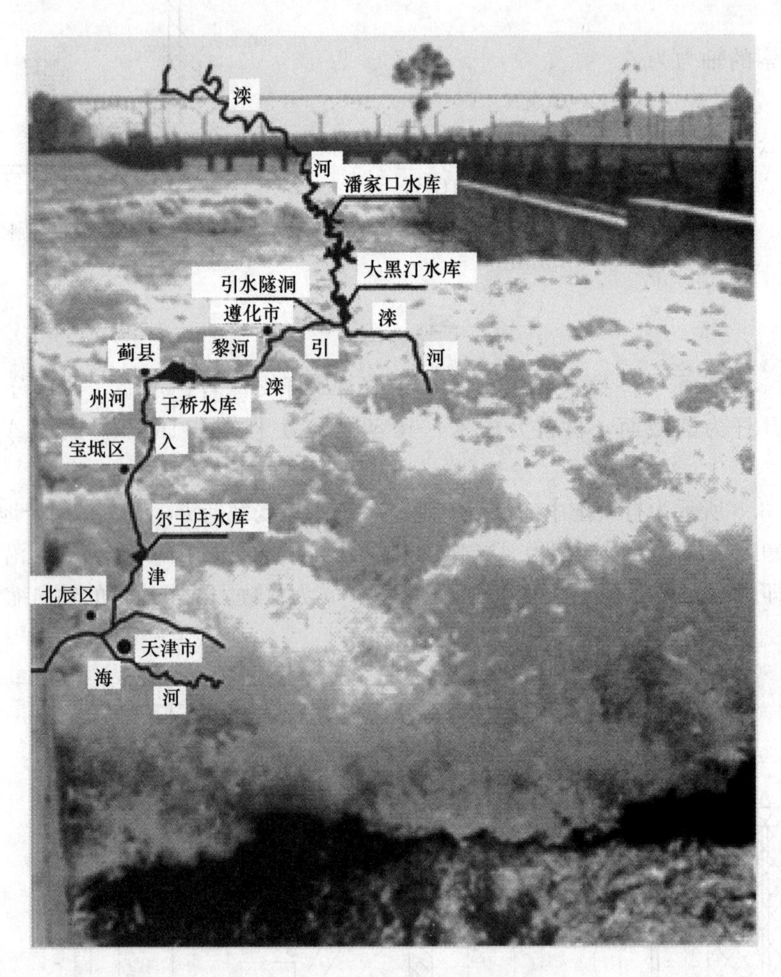

图3.6 引滦入津工程路线

【问题】 水闸上的工作桥荷载、内力计算。

分析：工作桥是用来设置启闭机和让管理人员操纵闸门（图3.7和图3.8）。桥的高程必须在水闸下泄最大流量时，能使闸门脱离水面。当闸门高度不大时，工作桥可直接支承在闸墩上。若闸门高度较大时，常在闸墩上另建支架来支承工作桥，借以降低闸墩高度，节约材料和资金。

小型水闸的工作桥一般采用板式结构（预制的或整浇的钢筋混凝土板），较大跨度的闸则常采用板梁式结构（图3.9）。工作桥由面板、悬臂板、横梁及纵梁组成（图3.10）。

图 3.7 引滦入津分水闸

图 3.8 工作桥

悬臂板端部一般厚 8～10cm，根部厚 12～15cm，具体厚度视悬臂板的悬臂长度而定。悬臂板除承受自重及栏杆重量外，还承受活荷载。

活动铺板可以按简支梁进行计算，所承受荷载有自重和人群荷载，板厚一般用 6～8cm。

横梁用来承载启闭机或电动机和减速箱（包括机墩）。此外横梁还有联结纵梁、增强工作桥横向稳定的作用。考虑到纵梁对横梁的约束作用，横梁的支座弯矩可按固端弯矩计算，横梁的跨中弯矩则可按简支弯矩的 0.7 倍计算。横梁的计算跨度可按纵梁的中距取用。

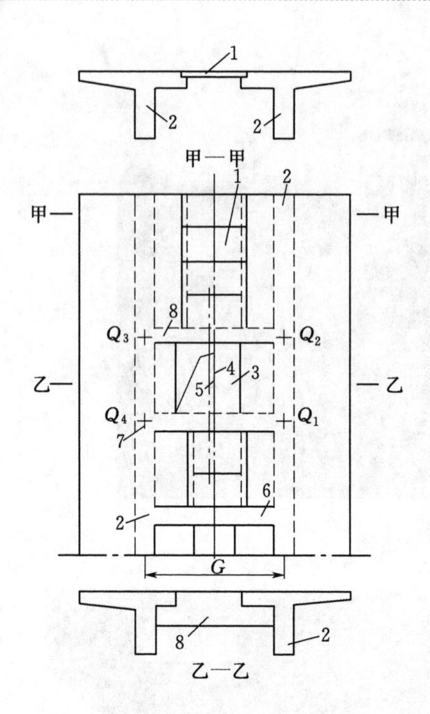

图 3.9 装绳鼓式启闭机的 T 形梁工作桥

1—预制板；2—主梁；3—吊孔；4—桥中线；
5—吊索中线；6—支承电机及减速箱的横梁；
7—启闭机地脚螺栓；8—横梁

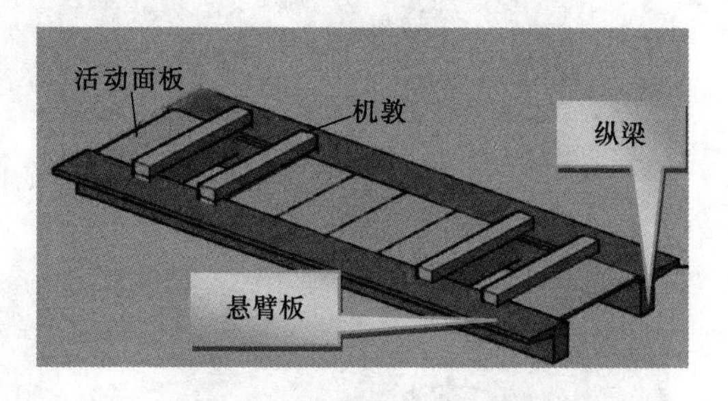

图 3.10 工作桥三维示意图

纵梁也称为主梁，承受作用于工作桥的全部荷载。为了保证闸门正常运行，纵梁应具有较大的截面尺寸，以增大刚度，减小变形。但装配式的纵梁又要求重量小、刚度大，故纵梁的截面应该是高度大、梁肋薄，这样才是比较有利的。纵梁大多是 T 形截面。它的优点是重量轻，施工简单。但是在安装就位时，T 形梁的稳定性较差。T 形纵梁承受的荷载有：分布荷载，包括纵梁自重，面板及悬臂板传来的荷载（板重、栏杆重及人群荷载）；集中荷载，包括由横梁传来的恒载及启门力。纵梁常简支于闸墩上，以适应闸的不均匀沉陷，故可按简支梁计算。纵梁的计算跨度可取 $l=1.05l_0$，l_0为纵梁净跨。

解：

（1）悬臂板计算。沿纵梁方向取单位长度板带（图 3.11），板上作用的荷载 P_1 为栏杆重，q 为人群荷载，g 为桥面板自重。

（2）活动铺板计算。活动铺板是以纵梁为支座的简支板（图 3.12），作用在铺板上的荷载有铺板自重 g 与人群荷载 q。

（3）横梁计算。作用在横梁上的荷载主要有横梁自重 g_1、横梁上混凝土机墩重 g_2（图 3.13）。横梁与纵梁的联结非完全固接，有横向转动的余地，介于铰接与固定之间，为了安全起见，计算支座弯矩时，可简单采用两端按固定考虑，计算跨中弯矩时，可简单采用两端按简支考虑。横梁的计算跨度可取纵梁中心到中心的距离或取净跨度的 1.05 倍。

（4）纵梁计算。纵梁是以闸墩或排架为支座的简支梁，承受工作桥上全部荷载，如均

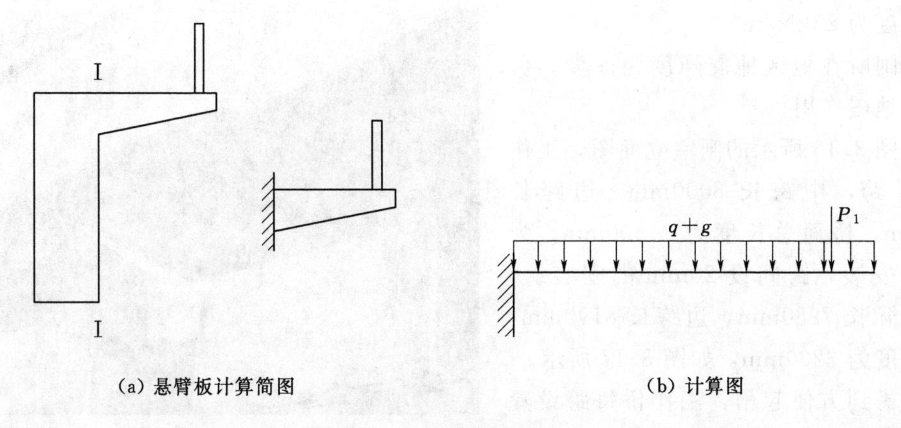

(a) 悬臂板计算简图　　(b) 计算图

图 3.11　悬臂板受力分析

布静荷载 g（包括纵梁自重、栏杆重及铺板重），集中静荷载 G（机墩下横梁传来的）和 G_1（两吊点之间除机墩下的横梁外的横梁传来的，除机墩下的横梁外，如果还设有横梁则有，如果没有设则没有），均布活荷载 p

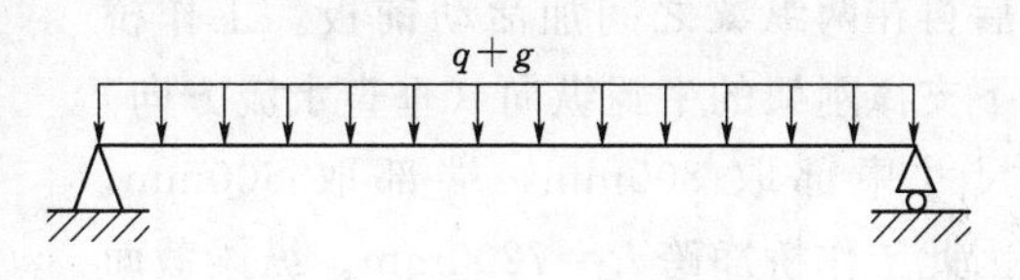

图 3.12　活动铺板计算简图

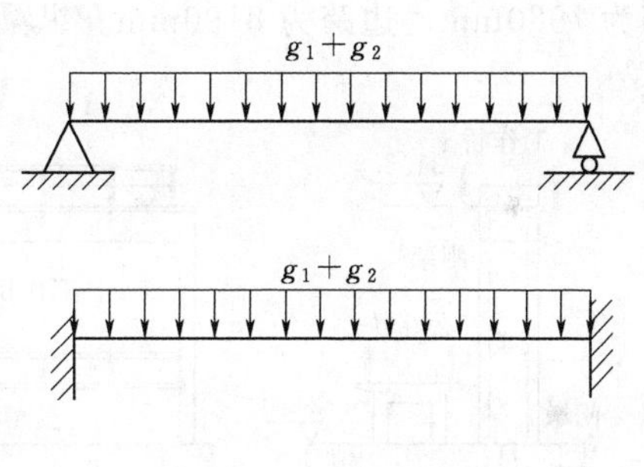

图 3.13　横梁受力分析

（人群荷载）和启闭机地脚螺栓的作用力 Q（图 3.14）。

【例题】 已知某水闸的工作桥布置如图 3.15 所示，请对该工作桥进行内力计算。

该闸共 3 孔，每孔净宽 7m，中墩宽度为 1m，边墩宽度为 0.9m。闸门采用平面闸门，闸门自重 200kN。启闭设备采用 3 台（每孔一台）绳鼓式 QPQ－2×160kN 型启闭机，启门力（标准值）为 320kN。每台启闭机重量（标准值）为 70kN。启闭机高 1080mm。启闭机地脚螺栓位置和机墩尺寸见图 3.16。闸门吊绳中心距离 3.6m。

桥面活荷载（主要是人群荷载）为 5.0kN/m^2；栏杆重 1.5kN/m；启闭机地脚螺栓作用力（含启闭机重、启门力）：Q_1＝35.365kN，Q_2＝46.265kN，Q_3＝56.116kN，Q_4＝76.125kN，Q_1、Q_2 位于一根纵梁的中心，Q_3、Q_4 到近端支座的距离为 100mm。钢筋混

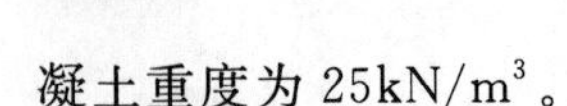
凝土重度为 $25kN/m^3$。

水闸所在地区地震烈度为 6 度，可不考虑地震作用。

如图 3.15 所示的闸室立面图，工作桥分 3 跨，中跨长 8000mm，边跨长 8200mm，桥面总长度为 24400mm。为了便于安装，跨间设 20mm 的安装缝，中跨实际长 7980mm，边跨长 8190mm，桥面宽度为 3200mm，如图 3.17 所示。

考虑到方便起吊，工作桥每跨设置两根倒 L 形纵梁并由四根横梁连接，然后再在两纵梁之间加活动铺板。工作桥下支撑刚架的牛腿纵向（垂直水流方向）尺寸中部取 800mm，端部取 600mm，因此工作桥净跨 $l_n=7200$mm。纵梁截面尺寸梁高 $h=800$mm，梁宽 $b=300$mm。纵梁翼缘厚度端部和根部分别为 80mm 和 160mm，挑出长度 600mm。纵梁肋净间距 1400mm。纵梁长度与各跨工作桥长度相等，中跨为 7980mm，边跨为 8190mm。纵梁截面形式和位置如图 3.17 所示。

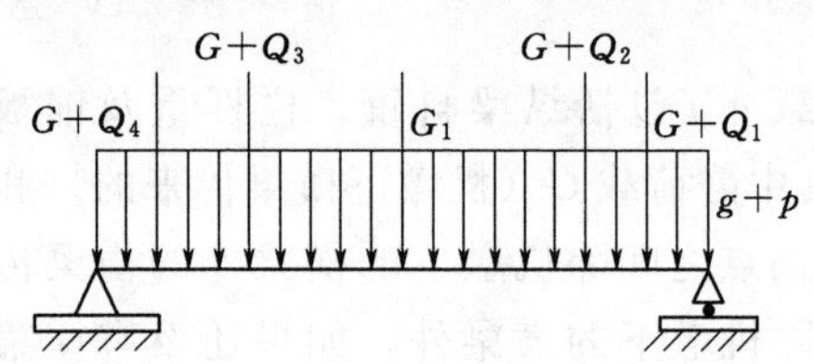

图 3.14　纵梁受力分析

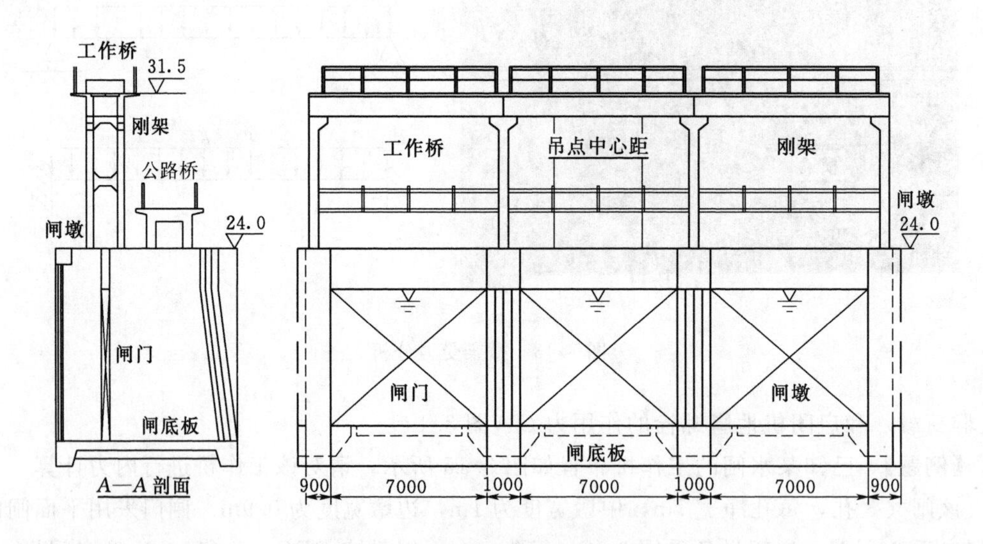

图 3.15　排涝闸闸室上游立面图

横梁联接两侧纵梁，净跨度与纵梁间距相等，为 1400mm。横梁截面为矩形，截面高度 $h=500$mm，截面宽度 $b=250$mm。横梁上布置机墩，沿纵梁纵向的位置由吊绳中心距（3600mm）和图 3.16 启闭机地脚螺栓位置尺寸确定。

机墩在纵梁横梁上现浇，一般做成框子形，机墩高 $h=300$mm，宽度与所在纵梁及横

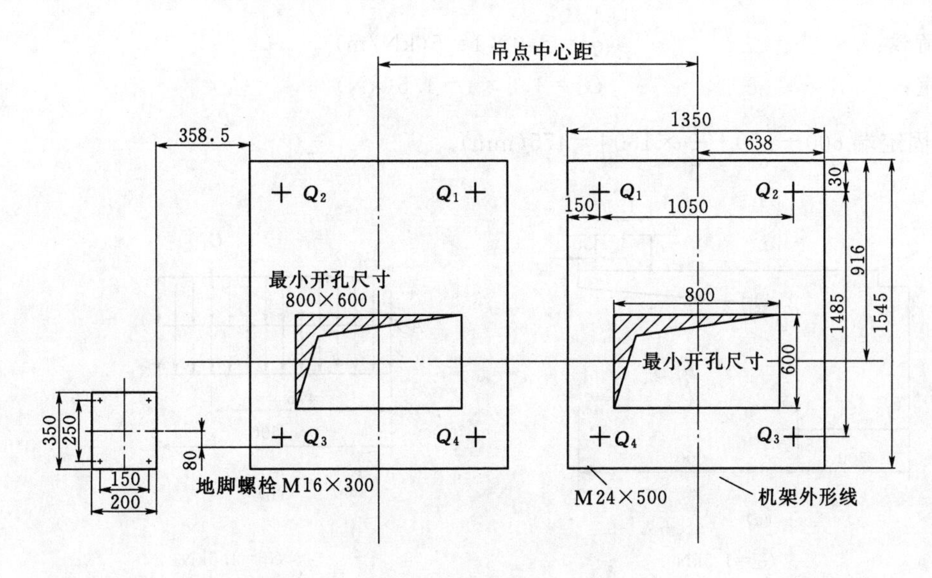

图 3.16　启闭机地脚螺栓位置和机墩尺寸

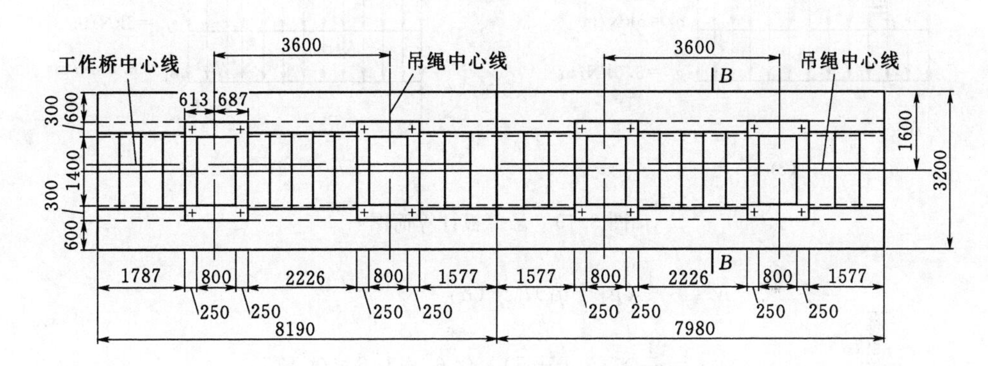

图 3.17　工作桥桥面结构布置图

梁相同，$b=250$mm，长度为 2000mm。启闭机地脚螺栓位置见图 3.16。

活动铺板厚 $h=80$mm，活动铺板长度 $l=1540$mm，净跨为 1400mm，活动铺板布置见图 3.17。

栏杆柱截面尺寸为 150mm×150mm，高度为 1200mm，每跨内设 5 根，距桥面边缘 50mm。工作桥结构见图 3.18。

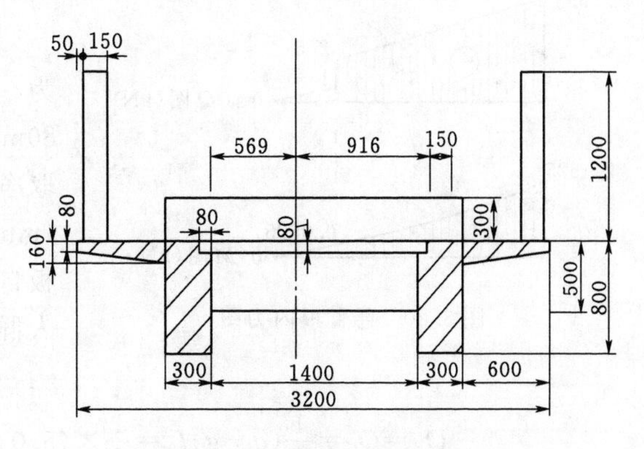

图 3.18　工作桥结构示意图

解：

(1) 悬臂板计算。挑出梁以外的板按固接在梁肋的悬臂板计算，长度为 600mm，计算简图如图 3.19 所示。按 1m 板宽计算，$b=1000$mm。

悬臂板自重（平均值）：$g_1=0.5\times(0.08+0.16)\times1\times25=3(\text{kN/m})$

人群荷载：　　　　　　$q_1=5.0\times1=5(\text{kN/m})$

栏杆重：　　　　　　$G_1=1.5\times1=1.5(\text{kN})$

G_1 距固定端 $600-\left(50+\frac{1}{2}\times150\right)=475(\text{mm})$。

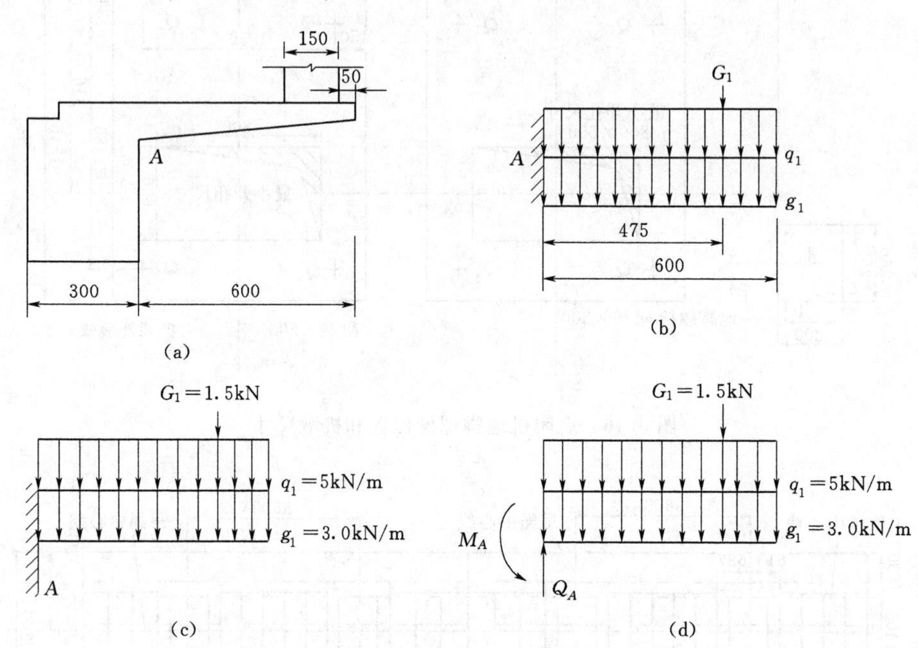

图 3.19　悬臂板计算简图

$$M_A=\frac{1}{2}(g_1+q_1)l_0^2+Gl_1$$
$$=\frac{1}{2}\times(3.0+5)\times0.6^2+1.5\times0.475$$
$$=2.1525(\text{kN}\cdot\text{m})$$
$$\sum F_y=0$$
$$Q_A=G_1+q_1l_0+g_1l_0=1.5+5\times0.6+3.0\times0.6=6.3(\text{kN})$$

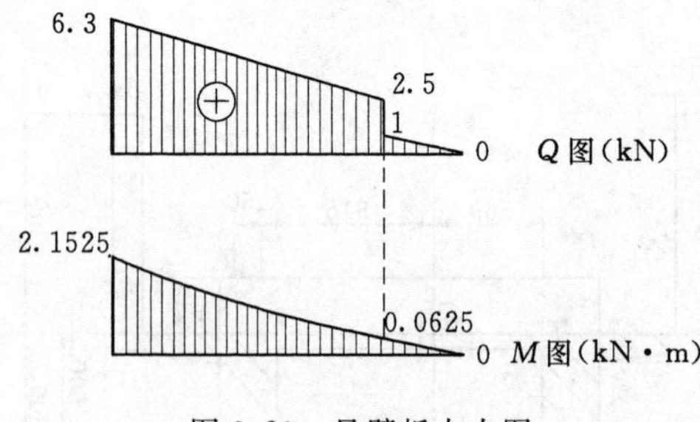

图 3.20　悬臂板内力图

悬臂板内力如图 3.20 所示。

(2) 活动铺板内力计算。活动铺板板长为 1540mm，净跨为 1400mm，板厚为 80mm，宽度以 $b=1000\text{mm}$ 计算。计算跨度取净宽度的 1.05 倍，$l_0=1.05\times1400=1470(\text{mm})$，活动铺板计算简图见图 3.21。

板自重：　$g=0.08\times1\times25=2.0(\text{kN/m})$

人群荷载：　$q=5.0\times1=5.0(\text{kN/m})$

$$\sum F_y=0$$

$$Q_B=Q_C=\frac{1}{2}(q+g)l_0=\frac{1}{2}\times(5.0+2.0)\times1.47=5.145(\text{kN})$$

跨中弯矩为

$$M=\frac{1}{8}(g+q)l_0^2=\frac{1}{8}\times(2.0+5.0)\times1.47^2=1.891(\text{kN}\cdot\text{m})$$

活动铺板内力图见图 3.21（c）。

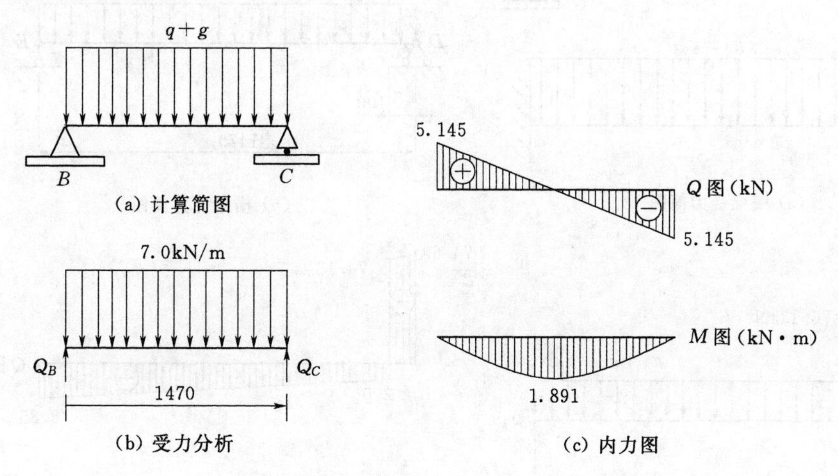

图 3.21 活动铺板受力分析及内力图

（3）横梁内力计算。作用在横梁上的荷载主要有横梁自重 g_1、横梁上混凝土机墩重 g_2。横梁与纵梁的联结非完全固接，介于铰接与固定之间，有横向转动的余地。为了安全起见，计算支座弯矩时，可简单按两端固定考虑；计算跨中弯矩时，可简单按两端简支考虑。下面仅按两端简支进行计算（图 3.22），两端固定的情况属于超静定问题，在超静定章节部分求解。

横梁的计算跨度取净宽的 1.05 倍，$l_0=1.05\times1400=1470(\text{mm})$。

横梁自重：　　　　$g_1=0.5\times0.25\times1\times25=3.125(\text{kN/m})$

机墩重：　　　　　$g_2=0.3\times0.25\times1\times25=1.875(\text{kN/m})$

Q_1、Q_2 位于纵梁的中心，Q_3、Q_4 到近端支座的距离为 100mm，则地脚螺栓传来的力：$Q_3=56.12\text{kN}$，$Q_4=76.13\text{kN}$。按不利情况考虑，取 Q_4 进行计算。

$$\sum M_D=0$$

$$(g_1+g_2)\frac{l_0^2}{2}+Q_4l_1-R_El_0=0$$

$$(3.125+1.875)\times\frac{1.47^2}{2}+76.13\times0.1-R_E\times1.47=0$$

$$R_E=8.85(\text{kN})$$

$$\sum F_y=0$$

$$(g_1+g_2)l_0+Q_4-R_E-R_D=0$$

$$(3.125+1.875)\times1.47+76.13-8.85-R_D=0$$

$$R_D=74.63(\text{kN})$$

横梁内力图见图 3.22（d）。

（4）纵梁内力计算。

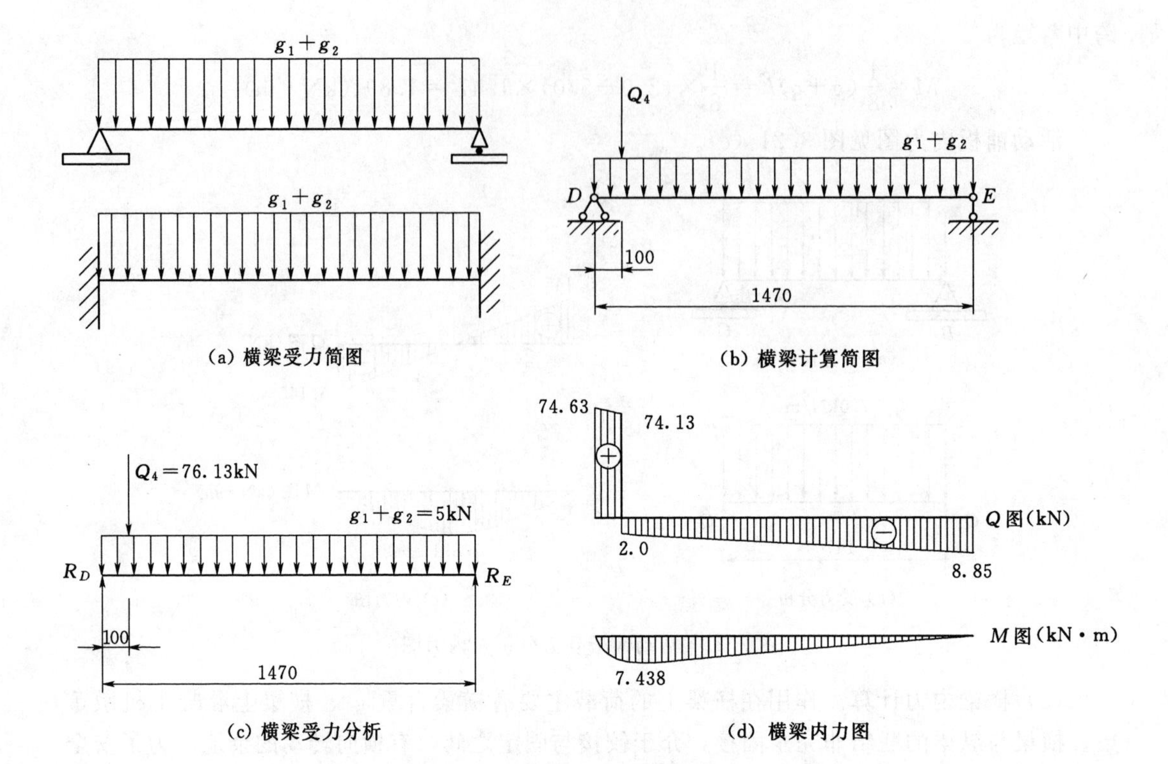

(a) 横梁受力简图　(b) 横梁计算简图

(c) 横梁受力分析　(d) 横梁内力图

图 3.22　横梁受力分析及内力图

1）计算简图。纵梁计算跨度取净宽度的 1.05 倍（图 3.23）。

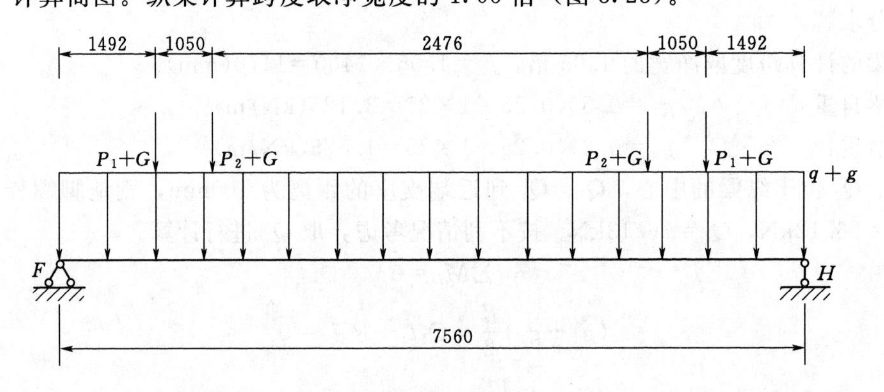

图 3.23　纵梁计算简图

梁的净跨为 $l_n=7200$mm，$l_0=1.05l_n=7560$mm。

纵梁自重：$g_{1k}=[0.80\times0.3+0.5\times(0.08+0.16)\times0.6]\times25=7.80(\text{kN/m})$

栏杆重：$g_{2k}=1.5(\text{kN/m})$

活动铺板重（取活动铺板重的一半）：$g_{3k}=\dfrac{1.4}{2}\times0.08\times25=1.40(\text{kN/m})$

均布恒载：$g=g_{1k}+g_{2k}+g_{3k}=7.8+1.5+1.4=10.70(\text{kN/m})$

人群荷载（栏杆及外缘部分没有人群荷载）：$q=5.0\times\left(\dfrac{3.2}{2}-0.2\right)=7(\text{kN/m})$

横梁和机墩重（横梁上的面板厚度重已在活动铺板重计算）：

$$G=\left[0.25\times(0.5-0.08)\times\frac{1.4}{2}+0.25\times0.3\times\frac{2.0}{2}\right]\times25=3.7125(\mathrm{kN})$$

启闭机传给纵梁的荷载（启门力、启闭机重）：Q_1、Q_2 位于一根纵梁的中心，Q_3、Q_4 到近端支座的距离为 100mm。计算简图如图 3.24 所示。启闭机传给纵梁的荷载为支座 D、E 的反力 $R_1\sim R_4$。

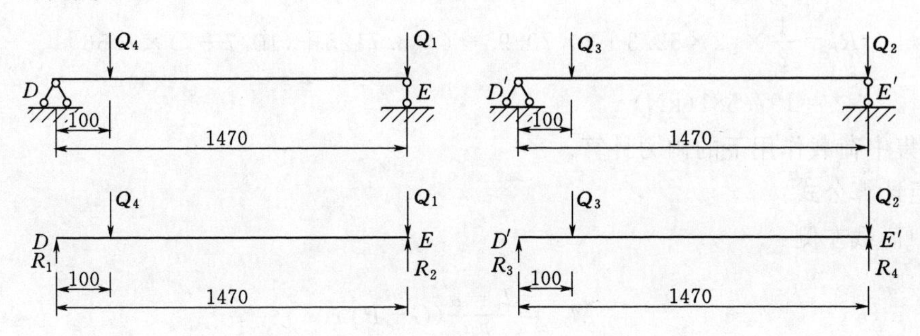

图 3.24　启闭机传给纵梁的荷载计算简图

对支座 D 受力分析：

$$\sum M_D=0$$

$$Q_4\times0.1+Q_1\times1.47-R_2\times1.47=0$$

$$R_2=\frac{76.125\times0.1+35.365\times1.47}{1.47}=40.55(\mathrm{kN})$$

$$\sum F_y=0$$

$$Q_1+Q_4=R_1+R_2$$

$$R_1=76.125+35.365-40.55=70.95(\mathrm{kN})$$

对支座 D' 受力分析：

$$\sum M_{D'}=0$$

$$Q_3\times0.1+Q_2\times1.47-R_4\times1.47=0$$

$$R_4=\frac{56.115\times0.1+46.265\times1.47}{1.47}=50.1(\mathrm{kN})$$

$$\sum F_y=0$$

$$Q_3+Q_2=R_3+R_4$$

$$R_3=56.115+46.26-50.1=52.3(\mathrm{kN})$$

故取 R_1、R_3 作用的纵梁进行计算（图 3.25）。

启闭机传给纵梁的集中力为

$$P_2=R_1=70.95\mathrm{kN},\quad P_1=R_3=52.30\mathrm{kN}$$

$$R_F=R_H$$

$$\sum F_y=0$$

$$2P_1+2P_2+4G+(g+q)l_0=2R_F=2R_H$$

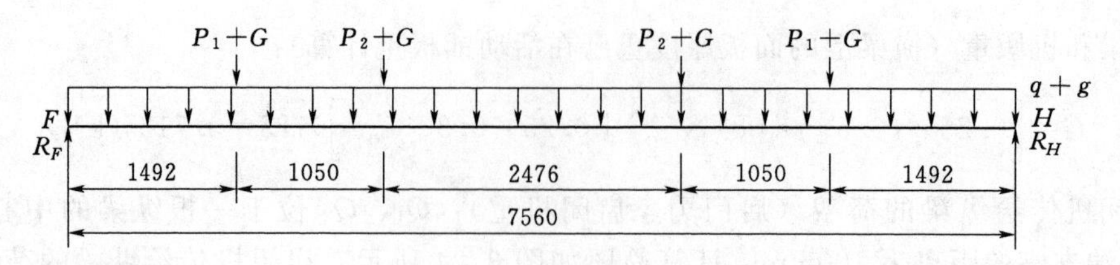

图 3.25　纵梁受力分析

$$R_F=\frac{1}{2}\times[2\times52.3+2\times70.95+4\times3.7125+(10.7+7)\times7.56]$$
$$=197.581(\text{kN})$$

2）集中荷载作用下的内力计算。

弯矩计算公式：

集中荷载左侧：

$$M_{x左}=\frac{l_0-a}{l_0}(G+P)x$$

集中荷载右侧：

$$M_{x右}=\frac{l_0-a}{l_0}(G+P)x-(G+P)(x-a)$$

剪力计算公式：

集中荷载左侧：

$$Q_{x左}=\frac{l_n-a}{l_n}(G+P)$$

集中荷载右侧：

$$Q_{x右}=-\frac{a}{l_n}(G+P)$$

式中：a 为集中荷载到左支座的距离。

3）分布荷载作用下的内力计算。

弯矩计算公式：

$$M_x=\frac{g+q}{2}(l_0x-x^2)$$

剪力计算公式：

$$Q_x=\frac{g+q}{2}(l_n-2x)$$

4）内力计算结果见表 3.1 和表 3.2；弯矩图和剪力图见图 3.26。

表 3.1　　纵梁弯矩计算表

x/m	0	1.492	2.542	3.780	5.018	6.068	7.560
M/(kN·m)	0	275.090	386.251	399.815	386.251	275.090	0

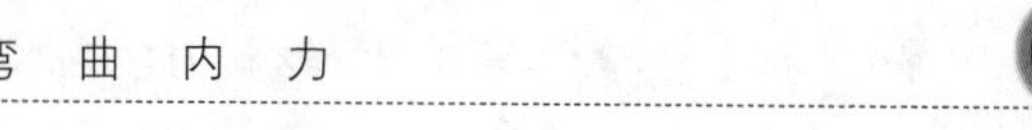

表 3.2　　纵梁剪力计算表

x/m	0	1.492	2.542	3.780	5.018	6.068	7.560
Q/kN	197.5810	171.1726	96.5751	0	−21.9126	−115.1601	−197.5810
		115.1601	21.9126		−96.5751	−171.1726	

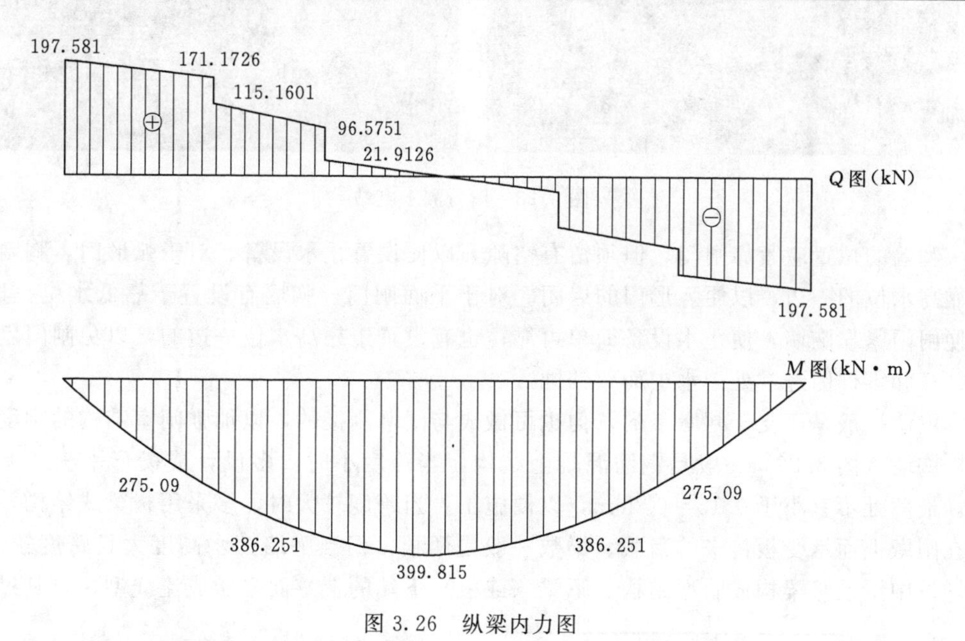

图 3.26　纵梁内力图

【工程实例 2】　湖南白竹洲水电站

白竹洲水电站（图 3.27 和图 3.28）位于湖南省桃江县境内资水干流的下游，属Ⅲ等中型工程，是一座以发电为主，兼有航运、旅游等综合效益的水利水电工程。枢纽总平面布置主要建筑物从左到右依次为：左汊左岸土坝、电站厂房、左汊溢流闸坝、船闸、中洲土坝、右汊溢流闸坝、右岸连接重力坝段。

图 3.27　白竹洲水电站

【问题】　胸墙荷载计算和内力分析。

分析：为减小闸门高度，减轻闸门重量和启闭机吨位，并降低工作桥的高度，应在不影响取水或泄水的条件下，在闸门顶部设置胸墙挡水。

图 3.28　白竹洲水电站

胸墙的位置应紧靠闸门，但须留有空隙，以便设置止水设备。对于弧形门，胸墙应置于靠高水位的一边，以便弧形门的启闭。对于平面闸门，胸墙有设置于靠低水位一边的，以便闸门紧靠胸墙，使止水设备简单可靠；也有设置于靠高水位一边的，以免闸门启闭机的螺杆和零件因经常处于水中而致锈蚀。

胸墙一般是简支于闸墩上的，但也可做成与闸墩刚接的，以加强闸室结构的刚度。

胸墙（图 3.29）一般是钢筋混凝土结构，当跨度小时，多设计成楔形平板，上薄下厚，最薄处不宜小于 0.15～0.20m，以便施工。当跨度较大时，多采用板梁式结构，梁支承在闸墩上而承受板传来的荷载。梁数一般是两根，但当胸墙挡水高度大且跨度较大时，可增设中梁及竖梁构成肋形结构。下梁（或板）下端的上游面多做成流线型，以利过水。

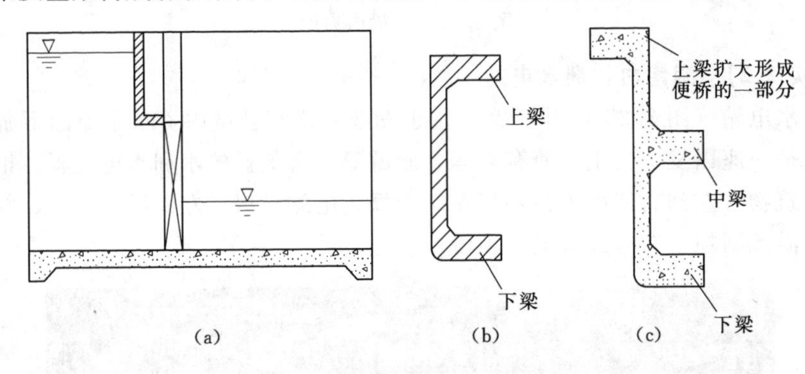

图 3.29　胸墙结构形式

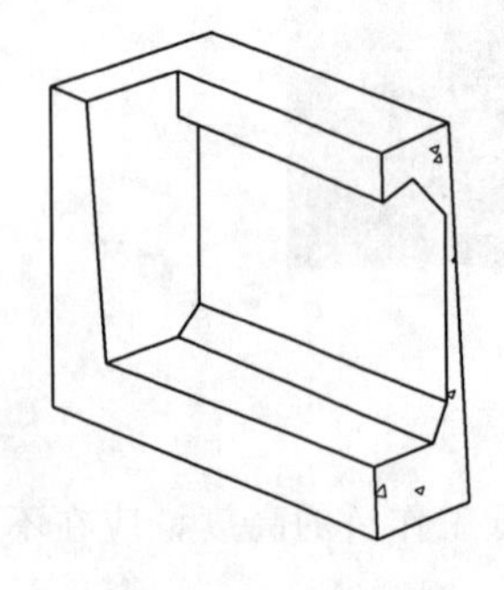

图 3.30　板梁式胸墙

板梁式胸墙由面板、顶梁和底梁三部分组成（图 3.30）。面板的顶、底梁一般都支承在梁上，两侧则支承在闸墩上。若胸墙高度大于 5m 时，可在顶、底梁的中间加设一根中梁，以减小面板的受力跨度。

当墙板的长边（水平方向）与短边（铅直方向）的比值 $L_2/L_1>2$时，可按单向板计算；当 $L_2/L_1\leqslant 2.0$ 时，则按双向板计算。当板的水平方向长度与铅直方向高度的比值具有单向板的条件时，可在铅直方向截取单宽板条进行计算。梁对墙板的约束视梁与板之间的相对刚度而定，但梁又支承在刚度较大的闸墩上，当它受载后会发生微小的扭转。故板的支承形式实际上介于简支与固支之间，属于弹性支承。

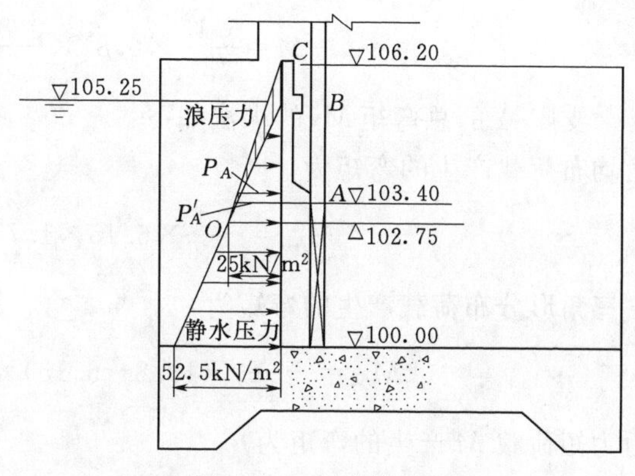

图 3.31 胸墙剖面图

【例题】 某水闸板梁式胸墙的型式及布置如图 3.31 所示，胸墙简支在闸墩上，校核洪水位为 105.25m，墙板厚为 20cm，上梁截面尺寸为 30cm×40cm，底梁尺寸为 40cm×60cm，胸墙在闸墩上的支承宽度为 0.25m。水闸每孔宽度为 4m，胸墙底梁和顶梁的净高度为 1.4m，墙板水平方向主要承受静水压力和浪压力作用，近似的认为驻波波峰与胸墙顶齐平，静水压力和浪压力如图 3.32 所示。计算胸墙内力。

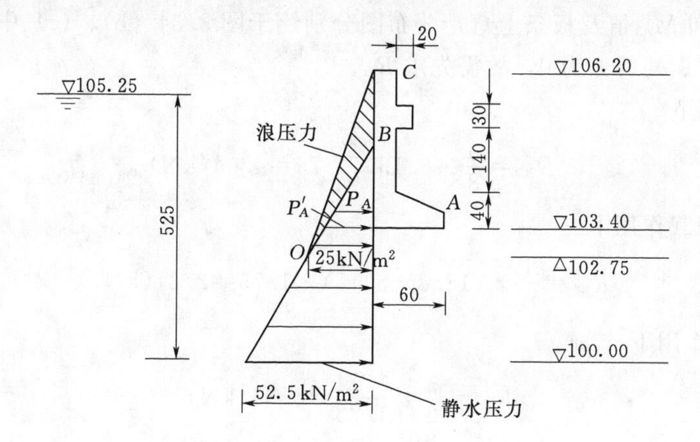

图 3.32 胸墙尺寸图（单位：cm）

解：

(1) 墙板计算。墙板长边与短边的比值为(4＋0.25)/(1.4＋0.35)＝2.43＞2，故墙板可按单向板计算。沿竖向取 1.0m 宽的板条，墙板底部取底梁的中心位置，顶部取胸墙的顶部，墙板长度为 106.2－103.60＝2.6(m)。根据图 3.33，可计算出 A、B 处的荷载大小，作用在墙板上的荷载计算结果如图 3.34 所示。

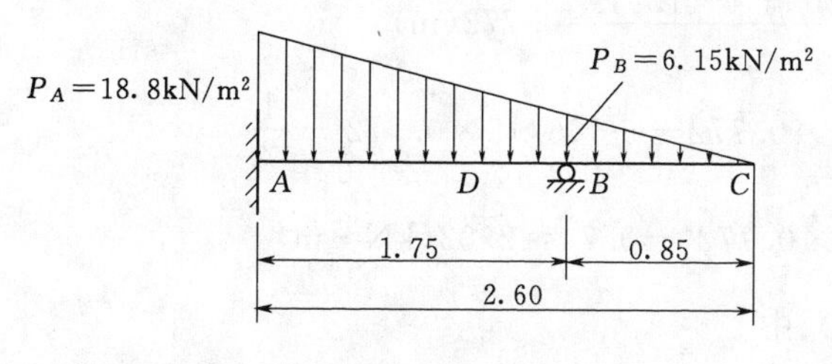

图 3.33 墙板计算简图（单位：m）

$$P_A=\frac{2.6}{3.45}\times 25=18.8(\text{kN/m}^2)$$

$$P_B=\frac{0.85}{2.60}\times 18.8=6.15(\text{kN/m}^2)$$

为便于查表计算，将悬臂段 BC 根部的剪力和弯矩算出。作为外荷载移至支座 B，如图 3.34 所示。

$$P=\frac{6.15}{2}\times 0.85=2.61(\text{kN})$$

$$M=\frac{6.15}{2}\times 0.85\times\frac{0.85}{3}=0.74(\text{kN}\cdot\text{m})$$

支座 A 的总弯矩 M_A 的求法如下：

由均布荷载产生的弯矩为

$$M_{A1}=-\frac{1}{8}\times 6.15\times 1.75^2=-2.36(\text{kN}\cdot\text{m})$$

由三角形分布荷载产生的弯矩为

$$M_{A2}=-\frac{1}{15}\times(18.8-6.15)\times 1.75^2=-2.58(\text{kN}\cdot\text{m})$$

由力矩荷载 M 产生的弯矩为

$$M_{A3}=\frac{0.74}{2}=0.37(\text{kN}\cdot\text{m})$$

$$M_A=M_{A1}+M_{A2}+M_{A3}=-2.36-2.58+0.37=-4.57(\text{kN}\cdot\text{m})$$

$M_{A1}+M_{A2}$ 和 M_{A3} 值及板条上弯矩分布图分别绘于图 3.34（b）、（c）中。

跨中最大弯矩处剪力为 0，故需先求 R_B。

在均布荷载作用下

$$R_{B1}=\frac{3}{8}\times 6.15\times 1.75=4.04(\text{kN})$$

在三角形分布荷载作用下

$$R_{B2}=\frac{1}{10}\times(18.8-6.15)\times 1.75=2.21(\text{kN})$$

在力矩荷载 M 作用下

$$R_{B3}=\frac{3}{2}\times\frac{0.74}{1.75}=0.64(\text{kN})$$

$$R_B=4.04+2.21+0.64+2.61=9.50(\text{kN})$$

$$Q=49.50-2.61-6.15x-\frac{1}{2}\times\frac{12.65}{1.75}x^2=0$$

故

$$x=\frac{-1.70+\sqrt{1.70^2+4\times 1.91}}{2}=0.772(\text{m})$$

$$M_D=M_{\max}=(9.50-2.61)\times 0.772-\frac{1}{2}\times 6.15\times 0.772^2-\frac{1}{2}\times\frac{1}{3}\times\frac{12.65}{1.75}\times 0.772^2-0.74=2.03(\text{kN}\cdot\text{m})$$

将墙板板条的弯矩图绘于图 3.34（d）中。

（2）上梁计算。最大弯矩值的计算：梁的荷载等于墙板传来的水平力，即 B 点处剪力，故为 9.5kN，且为均布荷载。胸墙在闸墩上的支承宽度为 0.25m，弯矩的计算跨度为支座中到中的间距，故 $l=4.25$m。其计算简图如图 3.35（a）所示。

支座反力为

$$Q_E=Q_F=\frac{1}{2}ql=\frac{9.50\times 4.25}{2}=20.1875(\text{kN})$$

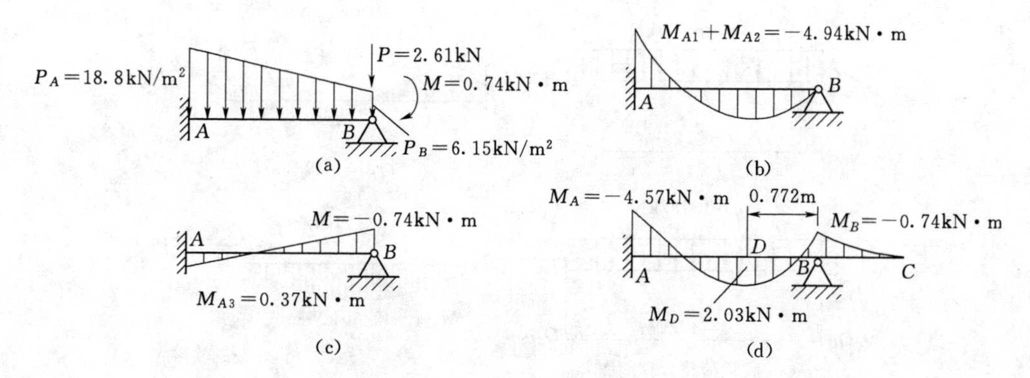

图 3.34　墙板计算图及内力图

最大弯矩值为

$$M_{\max}=\frac{1}{8}ql^2=\frac{9.50\times4.25^2}{8}=21.45(\text{kN}\cdot\text{m})$$

上梁内力图如图 3.35（b）、（c）所示。

（3）底梁计算。作用在底梁上的荷载，除墙板传来的水平力 R_A 外，还有作用在底梁迎水面高程 103.40～103.60m 之间的水平水压力[图 3.36（a）]。

$$R_A=R_{A1}+R_{A2}+R_{A3}=\frac{5}{8}\times6.15\times1.75+\frac{2}{5}\times(18.8-6.15)\times1.75-\frac{3}{2}\times\frac{0.74}{1.75}$$

$$=6.73+8.86-0.63=14.96(\text{kN})$$

$$P_A=18.8(\text{kN/m}^2)$$

$$P'_A=\frac{2.80}{3.45}\times25=20.29(\text{kN/m}^2)$$

$$P_1=\frac{P_A+P'_A}{2}\times0.2=\frac{18.8+20.29}{2}\times0.2=3.91(\text{kN/m})$$

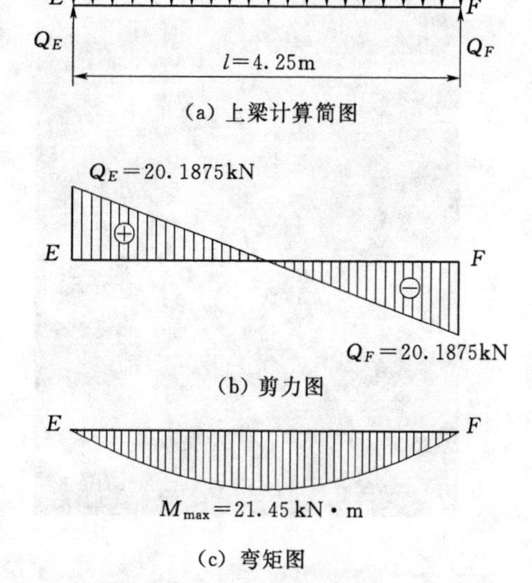

图 3.35　上梁受力计算简图及内力图

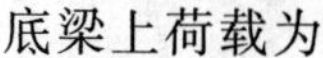

底梁上荷载为

$$q=14.96+3.91=18.87(\text{kN/m})$$

支座反力计算：

$$Q_G=Q_H=\frac{ql}{2}=\frac{1}{2}\times18.87\times4.25=40.1(\text{kN})$$

最大弯矩

$$M_{\max}=\frac{ql^2}{8}=\frac{1}{8}\times18.87\times4.25^2=42.60(\text{kN}\cdot\text{m})$$

底梁内力图见图 3.36（b）、（c）。

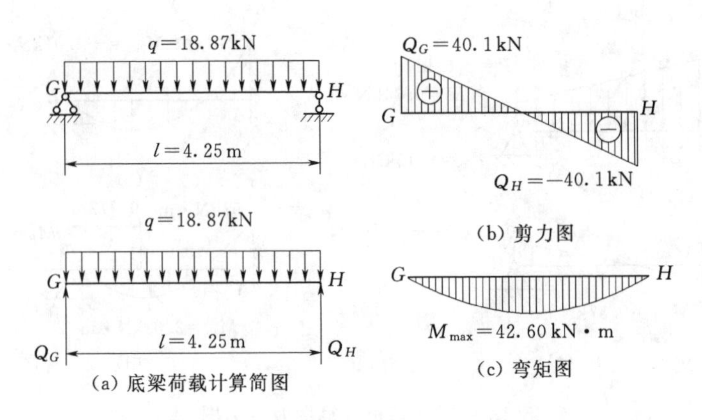

图 3.36　底梁受力计算简图及内力图

【工程实例 3】　马格德堡水桥

马格德堡水桥（Magdeburg Water Bridge）（图 3.37）是一座渡槽，连接着德国两条重要的航运运河：易北河-哈维尔运河（Elbe - Havel Canal）和马格德堡（Magdeburg）附近的米德兰运河（Mittellandkanal），德国人也称其为跨河水道。

【问题】　梁式渡槽荷载计算、内力计算。

图 3.37　马格德堡水桥

分析：如图 3.38 所示，渡槽是由槽身、支承结构、基础及进出口建筑物等部分组成。槽身搁置于支承结构上，槽身重及槽中水重通过支承结构传给基础，再传至地基。渡槽的类型，一般是指输水槽身及其支承结构的类型，按支承结构型式分，有梁式渡槽、拱式渡槽、衔架式渡槽、组合式以及斜拉式渡槽等。

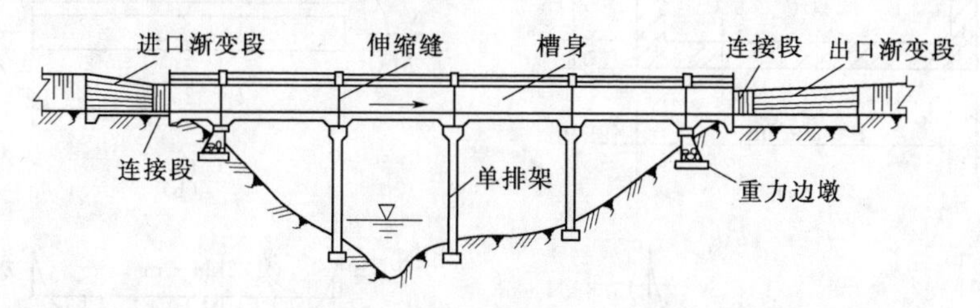

图 3.38　输水渡槽（简支梁式）

梁式渡槽的支承结构是重力墩或排架，梁式渡槽的槽身直接支承于槽墩或排架上，每一节槽身，沿纵向是两个支承点，所以既起输水作用，在纵向又起梁的作用。根据支点位置的不同，梁式渡槽（图 3.39）又分简支梁式、双悬臂梁式和单悬臂梁式三种型式。前两种是常用型式。单悬臂梁式一般只在双悬臂式向简支梁式过渡或与进出口建筑物连接时采用。

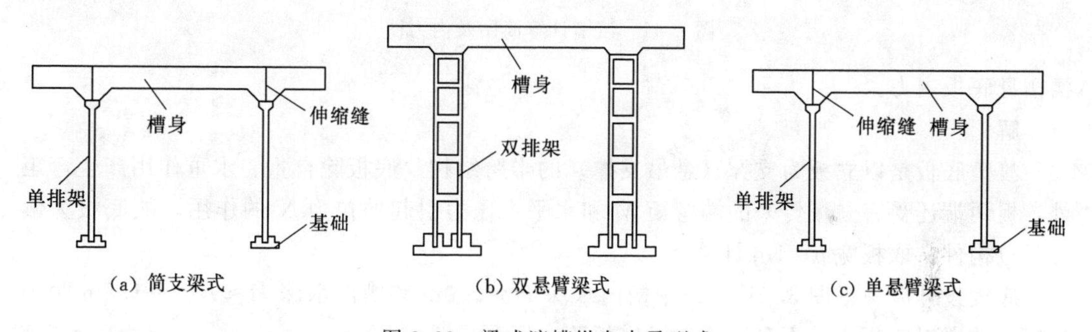

图 3.39　梁式渡槽纵向支承型式

槽身横断面形式常用的有矩形和 U 形两种（图 3.40）。大流量渡槽多采用矩形，中小流量可采用矩形或 U 形。

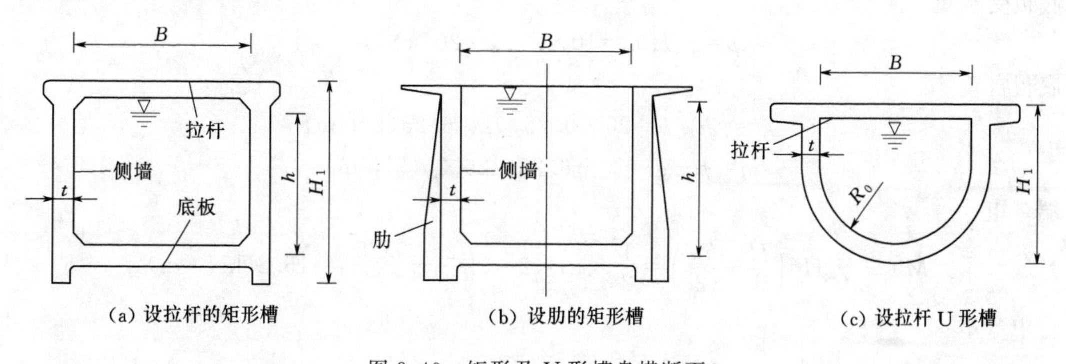

图 3.40　矩形及 U 形槽身横断面

【例题 1】　槽身各部位尺寸如图 3.41（a）所示，渡槽按 5 级建筑物设计。试计算渡

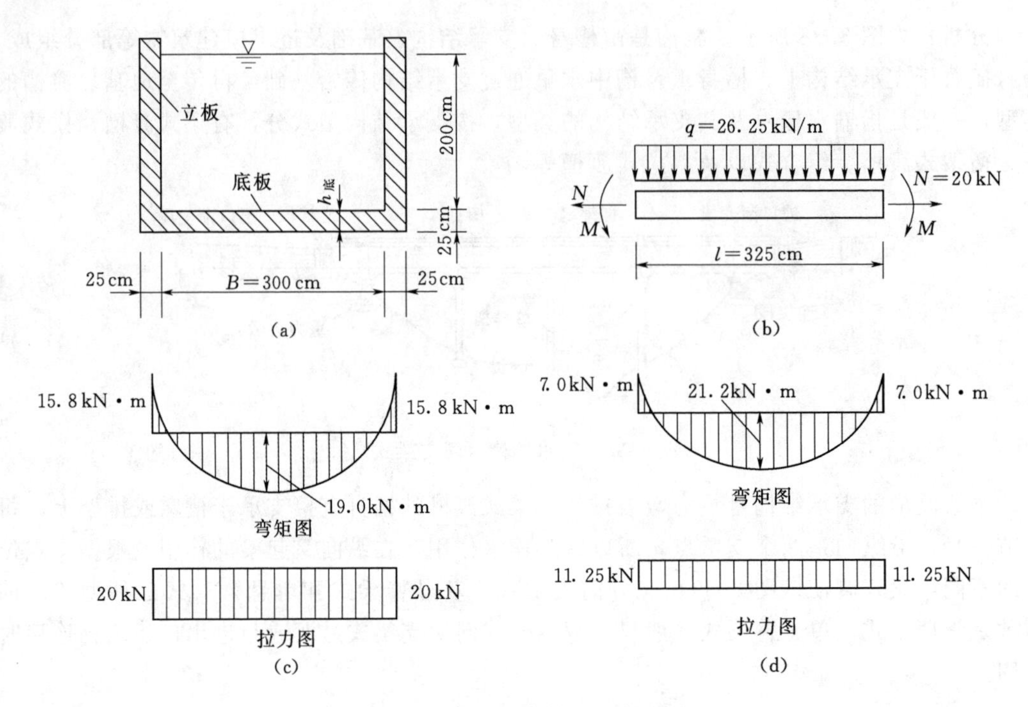

图3.41　渡槽计算简图及内力图

槽槽身底板内力。

解：

渡槽底板是以立板为支撑（悬吊支撑）的半跨结构。底板除自重、水重作用产生弯矩外，板两端还受有立板传来的端弯矩 M 和水平水压力引起的拉力 N 的作用，故底板为偏心受拉构件。取板宽 $b=1$m 计算。

底板设计应考虑图3.41（a）中槽内水深 $H=2.0$m 和槽内水深 $H\approx B/2=1.5$m 两种情况。前者对底板支座不利，后者对底板跨中不利。

当水深 $H=2.0$m 时内力计算如下。

底板荷载如图3.41（b）所示。

底板受水重

$$p=\gamma_w Hb=10\times 2\times 1=20(\text{kN/m})$$

底板自重

$$g=\gamma_s h_{底} b=25\times 0.25\times 1=6.25(\text{kN/m})$$
$$q=p+g=20+6.25=26.25(\text{kN/m})$$

端弯矩

$$M=\frac{1}{2}\gamma_w H^2\left(\frac{H}{3}+\frac{h_{底}}{2}\right)=\frac{1}{2}\times 10\times 2^2\times\left(\frac{2}{3}+\frac{0.25}{2}\right)=15.8(\text{kN}\cdot\text{m})$$

跨中弯矩

$$M_{中}=\frac{1}{8}ql^2-M=\frac{1}{8}\times 26.25\times 3.25^2-15.8=19.0(\text{kN}\cdot\text{m})$$

拉力

$$N=\frac{1}{2}\gamma_w H^2=\frac{1}{2}\times10\times2^2=20(\text{kN})$$

底板内力如图 3.41（c）所示。

同样计算当水深 $H\approx\frac{B}{2}=1.5\text{m}$ 时，底板的内力如图 3.41（d）所示。

【例题 2】 某灌溉渠道上有一钢筋混凝土排架式渡槽，属 4 级建筑物。渡槽排架为单层门形刚架，立柱高度为 5m，立柱基础采用条形基础；渡槽槽深为等跨简支矩形槽，跨长 $L=12\text{m}$，槽内净尺寸 $B_n\times H_n=3.1\text{m}\times2.8\text{m}$，设计水深 $H_1=2.2\text{m}$，最大水深 $H_2=2.8\text{m}$；槽顶外侧设 1m 宽人行桥，人行道外侧设 1.2m 高栏杆。为减小应力集中，在槽身内转角处及排架立柱与横梁连接处加设补角（设计时忽略其影响）结构布置图如图 3.42 所示。

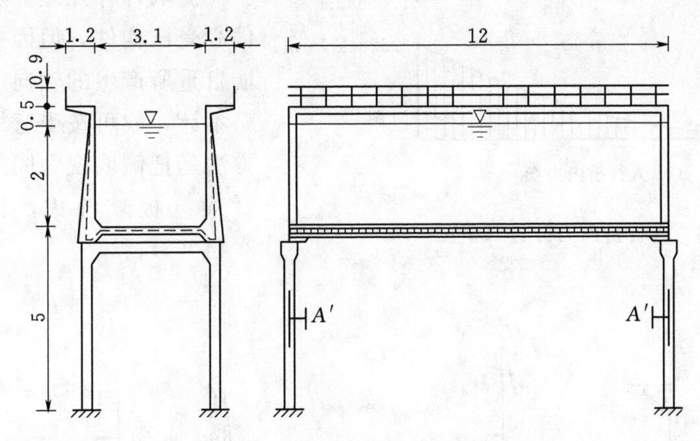

图 3.42　渡槽横剖面图（单位：m）

人行道尺寸：取 $h_{外}=80\text{mm}$，$h_{内}=100\text{mm}$。

侧槽尺寸：侧墙顶部厚度为 $h_{上}=200\text{mm}$，侧墙底部厚度为 $h_{下}=300\text{mm}$，纵向取单位宽度 $b=1000\text{mm}$。

底板尺寸：底板厚度 $h=200\text{mm}$，宽度取单位宽度 $b=1000\text{mm}$。

槽身纵向挠度允许值：　　$[f]=l_0/500$

钢筋混凝土重度 $\gamma_{混凝土}=23.52\text{kN/m}^3$；水的重度 $\gamma_w=9.8\text{kN/m}^3$，栏杆及人群荷载 $p=2.94\text{kN/m}$。

计算渡槽槽身横向和纵向内力。

解：

（1）人行桥内力计算。人行桥计算处理方法：以侧墙为固定端的悬臂梁（板）计算（图 3.43）（按受弯构件计算）。

自重

$$q=\frac{1}{2}\times(0.08+0.10)\times23.52=2.1168(\text{kN/m})$$

栏杆重及人群荷载为

$$p=2.94(\text{kN/m})$$

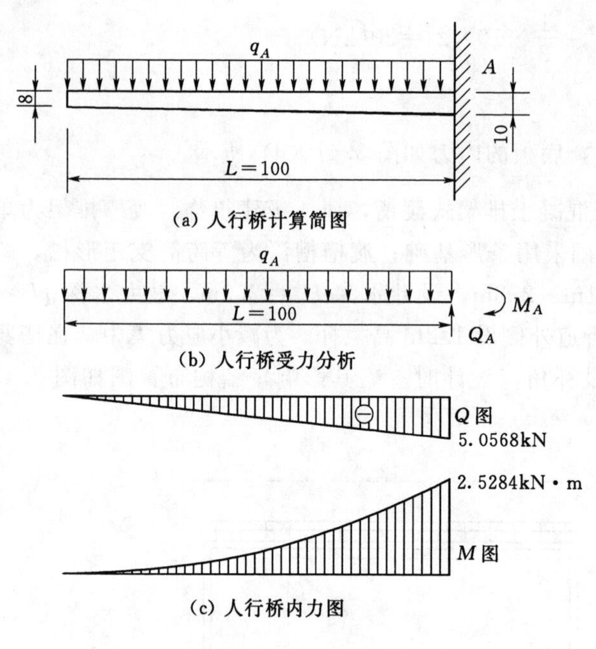

图 3.43　人行桥内力分析（单位：cm）

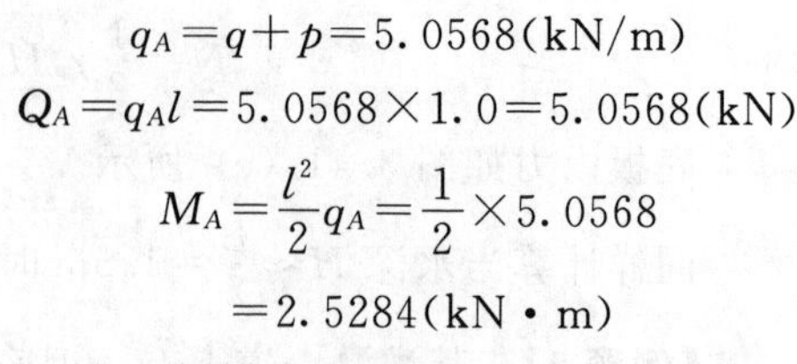

$$q_A=q+p=5.0568(\text{kN/m})$$

$$Q_A=q_Al=5.0568\times1.0=5.0568(\text{kN})$$

$$M_A=\frac{l^2}{2}q_A=\frac{1}{2}\times5.0568$$

$$=2.5284(\text{kN}\cdot\text{m})$$

人行桥内力见图 3.43（c）。

（2）侧墙内力计算（按受弯构件计算）。侧墙尺寸：侧墙顶部厚度为 $h_上=200\text{mm}$，侧墙底部厚度为 $h_下=300\text{mm}$，纵向取单位宽度 $b=1000\text{mm}$。

侧墙计算处理方法：侧墙实际为偏心受压构件，但因一般人行道及侧墙自重所产生的轴向压力较小，可忽略不计，故可按受弯构件计算。处理方法是把侧墙视为固定于底板上的悬臂梁（板）考虑，计算简图见图 3.44（a）。

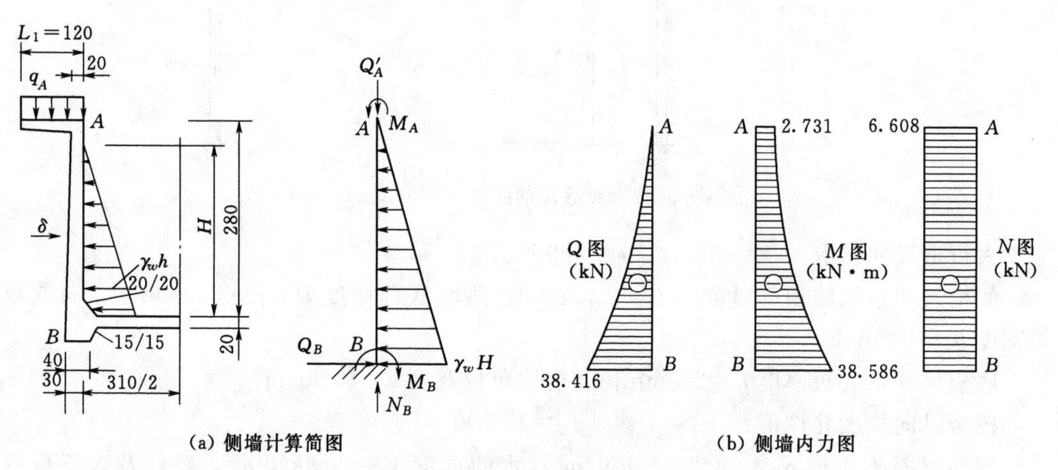

图 3.44　侧墙内力计算简图与结果（单位：cm）

$$M'_A=q_AL_1\left(\frac{L_1}{2}-\frac{\delta}{2}\right)=5.0568\times1.2\times\left(\frac{1.2}{2}-\frac{0.3}{2}\right)=2.731(\text{kN}\cdot\text{m})$$

$$M_B=\frac{1}{6}\gamma_wH^3+M'_A=\frac{1}{6}\times9.8\times2.8^3+2.731$$

$$=38.586(\text{kN}\cdot\text{m})$$（对固定端截面中心取矩，忽略补角的影响）

$$Q_B=\frac{1}{2}\gamma_wH^2=\frac{1}{2}\times9.8\times2.8^2=38.416(\text{kN})$$

$$N_B=Q'_A=q_AL_1=5.0568\times1.2=6.068(\text{kN})$$

侧墙内力见图 3.44（b）。

（3）底板内力计算。底板的计算简图见图 3.45（a），计算校核水深情况。计算跨长L_2取槽内净宽加侧墙底部厚度，$L_2=3.4\text{m}$，即侧墙中线到槽中线的距离。底板厚度$t_1=20\text{cm}$，底板为一偏心受拉构件。

底板每米跨长中所承受的荷载q'为

$$q'=1\times0.2\times23.52+9.8\times2.8=32.144(\text{kN}\cdot\text{m})$$

侧墙传至底板两端的轴向力及弯矩为

$$N_B=N_C=\frac{1}{2}\times9.8\times2.8^2=38.416(\text{kN})$$

$$M_B'=M_C'=M_B+\frac{1}{2}N_Bt_1=38.586+\frac{1}{2}\times38.416\times0.2=42.43(\text{kN}\cdot\text{m})$$

$$Q_B'=Q_C'=\frac{1}{2}q'L_2=\frac{1}{2}\times32.144\times3.4=54.65(\text{kN})$$

底板内力图见图 3.45（b）。

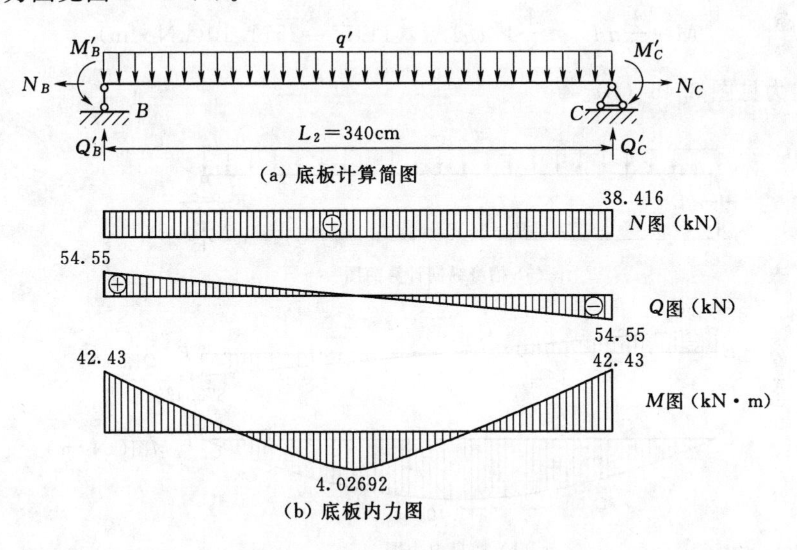

图 3.45 底板计算简图与结果

（4）槽身纵向计算。槽身纵向为一简支梁，计算简图见图 3.46（a），其计算跨度为

$$L=1.05L_0=1.05\times(12-1.1)=11.5(\text{m})（槽端支座宽 0.55\text{m}）$$

栏杆及人群荷载

$$q_1=2\times2.94\times1.2\times1=7.056(\text{kN/m})$$

桥面自重

$$q_2=2\times2.117=4.234(\text{kN/m})$$

侧墙自重

$$q_3=2\times\left(\frac{0.2+0.3}{2}\times2.8+0.4\times0.35\right)\times23.52=39.494(\text{kN/m})$$

底板自重

$$q_4=\left(0.2\times3.1+2\times\frac{1}{2}\times0.2+2\times\frac{1}{2}\times0.15\times0.15\right)\times23.52=16.072(\text{kN/m})$$

水重

$$q_5=3.1\times2.8\times9.8=85.064(\text{kN/m})$$

则槽身纵向每米跨长所受荷载 q'' 为

$$q''=q_1+q_2+q_3+q_4+q_5=151.9(\text{kN/m})$$

支座反力

$$Q_E=Q_F=\frac{1}{2}q''L=\frac{1}{2}\times151.9\times11.5=873.425(\text{kN})$$

跨中弯矩

$$M=\frac{1}{8}q''L^2=\frac{1}{8}\times151.9\times11.5^2=2511.10(\text{kN}\cdot\text{m})$$

槽身内力见图 3.46（b）。

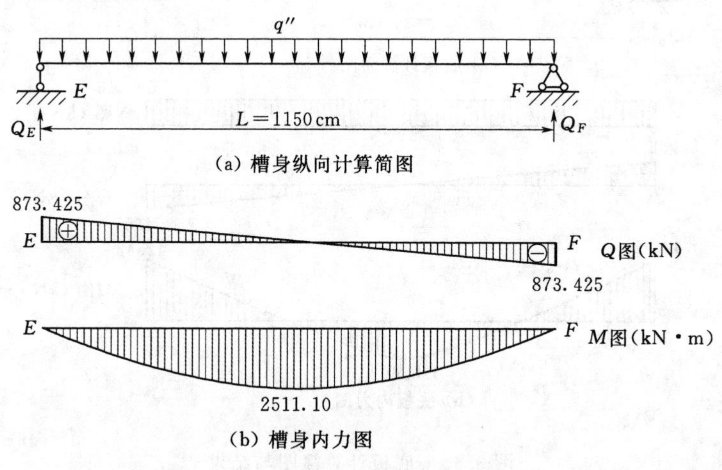

(a) 槽身纵向计算简图

(b) 槽身内力图

图 3.46　槽身内力计算简图及内力图

【小结】

（1）对于胸墙，当墙板的长边（水平方向）与短边（铅直方向）的比值 $L_2/L_1>2$ 时，可按单向板计算；当 $L_2/L_1\leqslant2.0$ 时，则按双向板计算。按双向板求墙板的弯矩是比较麻烦的，因为没有现成的两边半固定（顶、底梁）和两边固定（左右闸墩）的双向板图表可查。近似计算可按四边简支的双向板求出跨中和支座弯矩，再按四边固支的双向板求出跨中和支座弯矩，然后取平均值作为计算弯矩。

（2）板式胸墙的计算。板式胸墙计算时在水平方向截取 1.0m 高的板条，根据胸墙简支或固支在闸墩上的结构条件，按简支梁或固端梁计算其内力和配筋。水平板条上的均布荷载 q 为该板条中心线处静水压强及波浪压力之和。

由于胸墙上的水平荷载沿高度呈三角形分布，板的厚度可做成上薄下厚的楔形板。但为了施工方便，特别是为了预制吊装就位，常做成等厚度的平板。板的最小厚度一般为20cm。

板式胸墙适用于挡水高度和闸孔宽度都比较小的水闸中。为了节省模板和脚手支撑，板式胸墙可采用现场预制、吊装的施工方法，既有利于提高混凝土浇筑质量，又可适当减小其厚度。对于上薄下厚的楔形板，可在支承处浇制成等厚度的断面，以利于吊装就位于闸墩预留的胸墙竖槽内。

习 题

1. 图 3.47（a）表示某混凝土大坝前的人行道支撑梁，它承受的荷载为人群、盖板重和梁的自重等，其计算简图如图 3.47（b）所示，试求此梁的剪力、弯矩图。

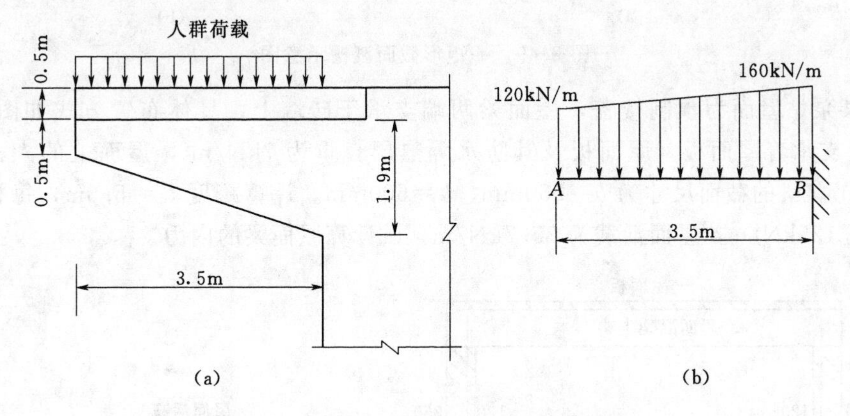

图 3.47 某混凝土大坝前的人行道支撑梁

2. 某水闸两台绳鼓式启闭机，支承在两根装配式 T 形梁上。已知 T 形梁截面如图 3.48（b）所示，$b=20$cm，$h=70$cm，梁总长 8.8m，支座宽 0.4m。梁受到的荷载为集中力 $P=70$kN（启门力、机墩及启闭机重）和均布力 $q=8.5$kN/m（梁自重、铺板重及人群），计算跨度 $l=8.4$m。试计算该梁的内力。

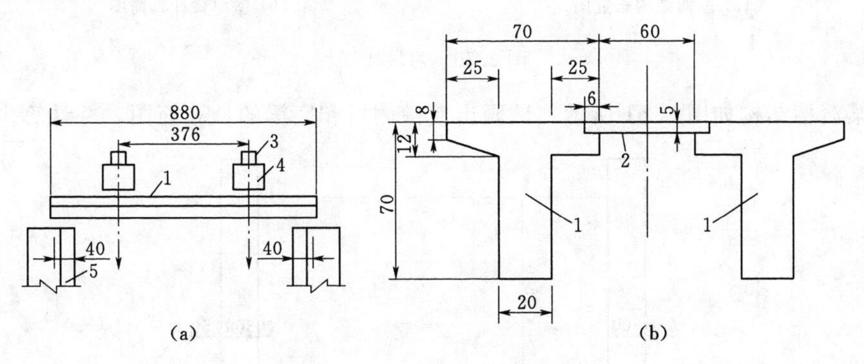

图 3.48 习题 2 图（单位：cm）

1—T 形梁；2—活动铺板；3—绳鼓式启闭机；4—机墩；5—闸墩

3. 一矩形截面渡槽尺寸及所受荷载如图 3.49 所示，槽身长 10.0m，承受满槽水重及人群荷载 2.0kN/m^2，试求：

(1) 纵向分析时槽身的内力。

(2) 计算侧梁和底梁的内力和应力。

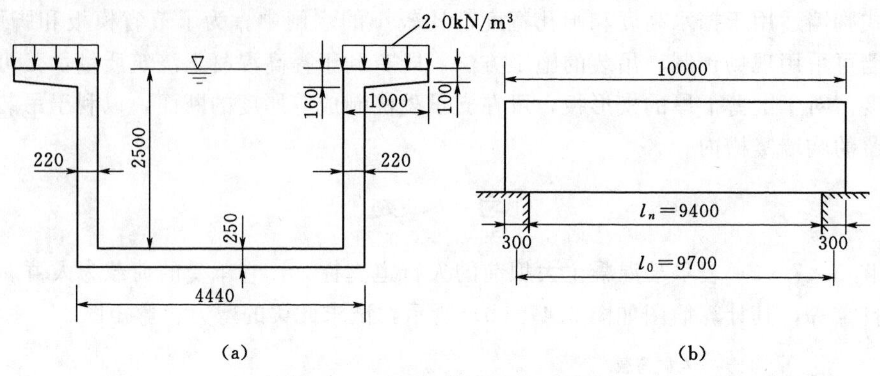

图3.49　一矩形截面渡槽示意图

4. 某泵站屋面为预制楼盖，屋面梁两端支承于砖墙上，具体布置方式如图3.50所示，梁上支承着屋面板，屋面板及其防水隔热层自重为7kN/m²，屋面上的人群荷载为1.5kN/m²。梁的截面尺寸为$b=250$mm，$h=500$mm。计算跨度$l_0=5.0$m，每根梁结构自重为3.125kN/m，屋面活载为35.7kN/m，试计算屋面梁的内力。

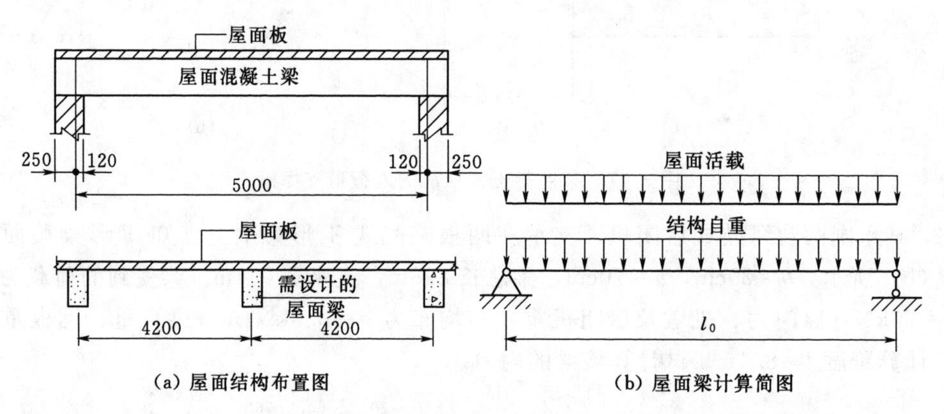

图3.50　习题4图

5. 某渡槽结构如图3.51所示，试画出渡槽侧板和底梁的计算简图，并计算内力。

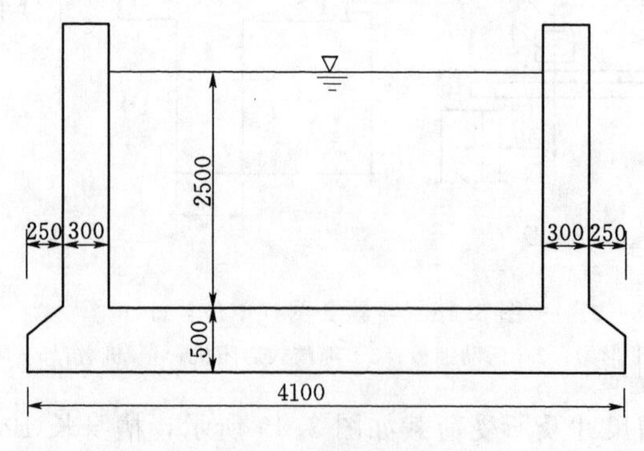

图3.51　渡槽结构简图

6. 如图 3.52 所示为某码头引桥横梁，采用双悬臂简支结构见图 3.52 (b)，承受的主要基本荷载有：①板传给横梁的均布活荷载为 50kN/m；②面板自重 97.2kN/m；③磨耗层重 12.5kN/m；④横梁自重（横梁截面尺寸 $b\times h=500\text{mm}\times600\text{mm}$，重力密度 $r=25\text{kN/m}^3$），混凝土强度等级为 C25。试计算横梁的内力。

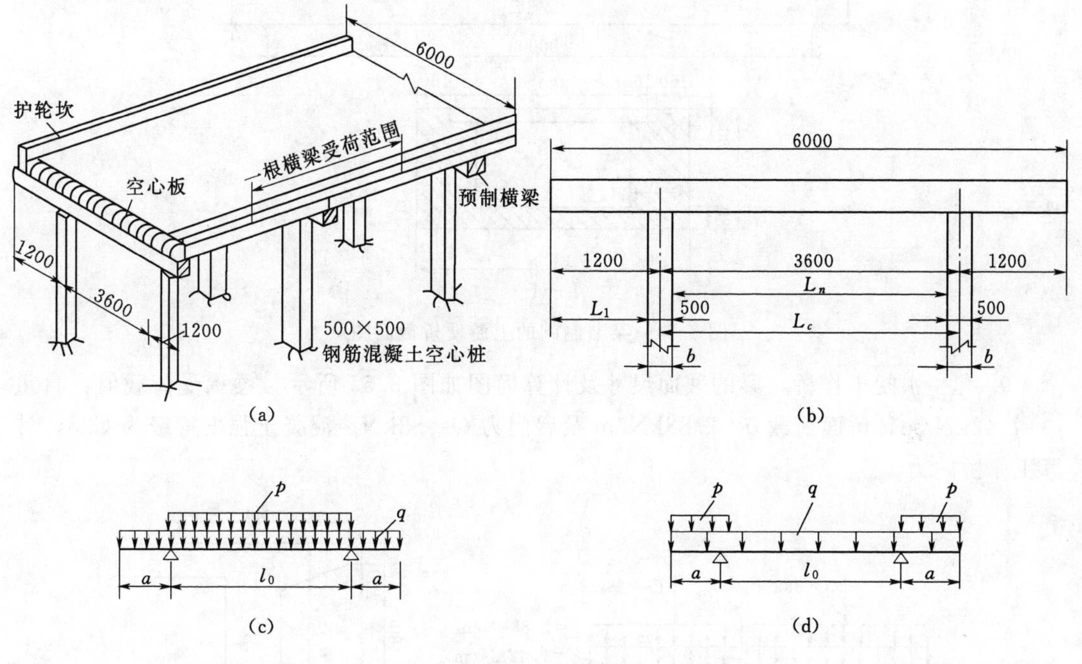

图 3.52　习题 6 图

提示：

(1) 引桥横梁是以桩为支座带两悬臂的单跨梁，计算简图见图 3.52 (c)、(d)。当两悬臂无活荷载而两桩之间有活荷载时跨中弯矩最大见图 3.52 (c)。当两悬臂有活荷载而两桩之间无活荷载时支座弯矩最大见图 3.52 (d)。

(2) 横梁的弯矩计算跨度，当支座宽度 $b\leqslant0.05L_c$ 时（L_c 为支座中心至支座中心距离），计算跨度 L_0 取 L_c。当支座宽度 $b>0.05L_c$ 时取 $L_0=1.05L_n$（L_n 为横梁净跨，即桩边至桩边距离）。悬臂计算长度 $a=1.025L_1$（L_1 为自由端至桩边距离）。

7. 如图 3.53 所示为某水泵站出口雨罩示意图。悬挑长度 $l_0=1200\text{mm}$，各层做法见剖面图。雨罩除作用有恒载外，在板的外缘尚需考虑沿板宽作用的施工活载为 1000N/m。防水砂浆重力密度为 20kN/m^3，钢筋混凝土重力密度为 25kN/m^3，水泥砂浆重力密度为 20kN/m^3。采用混凝土强度等级为 C20，板宽取 1m 计算。计算板的内力和应力。

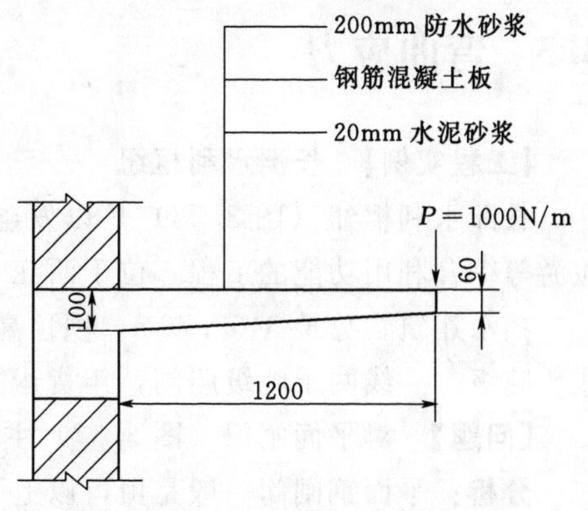

图 3.53　某水泵站出口雨罩示意图

8. 某节制闸的上游便桥，截面如图3.54所示。因在便桥中要存放油压启闭机的油管，所以截面采用槽形，上面铺设盖板以便行人。便桥净跨8.0m、支承长度0.4m，桥上人群荷载值3.0kN/m^2；油管重0.3kN/m。选用混凝土强度等级为C25。计算便桥的内力。

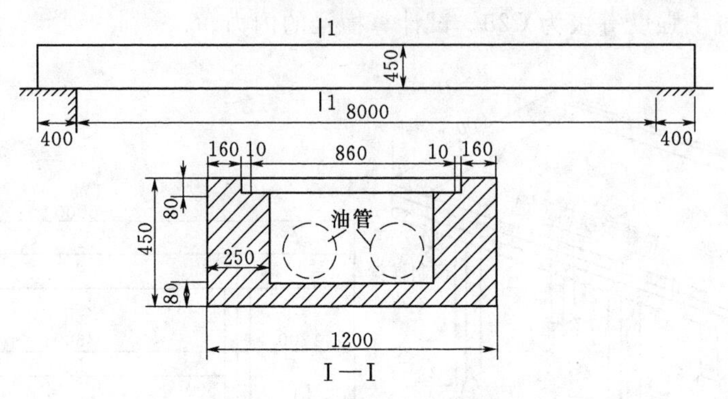

图3.54　某节制闸的上游便桥截面图

9. 有一水闸工作桥，梁的截面尺寸及计算简图如图3.55所示，梁承受荷载值：自重$g=7.42$kN/m，桥面荷载$q=2.88$kN/m及启门力$Q=88$kN。混凝土强度等级为C25，计算工作桥内力。

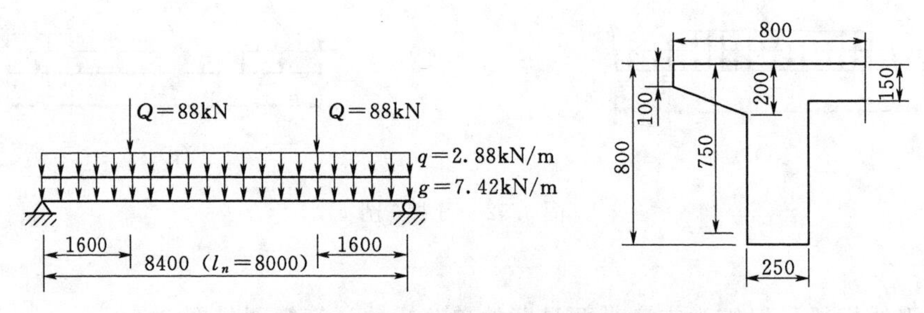

图3.55　水闸工作桥的梁的截面及计算简图

10. 把梁板式胸墙换成板式胸墙，板式胸墙采用上薄下厚的楔形板，顶部板厚25cm，底部板厚35cm，胸墙简支在闸墩上。其余资料与工程实例2的例题中的相同，试计算胸墙内力。

3.3　弯曲应力

【工程实例】　长洲水利枢纽

长洲水利枢纽（图3.56）是以发电和航运为主，兼有防洪灌溉、淡水养殖、供水、旅游等综合利用功能的工程，位于西江干流～浔江下游梧州市郊长洲镇。

挡水建筑物总长3469.76m，坝顶高程为34.6m，最大坝高为56m；通航建筑物为一线千吨级、一线两千吨级船闸，年货运能力4012万t。

【问题】　对平面闸门（图3.57）主梁和横隔板进行计算。

分析：平面钢闸门一般是由可以上下移动的门叶结构、埋固构件和启闭闸门的机械设备三大部分所组成。

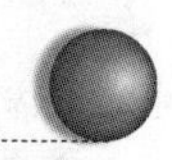

图 3.56 长洲水利枢纽

图 3.57 平面闸门

门叶结构是用来封闭和开启孔口的活动挡水结构。如图3.58所示为平面钢闸门门叶结构立体示意图。图3.59所示为平面钢闸门的门叶结构总图。由图可见，门叶结构是由面板、梁格、横向和纵向联结系、行走支承（滚轮或滑块）以及止水等部件所组成。

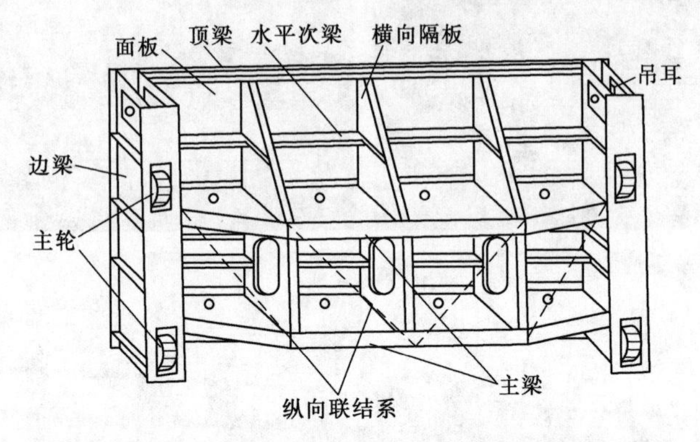

图3.58　平面钢闸门门叶结构立体示意图

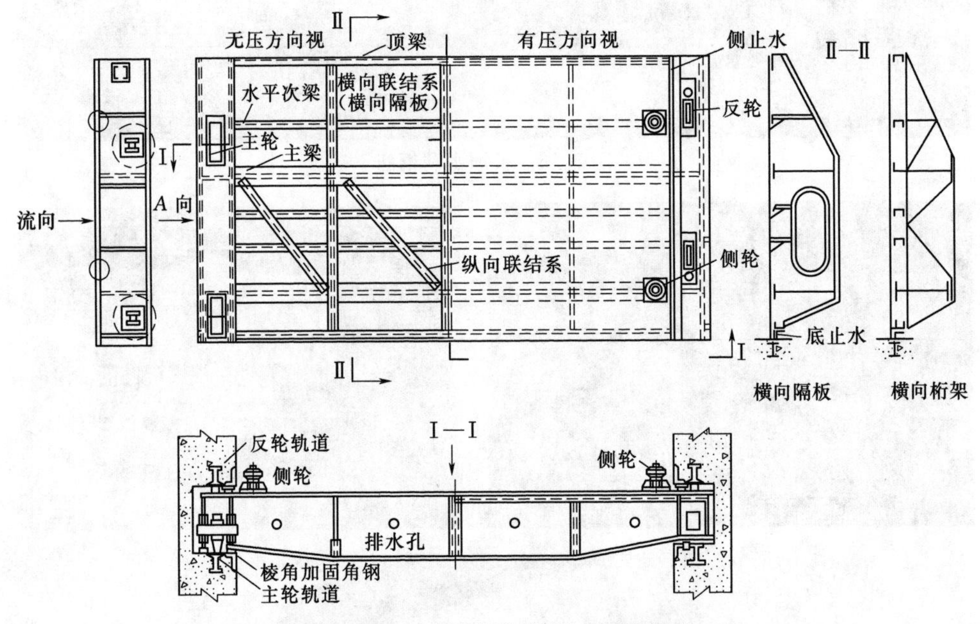

图3.59　平面钢闸门的门叶结构总图

（1）面板。面板直接挡水，并将承受的水压力传给梁格。

（2）梁格。梁格支承面板，以减少面板跨度而达到减少面板厚度的目的。梁格一般包括主梁，次梁（包括水平次梁、竖直次梁、顶梁和底梁）和边梁。它们共同支承着面板，并将面板传来的水压力依次通过次梁、主梁、边梁而后传给闸门的行走支承。

（3）空间联结系。由于门叶结构是一个竖放的梁板结构，梁格自重是竖向的，而梁格所承受水压力却是水平的，因此，要使每根梁都能处在它所承担的外力作用的平面内，就必须用联结系来保证整个梁格在闸门空间的相对位置。同时，联结系还起到增强门叶结构在横向竖平面内和纵向竖平面内刚度的作用。

（4）行走支承。为保证门叶结构上下移动的灵活性，需要在边梁上设置滚轮或滑块，这些行走支承还将闸门上所承受的水压力传递到埋设在门槽内的轨道上。

（5）吊具。吊具是用来连接启闭机的牵引构件。

（6）止水。为了防止闸门漏水，在门叶结构与孔口周围之间的所有缝隙里需要设置止水（也称水封）。最常用的止水是固定在门叶结构上的定型橡皮止水。

解：

主梁所受的荷载与梁格的连接形式以及侧止水的布置情况有关。例如当侧止水布置在上游面而梁格为等高连接时，主梁除承受竖直次梁给予的集中力外，还承受由面板传来的分布荷载。然而，无论梁格连接是采用哪种形式，为了简化计算，都可以近似地将作用在主梁上的荷载换算为均布荷载。当主梁按等荷载的原则布置时，只需把闸门在跨度方向单位长度上的总水压力 P 除以主梁的根数 n，即得每根主梁单位长度上的荷载 $q=P/n$。如果主梁不是按等荷载布置，则应按承受荷载最大的主梁进行计算。

主梁的计算简图如图 3.60 所示，主梁的计算跨度 l 为闸门行走支承中心线之间的距离：

$$l=l_0+2d$$

式中：l_0 为闸门孔口宽度；d 为主梁支承中心至闸墩侧面的距离，根据跨度和水头的大小，一般 $d=0.15\sim0.4$m。

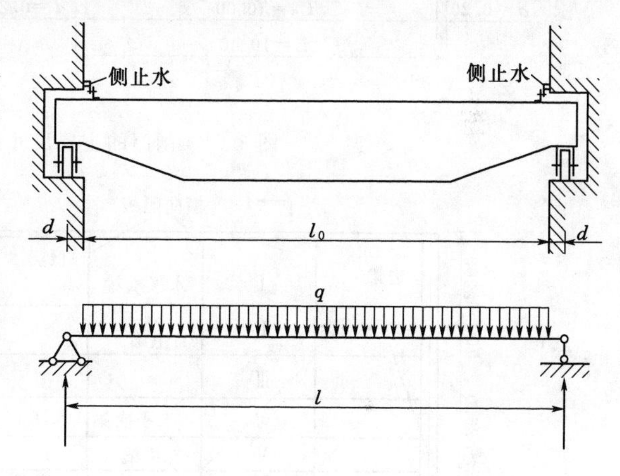

图 3.60 侧止水布置在闸门上游面时主梁的计算简图

为防止主梁变形过大影响闸门的正常使用，应限制主梁的挠度不超过容许的最大挠度：对于潜孔和露项的工作闸门或事故闸门的主梁，容许的最大挠度分别规定为 1/750 和 1/600；对于检修闸门规定为 1/500。

横向联结系（又称竖向联结系）的作用是：承受全部次梁（包括顶、底梁）传来的水压力，并将之传给主梁；当水位变更等原因引起各主梁的受力不均时，横向联结系可以均衡各主梁的受力并且保证闸门横截面的刚度；当闸门受到偶然作用的外力而产生扭转时，横向联结系能够保证闸门横截面形状不变，增加其抗扭刚度。横向联结系可布置在每根竖直次梁所在的竖平面内，或每隔一根竖直次梁布置一个。

【例题 1】 某溢洪道露顶式平面钢闸门资料如下。

孔口净宽为 10.00m；设计水头为 6.00m；面板厚度 $t=8$mm；结构材料为平炉热轧碳素钢 Q235，Q235 号钢的容许应力 $[\sigma]=16.0\text{kN/cm}^2=160\text{N/mm}^2$，$[\tau]=9.5\text{kN/cm}^2=95\text{N/mm}^2$。

考虑风浪所产生的水位超高为 0.2m，故闸门高度取为 6+0.2=6.2（m）；闸门的荷载跨度为两侧止水的间距，即 $L_1=10$m；闸门计算跨度 $L=L_0+2d=10+2\times0.2=10.40$（m）。

梁格采用复式布置和等高连接，水平次梁穿过横隔板上的预留孔并被横隔板所支承。水平次梁为连续梁，其间距上疏下密。横向联结系，根据主梁的跨度，布置三道横隔板，其间距为 2.6m，横隔板兼作竖直次梁。纵向联结系，设在两个主梁下翼缘的竖平面内，

采用斜杆式桁架。闸门的主要尺寸及梁格布置如图3.61和图3.62所示。主梁容许挠度

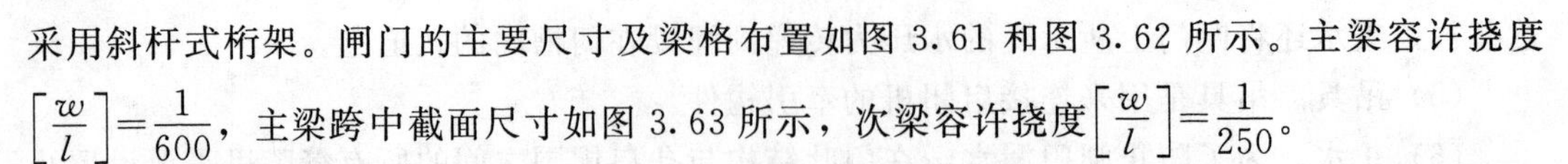

$\left[\frac{w}{l}\right]=\frac{1}{600}$，主梁跨中截面尺寸如图3.63所示，次梁容许挠度$\left[\frac{w}{l}\right]=\frac{1}{250}$。

已知主梁腹板高度为$h_0=1$m，因主梁跨度较大，为减小门槽宽度和支承边梁高度(节省钢材)，有必要将主梁支承端腹板高度减小为$0.6h_0=60$cm。

梁高开始改变的位置取在邻近支承端的横向隔板下翼缘的外侧（图3.62），离开支承端的距离为260－10＝250(cm)。

验算主梁的强度和横隔板的强度。

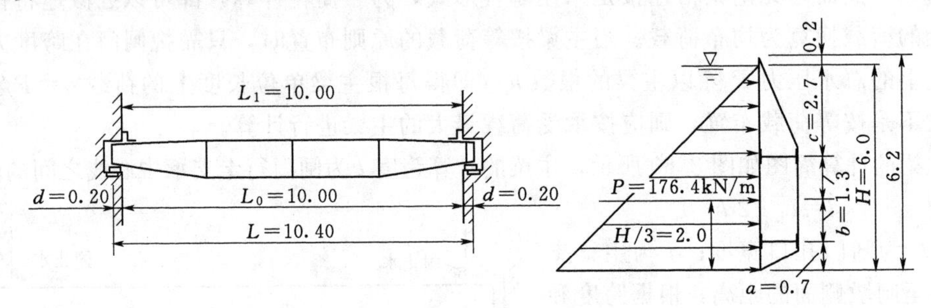

图3.61　闸门的主要尺寸（单位：m）

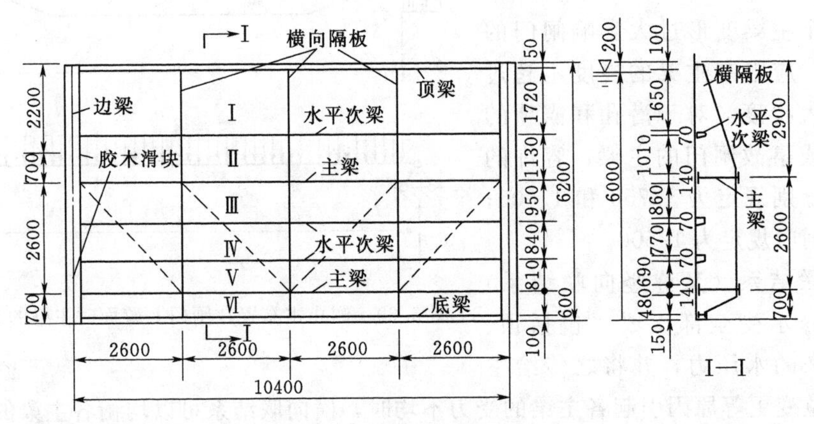

图3.62　梁格布置尺寸图

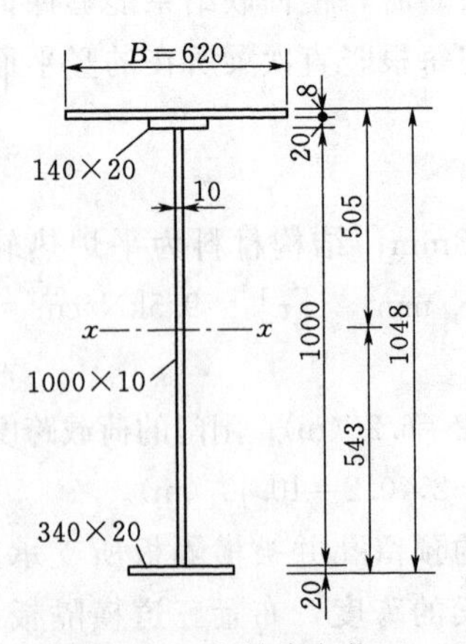

图3.63　主梁跨中截面

解：

(1) 主梁强度验算。

1) 内力计算。主梁跨度（图3.64）：净跨（孔口宽度）$L_0=10$m，计算跨度$L=10.4$m，荷载跨度$L_1=10$m。横向隔板间距为2.6m。

$$P=\frac{1}{2}\gamma_w H^2=\frac{1}{2}\times 9.8\times 6^2=176.4(\text{kN/m})$$

主梁按等荷载计算：

$$q=\frac{1}{2}P=\frac{1}{2}\times 176.58=88.2(\text{kN/m})$$

弯矩与剪力：

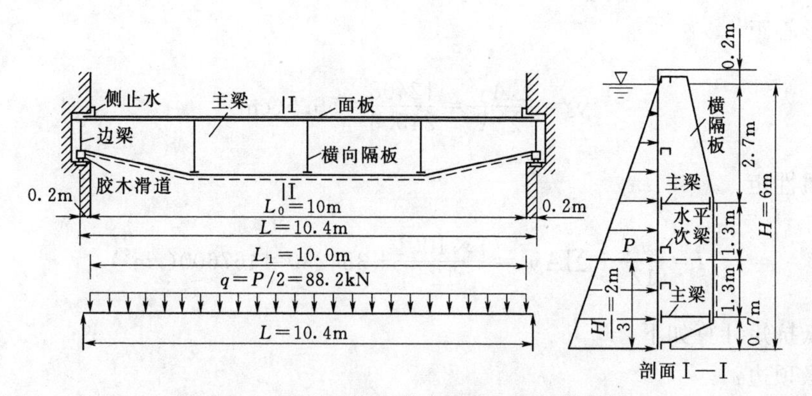

图 3.64　平面钢闸门的主梁位置和计算简图

$$Q_{\max}=\frac{qL_1}{2}=\frac{1}{2}\times 88.2\times 10.0=441(\text{kN})$$

$$M_{\max}=\frac{88.2\times 10}{2}\times\left(\frac{10.4}{2}-\frac{10}{4}\right)=1191(\text{kN}\cdot\text{m})$$

主梁内力见图 3.65。

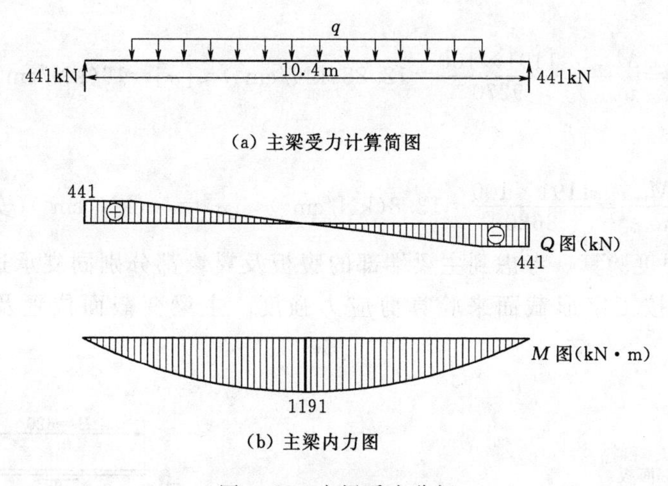

图 3.65　主梁受力分析

2）弯曲应力验算。根据主梁跨中截面（图 3.63），计算截面几何特性见表 3.3。

表 3.3　　**计算截面几何特性**

部　位	截面尺寸 /(cm×cm)	截面面积 A /cm^2	各形心离面板表面距离 y'/cm	Ay'/cm^3	各形心离中和轴距离 $y=y'-y_1$ (cm)	Ay^2/cm^4
面板部分	62×0.8	49.6	0.4	19.8	−50.1	124300
上翼缘板	14×2.0	28.0	1.8	50.3	−48.7	66200
腹板	100×1.0	100	52.8	5280	2.3	530
下翼缘	34×2.0	68.0	103.8	7058	53.3	193200
合计		245.6		12408		384230

截面形心距

$$y_1=\frac{\sum Ay'}{\sum A}=\frac{12408}{245.6}=50.5(\text{cm})$$

截面惯性矩

$$I=\frac{t_w h_0^3}{12}+\sum Ay^2=\frac{1\times100^3}{12}+384230=467600(\text{cm}^4)$$

截面抵抗矩计算如下：

上翼缘顶边：

$$w_{\max}=\frac{I}{y_1}=\frac{467600}{50.5}=9270(\text{cm}^3)$$

下翼缘底边：

$$w_{\min}=\frac{I}{y_2}=\frac{467600}{54.3}=8620(\text{cm}^3)$$

弯曲应力验算如下：

上翼缘顶边：

$$\sigma_{上}=\frac{M_{\max}}{w_{\max}}=\frac{1191\times100}{9270}=12.85(\text{kN/cm}^2)<[\sigma]=16(\text{kN/cm}^2)$$

下翼缘底边：

$$\sigma_{下}=\frac{M_{\max}}{w_{\min}}=\frac{1191\times100}{8620}=13.8(\text{kN/cm}^2)<[\sigma]=16(\text{kN/cm}^2)(\text{安全})$$

3）剪应力强度验算。考虑到主梁端部的腹板及翼缘都分别同支承边梁的腹板及翼缘相焊接，故可按工字形截面来验算剪应力强度。主梁变截面位置及支承端截面见图 3.66。

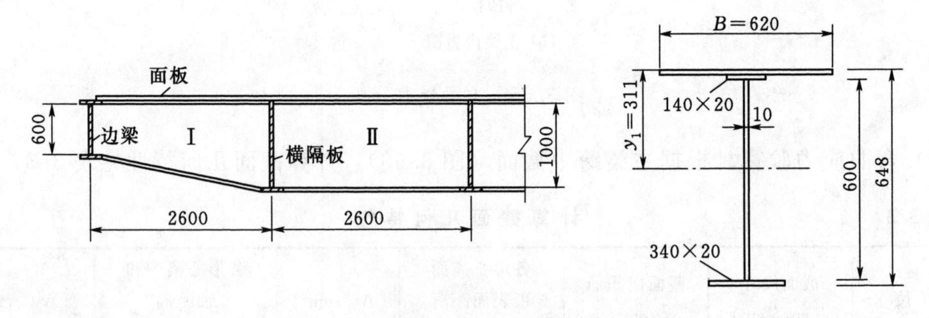

图 3.66　主梁变截面位置及支承端截面

根据主梁支撑端截面，主梁支承端截面的几何特性计算见表 3.4。

截面形心距

$$y_1=\frac{6376}{205.6}=31(\text{cm})$$

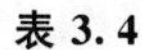

表 3.4　　主梁支承端截面几何特性计算结果

部　位	截面尺寸 /(cm×cm)	截面面积 A /cm²	各形心离面板表面距离 y'/cm	Ay'/cm³	各形心离中和轴距离 $y=y'-y_1$ (cm)	Ay^2/cm⁴
面板部分	62×0.8	49.6	0.4	19.8	−30.6	46443
上翼缘板	14×2.0	28.0	1.8	50.4	−29.2	23874
腹板	60×1.0	60.0	32.8	1968	1.8	194
下翼缘	34×2.0	68.0	63.8	4338	32.8	73157
合计		205.6		6376		143668

截面惯性矩

$$I_0=\frac{1\times60^3}{12}+143668=161668(\mathrm{cm}^4)$$

截面下半部对中和轴的面积矩

$$S=68\times32.8+31.8\times1.0\times\frac{31.8}{2}=2736(\mathrm{cm}^3)$$

剪应力

$$\tau=\frac{Q_{\max}S}{I_0t_w}=\frac{441\times2736}{161668\times1.0}=7.46(\mathrm{kN/cm^2})<[\tau]=9.5(\mathrm{kN/cm^2})(安全)$$

（2）横隔板强度验算。横隔板同时兼作竖直次梁，它主要承受水平次梁、顶梁和底梁传来的集中荷载和面板传来的分布荷载。计算时可把这些荷载用三角形分布的水压力来代替（图 3.67），并且把横隔板作为支承在主梁上的双悬臂梁，则每片横隔板在上悬臂的最大负弯矩计算如下：

$$\sum M_B=0，Q_A\times2.6=\frac{1\times9.8\times6^2}{2}\times2.60\times1.3$$

$$Q_A=229.3(\mathrm{kN})$$

$$\sum x=0，Q_B=\frac{1\times9.8\times6^2}{2}\times2.60-Q_A$$

$$Q_B=229.32(\mathrm{kN})$$

$$M_A=\frac{9.8\times2.7^2}{2}\times2.60\times\frac{2.7}{3}=83.6(\mathrm{kN\cdot m})$$

$$M_B=135.0\times\frac{0.7}{2}+\frac{1}{2}\times(152.9-135.0)\times0.7\times\frac{2\times0.7}{3}=36.0(\mathrm{kN\cdot m})$$

根据横隔板截面图计算截面几何特性，计算过程如下：

截面形心到腹板中心线的距离

$$e=\frac{1300\times8\times504-200\times8\times504}{1300\times8+200\times8+1000\times8}=222(\mathrm{mm})$$

截面惯性矩

$$I=\frac{8\times1000^3}{12}+8\times1000\times222^2+8\times200\times726^2+8\times1300\times282^2=273131\times10^4(\mathrm{mm}^4)$$

截面抵抗矩

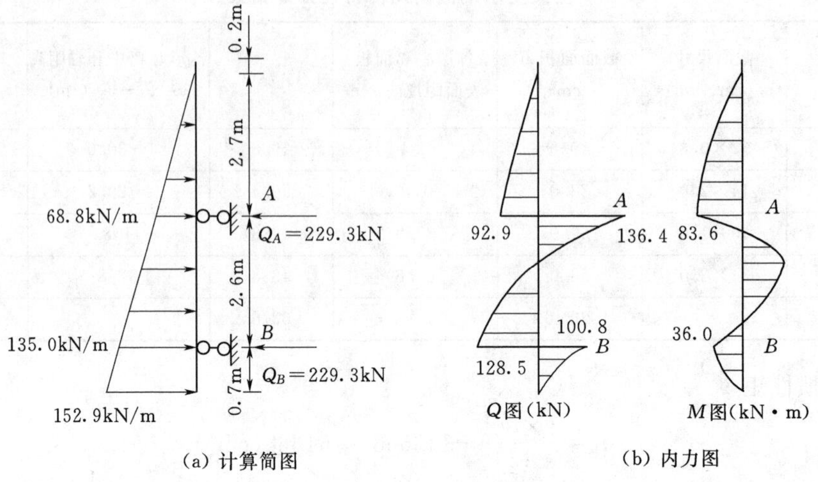

(a) 计算简图　　(b) 内力图

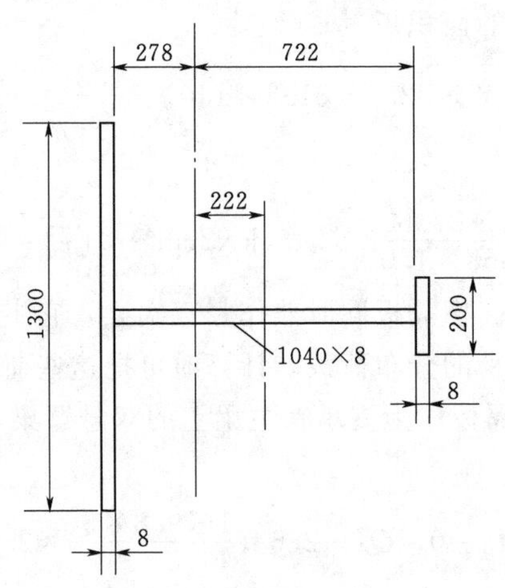

(c) 横隔板截面

图 3.67　横隔板力学分析

$$w_{\min}=\frac{273131\times10^4}{730}=3741500(\text{mm}^3)=3741.5(\text{cm}^3)$$

验算弯应力：

$$\sigma=\frac{M}{w_{\min}}=\frac{83.58714\times10^2}{3741.500}=2.234(\text{kN/cm}^2)<[\sigma]=16.0(\text{kN/cm}^2)$$

由于横隔板截面高度较大，剪切强度不必验算。

【例题 2】 如图 3.68 所示桥式起重吊车的大梁为 25a 工字钢，$[\sigma]=160\text{MPa}$，$l=4\text{m}$，$F=20\text{kN}$，行进时由于惯性荷载 F 偏离纵向对称面一个角度 φ，若 $\varphi=15^\circ$，试校核梁的强度，并与 $\varphi=0^\circ$的情况进行比较。

解：

由于力 F 通过截面弯心但不与形心主轴平行（重合），而是与 y 轴成 φ 的夹角，故梁为斜弯曲情形。

当小车走到梁跨中点时，大梁处于最不利的受力状态，而这时跨度中点截面的弯矩最

大，是危险截面。将 F 沿 y 轴及 z 轴分解为

$$F_y=F\cos\varphi,\ F_z=F\sin\varphi$$

分力 F_y、F_z 使梁在两个互相垂直平面内产生平面弯曲，最大弯矩值分别为

$$M_{y,\max}=\frac{F_z l}{4}=\frac{Fl}{4}\sin\varphi=\frac{1}{4}\times 20\times 4\sin 15^\circ$$

$$=5.18(\text{kN}\cdot\text{m})$$

$$M_{z,\max}=\frac{F_y l}{4}=\frac{Fl}{4}\cos\varphi=\frac{1}{4}\times 20\times 4\cos 15^\circ$$

$$=19.3(\text{kN}\cdot\text{m})$$

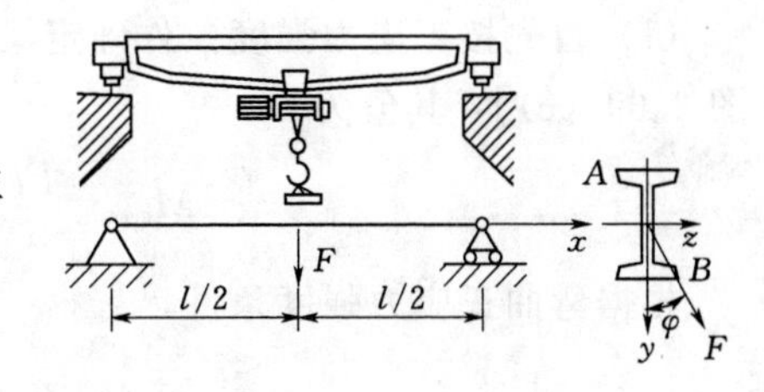

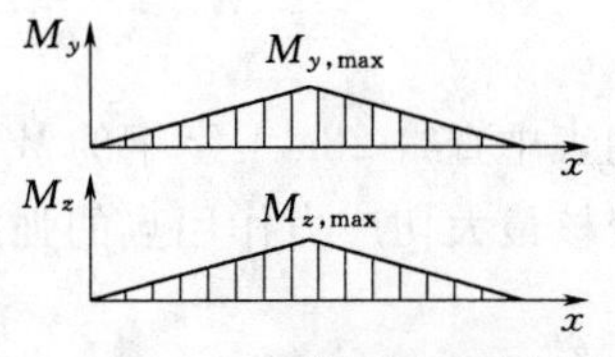

图 3.68 桥式起重吊车的大梁示意图及内力图

显然，危险点为跨度中点截面上 A、B 两点，点 A 处应力为最大压应力，点 B 处应力为最大拉应力，且数值相等。只需计算最大拉应力的数值，即

$$\sigma_{\max}=\frac{M_{y,\max}}{W_y}+\frac{M_{z,\max}}{W_z}$$

由型钢表查得 25a 工字钢的两个抗弯截面模量分别为

$$W_y=48.3(\text{cm}^3),\ W_z=402(\text{cm}^3)$$

故有

$$\sigma_{\max}=\frac{M_{y,\max}}{W_y}+\frac{M_{z,\max}}{W_z}=\frac{5.18\times 10^3}{48.3\times 10^{-6}}+\frac{19.3\times 10^3}{402\times 10^{-6}}$$

$$=155(\text{MPa})<[\sigma]=160(\text{MPa})$$

满足强度要求。

从结果可以看出，应力的数值较大，若载荷 F 不偏离梁的纵向对称面，即 $\varphi=0^\circ$，将发生平面弯曲，梁跨中点截面的最大拉应力为

$$\sigma_{\max}=\frac{M_{\max}}{W_z}=\frac{\frac{Fl}{4}}{W_z}=\frac{20\times 10^3\times 4}{4\times 402\times 10^{-6}}=50(\text{MPa})$$

由此可见，载荷偏离一个较小的角度 φ，就使梁内的应力是正常工作时的 3 倍。这是因为工字钢的 W_y 和 W_z 相差很大，因此，对于 W_y、W_z 相差较大的梁，避免发生斜弯曲是非常必要的。对承受斜弯曲变形的梁，最好做成箱形截面梁。

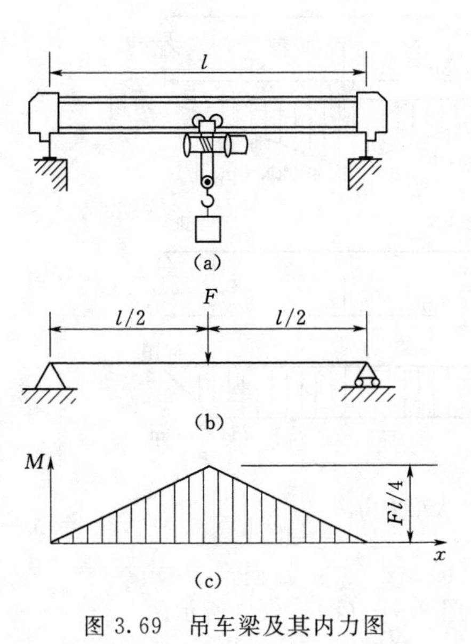

图 3.69 吊车梁及其内力图

【例题 3】 吊车梁如图 3.69 (a) 所示，若起吊重量 $F=30\text{kN}$，吊车梁跨度 $l=8\text{m}$，梁材料的 $[\sigma]=120\text{MPa}$，$[\tau]=60\text{MPa}$，梁由工字钢制成，试选择工字钢的型号。

解：

吊车梁可简化成一简支梁，如图 3.69 (b) 所示。

(1) 首先按正应力强度条件确定梁的截面。当载荷作用于梁中点时，梁的弯矩为最大[图 3.69 (c)]，其值为

$$M_{\max}=\frac{Fl}{4}=\frac{30\times8}{4}=60(\text{kN}\cdot\text{m})$$

根据弯曲正应力强度条件，有

$$W_z\geqslant\frac{M_{\max}}{[\sigma]}=\frac{60\times10^3}{120\times10^6}=5\times10^2(\text{cm}^3)$$

从型钢表中查得 28a 工字钢的 $W_z=508.15\text{cm}^3$。

(2) 校核最大切应力作用点的强度。当小车移至支座处时梁内剪力最大，即

$$F_{S,\max}=F=30\text{kN}$$

切应力的强度条件为

$$\tau_{\max}=\frac{F_{S,\max}S_{z,\max}^*}{dI_z}\leqslant[\tau]$$

由型钢表查得 28a 工字钢的 $d=8.5\text{mm}$，$I_z/S_{z,\max}^*=24.62\text{cm}$，故

$$\tau_{\max}=\frac{30\times10^3}{8.5\times10^{-3}\times24.62\times10^{-2}}=14.34(\text{MPa})<[\tau]$$

显然最大切应力作用点是安全的。因而根据正应力强度条件所选择的截面是合理的。

【例题 4】 如图 3.70 所示，桥式起重机大梁 AB 的跨度 $l=16\text{m}$，原设计最大起重量为 100kN。在大梁上距 B 端为 x 的 C 点悬挂一根钢索，绕过装在重物上的滑轮，将另一端再挂在吊车的吊钩上，使吊车驶到 C 的对称位置 D。这样就可吊运 150kN 的重物。试问 x 的最大值等于多少？设只考虑大梁的正应力强度。

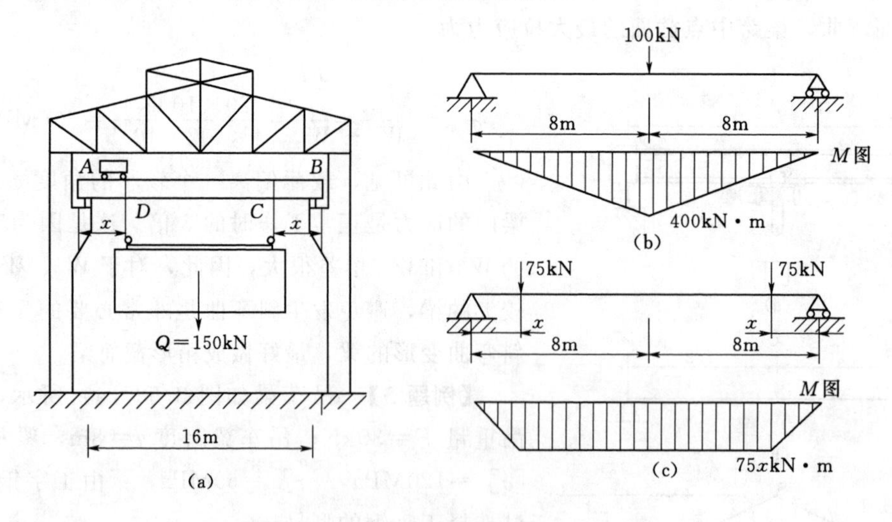

图 3.70　桥式起重机示意图及大梁内力图

解：

额定吊重为 100kN 和 150kN 时梁的受力简图如图 3.70 (b)、(c) 所示。

最大应力均发生在梁的跨度中点处：

$$\sigma_{1\max}=\frac{M_{1\max}}{W}=\frac{\frac{1}{4}Pl}{W}=\frac{400}{W}\text{（额定吊重为 100kN 时）}$$

$$\sigma_{2\max}=\frac{M_{2\max}}{W}=\frac{75x_{\max}}{W}\text{（额定吊重为 150kN 时）}$$

虽然加载方式发生变化，但梁本身的力学性能未变，其所能承受的最大应力不变，即

$$\sigma_{1\max}=\sigma_{2\max}$$

代入得

$$\frac{400}{W}=\frac{75x_{\max}}{W}$$

解得

$$x_{\max}=5.33\text{m}$$

【例题 5】 如图 3.71（a）所示屋架上的桁条，可简化为铰支的简支梁，如图 3.71（b）所示。梁的跨度 $l=4$m，屋面传来的荷载可简化为均布荷载 $q=4$kN/m，屋面与水平面的夹角 $\varphi=25°$。桁条的截面为 $h=28$cm、$b=14$cm 的矩形，如图 3.71（c）所示。设桁条材料的容许应力 $[\sigma]=10$MPa，试校核其强度。

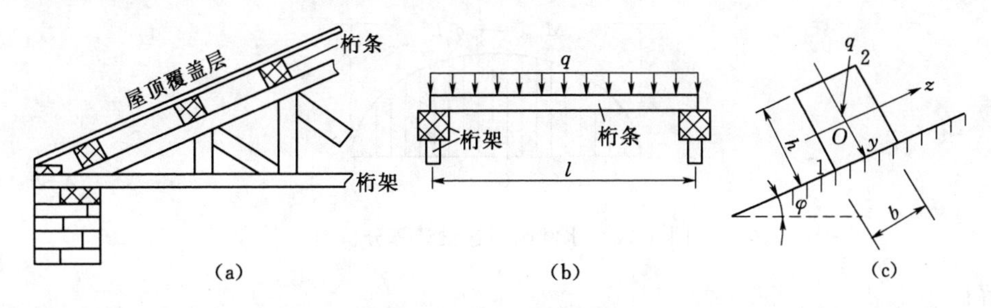

图 3.71 屋架桁条示意图

解：

将均布荷载 q 沿 y 轴和 z 轴分解为

$$q_y=q\cos\varphi,\ q_z=q\sin\varphi$$

它们分别使梁在 xy 平面和 xz 平面内产生平面弯曲。显然，危险截面在跨中截面。这一截面上的 1 点和 2 点是危险点，它们分别产生最大拉应力和最大压应力，且数值相等。假定木材的容许拉应力和容许压应力相等，故可校核 1 点和 2 点中的任一点。现校核 1 点，由斜弯曲应力计算公式得

$$\sigma_{\max}=\frac{M_y}{W_y}+\frac{M_z}{W_z}=\frac{\frac{1}{8}q_z l^2}{\frac{1}{6}hb^2}+\frac{\frac{1}{8}q_y l^2}{\frac{1}{6}bh^2}$$

将已知数据代入，得

$$\sigma_{\max}=\frac{\frac{1}{8}\times 4\times 10^{3}\sin 25°\times 4^{2}}{\frac{1}{6}\times 28\times 10^{-2}\times 14^{2}\times 10^{-4}}+\frac{\frac{1}{8}\times 4\times 10^{3}\cos 25°\times 4^{2}}{\frac{1}{6}\times 14\times 10^{-2}\times 28^{2}\times 10^{-4}}$$

$$=7.68\times 10^{6}(\mathrm{N/m^{2}})=7.68(\mathrm{MPa})<[\sigma]$$

故桁条满足强度要求。

【例题 6】 如图 3.72 所示水闸的闸门宽 3m，最大水深 $H=3$m，假若木材的 $[\sigma]=70$MPa，试设计挡水迭梁的矩形截面尺寸 $(h\times b)$。

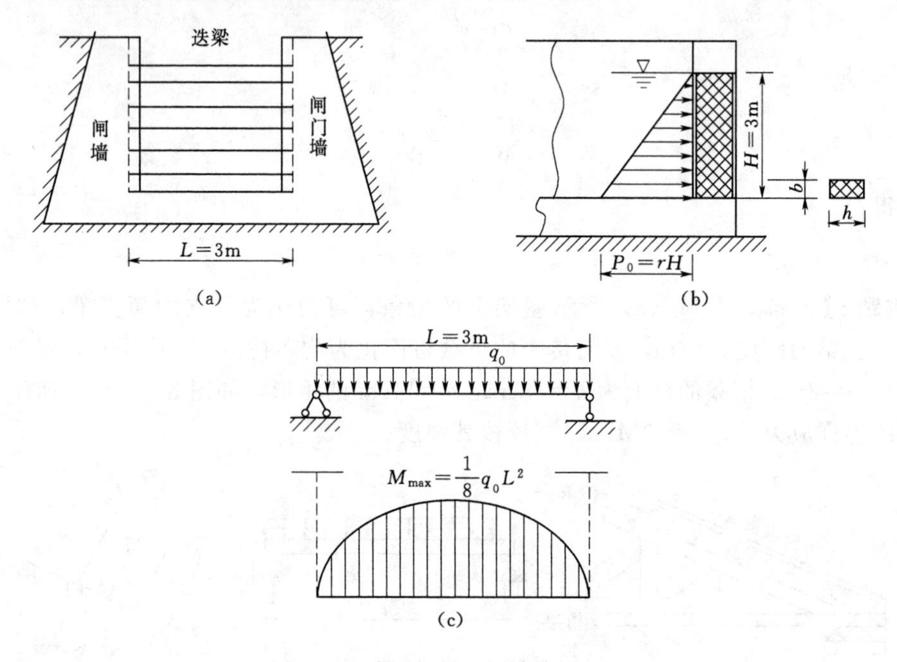

图 3.72　水闸闸门迭梁计算分析图

解：

（1）闸门最下面的一根迭梁所受的水压力最大［图 3.72（b）］，并且其值为

$$P_{0}=rH=10\times 3=30(\mathrm{kN/m^{2}})$$

因此在这根迭梁（宽度为 b）的单位长度上，所作用的均布水压力为

$$q_{0}=P_{0}b=b\times 30=30b(\mathrm{kN/m})$$

（2）梁上的最大弯矩

$$M_{\max}=\frac{1}{8}q_{0}L^{2}=\frac{30b\times 3^{2}}{8}=\frac{270}{8}b(\mathrm{kN\cdot m})$$

（3）根据公式 $W=\frac{M_{\max}}{[\sigma]}$进行截面设计。因矩形的 $W=\frac{bh^{2}}{6}$，故

$$\frac{bh^{2}}{6}=\frac{M_{\max}}{[\sigma]}$$

$$h=\sqrt{\frac{6M_{\max}}{b[\sigma]}}=\sqrt{\frac{6\times 270b}{8b[\sigma]}}=0.17(\mathrm{m})$$

因此迭梁的矩形截面采用$h=18$cm，并使 $b=h/1.5=12$cm。

【例题 7】 如图 3.73（a）所示为木制简易水坝，其中 A 为水平布置的薄木板，B 为正方形截面的立柱，用于支撑木板。图 3.73（b）为坝体的俯视图。已知相邻两间距立柱 $s=0.8\text{m}$，水位与坝体 h 相等，$h=2\text{m}$ 立柱的许用弯曲应力 $[\sigma]=8.0\text{MPa}$，试确定立柱边长 b。

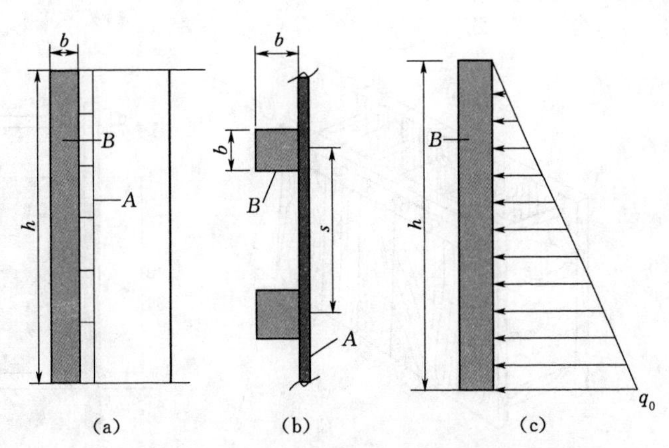

图 3.73　木制简易水坝示意图及受力分析

分析： 水对坝体的压力通过木板传递到立柱上，立柱的力学模型可简化为受分布荷载作用的悬臂梁。立柱的间距越大，每个立柱承受的荷载越大，因此，应合理设计立柱间距使得立柱有足够的强度。如果立柱间距确定，则需设计立柱截面尺寸，以使立柱具有足够的强度。

解：

立柱的受力分析如图 3.73（c）所示，设水的比重为 γ，则一根立柱在一个间距内所承受水压的最大值发生在根部，其值为

$$q_0=rhs$$

立柱最大的弯矩也发生在根部，其值为

$$M_{\max}=\frac{q_0h}{2}\left(\frac{h}{3}\right)=\frac{rh^3s}{6}$$

根据强度条件式，立柱的抗弯截面模量为

$$W_z\geqslant\frac{M_{\max}}{[\sigma]}=\frac{rh^3s}{6[\sigma]}$$

而对于边长为 b 的正方形截面，抗弯截面模量为 $W_z=\frac{b^3}{6}$，于是得

$$b\geqslant h\sqrt[3]{\frac{rs}{[\sigma]}}=2000\times\sqrt[3]{\frac{9.8\times10^{-6}\times800}{8.0}}=199(\text{mm})$$

【例题 8】 如图 3.74（a）所示为临时搭建的木制灌溉水渠，水渠的底面和侧面均用木板，侧板下端插入地下，上端用螺杆连接以防止变形。图 3.74（b）为水渠的断面图，并给出了水的深度 d、侧板厚度 t 和高度 h。已知 $d=1\text{m}$，$t=40\text{mm}$，$h=1.2\text{m}$，试计算侧板中的最大弯曲应力。

分析： 本题的关键是建立侧板的力学模型。侧板下端插入地下，可简化为固定端；上端用螺杆约束不能发生侧向位移，可简化为可动铰支座；板内侧受水压力作用，水压在底部最大，沿侧板高度线性分布。因此，可建立侧板的力学模型如图 3.74（c）所示。该模型为一次静不定的悬臂梁模型，且图 3.74（c）中各部分尺寸已知。由于水渠侧壁在水流

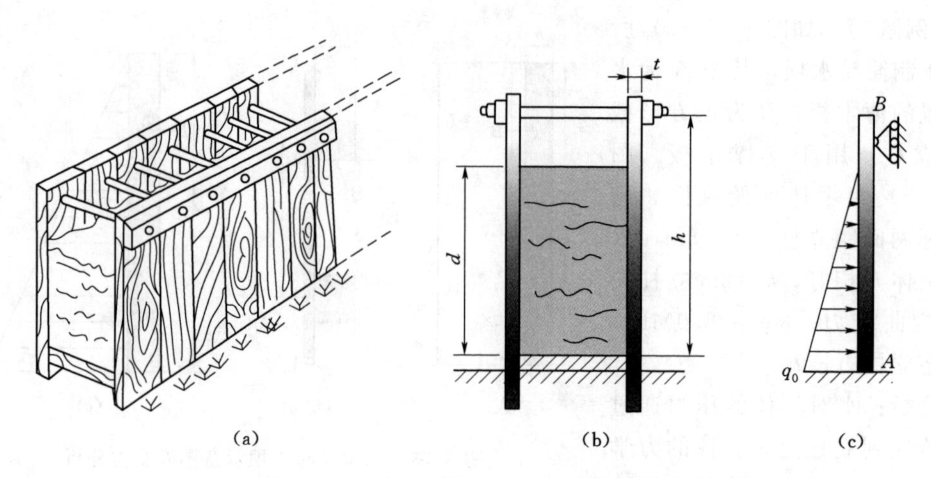

图 3.74　木制灌溉水渠示意图及计算简图

方向各处受力完全相同，图 3.74（c）中的梁可取单位宽度进行分析。

解：

（1）确定分布载荷。设水的比重为 $\gamma(9.8\text{kN/m}^3)$，则在悬臂梁固定端的水压最大，为 $q_0=\gamma d=9.8\text{kN/m}$。

（2）求解静不定问题，确定 B 点反力。将图 3.75（c）中 B 点多余约束解除，代以向右的约束反力 F_{Bx}，如图 3.75（a）所示。

水压力载荷沿梁高度呈三角形分布，取如图 3.75（b）所示坐标系，则坐标为 x 的梁截面处梁微段 $\mathrm{d}x$ 上的力为 $q(x)\mathrm{d}x=q_0(1-x/d)\mathrm{d}x$，将其看做集中力，并利用叠加法可计算分布载荷引起的 B 点水平变形为

$$\Delta_{Bx}^{(1)}=\int_0^d \frac{q_0(1-x/d)x^2}{6\text{EI}}(3h-x)\mathrm{d}x=\frac{q_0 d^3(5h-d)}{120\text{EI}}\text{（向右）}$$

式中：EI 为悬臂梁的弯曲刚度。

F_{Bx} 引起的 B 点的水平位移为

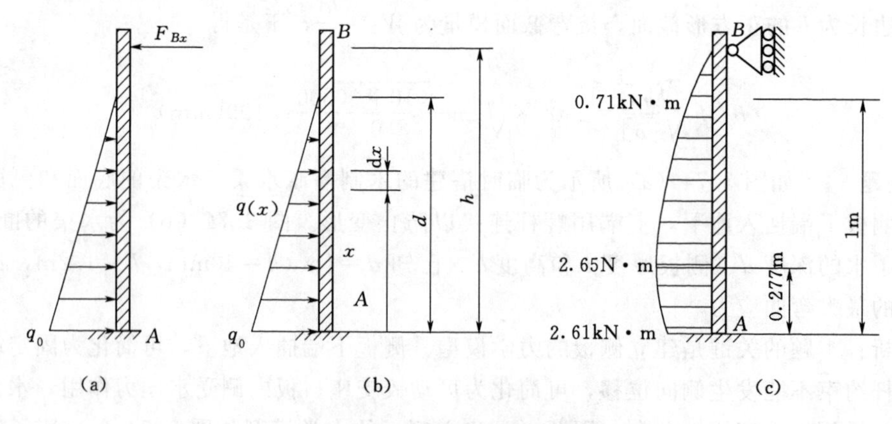

图 3.75　水渠计算分析

$$\Delta_{Bx}^{(2)}=\frac{F_{Bx}h^3}{3EI}\text{(向左)}$$

变形协调方程为 $\Delta_{Bx}^{(1)}=\Delta_{Bx}^{(2)}$，于是得

$$F_{Bx}=\frac{q_0d^3(5h-d)}{40h^3}$$

代入数值，得 $F_{Bx}=3.54\text{kN}$。

(3) 计算侧板中最大弯曲应力。侧板的弯矩图如图 3.75 (c) 所示，最大弯矩发生在 $x=0.277\text{m}$ 的截面，$M_{\max}=2.65\text{kN}\cdot\text{m}$。因此，侧板中最大应力为

$$\sigma_{\max}=\frac{M_{\max}}{W_z}=\frac{2.65\times10^3}{\frac{1}{6}\times1\times0.04^2}=9937.5\times10^3(\text{Pa})=9.94(\text{MPa})$$

习 题

1. 如图 3.76 所示斜板 ABC 为某水池调节闸门。当水位 d 较低时，斜板 ABC 在水压作用下发挥闸门作用；当水位超过最大水位 $d_{\max}$ 时，由于斜板 ABC 可以绕 B 点转动，斜板向右倾斜，闸门打开，使得池水泄出。设斜板厚度为 t，与水平面角度为 α，斜板许用弯曲应力为 $[\sigma]$，水的单位体积容重为 γ，忽略斜板重力。试证明斜板的最小厚度应为

$$t_{\min}=\sqrt{\frac{8\gamma h^3}{[\sigma]\sin^2\alpha}}$$

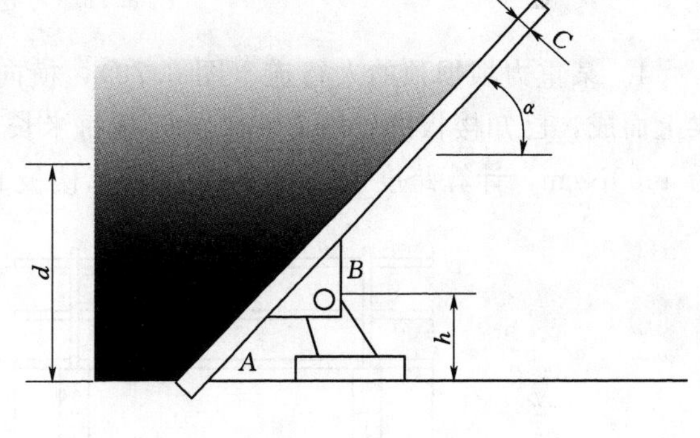

图 3.76 习题 1 图

2. 大门上的过梁和雨篷，系用混凝土浇成的整体（图 3.77）。设梁上砖墙的荷载为在梁的两端作 45°线以下的砌体重量（等腰三角形如图中虚线所示）材料的容重 $\gamma_{砖}=18\text{kN/m}^3$，$\gamma_{混凝土}=22\text{kN/m}^3$。求：

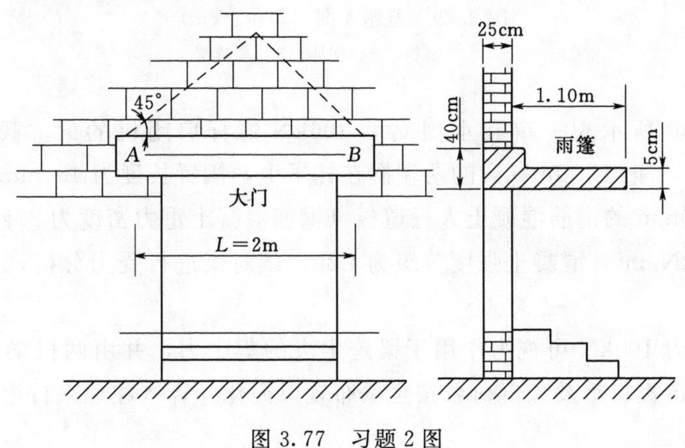

图 3.77 习题 2 图

（1）作过梁 AB 的受力图（将雨篷的重量简化到梁上）。

（2）作过梁 AB 的内力图。

（3）σ_{max} 及 τ_{max} 的数值及作用位置。

3. 某水闸（图3.78）的闸门用螺杆启闭机启闭，启闭机支在两根梁上，已知闸门提升时启门力为80kN，启闭机及机墩重10kN，由两根梁承受，每根梁承受作用于跨中的集中荷载为45kN。假设梁宽 $b=20$cm 及梁高 $h=40$cm，每米梁重和人群荷载按3.2kN/m计算，计算跨度 $l=3.78$m，试计算梁的内力和应力。

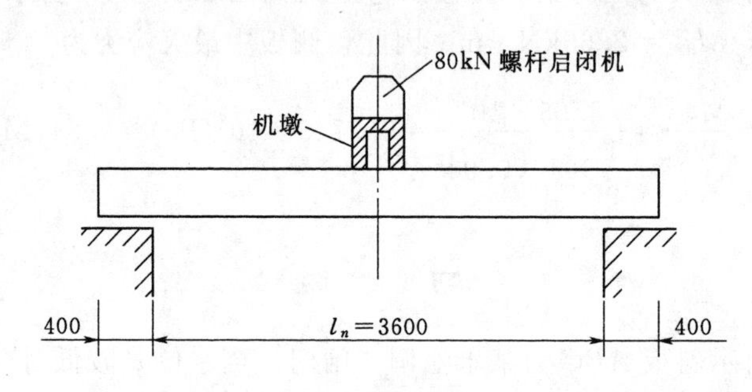

图3.78　习题3图

4. 某重力坝坝顶的人行道（图3.79），横向由两块预制实心板铺设在坝体伸出悬臂梁上而成，已知楼板的厚度 $h=12$cm，板每米长度所受的总荷载（楼板自重加人群荷载）为4500N/m，计算跨度 $l=2.82$m，试计算楼板的内力和应力。

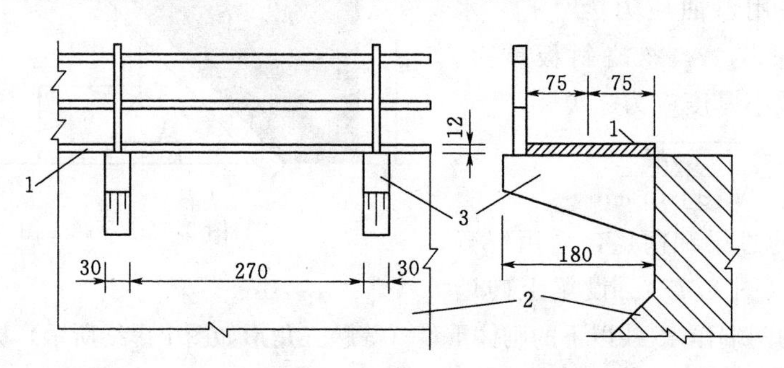

图3.79　习题4图（单位：cm）

1—预制板；2—坝体；3—悬臂梁

5. 如图3.80所示为一单孔水闸支承100kN螺杆启闭机的梁，截面尺寸 $b\times h=250\text{mm}\times400\text{mm}$，净跨4.0m，梁的两端搁在柱子上，搁置长度为400mm。梁上还铺设厚100mm，宽1100mm的钢筋混凝土人行道板（钢筋混凝土重力密度为25kN/m^3），其上人群活荷载值为2kN/m^2，混凝土强度等级为C20，试对梁进行受力分析，并计算其内力和应力。

提示：启门力100kN可视为作用于梁跨中央的集中力，并由两根梁分担，启闭机自重不计，将人行道板自重及人群荷载按全梁布置以简化计算（注意人行道板重及人群荷载亦由两根梁分担）。

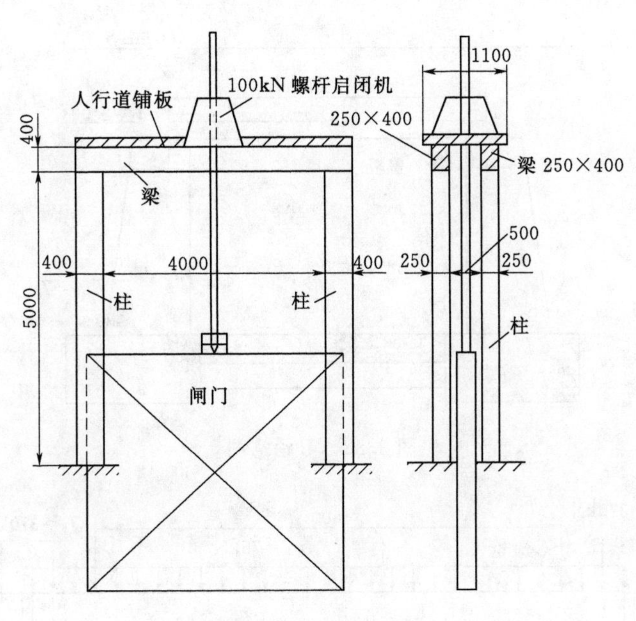

图 3.80 习题 5 图

6. 如图 3.81 所示为某港渔业公司加油码头面板，采用叠合板型式，板厚 180mm (其中 100mm 力预制板厚，80mm 为现浇板厚)，表面尚有 20mm 磨耗层（不计受力作用)，板长 2.55m，板宽 2.99m。预制板直接搁在纵梁上，搁置宽度为 150mm，预制板承受活荷载值为 1.5kN/m^2，预制板采用混凝土强度等级为 C20，试计算板的内力及应力。

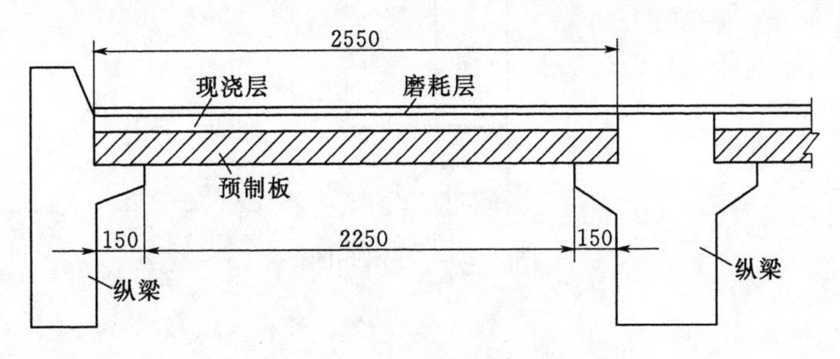

图 3.81 习题 6 图

7. 一过水涵洞的盖板是由预制的钢筋混凝土板铺设而成，见图 3.82。每块板长 2500mm，宽 600mm，两端搁置在浆砌块石的墩墙上，搁置宽度为 200mm，填土高 1.5m (填土重力密度为 16kN/m^3)，填土上活荷载值为 3.0kN/m^2。选用混凝土强度等级为 C20，盖板厚为 180mm。计算板的内力和应力。

8. 某水电站厂房的简支 T 形吊车梁，其截面尺寸如图 3.83 所示。梁支承在厂房排架柱的牛腿上，支承宽度为 200mm，梁净跨 5.6m，全长 6.0m，梁上承受一台吊车两个最大轮压力 $Q_k=370$kN，另有均布永久荷载（包括吊车梁自重及吊车轨道等附件重） $g_k=75$kN/m，混凝土强度等级为 C25。计算吊车梁的内力和应力。

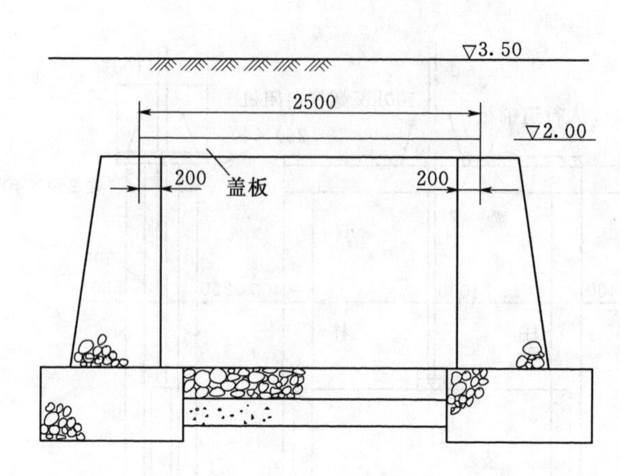

图 3.82　习题 7 图

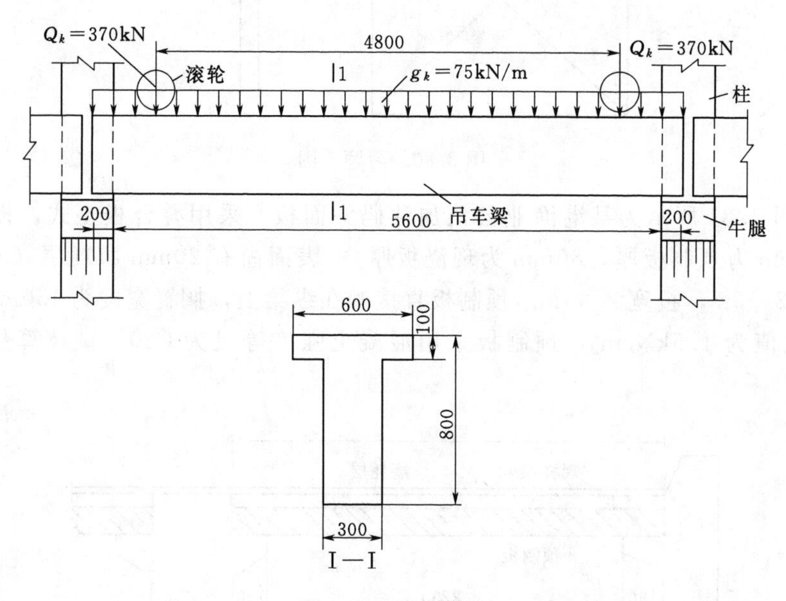

图 3.83　习题 8 图

3.4　弯曲变形

【问题】 平面闸门水平次梁挠度计算。

分析：

1. 梁格布置

梁格是用来支承面板的。在钢闸门中，面板的用钢量占整个闸门重量的比例较大，而且钢板也较贵，为了使面板的厚度比较经济合理，同时使梁格材料的用量较小，根据闸门跨度的大小，可以将梁格的布置分为以下三种情况。

(1) 简式。如图 3.84 (a) 所示，对于跨度很小而门高较大的闸门，可不设次梁，面板直接由多个主梁支承。

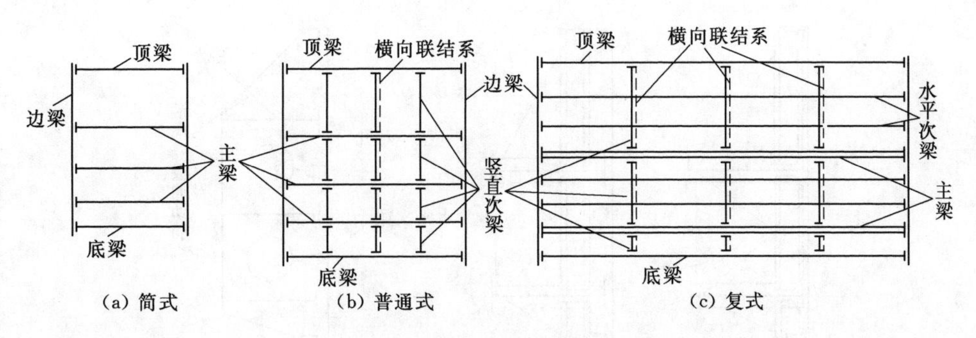

图 3.84 梁格布置图

(2) 普通式。如图 3.84 (b) 所示，当主梁的跨度增大时，为了节约主梁的材料，应减少主梁的数目而加大主梁的截面尺寸，从而主梁的间距也相应地增大，为了不使面板增厚，可以设置竖直次梁来增加对面板的支承。这种梁格曲布置形式适用于中等跨度的闸门。

(3) 复式。如图 3.84 (c) 所示，当主梁的跨度更大时，主梁的数目应进一步减少，因而主梁的间距又进一步加大，为了使面板仍能保持经济合理的厚度，宜在竖直次梁之间再设置与主梁方向相平行的水平次梁。这种梁格的布置形式，比前两种梁格较为复杂，故称为复式梁格。

布置梁格时，水平次梁的间距一般取 40～120cm，根据水压力的变化，水平次梁的间距应采取上疏下密。竖直次梁的间距一般为 1～3m。

2. 梁格连接的形式

梁格连接的形式如图 3.85 所示，有等高连接和降低连接两种。

(1) 等高连接 [图 3.85 (a)]，即整个梁格的上翼缘齐平于面板且与面板直接相连(也称齐平连接)。这种连接形式的优点是：梁格与面板形成刚强的整体；可以把部分面板作为梁截面的一部分，以减少梁格的用钢量；面板为四边支承，其受力条件较好。这种连接型式的缺点是：在水平次梁与竖直次梁相交处，水平次梁需要切断，再与竖直次梁相连，因此，构件繁多，制造费工。所以现在越来越多地采用横向隔板兼作竖直次梁 [图 3.85 (c)]。此时，由于隔板的截面尺寸较大，强度富裕较多，故可以在隔板上开孔，使水平次梁直接从中穿过而成为连续梁，从而改善了水平次梁的受力条件，也简化了接头的构造。这种连接叫做具有横向隔板的等高连接。

(2) 降低连接 [图 3.85 (b)]。这种连接形式是主梁和水平次梁直接与面板相连，而竖直次梁则离开面板降到水平次梁下游，使水平次梁可以在面板与竖直次梁之间穿过而成为连续梁。此时，面板为两边支承，面板和水平次梁都可看作为主梁截面的一部分，参加主梁的抗弯工作。

解：

次梁的荷载和计算简图有以下两种情况。

(1) 梁格为降低连接时次梁的荷载和计算简图。如图 3.86 (b) 所示的降低连接，水平次梁是支承在竖直次梁上的连续梁，由面板传给水平次梁的水压力，其作用范围是按面板跨度的中心线来划分的 [图 3.86 (a)、(b)]，水平次梁所承受的均布荷载由下式计算：

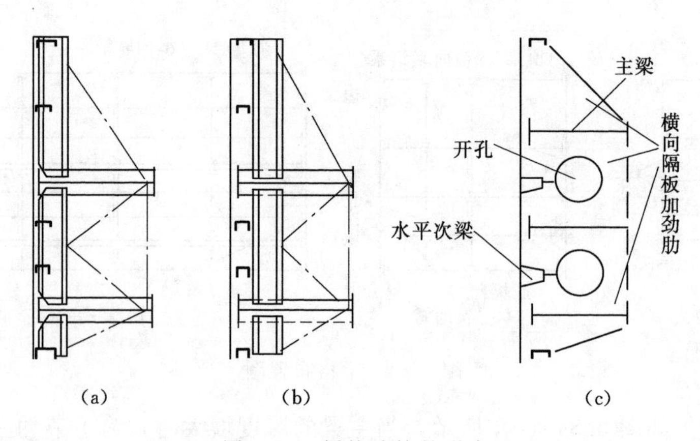

图3.85　梁格连接的形式

$$q=p\frac{a_{上}+a_{下}}{2}$$

式中：p 为次梁所负担的水压面积中心处的水压强度，N/cm^2；$a_{上}$、$a_{下}$分别为水平次梁轴线到上、下相邻梁之间的距离［图3.86（b）］，cm。

水平次梁的计算简图为如图3.86（a）所示的连续梁。

竖直次梁为支承在主梁上的简支梁，承受由水平次梁传来的集中荷载V，V为水平次梁边跨内侧支座反力，其计算简图如图3.86（c）所示。

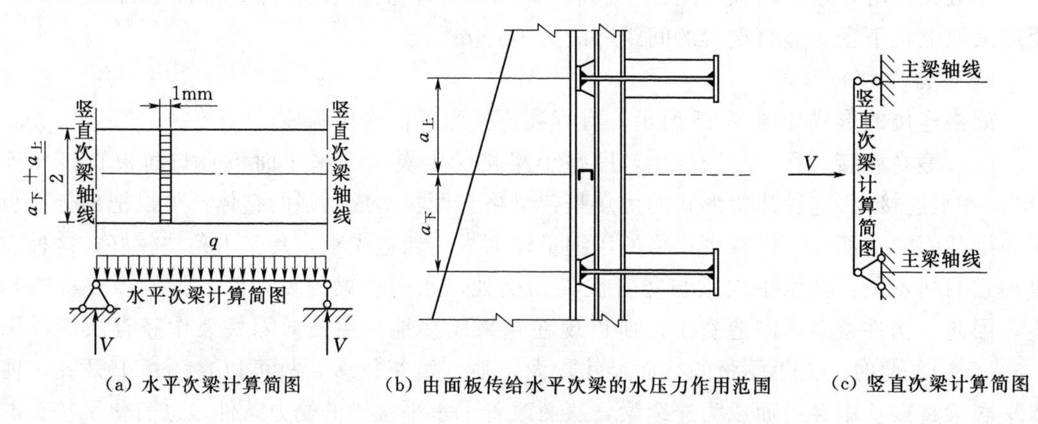

图3.86　梁格为降低连接时次梁的荷载和计算简图

（2）梁格为等高连接时次梁的荷载和计算简图。如图3.87（a）所示，水平次梁和竖直次梁同时支承着面板，面板上的水压力即按梁格夹角的平分线来划分各梁所负担水压力的范图。例如：当竖直次梁的间距大于水平次梁的间距时，水平次梁（如梁AB）所负担的水压作用面积为六边形（图示的阴影线部分）。水平次梁上作用荷载的计算与梁格为降低连接时水平次梁上作用荷载的计算类似，取该六边形面积中心处的水压强度 p 为整个面积上的平均水压强度，然后沿跨度方向将每一单位宽度面积上的水压力都简化到水平次梁的轴线$\left(跨度中部的荷载集度\ q=p\frac{a_{上}+a_{下}}{2}\right)$，这样就得到梁轴方向为梯形分布的荷载。当水平次梁是在竖直次梁处断开后再连接于竖直次梁上时，水平次梁一般应按简支梁计算，其计算简图如图 3.87（d）所示。

竖直次梁为支承在主梁、顶梁、底梁上的简支梁，如图 3.87（b）所示。它们除了承受由水平次梁传来的集中荷载 $2V$ 外，还承受由面板传来的分布水压力，由图 3.87（a）知道这个水压力作用的面积为有一条对角线与梁轴垂直的正方形，因此作用到竖直次梁上的荷载是三角形分布的荷载，其上、下两个三角形顶点处的荷载集度 $q_{上}$ 和 $q_{下}$ 分别为

$$q_{上}=a_{上}\ p_{上}$$

$$q_{下}=a_{下}\ p_{下}$$

式中：$a_{上}$、$a_{下}$分别为水平次梁的上、下间距，cm，如图 3.87（a）所示；$p_{上}$、$p_{下}$分别为上、下两个正方形水压作用面积中心处的水压强度，N/cm^2。

需要指出的是，由于目前更多地以实腹隔板来代替竖直次梁，可以在实腹隔板上开孔使水平次梁从中连续穿过并被支承在隔板上，这时水平次梁必须按连续梁计算［图 3.87（c）］。

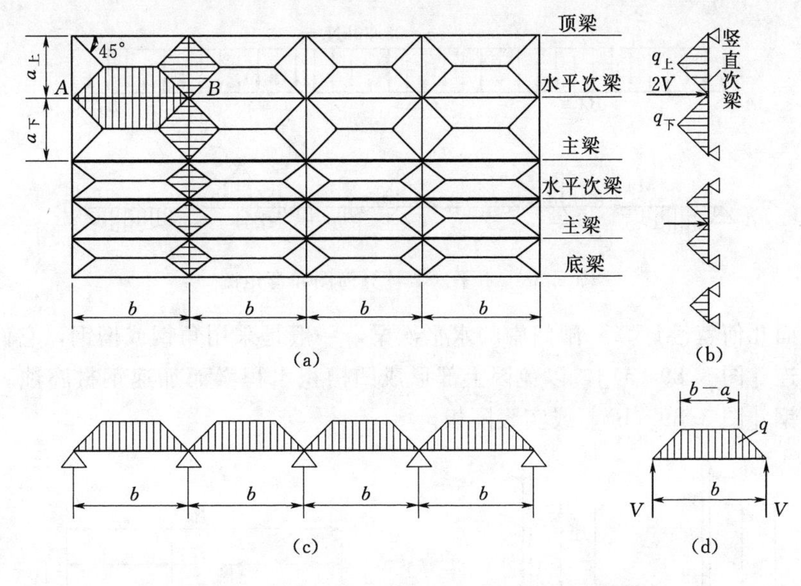

b　b　b　b

(c)

b−a　q　b　V　V

(d)

图 3.87　梁格为等高连接时次梁的荷载和计算简图

【例题 1】 水闸资料同 3.3 一节中［例题 1］平面闸门资料，校核水平次梁、顶梁和底梁的挠度。

解：

（1）荷载与内力计算。水平次梁和顶、底梁都是支承在横隔板上的连续梁，作用在它们上面的水压力的作用范围是按面板跨度的中心线来划分的（顶梁距离闸门顶 50cm），即

$$q=p\frac{a_{上}+a_{下}}{2}$$

根据表 3.5 计算，水平次梁计算荷载取最大值 36.30kN/m，水平次梁为四跨连续梁，跨度为 2.6m（图 3.88）。水平次梁弯曲时的边跨跨中弯矩为

$$M_{次中}=0.077ql^2=0.077\times36.3\times2.6^2=18.9(\text{kN}\cdot\text{m})$$

支座 B 处的负弯矩为

$$M_{次B}=0.107ql^2=0.107\times36.3\times2.6^2=26.26(\text{kN}\cdot\text{m})$$

表 3.5　　　　　　　　**闸门顶梁、主梁、底梁内力计算**

梁　号	梁轴线处水压强度 p /(kN/m²)	梁间距 /m	$\frac{a_{上}+a_{下}}{2}$ /m	$q=p\frac{a_{上}+a_{下}}{2}$ /(kN/m)	备　注
1（顶梁）		1.72		3.68①	① 顶梁荷载按下图和下式计算： $R_1=\frac{\frac{1.57\times15.4}{2}\times\frac{1.57}{3}}{1.72}=3.68$ (kN/m) 15.4kN/m²；0.15m；1.57m；1.72m；R_1；R_2
2	15.4	1.13	1.425	21.95	
3（上主梁）	26.5	0.95	1.040	27.56	
4	35.8	0.84	0.895	32.04	
5	44.0	0.81	0.825	36.30	
6（下主梁）	51.9	0.60	0.705	36.59	
7（底梁）	57.8		0.400	23.12	

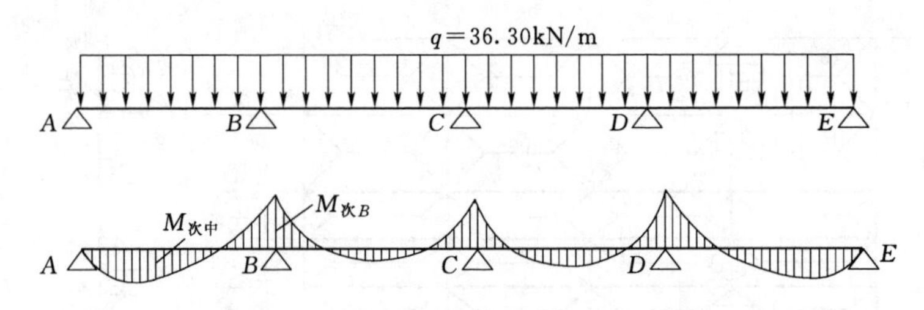

图 3.88　水平次梁计算简图和弯矩图

（2）截面几何特性计算。闸门中的水平次梁，一般是采用角钢或槽钢，它们宜肢尖朝下与面板相连［图 3.89（a)］，以免因上部形成凹槽积水积淤而加速钢材腐蚀。竖直次梁常采用工字钢［图 3.89（b)］或实腹隔板。

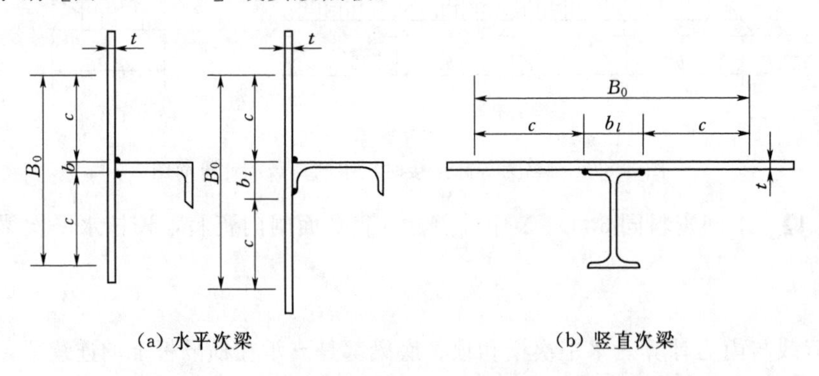

图 3.89　次梁截面形式及面板兼作梁翼的有效宽度

当次梁直接焊于面板时，焊缝两侧的面板在一定的宽度（称有效宽度）内可以兼作次梁的翼缘参加次梁的抗弯工作。如图 3.90 所示，面板参加次梁工作的有效宽度 B_0，对跨中正弯矩段 $B_0=548$mm，对支座负弯矩段 $B_0=300$mm。

1）跨中正弯矩段组合截面的惯性矩及截面模量计算。组合截面的面积为

$$A=2569+548\times8=6953(\text{mm}^2)$$

组合截面形心到槽钢中心线的距离为

$$e=\frac{548\times8\times94}{6953}=59(\mathrm{mm})$$

跨中组合截面的惯性矩及截面模量为

$$I_{次中}=12727000+2569\times59^2+548\times8\times35^2=27040000(\mathrm{mm}^4)$$

$$W_{\min}=\frac{27040000}{149}=181500(\mathrm{mm}^3)$$

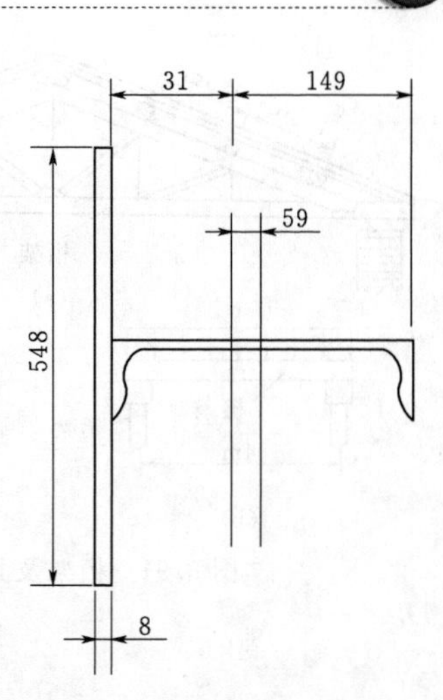

图 3.90 面板参加水平次梁工作后的组合截面

2）支座负弯矩段组合截面的惯性矩及截面模量计算。组合截面的面积为

$$A=2569+300\times8=4969(\mathrm{mm}^2)$$

组合截面形心到槽钢中心线距离为

$$e=\frac{300\times8\times94}{4969}=45(\mathrm{mm})$$

支座负弯矩处组合截面的惯性矩及截面模量为

$$I_{次B}=12727000+2569\times45^2+300\times8\times49^2=23691625(\mathrm{mm}^4)$$

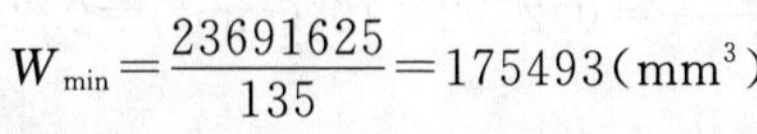

$$W_{\min}=\frac{23691625}{135}=175493(\mathrm{mm}^3)$$

(3) 水平次梁的强度验算。由于支座 B 处弯矩最大，而截面模量较小，故只需验算支座 B 处截面的抗弯强度，即

$$\sigma_{次}=\frac{M_{次B}}{W_{\min}}=\frac{26.26\times10^6}{175493}=149.6(\mathrm{N/mm^2})<[\sigma]=160(\mathrm{N/mm^2})$$

弯曲应力满足要求。轧成梁的剪应力一般很小，可不必验算。

(4) 水平次梁的挠度验算。受均布荷载的等跨连续梁，最大挠度发生在边跨，由于水平次梁在 B 支座处截面的弯矩已经求得 $M_{次B}=26.26\mathrm{kN\cdot m}$，则边跨挠度可近似地按下式计算：

$$\frac{w}{l}=\frac{5}{384}\times\frac{ql^3}{EI_{次}}-\frac{M_{次B}l}{16EI_{次}}$$

$$=\frac{5\times36.3\times[2.6\times10^3]^3}{384\times2.06\times10^5\times2704\times10^4}-\frac{26.26\times10^6\times2.6\times10^3}{16\times2.06\times10^5\times2704\times10^4}$$

$$=0.000725\leqslant\left[\frac{w}{l}\right]=\frac{1}{250}=0.004$$

故水平次梁强度和刚度均满足要求。

【例题 2】 有一屋的桁架结构如图 3.91 (a) 所示。已知：屋面坡度为 1∶2，两桁架之间的距离为 4m，木檩条的间距为 1.5m，屋面重（包括檩条）为 $1.4\mathrm{kN/m^2}$。若木檩条采用 120mm×180mm 的矩形截面，所用松木的弹性模量为 $E=10\mathrm{GPa}$，许用应力 $[\sigma]=10\mathrm{MPa}$，许可挠度 $[f]=l/200$，试校核木檩条的强度和刚度。

解：

(1) 确定计算简图。屋面的重量是通过檩条传给桁架的。檩条简支在桁架上，其计算

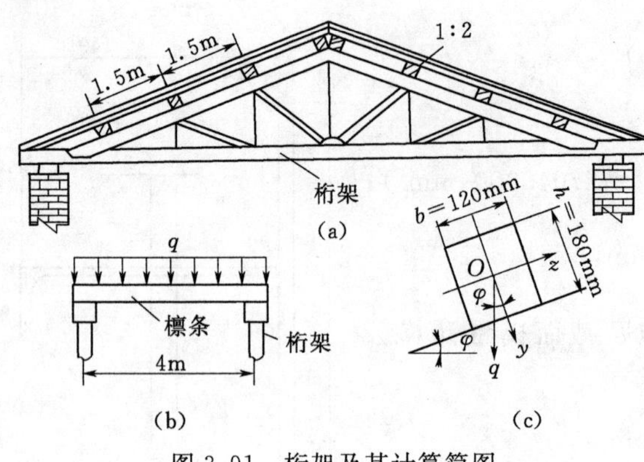

图 3.91　桁架及其计算简图

跨度等于两桁架间的距离 $l=4\text{m}$，檩条上承受的均布荷载为 $q=1.4\times1.5=2.1(\text{kN/m})$，其计算简图如图 3.91 (b)、(c) 所示。

(2) 内力及有关数据的计算：

$$M_{\max}=\frac{ql^2}{8}=\frac{2.1\times10^3\times4^2}{8}=4200(\text{N}\cdot\text{m})$$
$$=4.2(\text{kN}\cdot\text{m})\text{(发生在跨中截面)}$$

屋面坡度为 1∶2，即 $\tan\varphi=\dfrac{1}{2}$ 或 $\varphi=26°34'$。故

$$\sin\varphi=0.4472,\ \cos\varphi=0.8944$$

另外算出：

$$I_z=\frac{bh^3}{12}=\frac{120\times180^3}{12}=0.5832\times10^8(\text{mm}^4)=0.5832\times10^{-4}(\text{m}^4)$$

$$I_y=\frac{hb^3}{12}=\frac{180\times120^3}{12}=0.2592\times10^8(\text{mm}^4)=0.2592\times10^{-4}(\text{m}^4)$$

$$y_{\max}=\frac{h}{2}=90(\text{mm}),\ z_{\max}=\frac{b}{2}=60(\text{mm})$$

(3) 强度校核。

$$\sigma_{\max}=\left|M_{\max}\left(\frac{z_{\max}}{I_y}\sin\varphi+\frac{y_{\max}}{I_z}\cos\varphi\right)\right|$$
$$=4200\times\left(\frac{60\times10^{-3}}{0.2592\times10^{-4}}\times0.4472+\frac{90\times10^{-3}}{0.5832\times10^{-4}}\times0.8944\right)$$
$$=4200\times(1037+1381)=10.16\times10^6(\text{N/m}^2)=10.16(\text{MPa})$$

$\sigma_{\max}=10.16\text{MPa}$ 虽稍大于 $[\sigma]=10\text{MPa}$，但所超过的数值小于 $[\sigma]$ 的 5%，故该檩条强度满足要求。

(4) 刚度校核。最大挠度发生在跨中，其大小为

$$f_y=\frac{5(q\cos\varphi)l^4}{384EI_z}=\frac{5\times2.1\times10^3\times0.8944\times4^4}{384\times10\times10^4\times0.5832\times10^{-4}}$$
$$=0.0107(\text{m})=10.7(\text{mm})$$

$$f_z=\frac{5(q\sin\varphi)l^4}{384EI_y}=\frac{5\times2.1\times10^3\times0.4472\times4^4}{384\times10\times10^9\times0.2592\times10^{-4}}=0.0121(\text{m})=12.1(\text{mm})$$

总挠度

$$f=\sqrt{f_y^2+f_z^2}=\sqrt{10.7^2+12.1^2}=16.2(\text{mm})<[f]=\frac{4000}{200}=20(\text{mm})$$

故该檩条刚度满足要求。

习　题

1. 如图 3.92 所示，桥式起重机的荷载 $P=20\text{kN}$。大梁为 32a 工字钢，材料的弹性模

量 $E=210\text{GPa}$，$l=8.7\text{m}$，许可挠度 $[f]=l/500$。试校核起重机大梁的刚度。

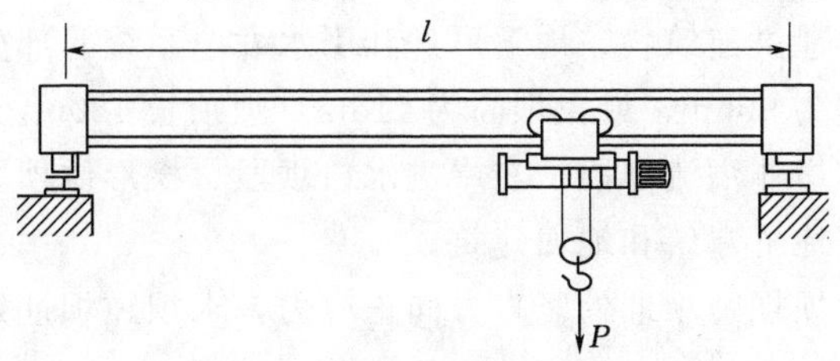

图 3.92　习题 1 图

2. 如图 3.93 所示为一搁置在屋架上的檩条的计算简图。已知：檩条的跨度 $l=5\text{m}$，均布荷载 $q=2\text{kN/m}$，矩形截面 $b\times h=0.15\text{m}\times0.20\text{m}$，所用松木的弹性模量 $E=10\text{GPa}$，许用应力 $[\sigma]=10\text{MPa}$，檩条的许可挠度为 $[f]=\dfrac{l}{250}$，试校核该檩条的强度和刚度。

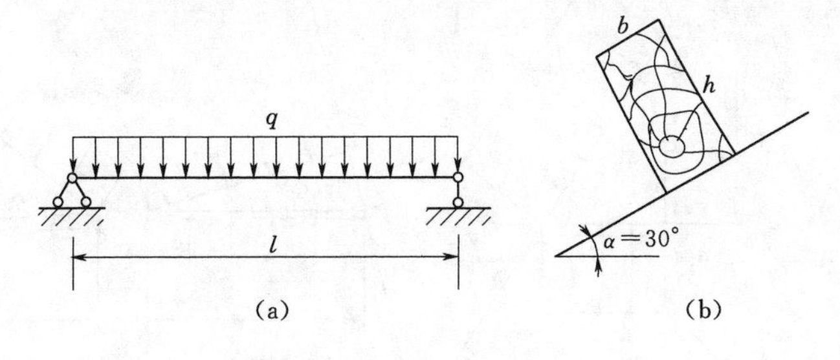

图 3.93　习题 2 图

3.5　应力状态和强度理论

3.5.1　应力状态

【工程实例】　大朝山水电站

大朝山水电站（图 3.94）是漫湾水电站的下一梯级电站，位于中国云南省云县与景

图 3.94　大朝山水电站

东县交界的澜沧江中游。

工程由拦河大坝、泄洪建筑物、地下厂房和引水发电系统等部分组成。拦河大坝为碾压混凝土坝，坝顶高程为906m，最大坝高为115m，坝顶长480m。坝体共23个坝段，从右向左依次布置为：右岸非溢流坝段、右岸进水口坝段、楔形体坝段、河床溢流坝段、左岸非溢流坝段。电站有地下建筑和地面建筑。

【问题】 已知重力坝坝踵坝址处竖直方向正应力，求坝踵坝址处水平方向正应力、剪应力及主应力。

分析： 分别从坝踵坝址处取微分体，根据平面力系的平衡，求解坝踵坝址处应力状态。

解：

(1) 剪应力。已知 σ_{yu} 和 σ_{yd} 以后，可以根据边缘微分体的平衡条件解出上、下游边缘剪应力 τ_u 和 τ_d。由上游坝面的微分体［图 3.95 (a)］，根据 $\sum F_y=0$，得

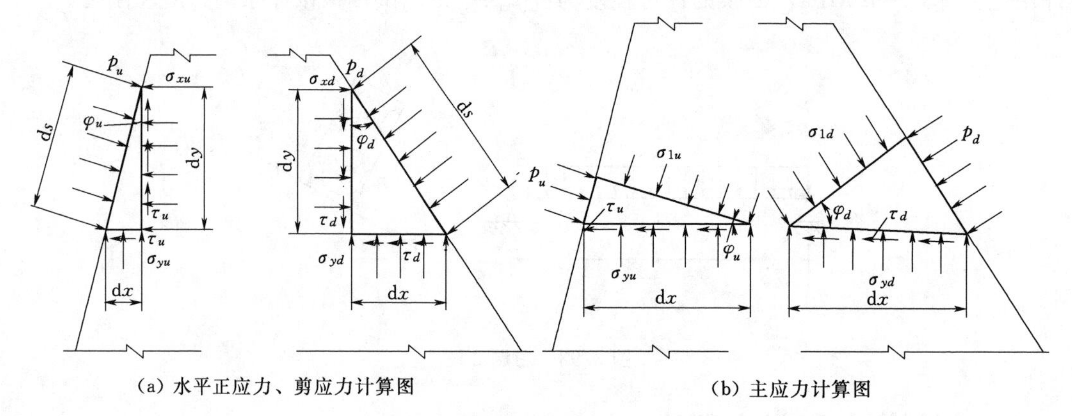

(a) 水平正应力、剪应力计算图　　(b) 主应力计算图

图 3.95　重力坝坝踵坝址处应力分析

$$p_u \mathrm{d}s\sin\varphi_u-\sigma_{yu}\mathrm{d}x-\tau_u\mathrm{d}y=0$$

$$\tau_u=(p_u-\sigma_{yu})\frac{\mathrm{d}x}{\mathrm{d}y}=(p_u-\sigma_{yu})\tan\varphi_u=(p_u-\sigma_{yu})n$$

同理有

$$\tau_d=(\sigma_{yd}-p_d)\tan\varphi_d=(\sigma_{yd}-p_d)m$$

式中：p_u 为上游面水压力强度；n 为上游坝坡坡率，$n=\mathrm{tg}\varphi_u$；p_d 为下游面水压力强度；m 为下游坝坡坡率，$m=\mathrm{tg}\varphi_d$。

(2) 水平正应力计算。已知 τ_u 和 τ_d 以后，可以根据平衡条件 $\sum F_x=0$，求得上、下游边缘的水平正应力 σ_{xu} 和 σ_{xd}。

$$\sum F_x=0，\ p_u\mathrm{d}s\cos\varphi_u-\sigma_{xu}\mathrm{d}y-\tau_u\mathrm{d}x=0$$

$$\sigma_{xu}=p_u-\tau_u\frac{\mathrm{d}x}{\mathrm{d}y}=p_u-\tau_u\tan\varphi_u=p_u-\tau_u n$$

同理有

$$\sigma_{xd}=p_d+\tau_d\frac{\mathrm{d}x}{\mathrm{d}y}=p_d+\tau\tan\varphi_d=p_d+\tau_d m$$

(3) 主应力计算。取微分体，如主应力计算图［图 3.95 (b)］，由上、下游坝面微分体，根据平衡条件可以解出：

$$\sigma_{1u}=(1+\tan^2\varphi_u)\sigma_{yu}-p_u\tan^2\varphi_u=\frac{\sigma_{yu}-p_u\sin^2\varphi_u}{\cos^2\varphi_u}=(1+n^2)\sigma_{yu}-p_un^2$$

$$\sigma_{1d}=(1+\tan^2\varphi_d)\sigma_{yd}-p_d\tan^2\varphi_d=\frac{\sigma_{yd}-p_d\sin^2\varphi_d}{\cos^2\varphi_d}=(1+m^2)\sigma_{yd}-p_dm^2$$

$$\sigma_{2u}=p_u$$

$$\sigma_{2d}=p_d$$

【例题 1】 已知重力坝坝踵坝址处竖直方向正应力 $\sigma_{yu}=2888.75\text{kN/m}^2$，$\sigma_{yd}=260.273\text{kN/m}^2$，上游坝坡坡率 $n=0$，下游坝坡坡率 $m=0.8$，上游水深 $H=122\text{m}$，重力坝应力计算图如图 3.96 所示，求坝踵坝址处水平向正应力、剪应力及主应力。

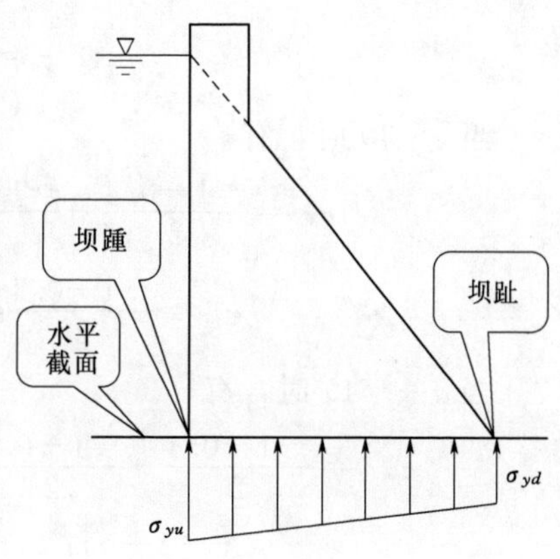

图 3.96　重力坝应力计算图

解：

$$\sigma_{yu}=2888.75(\text{kN/m}^2)$$

$$\sigma_{yu}=260.273(\text{kN/m}^2)$$

$$\tau_u=(p_u-\sigma_{yu})n=(9.81\times122-2888.75)\times0=0(\text{kN/m}^2)$$

$$\tau_d=(\sigma_{yd}-p_d)m=(260.273-0)\times0.8=208.2184(\text{kN/m}^2)$$

$$\sigma_{xu}=p_u-\tau_un=9.81\times122-0\times0=1196.82(\text{kN/m}^2)$$

$$\sigma_{xd}=p_d+\tau_dm=0+208.2184\times0.8=166.57(\text{kN/m}^2)$$

$$\sigma_{1u}=(1+n^2)\sigma_{yu}-p_un^2=(1+0)\times2888.75-9.81\times122\times0=2888.75(\text{kN/m}^2)$$

$$\sigma_{1d}=(1+m^2)\sigma_{yd}-p_dm^2=(1+0.8^2)\times260.273-0\times0.8^2=426.85(\text{kN/m}^2)$$

$$\sigma_{2u}=p_u=9.81\times122=1196.82(\text{kN/m}^2)$$

$$\sigma_{2d}=p_d=0(\text{kN/m}^2)$$

【例题 2】 从重力坝坝体［图 3.97（a）］内某点处取出的单元体如图 3.97（b）所示，$\sigma_x=-1\text{MPa}$，$\sigma_y=-0.4\text{MPa}$，$\tau_x=-0.2\text{MPa}$，$\tau_y=0.2\text{MPa}$。试确定此单元体在 $\alpha=30°$ 和 $\alpha=-40°$ 两斜截面上的应力。

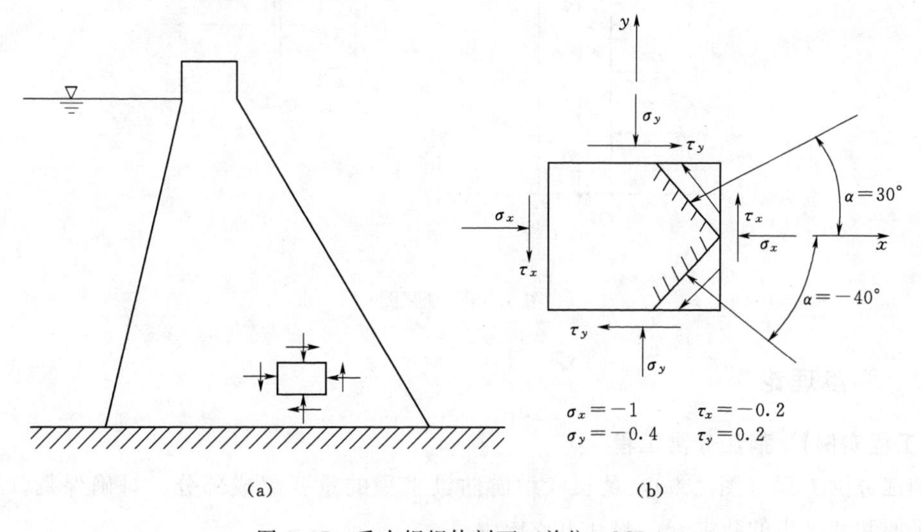

图 3.97　重力坝坝体剖面（单位：MPa）

解：

任一斜截面（α 截面）上的应力分量为

$$\sigma_\alpha=\frac{\sigma_x+\sigma_y}{2}+\frac{\sigma_x-\sigma_y}{2}\cos2\alpha-\tau_x\sin2\alpha$$

$$\tau_\alpha=\frac{\sigma_x-\sigma_y}{2}\sin2\alpha+\tau_x\cos2\alpha$$

当 $\alpha=30°$时，有

$$\sigma_{30°}=\frac{-1-0.4}{2}+\frac{-1+0.4}{2}\cos60°+0.2\sin60°=-0.68(\text{MPa})$$

$$\tau_{30°}=\frac{-1+0.4}{2}\sin60°-0.2\cos60°=-0.36(\text{MPa})$$

当 $\alpha=-40°$时，有

$$\sigma_{-40°}=\frac{-1-0.4}{2}+\frac{-1+0.4}{2}\cos(-80)°+0.2\sin(-80)°=-0.95(\text{MPa})$$

$$\tau_{30°}=\frac{-1+0.4}{2}\sin(-80°)-0.2\cos(-80°)=0.26(\text{MPa})$$

习　　题

混凝土挡水墙承受水压力和自身重力的作用，如图 3.98（a）所示。在墙内点 A 处取一单元体，单元体上平行于横截面的应力如图 3.98（b）所示。试求：

（1）面内的主应力和主方向，并用图示出。

（2）面内的最大切应力及其作用的截面，并用图示出。

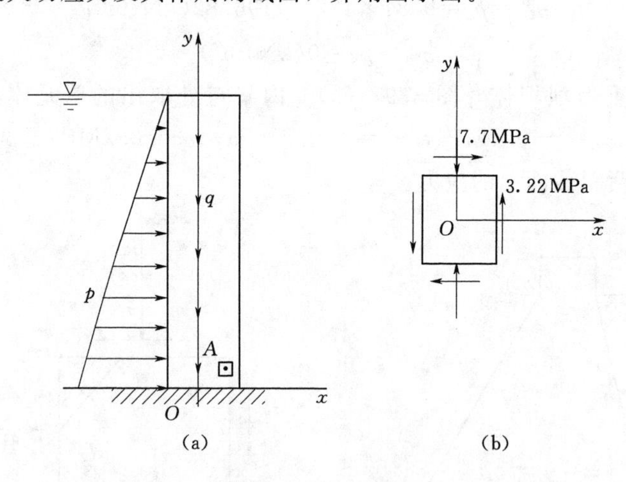

图 3.98　习题图

3.5.2　强度理论

【工程实例】 荆江分洪工程

荆江分洪工程（图 3.99）是长江中游防洪工程的重要组成部分，对确保荆江大堤、江汉平原和武汉市的防洪安全起到重要作用。

(a)荆江大堤

(b)长江干流荆江部分河段

(c)荆江大堤南闸

图 3.99　荆江分洪工程

荆江分洪区，东西宽 13.55km，南北长 68km，面积为 921.34km²，蓄洪水位为 42.00m 时，设计蓄洪容积为 54 亿 m³。工程建于 1952 年，是新中国成立后建的第一个大型水利工程。主体工程包括进洪闸（北闸），节制闸（南闸）和 208.38km 围堤。工程的主要作用是：当长江出现特大洪水，为缓解长江上游洪水来量与荆江河槽安全泄量不相适应的矛盾，开启北闸分蓄洪水，确保荆江大堤、江汉平原和武汉市的安全；同时利用南闸（节制闸）控制由虎渡河入洞庭湖流量不超过 3800m³/s，以减轻洪水对洞庭湖的压力。

【问题 1】　平面闸门边梁受力分析。

分析：边梁是设在平面钢闸门两侧的竖直构件，主要用来支承主梁和边跨的顶、底梁、水平次梁以及起重桁架等，并在边梁上设置行走支承（滚轮或滑块）和吊耳。如图 3.100 所示，作用在边梁上的外力有：梁系传来的水平水压力 P_1、P_2、…、P_8 和行走支承的反力 R_1、R_2，在竖直方向有闸门自重 $G/2$、启闭闸门时行走支承和止水与埋设构件之间的摩阻力 $T_{zd}/2$ 和 $T_{zs}/2$、门底过水时的下吸力 P_x，有时还有门顶水柱压力 W_s 以及作用在边梁顶端吊耳上的启门力 T 等。由此可知。边梁是平面钢闸门中重要的受力构件。

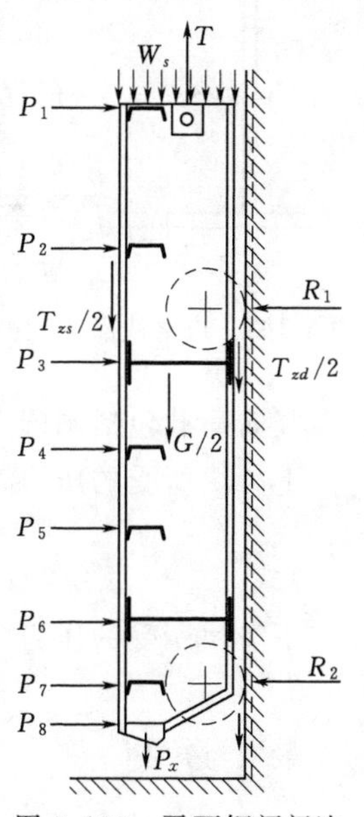

图 3.100　平面钢闸门边梁荷载图

【例题 1】　边梁强度校核。

解：

计算边梁时可绘出弯矩、剪力图（图 3.101），在弯矩图内应包括各竖向荷载因偏心

作用而在边梁中引起的偏心弯矩。当闸门处于开启过程时，应按拉弯构件计算；当闸门关闭时，应按压弯构件校核强度。边梁上需要验算的危险截面一般是上下轮轴支承处、与主梁连接处和边梁的拼接处。

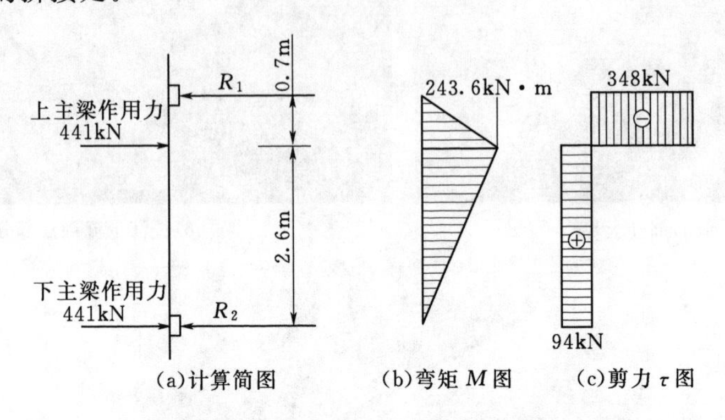

图 3.101　边梁计算简图及内力图

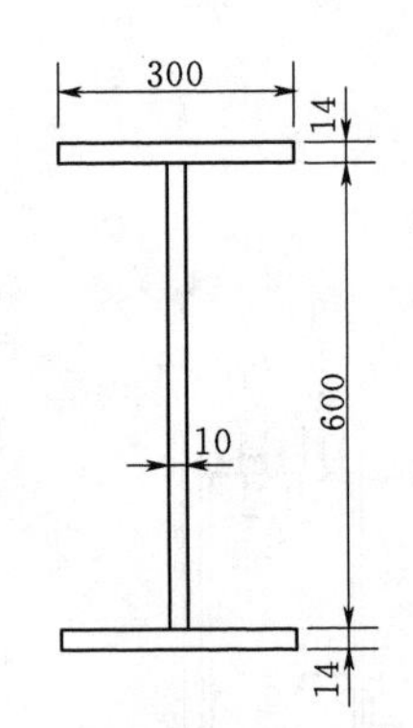

图 3.102　边梁截面

边梁资料如 3.3 节中［例题 1］所示。边梁的截面型式采用单腹式（图 3.102），边梁的截面尺寸按构造要求确定，即截面高度与主梁端部高度相同；腹板厚度与主梁腹板厚度相同。已知闸门的起吊力为 200kN。

(1) 荷载和内力计算。在闸门每侧边梁上各设两个胶木滑块。其布置尺寸见图 3.101。

水平荷载主要是主梁传来的水平荷载，还有水平次梁和顶、底梁传来的水平荷载。为了简化起见，可假定这些荷载由主梁传给边梁。每个主梁作用于边梁的荷载为（主梁等荷载布置）

$$R=\frac{\gamma_w H^2 l_0}{2}\times\frac{1}{2}\times\frac{1}{2}=\frac{9.8\times6^2\times10}{8}=441(\text{kN})$$

竖向荷载包括闸门自重、滑道摩阻力、止水摩阻力、起吊力等。

上滑块所受的压力

$$R_1=\frac{441\times2.6}{3.3}=348(\text{kN})$$

下滑块所受的压力

$$R_2=882-348=534(\text{kN})$$

最大弯矩

$$M_{\max}=348\times0.7=243.6(\text{kN}\cdot\text{m})$$

最大剪力

$$V_{\max}=R_1=348\text{kN}$$

在最大弯矩作用截面上的轴向力等于起吊力减去上滑块的摩阻力，该轴向力为

$$N=200-R_1 f=200-348\times0.12=158.24(\text{kN})$$

(2) 边梁的强度验算。

截面面积

$$A=600\times10+2\times300\times14=14400(\text{mm}^2)$$

面积矩

$$S_{\max}=14\times300\times307+10\times300\times150=1739400(\text{mm}^3)$$

截面惯性矩

$$I=\frac{10\times600^3}{12}+2\times300\times14\times307^2=971691600(\text{mm}^4)$$

截面抵抗矩

$$w=\frac{971691600}{314}=3094600(\text{mm}^3)$$

截面边缘最大应力验算：

$$\sigma_{\max}=\frac{N}{A}+\frac{M_{\max}}{w}=\frac{158.24\times10^3}{14400}+\frac{243.6\times10^6}{3094600}=11+79$$
$$=90(\text{N/mm}^2)<0.8[\sigma]=0.8\times160=128(\text{N/mm}^2)$$

腹板最大剪应力验算：

$$\tau=\frac{V_{\max}S_{\max}}{It_w}=\frac{348\times10^2\times1739400}{971691600\times10}=62(\text{N/mm}^2)<0.8[\tau]=0.8\times95=76(\text{N/mm}^2)$$

腹板与下翼缘连接处折算应力验算：

$$\sigma_{\max}=\frac{N}{A}+\frac{M_{\max}}{w}\times\frac{y'}{y}=11+79\times\frac{300}{314}=85.5(\text{N/mm}^2)$$

$$\tau=\frac{V_{\max}S_i}{It_w}=\frac{348\times10^3\times300\times14\times307}{971691600\times10}=46.2(\text{N/mm}^2)$$

$$\sigma_{2h}=\sqrt{\sigma^2+3\tau^2}=\sqrt{85.5^2+3\times46.2^2}=117(\text{N/mm}^2)<0.8[\sigma]=0.8\times160=128(\text{N/mm}^2)$$

以上验算均满足要求。

【问题2】 水电站明钢管应力分析。

分析：将发电流量从水库、前池或调压室直接引入水轮机的管道属于压力管道，其功用是输送水流。引水式地面厂房的压力管道常沿山坡脊线露天敷设成地面压力管道（明管），如果其材料采用钢材的称为明钢管，如图3.103所示为柘溪水电站坝后引水钢管。直径较大的明钢管由钢板卷制焊接而成，广泛应用于中、高水头电站；小流量、直径在1m以下的可采用无缝钢管，但造价较高。

图3.103　柘溪水电站坝后引水钢管

明钢管系薄壁结构，通常需支承在一系列的墩座上。墩座分为镇墩和支墩两种。镇墩用以固定钢管，承受管轴方向传来的作用力，不允许钢管发生任何方向的位移和转角。支墩又称支座，布置在镇墩之间，减小钢管的跨度，承受管重和水重的法向力；支墩允许钢管沿轴

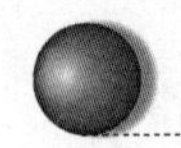

向位移，并承受由此引起的钢管与支墩间的摩擦力。

明钢管的敷设方式有以下两种。

(1) 连续式。两镇墩间的管身连续敷设，中间不设伸缩节，如图 3.104 (a) 所示。由于钢管两端固定，不能移动，温度变化时，管身将产生很大的轴向温度应力，因而需增加管壁厚度和镇墩重量，故只在隧洞或厂房中温度变化小、长度短的明管或分岔管处采用。

(2) 分段式。两镇墩间的管段用伸缩节分开，温度变化时钢管可沿轴向伸缩移动，从而降低温度应力，如图 3.104 (b) 所示。伸缩节构造较复杂，容易漏水，常布置在镇墩以下第一节管的横向接缝处，以减小伸缩节内水压力，利于上镇墩稳定，亦便于管道自下而上安装。当管道纵坡较缓或为了改善下镇墩的受力条件，也可将伸缩节布置在两镇墩的中间部位。

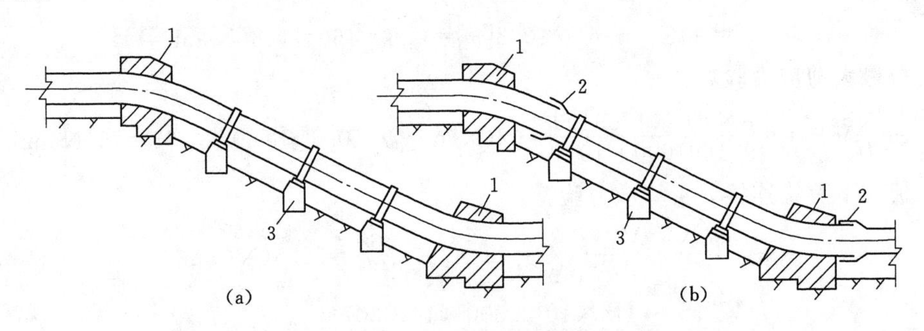

图 3.104　明钢管的敷设方式

1—镇墩；2—伸缩节；3—支墩

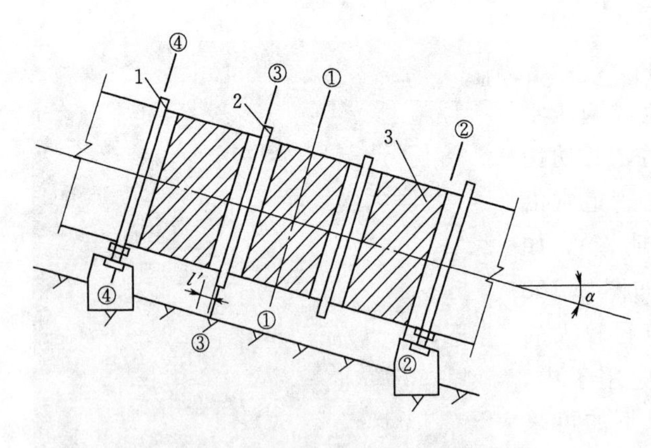

图 3.105　明钢管应力分析的基本部位

1—支承环；2—加劲环；3—膜应力区

明钢管上荷载应根据运行条件通过具体分析确定，一般有以下几种：内水压力，钢管自重，温变力，镇墩和支墩不均匀沉陷引起的力，风荷载和雪荷载，施工荷载，地震荷载，管道放空时通气设备的负压等。按照力的作用方向不同，分段式明钢管上的力可分为轴向力、法向力与径向力三类。

有支承环、加劲环的钢管承受内压作用时，应力分析的四个基本部位为：①两支墩间的跨中断面；②靠近支墩但不受支承环影响边缘断面；③加劲环及其旁管壁；④支承环及其旁管壁，如图 3.105 所示。

钢管中的应力呈三向应力状态。自钢管上切取微小管壁如图 3.106 所示，以钢管轴向为 x 轴，径向为 r 轴，管壁环向为 θ 轴，作为应力方向的坐标系，则在微元上作用有三个方向的正向力 σ_x、σ_r、σ_θ（拉力为正）及六个剪应力。

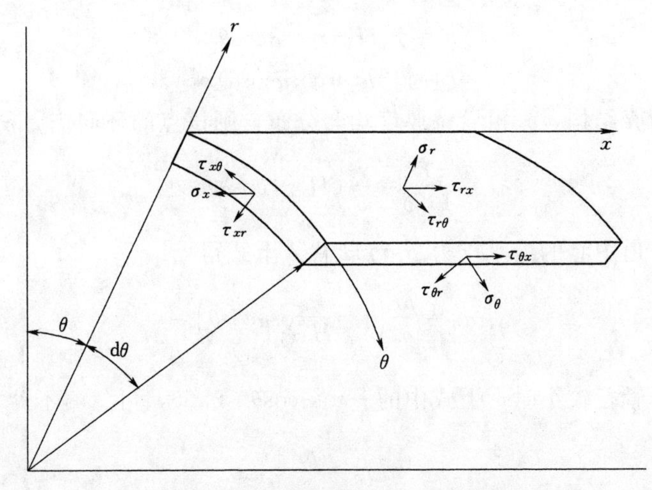

图 3.106　明钢管微元应力坐标系

1. 跨中断面①的应力计算

(1) 环向应力 $\sigma_{\theta 1}$。如图 3.107 所示，沿管轴线切取单位长度管段，在计算点取微小弧段 $ds=rd\theta$，该点内水压力为 p'，则由力的平衡条件知该点的环向拉力 T 为

$$\int_0^\pi p' r\sin\theta d\theta = 2T$$

$$T=p'r$$

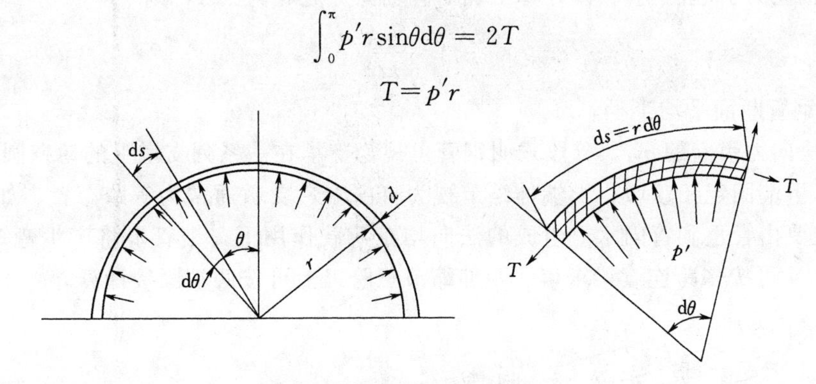

图 3.107　环向应力计算简图

对倾斜的管道，如图 3.108 所示，以 θ 表示管壁某计算点的半径与垂直线的夹角，r 表示管壁平均半径，则计算点的内水压力为

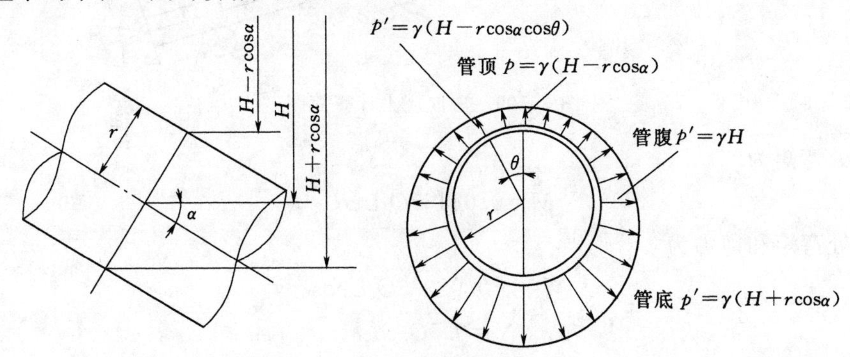

图 3.108　倾斜管道横截面的内水压力

$$p'=\gamma(H-r\cos\alpha\cos\theta)$$

因
$$T=\gamma(H-r\cos\alpha\cos\theta)r$$

考虑钢管属薄壳结构，σ_θ 沿管壁厚度均匀分布，则该点的环向应力 $\sigma_{\theta 1}$ 为

$$\sigma_{\theta 1}=\frac{T}{1\times\delta}=\frac{\gamma r}{\delta}(H-r\cos\alpha\cos\theta)$$

以计算截面管道中心的内水压力 $p=\gamma H$ 代入上式得

$$\sigma_{\theta 1}=\frac{pr}{\delta}\left(1-\frac{r}{H}\cos\alpha\cos\theta\right)$$

当水头较高、管径较小时，上式中的$\frac{r}{h}\cos\alpha\cos\theta\leqslant 0.05$，可忽略不计，则上式为

$$\sigma_{\theta 1}=\frac{pr}{\delta}$$

钢管自重在管壁中引起的环向应力值很小，计算中一般忽略不计。

(2) 轴向应力 σ_x。轴向应力由轴向力在管壁中引起的正应力 σ_{x1} 和法向力作用下使钢管产生弯矩而引起的弯曲正应力 σ_{x2} 组成。

1) 由轴向力引起的 σ_{x1}。设计算工况下各轴向力之和为$\sum A$，则

$$\sigma_{x1}=\frac{\sum A}{2\pi r\delta}$$

式中：r 为钢管断面平均半径，m。

2) 由法向力引起的 σ_{x2}。分段式明钢管可视为支承在一系列支墩上的薄壁圆环断面多跨连续梁，下端固定于镇墩，上端伸缩节视为自由端，支墩通常为等跨布置，如图 3.109 所示。在主要由管重和管内水重组成的法向均布荷载作用下，钢管上将产生弯矩 M 和剪力 N。M、N 可按多跨连续梁求得。距伸缩节三跨以上可按两端固接计算。

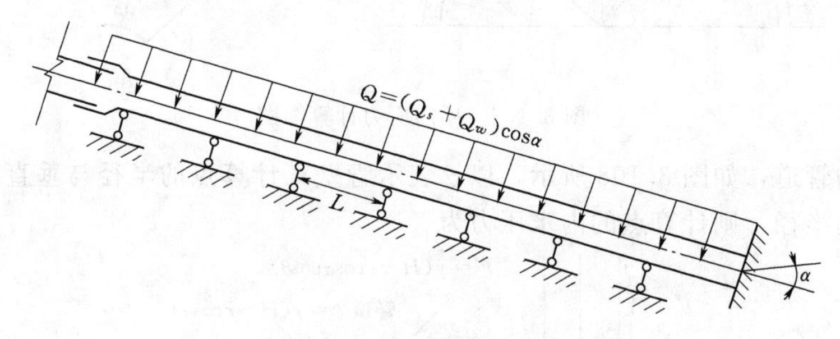

图 3.109　法向应力计算简图

跨中处弯矩为

$$M=0.04167Q_nL\cos\alpha$$

支墩处弯矩和剪力为

$$M=-0.08333Q_nL\cos\alpha$$

$$N=0.5Q_n\cos\alpha$$

$$Q_n=Q_w+Q_s$$

式中：Q_w 为每跨管内水重；Q_n 为每跨钢管自重。

由法向力引起的弯曲正应力为

$$\sigma_{x2}=-\frac{M}{\pi r^2\delta}\cos\theta$$

（3）径向应力 σ_r。内水压力作用下管壁上产生的径向应力 σ_r 数值较小，一般忽略不计。

2. 支承环附近断面②的应力计算

断面②靠近支座，但在支承环影响范围之外，其环向应力 σ_θ 和轴向应力 σ_{x1}、σ_{x2} 的计算方法与断面①的计算方法相同，仅 M 的方向和绝对值不同。在法向力作用下，断面②产生剪力 N，需计算由此引起的剪应力 $\tau_{x\theta}$，计算公式如下：

$$\tau_{x\theta}=\frac{NS}{Jb}=\frac{N}{\pi r\delta b}\sin\theta$$

$$J=\pi r^3 b$$

$$b=2\delta$$

$$S=2r^2\delta\sin\theta$$

式中：J 为钢管横断面的惯性矩，m^4；b 为受剪断面宽度，m；S 为计算点水平线以上管壁面积对重心轴的静面矩，m^3。

3. 支承环断面③、④的应力计算

需要用到弹性理论和结构力学知识，此处略。

4. 强度校核

钢材是一种比较均匀、具有弹塑性的材料，目前国内外均采用第四强度理论校核钢管强度。忽略一些次要的正应力和剪应力，则计算点的相当应力 σ 应满足下述强度条件：

$$\sigma=\sqrt{\sigma_x^2+\sigma_\theta^2-\sigma_x\sigma_\theta+\tau_{x\theta}^2}\leqslant\varphi[\sigma]$$

强度计算应分段进行。计算校核点应选在 σ_r、σ_x 值较大处，剪应力一般不控制，同一跨内一般采用相同的管壁厚度。

【例题 2】 某电站明钢管，在 3 号镇墩与 4 号镇墩间共 6 跨，采用侧支承滚动支墩。支墩间距 8.4m，管道轴线倾角 45°，钢管内径 1.9m，采用 16Mn 钢，屈服强度 $\sigma_s=343350$kPa。在 3 号镇墩以下 2m 处，设有套筒式伸缩节，填料沿钢管轴线方向长度 0.20m。伸缩节断面包括水击升压在内的压力水头为 106.63m。最下一跨跨中断面最大静水头 123.08m，水击压力 36.92m，计及安全系数后的外压力 196.2kPa。管壁结构厚度 $\delta=12$mm，初估支承环、伸缩节等附属部件重量约为钢管自身重量的 10%，已知伸缩节端部内水压力、温度变化时伸缩节止水填料的摩擦力和支墩对水管的摩擦总计为 $A_2=-571.9$kN，要求按正常运行情况对最下一跨进行结构分析。

解：

（1）荷载计算。

1）径向力的计算。跨中断面水压力

$$p=r_w H=9.81\times160=1569.6(\text{kPa})$$

2）法向力的计算。初估支承环、伸缩节等附属部件重量约为钢管自身重量的 10%，钢

材容重 $\gamma_s=76.5\text{kN/m}^3$，钢管平均直径$=1.90+0.012=1.912(\text{m})$，则每米长钢管重 q_s 为

$$q_s=\pi D\delta r_s\times1.1=3.14\times1.912\times0.012\times76.5\times1.1=6.1(\text{kN/m})$$

每米管长水体重为

$$q_w=\frac{1}{4}\pi D_0^2\gamma_w=\frac{1}{4}\times3.14\times1.9^2\times9.81=27.8(\text{kN/m})$$

每跨管重和水重的法向分力为

$$Q_n\cos\alpha=(q_w+q_s)L\cos\alpha=(6.1+27.8)\times8.4\times\cos45°=201.36(\text{kN})$$

3）轴向力的计算。钢管自重的轴向分力为

$$A_1=\sum q_sL\sin\theta=6.1\times(6\times8.4-2)\sin45°=208.8(\text{kN})$$

伸缩节端部内水压力、温度变化时伸缩节止水填料的摩擦力和支墩对水管的摩擦总计为 $A_2=571.9\text{kN}$。

轴向力对计算跨的断面均为压力，总轴向力为

$$\sum A=A_1+A_2=208.8+571.9=-780.7(\text{kN})$$

（2）管壁应力分析及强度校核。

1）跨中计算断面。跨中断面①按照正常运行情况计算点选在 $\theta=0°$断面的管壁外缘，此点应力最大。

环向应力 $\sigma_{\theta1}$ 为

$$\sigma_{\theta1}=\frac{pr}{\delta}=\frac{1569.6\times0.956}{0.012}=1250448(\text{kPa})$$

轴向应力 σ_x 由轴向力在管壁中引起的正应力 σ_{x1} 和法向力作用下使钢管产生弯矩而引起的弯曲正应力 σ_{x2} 组成。

$$\sigma_{x1}=\frac{\sum A}{2\pi r\delta}=\frac{-780.7}{2\times3.14\times0.956\times0.012}=-10836.4(\text{kPa})$$

$$\sigma_{x2}=-\frac{M}{\pi r^2\delta}\cos\theta$$

从伸缩节至计算跨共 6 跨，按两端固接计算：

$$M=0.04167Q_nL\cos\alpha=0.04167\times201.36\times8.4=70.5(\text{kN}\cdot\text{m})$$

$$\sigma_{x2}=-\frac{M}{\pi r^2\delta}\cos\theta=\frac{70.5}{3.14\times0.956^2\times0.012}=-2047.2(\text{kPa})$$

$$\sigma_x=\sigma_{x1}+\sigma_{x2}=-10836.4-2047.2=-12883.6(\text{kPa})$$

强度校核：跨中断面 $\tau_{x\theta}=0$，则相当应力

$$\sigma=\sqrt{\sigma_x^2+\sigma_\theta^2-\sigma_x\sigma_\theta+\tau_{x\theta}^2}=\sqrt{12883.6^2+125044.8^2+12883.6\times125044.8}=131959(\text{kPa})$$

$$\varphi[\sigma]=0.90\times0.55\times343350=169958.3(\text{kPa})$$

$\sigma=131959\text{kPa}\leqslant\varphi[\sigma]=169958.3\text{kPa}$，强度条件满足。

2）支承环旁边缘断面②。正常运行情况计算点选在 $\theta=180°$断面的管壁外缘。近似取跨中断面的计算水头为该断面的计算水头。

环向应力 $\sigma_{\theta1}$ 为

$$\sigma_{\theta1}=\frac{pr}{\delta}\left(1+\frac{r}{H}\cos\alpha\right)=\frac{1569.6\times0.956}{0.012}\left(1+\frac{0.956}{160}\times\cos45°\right)=125573.1(\text{kPa})$$

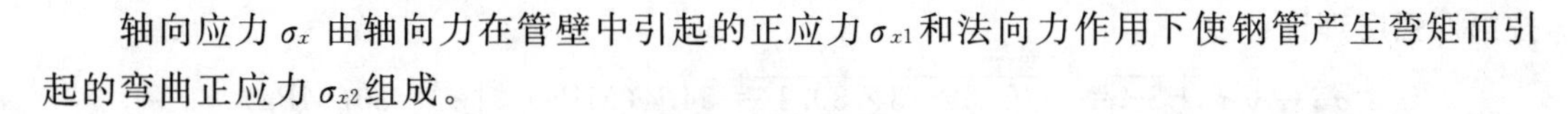

轴向应力 σ_x 由轴向力在管壁中引起的正应力 σ_{x1} 和法向力作用下使钢管产生弯矩而引起的弯曲正应力 σ_{x2} 组成。

$$\sigma_{x1}=\frac{\sum A}{2\pi r\delta}=\frac{-780.7}{2\times3.14\times0.956\times0.012}=-10836.4(\text{kPa})$$

$$\sigma_{x2}=-\frac{M}{\pi r^2\delta}\cos\theta$$

从伸缩节至计算跨共 6 跨，按两端固接计算：

$$M=-0.08333Q_nL\cos\alpha=-0.08333\times201.36\times8.4=-140.9(\text{kN}\cdot\text{m})$$

$$\sigma_{x2}=-\frac{M}{\pi r^2\delta}=-\frac{-140.9}{3.14\times0.956^2\times0.012}=-4091.5(\text{kPa})$$

$$\sigma_x=\sigma_{x1}+\sigma_{x2}=-10836.4-4091.5=-14927.9(\text{kPa})$$

强度校核：$\theta=180°$断面剪应力 $\tau_{x\theta}=0$，则相当应力

$$\sigma=\sqrt{\sigma_x^2+\sigma_\theta^2-\sigma_x\sigma_\theta+\tau_{x\theta}^2}=\sqrt{14927.9^2+125573.1^2+14927.9\times125573.1}=133663.7(\text{kPa})$$

$$\varphi[\sigma]=0.90\times0.55\times343350=169958.3(\text{kPa})$$

$\sigma=133663.7\text{kPa}\leqslant\varphi[\sigma]=169958.3\text{kPa}$，强度条件满足。

【例题 3】 某型水轮机主轴的示意图如图 3.110 所示。水轮机组的输出功率为 $N=37500\text{kW}$，转速 $n=150\text{r/min}$。已知轴向推力 $P_Z=4800\text{kN}$，转轮重 $W_1=390\text{kN}$，主轴的内径 $d=340\text{mm}$，外径 $D=750\text{mm}$，自重 $W=285\text{kN}$。主轴材料为 45 号钢，其许用应力为 $[\sigma]=80\text{MPa}$。试按第四强度理论校核主轴的强度。

解：

按拉扭组合强论校核，拉伸受拉应力，转扭受剪应力，按第四强度理论校核，其强度条件为

$$\sigma_{r4}=\sqrt{\sigma^2+3\tau^2}\leqslant[\sigma]$$

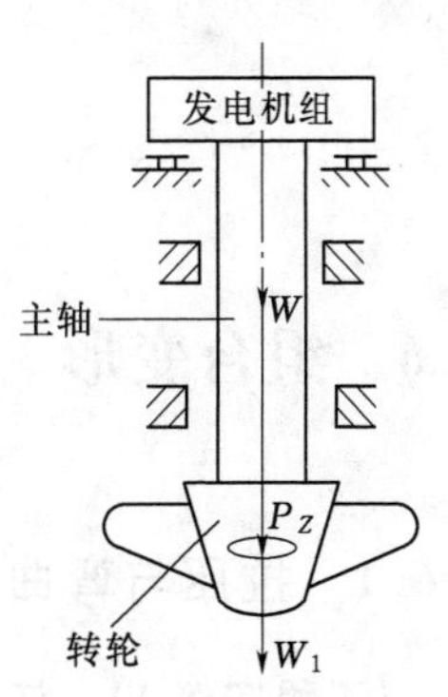

图 3.110 某型水轮机主轴的示意图

从图 3.10 中可观察出危险截面在主轴根部，该处的内力为

$$N=P_Z+W_1+W=4800+390+285=5475(\text{kN})$$

$$T=m=9549\ \frac{N}{n}=9549\times\frac{37500}{150}=2.4\times10^6(\text{N}\cdot\text{m})$$

危险点应力：

正应力

$$\sigma=\frac{N}{A}=\frac{5475\times10^3}{\frac{\pi}{4}\times(0.75^2-0.34^2)}=15.6(\text{MPa})$$

剪应力

$$\tau=\frac{T}{W}=\frac{2.4\times10^6}{\frac{\pi}{6}\times0.75^3\times\left[1-\left(\frac{340}{750}\right)^4\right]}=30.1(\text{MPa})$$

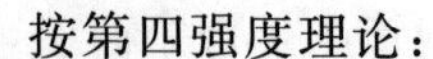

按第四强度理论：

$$\sigma_{r4}=\sqrt{\sigma^2+3\tau^2}=\sqrt{15.6^2+3\times30.1^2}=54.4(\mathrm{MPa})<[\sigma]=80(\mathrm{MPa})$$

故安全。

习　题

某水电站压力钢管布置如图 3.111 所示，采用 16Mn 钢，$\sigma_s=343350\mathrm{kPa}$，钢管内径 $D=2.0\mathrm{m}$，管轴线倾角为 32°01′21″，下镇墩转弯中心处的计算水头（包括水击压力）$H_p=102\mathrm{m}$，采用右支承环的滚动支墩，间距 $L=8\mathrm{m}$，伸缩接头填料长度 $b_1=0.3\mathrm{m}$，填料与管壁间的摩擦系数 $f_1=0.25$。管中最大流速 5m/s。在钢管正常工作情况下，试进行管身应力分析和强度校核。

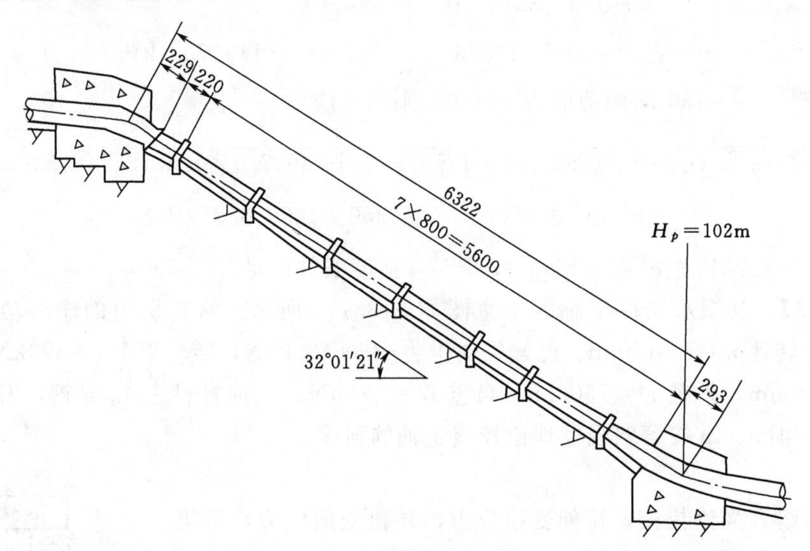

图 3.111　压力钢管布置（单位：cm）

3.6　组合变形

3.6.1　拉压与弯曲的组合

【工程实例 1】　江垭水利枢纽

江垭水利枢纽工程（图 3.112）位于湖南省张家界市境内的澧水支流娄水中游，大坝坝址在慈利县江垭镇上游 1.5km 处。江垭水利枢纽工程坝址控制流域面积为 3711km²，水库总库容为 18.34 亿 m³，其中防洪库容为 7.40 亿 m³，最大泄洪能力为 17000m³/s。右岸地下厂房电站装机 300MW，多年平均年发电量为 7.56 亿 kW·h。该工程以防洪为主，兼有发电、灌溉、航运、供水、旅游等综合效益。工程由大坝、通航建筑物、发电系统和灌溉取水系统等构成。大坝为全断面碾压混凝土重力坝，坝高 131m。

【问题】　重力坝坝踵和坝址应力计算。

分析： 沿坝轴线取单位长度进行计算（图 3.113），梁受到的荷载有重力、水荷载、

图 3.112 江垭水利枢纽

风浪荷载、渗透压力等的作用，所有荷载均可以沿竖直方向和水平方向进行分解，把重力坝看成是固接于地基的悬臂梁进行计算，实际上就是求压缩和弯曲的组合变形，水平截面上的正应力计算可以采用偏心受压公式计算。

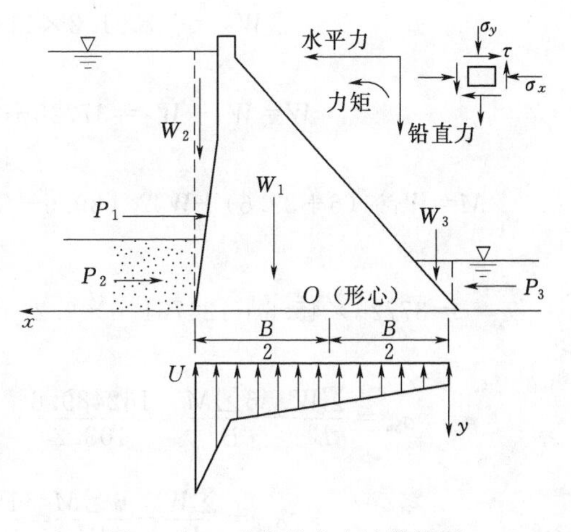

图 3.113 重力坝应力计算简图

假定水平截面上正应力 σ_y 按直线分布，可根据偏心受压公式计算上、下游边缘应力 σ_{yu} 和 σ_{yd}：

$$\sigma_{yu}=\frac{\sum W}{B}+\frac{6\sum M}{B^2}$$

$$\sigma_{yd}=\frac{\sum W}{B}-\frac{6\sum M}{B^2}$$

式中：$\sum W$ 为作用于计算截面以上全部荷载的铅直分力的总和，kN；$\sum M$ 为作用于计算截面以上全部荷载对截面垂直水流流向形心轴的力矩总和，kN·m；B 为计算截面的长度，m。

根据江垭大坝典型剖面（图 3.114），计算建基面水平截面上竖直方向的正应力（不计渗流和浪压力的影响）。混凝土的容重 $\gamma=24.0\text{kN/m}^3$，水的容重 $\gamma_w=9.81\text{kN/m}^3$。

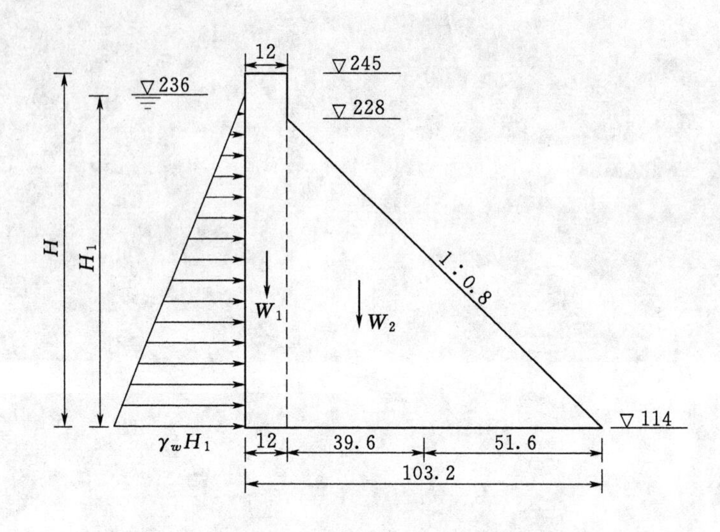

图 3.114　挡水坝典型剖面（单位：m）

解：

计算水压力和自重，计算过程如下：

$$F_x=\frac{1}{2}\gamma_w H_1^2=\frac{1}{2}\times 9.81\times 122^2=73006.02(\text{kN})$$

$$W_1=12\times 131\times 24=37728(\text{kN})$$

$$W_2=\frac{1}{2}\times 91.2\times 114\times 24=124761.6(\text{kN})$$

$$W=W_1+W_2=37728+124761.6=162489.6(\text{kN})$$

$$M=W_1\times(6+39.6)+W_2\times(39.6-30.4)-\frac{1}{2}\gamma_w H_1^2\frac{H_1}{3}$$

$$=37728\times 45.6+124761.6\times 9.2-73006.02\times\frac{122}{3}=-100707.96(\text{kN}\cdot\text{m})$$

$$\sigma_{yu}=\frac{\sum W}{B}+\frac{6\sum M}{B^2}=\frac{162489.6}{103.2}-\frac{6\times 100707.96}{103.2^2}=1517.77(\text{kN/m}^2)$$

$$\sigma_{yd}=\frac{\sum W}{B}-\frac{6\sum M}{B^2}=\frac{162489.6}{103.2}+\frac{6\times 100707.96}{103.2^2}$$

$$=1631.25(\text{kN/m}^2)$$

坝基面竖直方向正应力分布如图 3.115 所示。

【工程实例 2】 温州市龙湾区蓝田水闸工程

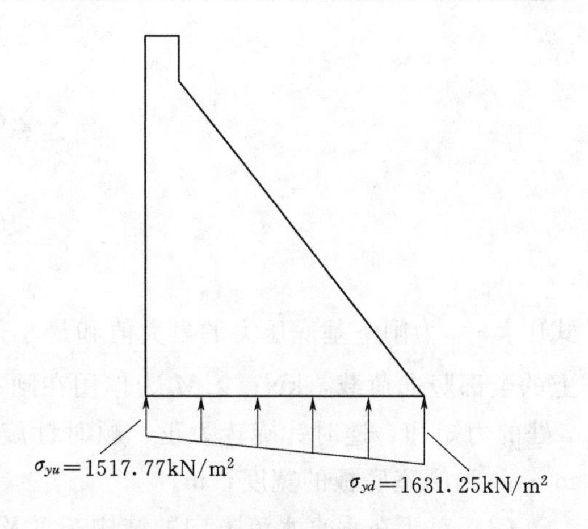

图 3.115 坝基面竖直方向正应力分布

蓝田水闸（图 3.116）是温州城市东片防洪排涝重点工程，也是龙湾区防洪工程的控制性工程。水闸挡潮设计标准为 100 年一遇，排涝能力为 50 年一遇，闸孔为 3 孔×6m，净宽 18m，设计流量为 $280\text{m}^3/\text{s}$，灌溉农田 15 多万亩，工程等级为Ⅱ等中型水闸。

【问题】 水闸闸室基底应力计算。

分析：闸室基底应力的大小及其分布状况，一般与闸室结构的布置型式，作用荷载的大小、方向和作用点，闸底板的形状尺寸和埋置深度以及地基土质等因素有关。闸室基底应力目前普遍采用材料力学偏心受压公式计算，考虑到闸墩和底板在顺水流方向的刚度很大，闸室基底应力可近似地认为呈直线分布（图 3.117）。

图 3.116 蓝田水闸工程

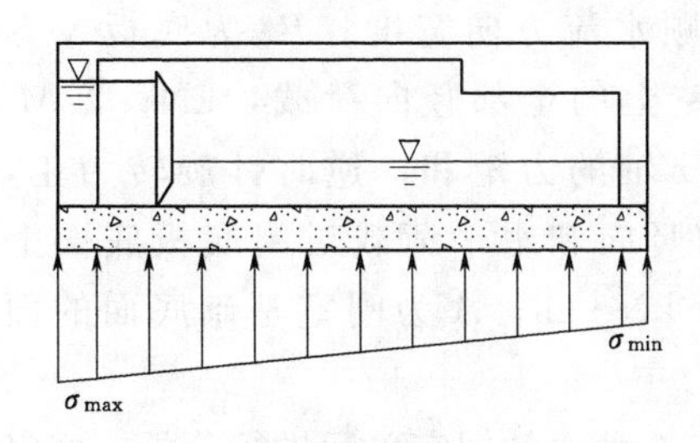

图 3.117 闸室基底应力分布

解：

（1）对于结构布置和受力情况均对称的闸段（相邻两沉降缝之间的闸段），基底压力按偏心受压公式计算：

$$\sigma_{\substack{max\\min}}=\frac{\sum G}{A}\pm\frac{\sum M}{W}$$

式中：$\sigma_{\substack{max\\min}}$为闸室基底压力的最大值或最小值，kPa；$\sum G$ 为作用在闸室上的全部竖向荷载（包括闸室基础底面上的扬压力在内），kN；$\sum M$ 为作用在闸室上的全部竖向和水平向荷载对于基础底面垂直水流方向的形心轴的力矩，kN·m；A 为闸室基础底面的面积，m^2；W 为闸室基础底面对于底面垂直水流方向的形心轴的截面矩，m^3。

或

$$\sigma_{\min}^{\max}=\frac{\sum G}{A}\left(1\pm 6\ \frac{e}{B}\right)$$

$$e=\frac{B}{2}-\frac{\sum M_a}{\sum G}$$

式中：$\sigma_{\min}^{\max}$为闸室基底压力的最大值和最小值，kPa；e 为偏心距，m；$\sum G$ 为作用在闸室上的全部竖向荷载，kN；$\sum M_a$ 为作用在闸室上的竖向和水平荷载对闸底板底面上游角点 a 处的力矩和，逆时针旋转为正，顺时针旋转为负，kN·m；A 为闸室基础底面的面积，m^2；B 为闸室底板的宽度，m。

（2）对于在垂直水流方向的结构布置及受力情况不对称的闸孔，如多孔水闸的边闸孔或左右不对称的单闸孔，闸室基底应力按双向偏心受压公式计算，即

$$\sigma_{\min}^{\max}=\frac{\sum G}{A}\pm\frac{\sum M_x}{W_x}\pm\frac{\sum M_y}{W_y}$$

式中：$\sum M_x$、$\sum M_y$ 分别为作用在闸室上的全部竖向和水平向荷载对于基础底面形心轴 x、y 的力矩，kN·m；W_x、W_y 分别为闸室基础底面对于该底面形心轴 x、y 截面矩，m^3。

或

$$\sigma=\frac{\sum G}{A}\left(1\pm 6\ \frac{e_y}{B_x}\pm 6\ \frac{e_x}{B_y}\right)$$

$$e_y=\frac{B_x}{2}-\frac{\sum M_y}{\sum G}$$

$$e_x=\frac{B_y}{2}-\frac{\sum M_x}{\sum G}$$

式中：σ 为闸室底板角点基底压力，kPa；e_x 为合力对 x 轴的偏心距，m；e_y 为合力对 y 轴的偏心距，m；B_x 为底板 x 方向的宽度，底板顺水流方向宽度；B_y 为底板 y 方向的宽度，底板垂直流方向宽度；$\sum G$ 为作用在闸室上的全部竖向荷载，kN；$\sum M_x$ 为作用在闸室上的竖向和水平荷载对闸底板底面上 x 轴的力矩和，逆时针旋转为正，顺时针旋转为负，kN·m；$\sum M_y$ 为作用在闸室上的竖向和水平荷载对闸底板底面上 y 轴的力矩和，逆时针旋转为正，顺时针旋转为负，kN·m；A 为闸室基础底面的面积，m^2。

【例题】 某拦河闸为开敞式水闸，取水闸中间的一个独立的闸室单元进行分析，闸室结构布置见图 3.118，已知闸室宽度 $B=14.0$m，闸室面积 $A=14\times 9=126m^2$，各种工况下荷载计算结果见表 3.6～表 3.8。求各工况下闸室底板的应力。

（1）完建期。完建期的荷载（图 3.119）主要包括底板重力 G_1、闸墩重力 G_2、闸门重力 G_3、工作桥及启闭机设备重力 G_4、公路桥重力 G_5 和检修便桥重力 G_6。取钢筋混凝土的容重为 25kN/m^3。已知完建情况下作用荷载和力矩计算见表 3.6。

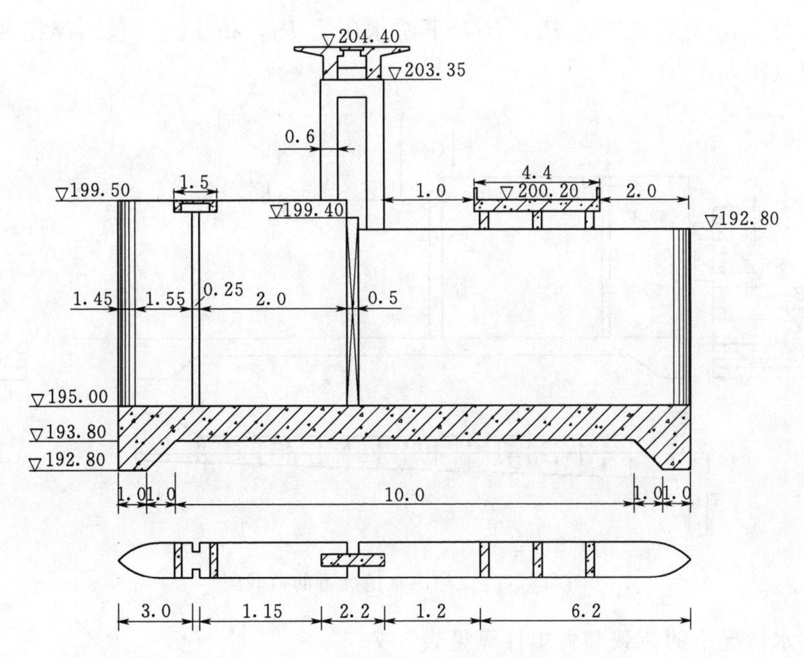

图 3.118 闸室结构布置图（单位：m）

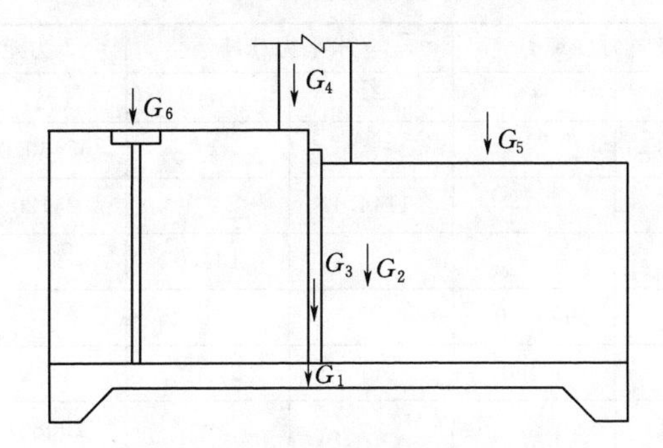

图 3.119 完建情况下荷载作用图

表 3.6 **完建情况下作用荷载和力矩计算**

部 位	重力/kN	力矩/(kN·m)	
		↘	↙
底板	4455.00	31185.00	
闸墩	3281.50	22416.39	
闸门	30.00	165.00	
工作桥及启闭机设备	480.80	2644.40	
公路桥	820.00	8036.00	
检修便桥	100.00	313.00	
合计	9167.30	65460.00	

(2) 设计洪水情况。在设计洪水情况下，闸室的荷载除完建期作用荷载之外，还有闸

室内水的重力 G_7，上游水压力 P_1、P_2，下游水压力 P_3，扬压力（包括浮托力 F 和渗透压力 U）等（图 3.120）。

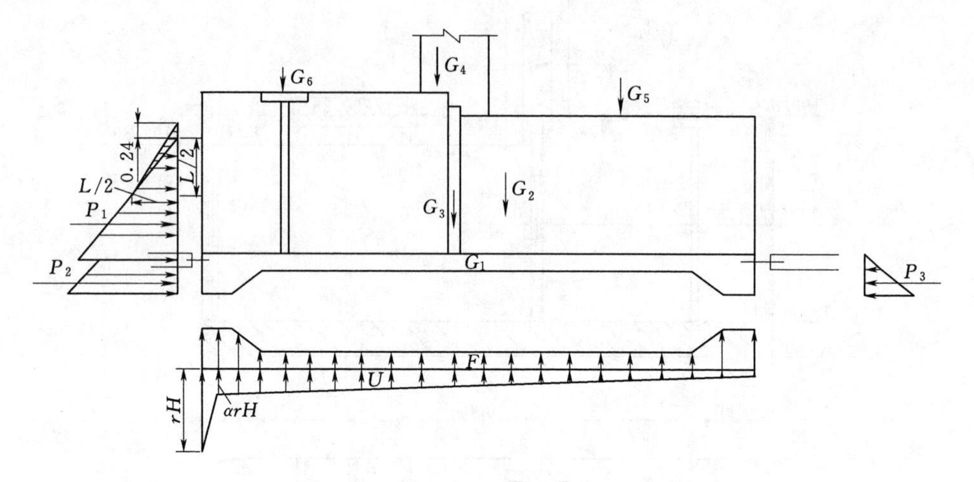

图 3.120　设计洪水情况下的荷载图

设计洪水情况下的荷载和力矩计算见表 3.7。

表 3.7　　设计洪水情况下荷载和力矩计算

荷载名称	竖向力/kN		水平力/kN		力矩/(kN·m)		备注
	↓	↑	→	←	↘	↙	
闸室结构重力 G	9167.3				65460.0		表 3.6
上游水压力 P_1+P_2			1144.1		24120		
下游水压力 P_3				134.0		105.2	
浮托力 F		1748.0				12236.0	
渗透压力 U		564.0				3483.2	
水重力 G_7	1142.1				2998.1		
合计	10309.4	2312.0	1144.1	134.0	70870.1	15824.4	
	7997.4（↓）		1010.1（→）		55045.7（↘）		

（3）校核洪水位情况。校核洪水位情况时的荷载与设计洪水位情况的荷载计算方法相似。所不同的是水压力、扬压力是相应校核水位以下的水压力、扬压力。

校核洪水情况下的荷载和力矩计算见表 3.8。

表 3.8　　校核洪水情况下荷载和力矩计算

荷载名称	竖向力/kN		水平力/kN		力矩/(kN·m)		备注
	↓	↑	→	←	↘	↙	
闸室结构重力 G	9167.3				65460.0		表 3.6
上游水压力 P_1+P_2			1382.4		3054.5		
下游水压力 P_3				136.0		106.3	
浮托力 F		1748.0				12236.0	

续表

荷载名称	竖向力/kN		水平力/kN		力矩/(kN·m)		备注
	↓	↑	→	←	↘	↙	
渗透压力U		646.2				4001.8	
水重力G_7	1325.7				3486.6		
合计	10493.0	2394.2	1382.4	136.0	72001.1	16344.1	
	8098.8（↓）		1246.4（→）		55657.0（↘）		

解：

（1）完建期。由表3.6可知，$\sum G=9167.3\text{kN}$，$\sum M=65460.0\text{kN}\cdot\text{m}$，$B=14.0\text{m}$，$A=14\times9=126(\text{m}^2)$，则

$$e=\frac{B}{2}-\frac{\sum M_a}{\sum G}=\frac{14}{2}-\frac{65460}{9167.3}=-0.141(\text{m})(\text{偏下游})$$

$$\sigma_{\substack{\max\\ \min}}=\frac{\sum G}{A}\left(1\pm6\times\frac{e}{B}\right)=\frac{9167.3}{126}\times\left(1\pm6\times\frac{-0.141}{14}\right)=\frac{77.14}{68.34}(\text{kPa})$$

$$\sigma_{\min}=68.34\text{kPa}（\text{上游端}）；\sigma_{\max}=77.14\text{kPa}（\text{下游端}）$$

（2）设计洪水位情况。

由表3.7可知，$\sum G=7997.4\text{kN}$，$\sum M=55045.7\text{kN}\cdot\text{m}$，$\sum P=1010.1\text{kN}$，则

$$e=\frac{B}{2}-\frac{\sum M_a}{\sum G}=\frac{14}{2}-\frac{55045.7}{7997.4}=0.117(\text{m})(\text{偏上游})$$

$$\sigma_{\substack{\max\\ \min}}=\frac{\sum G}{A}\left(1\pm6\times\frac{e}{B}\right)=\frac{7997.4}{126}\times\left(1\pm6\times\frac{0.117}{14}\right)=\frac{66.62}{60.29}(\text{kPa})$$

$$\sigma_{\min}=60.29\text{kPa}（\text{下游端}）；\sigma_{\max}=66.62\text{kPa}（\text{上游端}）$$

（3）校核洪水位情况。由表3.8可知，$\sum G=8098.8\text{kN}$，$\sum M=55657.0\text{kN}\cdot\text{m}$，$\sum P=1246.4\text{kN}$，则

$$e=\frac{B}{2}-\frac{\sum M_a}{\sum G}=\frac{14}{2}-\frac{55657.0}{8098.8}=0.128(\text{m})(\text{偏上游})$$

$$\sigma_{\substack{\max\\ \min}}=\frac{\sum G}{A}\left(1\pm6\times\frac{e}{B}\right)=\frac{8098.8}{126}\times\left(1\pm6\times\frac{0.128}{14}\right)=\frac{67.81}{60.75}(\text{kPa})$$

$$\sigma_{\min}=60.75\text{kPa}（\text{下游端}）；\sigma_{\max}=67.81\text{kPa}（\text{上游端}）$$

【工程实例3】 小浪底水利枢纽工程

黄河小浪底水利枢纽工程（图3.121）位于河南省洛阳市孟津县，是黄河干流上的一座集减淤、防洪、防凌、供水灌溉、发电等为一体的大型综合性水利工程，是治理开发黄河的关键性工程，属国家“八五”重点项目。总工期十一年，2001年12月31日全部竣工。总装机容量为156万kW，年平均发电量为51亿kW·h；防洪标准由60年一遇提高到千年一遇；每年可增加40亿m^3的供水量。小浪底工程由拦河大坝、泄洪建筑物和引水发电系统组成。

泄洪建筑物包括1座进水塔、3条导流洞改造而成的孔板泄洪洞、3条排沙洞、3条明流泄洪洞、1条溢洪道、1条灌溉洞和3个两级出水消力塘，受地形、地质条件的限制，

图3.121　小浪底枢纽工程

均布置在左岸。正常溢洪道位于垭口副坝南侧，布置在T型山梁上，由引渠控制闸、泄槽、挑流鼻坎组成，进口高程为258.0m。进口选用有超泄能力的开敞式三孔洞，闸门尺寸为11.5m×17.5m。在库水位为275.0m时泄流量为3744m^3/s。

【问题】 溢洪道控制段应力分析。

分析： 溢洪道（图3.122）是水库等水利建筑物的防洪设备，包括进水渠、控制段、泄槽和出水渠等，多筑在水坝的一侧，像一个大槽，当水库里水位超过安全限度时，水就从溢洪道向下游流出，防止水坝被毁坏。

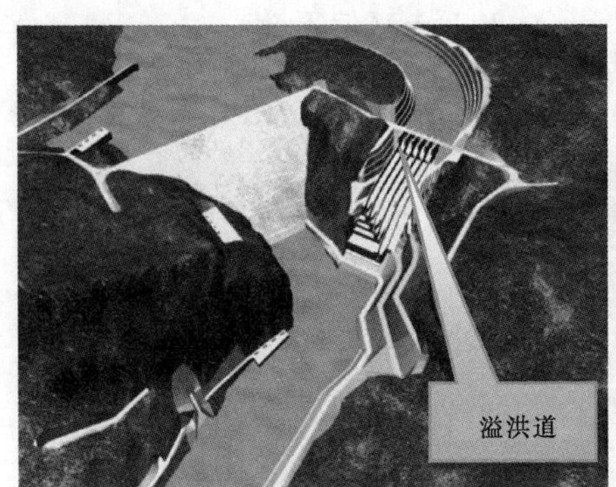

图3.122　溢洪道

溢洪道控制段闸室基底应力计算与水闸闸室基底应力计算一样，采用材料力学偏心受压公式计算，考虑到闸墩和底板在顺水流方向的刚度很大，闸室基底应力可近似地认为呈直线分布。

解：

计算公式与水闸闸室基底应力计算公式相同。

【例题】 某溢洪道，堰体采用低实用堰，结构布置如图3.123所示。堰顶高程为222.0m，堰体总长为21.0m。堰体表面0.8m厚采用C20钢筋混凝土，堰体内部采用C15素混凝土填筑。

闸室共五孔，单孔净宽12m，总宽度为70.0m，闸室长25.5m，闸墩顶高程为236.3m，高于水库2000年校核洪水位235.56m。闸室为开敞式实用堰结构，设五扇弧型钢闸门，闸门高9.5m，门顶高程为231.33m，采用卷扬启闭机控制。中墩厚度为2.5m，底部和两侧堰体浇筑成一体，单孔基础总宽度为14.5m。边墩为衡重式侧墙，和边孔堰体整体连接，墩顶宽度为1.5m，底宽3.25m，墙背坡度1∶0.3，衡重台高程为225.0m，边墩底部型式同中墩。闸顶上游设汽-10级交通桥连接两岸交通，桥宽5.0m，交通桥中心线桩号0+006.2。交通桥后墩顶抬高，上部设启闭机操纵室，宽6.0m，底板高程241.9m。已知边墩完建期各荷载计算见表3.9，试对溢洪道控制段边墩闸底进行应力计算。

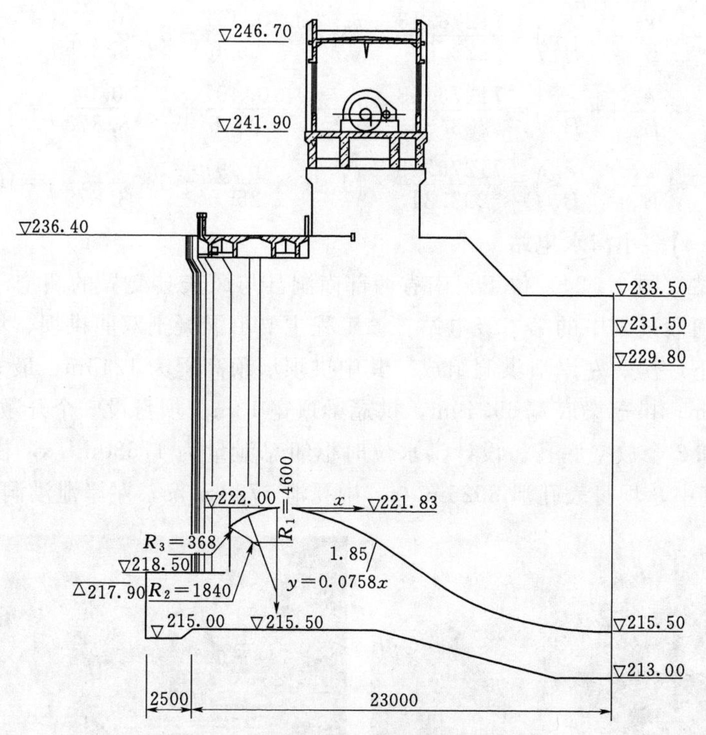

图 3.123 溢洪道控制段结构布置图

表 3.9 **边墩完建期各荷载**

名 称	竖向力 /kN		水平力 x 方向 /kN		水平力 y 方向 /kN		力矩 M_y /(kN·m)		力矩 M_x /(kN·m)	
	↑ (+)	↓ (−)	→ (+)	← (−)	↑ (+)	↓ (−)	↙ (+)	↘ (−)	↙ (+)	↘ (−)
自重	57365.70						700565.860		370866.66	
齿墙上土重	869.75						6523.125		2528.27	
边墩上土重	13040.66						166268.400		116061.87	
侧向土压力						−34426.45				−211722.65
总计	71276.13				−34426.45		873357.385		2777734.12	

解：

$$P_x=0(\text{kN}) \qquad M_x=277734.15(\text{kN}\cdot\text{m})$$

$$P_y=-34426.45(\text{kN}) \qquad M_y=873357.385(\text{kN}\cdot\text{m})$$

$$G=71276.13(\text{kN}) \qquad A=25.5\times8.875=226.31(\text{m}^2)$$

$$e_y=\frac{B_x}{2}-\frac{\sum M_y}{\sum G}=\frac{25.5}{2}-\frac{873357.385}{71276.13}=0.497(\text{m})$$

$$e_x=\frac{B_y}{2}-\frac{\sum M_x}{\sum G}=\frac{8.875}{2}-\frac{277734.15}{71276.13}=0.54(\text{m})$$

$$\sigma_1=\frac{\sum G}{A}\left(1+6\frac{e_y}{B_x}+6\frac{e_x}{B_y}\right)=\frac{71276.13}{223.31}\times\left(1+6\times\frac{0.497}{25.5}+6\times\frac{0.54}{8.875}\right)=466.74(\text{kPa})$$

$$\sigma_2=\frac{\sum G}{A}\left(1+6\frac{e_y}{B_x}-6\frac{e_x}{B_y}\right)=\frac{71276.13}{223.31}\times\left(1+6\times\frac{0.497}{25.5}-6\times\frac{0.54}{8.875}\right)=236.83(\text{kPa})$$

$$\sigma_3=\frac{\sum G}{A}\left(1-6\frac{e_y}{B_x}+6\frac{e_x}{B_y}\right)=\frac{71276.13}{223.31}\times\left(1+6\times\frac{0.497}{25.5}+6\times\frac{0.54}{8.875}\right)=393.04(\text{kPa})$$

$$\sigma_4=\frac{\sum G}{A}\left(1-6\frac{e_y}{B_x}-6\frac{e_x}{B_y}\right)=\frac{71276.13}{223.31}\times\left(1-6\times\frac{0.497}{25.5}-6\times\frac{0.54}{8.875}\right)=163.14(\text{kPa})$$

【工程实例 4】　小湾水电站

小湾水电站（图 3.124）位于云南省西部南涧县与凤庆县交界的澜沧江中游河段，是澜沧江中下游河段规划中的第二级电站。该工程主要由混凝土双曲拱坝、坝后水垫塘和二道坝、右岸地下厂房、左岸泄洪洞组成。其中拱坝坝顶高程为 1245m，最大坝高为 292m，坝顶长 992.74m；拱冠梁底宽 69.49m，拱冠梁顶宽 13m。坝身设 5 个开敞式表孔溢洪道、6 个泄水中孔和 2 个放空底孔。设计洪水位时枢纽总泄量为 17680m^3/s，校核洪水位时为 20680m^3/s（其中，坝身表孔泄 8625m^3/s，中孔泄 6730m^3/s，左岸泄洪洞泄 5325m^3/s）。

(a) 效果图

(b) 小湾水电站建设中

图 3.124　小湾水电站

【问题】　拱坝圆弧拱拱圈厚度和中心角讨论。

分析： 拱坝（图 3.125）是一空间壳体结构，坝体结构可近似看作由一系列凸向上游的水平拱圈和一系列竖向悬臂梁所组成。坝体结构既有拱作用又有梁作用。其所承受的水平荷载一部分由拱传至两岸岩体，另一部分通过竖直梁传到坝底基岩。

拱坝两岸的岩体部分称作拱座或坝肩；位于水平拱圈拱顶处的悬臂梁称作拱冠梁，一般位于河谷的最深处。

合理的拱圈型式应当是压力线（拱各横截面上合力作用点的连线）接近拱轴线，使拱截面内的压应力分布趋于均匀。在河谷狭窄而对称的坝址，水压荷载的大部分靠拱的作用传到两岸，采用圆弧拱圈，在设计和施工上都比较方便。但从水压荷载在拱梁系统的分配情况看（图 3.126），拱所分担的水荷载沿拱圈并非均匀分布，而是从拱冠向拱端逐渐减小。近年来，对建在较宽河谷中的拱坝，为使拱圈中间

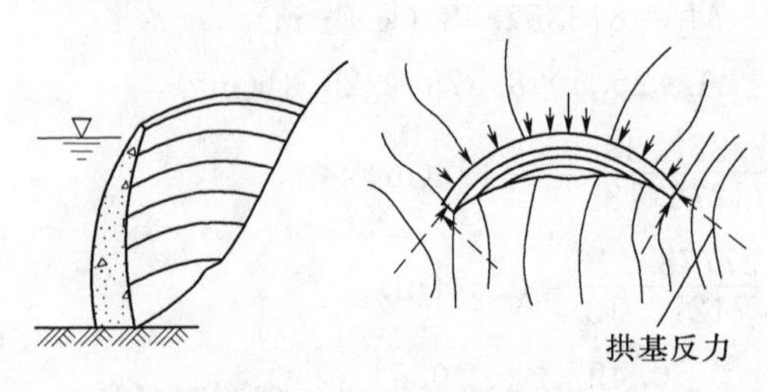

图 3.125　拱坝示意图

部分接近于均匀受压，并改善坝肩岩体的抗滑稳定条件，拱圈型式已由早期的单心圆拱向三心圆拱、椭圆拱、抛物线拱和对数螺旋线拱等多种型式（图 3.127）发展。

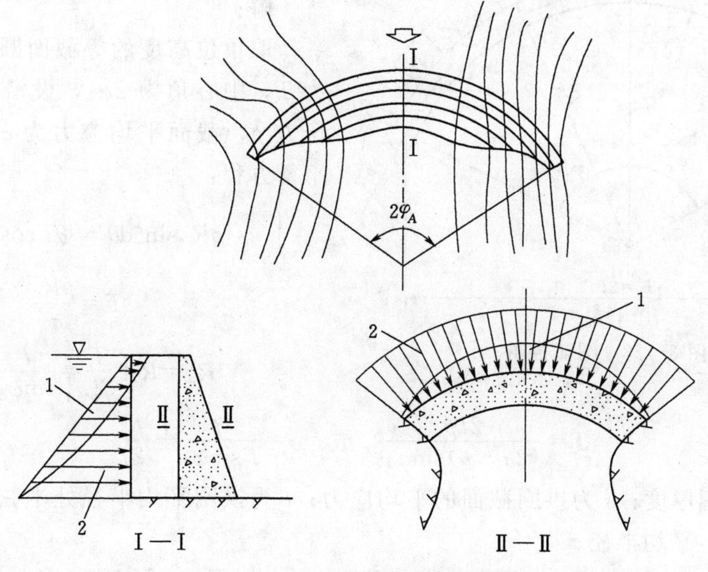

图 3.126 拱坝平面及剖面图

1—拱荷载；2—梁荷载

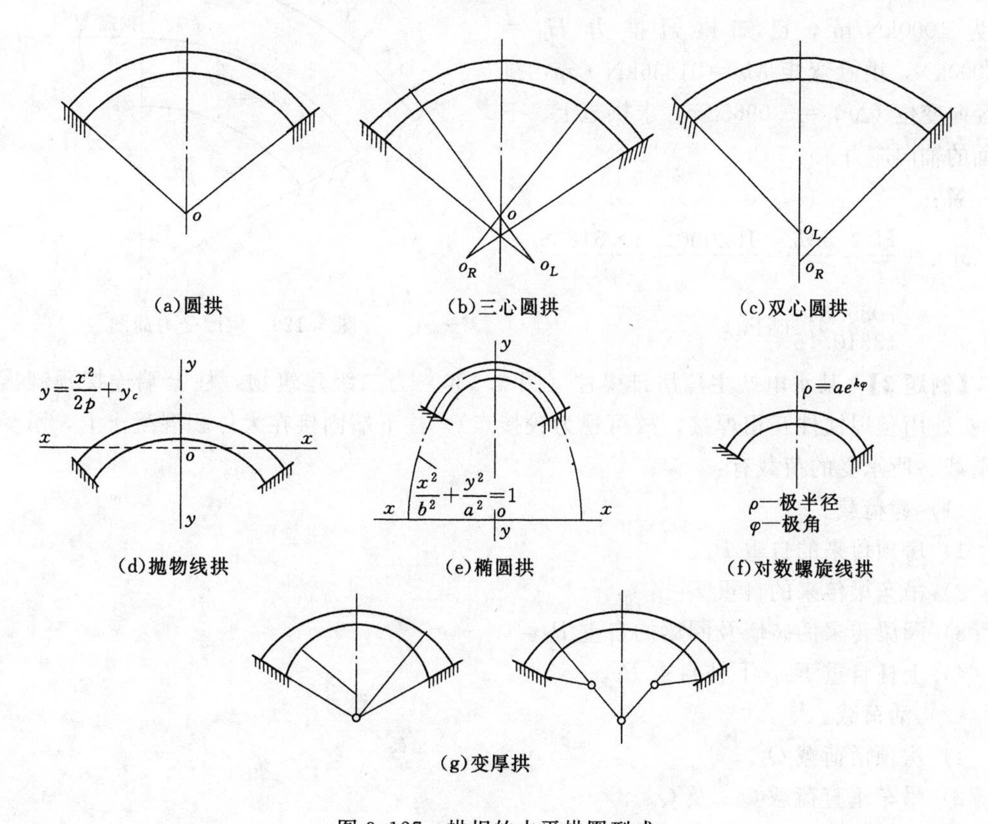

图 3.127 拱坝的水平拱圈型式

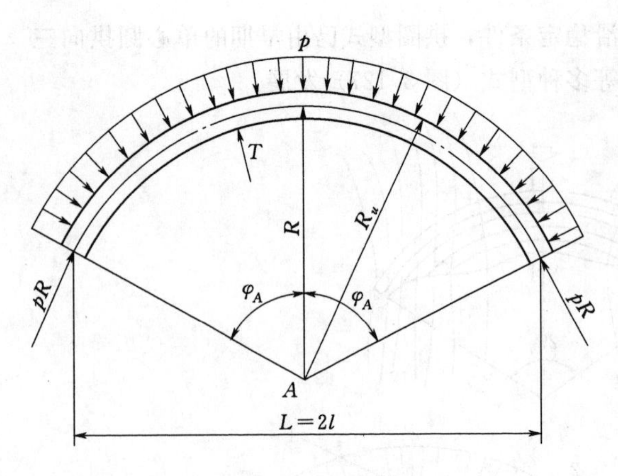

图3.128　圆弧拱圈

由于圆弧形水平拱圈最常见，如图3.128所示，圆弧拱圈计算公式分析如下。

解：

取单位高度的等截面圆拱，拱圈厚度为T，中心角为$2\varphi_A$，设沿外弧承受均匀压力p，截面平均应力为σ，竖直方向列平衡方程：

$$\int_{\frac{\pi}{2}-\varphi_A}^{\frac{\pi}{2}} pR_u\sin\theta\mathrm{d}\theta=\sigma T\cos\left(\frac{\pi}{2}-\varphi_A\right)$$

$$T=\frac{pR_u}{\sigma}$$

$$R_u=R+\frac{T}{2}=\frac{l}{\sin\varphi_A}+\frac{T}{2}$$

$$T=\frac{2lp}{(2\sigma-p)\sin\varphi_A}\quad 或\quad \sigma=\frac{lp}{T\sin\varphi_A}+\frac{p}{2}$$

式中：T为拱圈厚度；σ为拱圈截面的平均应力；l为拱圈平均半径处半弦长；R_u、R分别为外弧半径、平均半径。

【例题1】 如图3.129所示，设有一固端圆拱厚度$T=10\text{m}$，中心角为2φ，均布压力为1000kN/m^2，已知拱冠推力$H_0=102000\text{kN}$，拱冠弯矩$M_0=51836\text{kN}\cdot\text{m}$，拱冠径向变位$(\Delta r)_c=0.09658\text{m}$，求拱冠上、下游面的轴向应力。

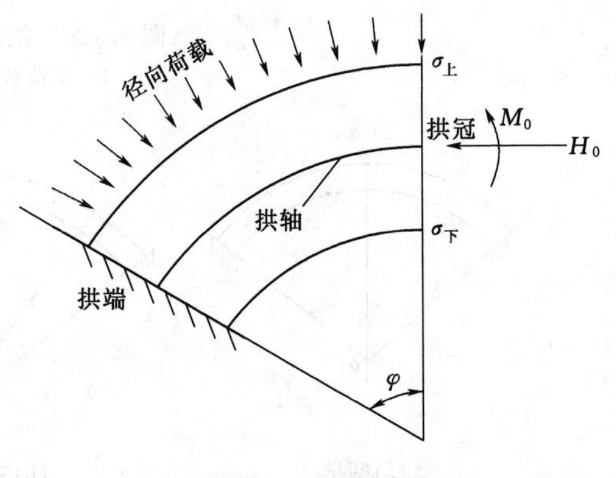

图3.129　拱圈受力简图

解：

$$(\sigma_x)_c=\frac{H_0}{T}\mp\frac{6M_0}{T^2}=\frac{102000}{10}\mp\frac{6\times51836}{100}$$

$$=\begin{matrix}7089.84\\13310.16\end{matrix}(\text{kPa})$$

【例题2】 某水电站主厂房排梁柱（图3.130）为二级建筑物，柱上端连接预制横梁（接头处用预埋铁件互相焊接，故可视为铰接点），柱下端固接在大体积混凝土上，承受基本荷载。所承受的荷载有：

（1）静荷载。

1）房顶传来的自重P_1。

2）吊车梁传来的自重P_2。

3）圈梁传来的砖墙及圈梁的自重P_3。

4）上柱自重P_4，下柱自重P_5。

（2）活荷载。

1）房顶活荷载Q_2。

2）吊车垂直荷载Q_{max}及Q_{min}。

3）吊车横向水平制动力T。

（3）风荷载 W。

排架柱受力如图 3.131 所示，排架计算简图如图 3.132 所示，根据结构力学方法计算内力，其结果列于表 3.10。柱采用一阶变截面，上柱（牛腿以上）截面 $b\times h=40\text{cm}\times 60\text{cm}$，下柱截面 $b\times h=40\text{cm}\times 90\text{cm}$。混凝土抗拉强度 $R_c=12300\text{kPa}$，混凝土抗压强度 $R_w=15300\text{kPa}$。试对排架进行强度校核。

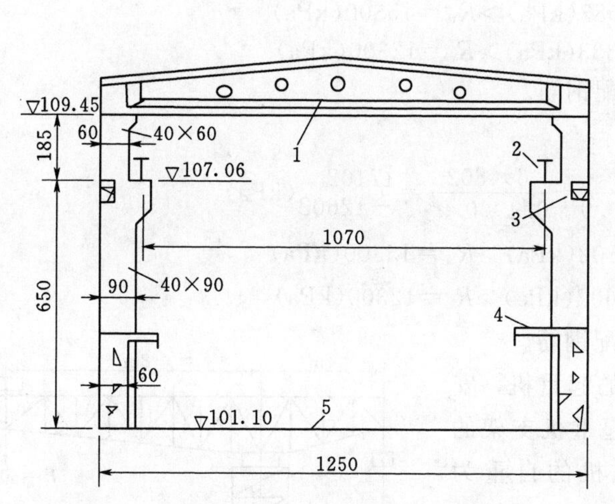

图 3.130 某水电站主厂房排梁柱（单位：cm）

1—横梁；2—吊车梁；3—圈梁；4—发电机层；5—水轮机层

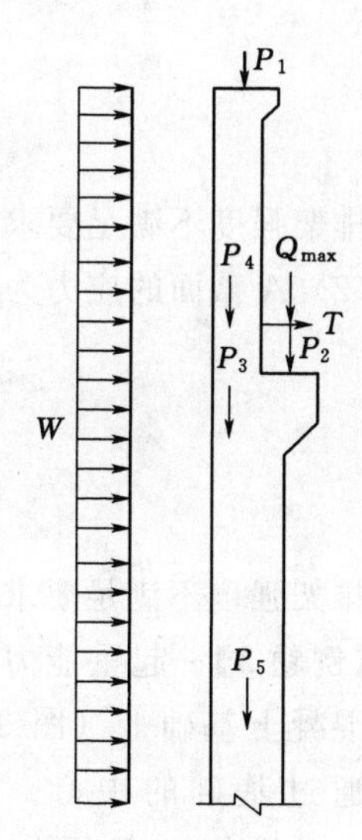

图 3.131 排架柱受力图

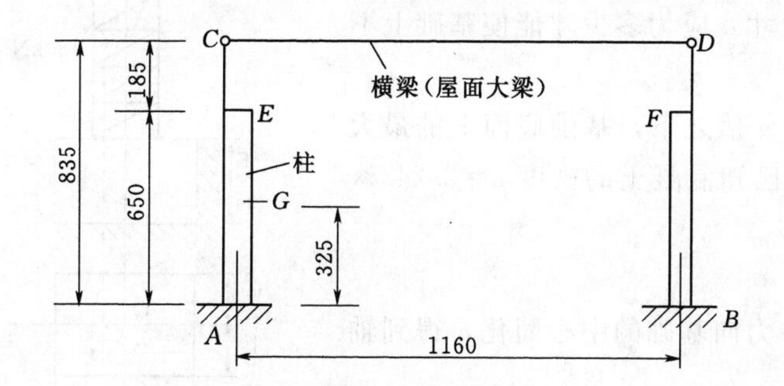

图 3.132 排架计算简图（单位：cm）

表 3.10 控 制 截 面 内 力

截 面		弯矩 M/(kN·m)	轴力 N/kN	内 力 图
变阶处	$E_上$	37	200	C 190 347 E 37 200 750 575 G 780 8.35m 3.25m 802 A 810 M图(kN·m) N图(kN)
	$E_下$	347	750	
下处半高处	G	575	780	
柱脚处	A	802	810	

解：

排架受力为压缩和弯曲的组合，应力计算如下。

（1）E 截面的应力为

$$\sigma_{\substack{\max\\\min}}=\frac{N}{A}\pm\frac{M}{W}=\frac{N}{bh}\pm\frac{6M}{bh^2}$$

$$=\frac{750}{0.4\times0.6}\pm\frac{6\times347}{0.4\times0.6^2}=\begin{matrix}17583\\-11333\end{matrix}(\text{kPa})$$

$$\sigma_{\max}=17583(\text{kPa})>R_w=15300(\text{kPa})$$

$$\sigma_{\min}=11333(\text{kPa})>R_c=12300(\text{kPa})$$

排架强度不满足要求，需要加配钢筋。

（2）A 截面的应力为

$$\sigma_{\substack{\max\\\min}}=\frac{810}{0.4\times0.9}\pm\frac{6\times802}{0.4\times0.9^2}=\begin{matrix}17102\\-12602\end{matrix}(\text{kPa})$$

$$\sigma_{\max}=17102(\text{kPa})>R_w=15300(\text{kPa})$$

$$\sigma_{\min}=12602(\text{kPa})>R_c=12300(\text{kPa})$$

排架强度不满足要求，需要加配钢筋。

【例题 3】 起重能力为 80kN 的起重机，安装在混凝土基础上（图 3.133）。起重机支架的轴线通过基础的中心。已知起重机的自重为 180kN（荷载 P 及平衡锤的重量 Q 不包括在内），其作用线通过基础底面的轴 Oz，且有偏心距 $e=0.6\text{m}$。若矩形基础的短边长为 3m，问：

（1）其长边尺寸 a 应为多少才能使基础上不产生拉应力？

（2）在所选的 a 值之下，基础底面上的最大压应力等于多少（已知混凝土的密度 $\rho=2.243\times10^3\text{kg/m}^3$）？

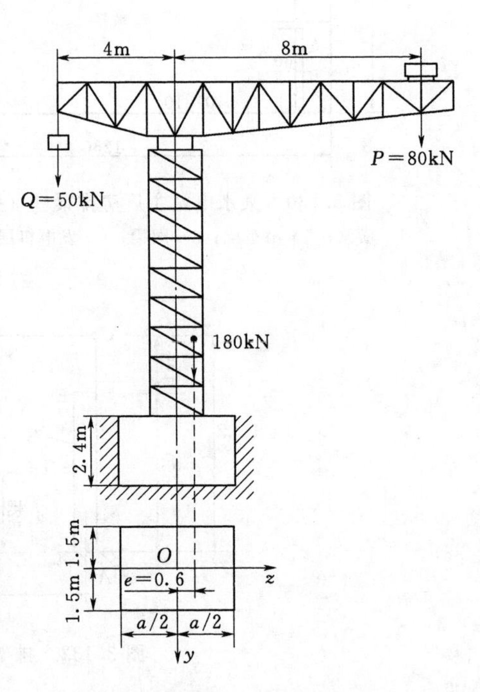

图 3.133　［例题 3］图

解：

（1）将有关各力向基础的中心简化，得到轴向压力

$$P=50+80+180+2.4\times3a\times2.243\times9.81$$

$$=(310+158.4a)\text{kN}$$

对主轴 Oy 的力矩为

$$M=-50\times4+180\times0.6+80\times8=548(\text{kN}\cdot\text{m})$$

要使基础上不产生拉应力，必须使 $\sigma_{\min}=\dfrac{N}{A}-\dfrac{M}{W}=0$。将 $N=P$，$A=3a$，M 和 $W=\dfrac{3a^2}{6}$ 代入，可得

$$\sigma_{\min}=\frac{310+158.4a}{3a}-\frac{548}{\dfrac{3a^2}{6}}=0(\text{kPa})$$

从而解得 $a=3.68\text{m}$，取 $a=3.7\text{m}$。

（2）在基础底面上产生的最大压应力

$$\sigma_{\max}=\frac{N}{A}+\frac{M}{W}=\frac{310+158.4\times3.7}{3\times3.7}+\frac{548}{\frac{3\times3.7^2}{6}}$$

$$=161(\text{kN/m}^2)=0.161(\text{MPa})$$

【例题4】 某水库溢洪道的浆砌石挡土墙如图3.134所示（墙高与基宽的比例尺未画成一致），通常是取单位长度（1m）的挡土墙来进行计算。已知：墙的自重为 $G=G_1+G_2$，$G_1=72\text{kN}$ 的作用线到横截面 BC 的形心 O 的距离为 $x_1=0.8\text{m}$，$G_2=77\text{kN}$ 的作用线到点 O 的距离为 $x_2=0.03\text{m}$；在横截面 BC 以上的土壤作用在墙面上的总土压力 $E=95\text{kN}$，其作用线与水平面的夹角 $\theta=42°$，其在墙面上的作用点 D 到点 O 的水平距离和竖直距离分别为 $x_O=0.43\text{m}$ 和 $y_O=1.67\text{m}$；砌体的许用压应力为3.5MPa，许用拉应力为0.14MPa。要求计算出作用在截面 BC 上点 B 和点 C 处的正应力并进行强度校核。

解：

（1）土压力 E 的水平分力和竖直分力分别为

$$E_x=E\cos\theta=95\cos42°=70.6(\text{kN})$$

$$E_y=E\sin\theta=95\sin42°=60.7(\text{kN})$$

作用在横截面 BC 上的全部竖向压力为

$$N=G_1+G_2+E_y=72+77+63.7=212.7(\text{kN})$$

各力对横截面 BC 的形心 O 的总力矩为

$$M=G_1x_1-G_2x_2+E_xy_O-E_yx_O$$

$$=72\times0.8-77\times0.03+70.6\times1.67-63.7\times0.43=145.8(\text{kN})$$

横截面 BC 的面积（按1m长的挡土墙计算）$A=1\times2.2=2.2(\text{m}^2)$，其抗弯截面模量为

$$W=\frac{bh^2}{6}=\frac{1\times2.2^2}{6}=0.807(\text{m}^3)$$

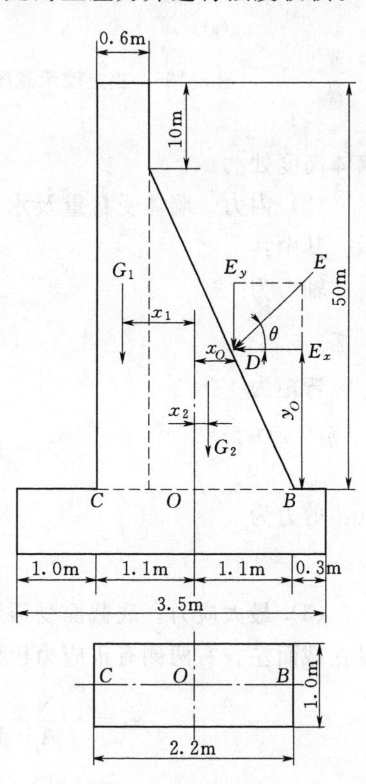

图3.134　某水库溢洪道的浆砌石挡土墙

（2）由压弯组合变形应力计算公式可求得点 C 处的正应力

$$\sigma_C=\frac{N}{A}+\frac{M}{W}=\frac{212.7}{2.2}+\frac{145.8}{0.807}$$

$$=278(\text{kN/m}^2)=0.278\text{MPa}(\text{压应力})<[\sigma]_C=3.5(\text{MPa})$$

点 B 处的正应力

$$\sigma_1=\frac{N}{A}-\frac{M}{W}=97-181=-84(\text{kN/m}^2)$$

$$=-0.08\text{MPa}(\text{压应力})<[\sigma]_t=0.14(\text{MPa})$$

故截面 BC 满足强度要求。

【例题5】 如图3.135所示挡土墙墙高 $l=3\text{m}$，厚度 $h=2\text{m}$，墙体很长，设土壤对每

米长墙体的水平总压力 $H=30\text{kN}$，作用在离基础面 1/3 的墙体高度处。墙体容重为 20kN/m^3，求基础面上的最大压应力。

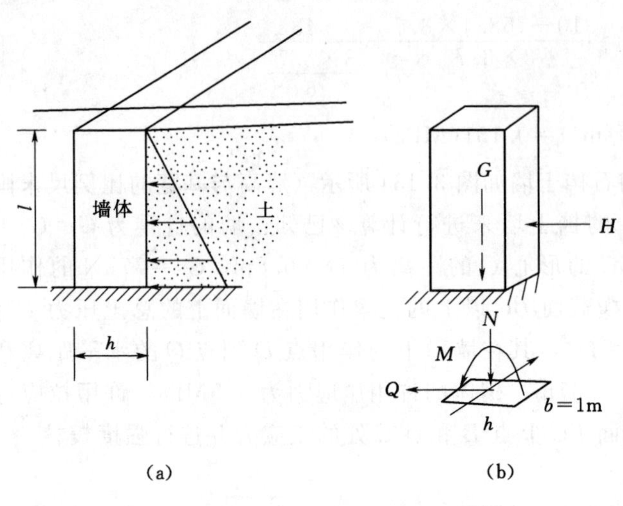

图 3.135　挡土墙示意图及受力分析

解：

（1）力学模型机受力分析。由于墙体很长，不可能按全长计算，但每单位长度的受力情形完全相同，所以可以取单位长度为 1m 的一段墙体来进行计算，如图 3.135（b）所示，这段墙体受自重 G 及土体的水平推力 H 作用[注：沿墙长方向的墙体相互之间不受力；土体对墙作用的侧向分布压力，类似水压力，越深越大，近似地可以看做沿深度呈斜线分布，如图 3.135（a）所示，故其合力 H 的作用点在离地面的 1/3 墙体高度处]。

（2）内力。墙体受自重及水平力作用，危险截面在底面，其受力如图 3.135（b）所示。其中：

轴力为

$$N=1\times2\times3\times20=120(\text{kN})$$

弯矩为

$$M=H\times\frac{l}{3}=30\times\frac{3}{3}=30(\text{kN}\cdot\text{m})$$

剪力为

$$Q=H=30(\text{kN})$$

（3）最大应力。底截面受压弯组合，危险点为截面的左侧边缘，此处剪应力为零。所以在截面左、右两侧有正应力极值：

$$\sigma_{左}=-\frac{N}{A}-\frac{M}{W}=-\frac{120}{2}-\frac{30\times6}{1\times2^2}$$

$$=-60-45=-105(\text{kN/m}^2)=-0.105(\text{MPa})$$

$$\sigma_{右}=-\frac{N}{A}+\frac{M}{W}=-60+45=-0.015(\text{MPa})$$

【例题 6】 矩形截面柱受纵向压力 F_1、F_2 作用，如图 3.136 所示，F_1 的作用线与柱轴重合，F_2 的作用线与柱轴平行且作用点落于 y 轴上，$F_1=100\text{kN}$，$F_2=45\text{kN}$，$b=180\text{mm}$，F_2 的偏心距 $e=200\text{mm}$。求：

（1）欲使柱的横截面上不出现拉应力，截面尺寸 h 最小应为多少？

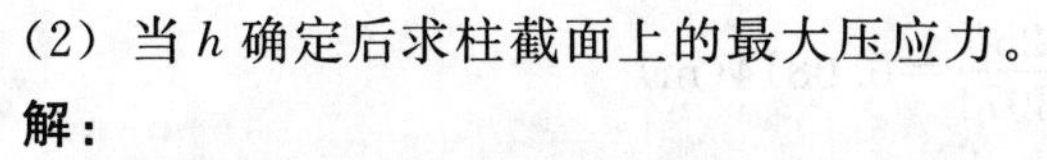

(2) 当 h 确定后求柱截面上的最大压应力。

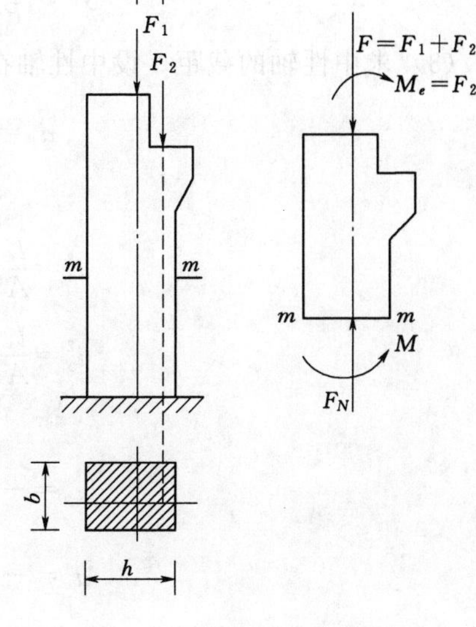

图 3.136 矩形截面柱受力图

解：

由于纵向力的合力偏离截面形心，柱的变形为偏心压缩。将力 F_2 移至 F_1 作用线处，附加外力矩为

$$M_e=F_2e=45\times200(\text{kN}\cdot\text{mm})=9\times10^3(\text{N}\cdot\text{m})$$

截面中的内力为

$$F_N=F_1+F_2,\quad M=M_e$$

(1) 若使截面上不出现拉应力，则有

$$\sigma=\frac{F_N}{A}+\frac{M}{W}=\frac{F_1+F_2}{bh}-\frac{6F_2e}{bh^2}=0$$

解得

$$h=\frac{6F_2e}{F_1+F_2}=\frac{6\times9\times10^3}{(100+45)\times10^3}=0.372(\text{m})$$

(2) 柱截面上的最大压应力为

$$\sigma_{\max}=\frac{F_N}{A}+\frac{M}{W}=\frac{F_1+F_2}{bh}+\frac{6F_2e}{bh^2}=\frac{145\times10^3}{0.18\times0.372}+\frac{6\times9\times10^3}{0.18\times(0.372)^2}=4.34(\text{MPa})$$

【例题 7】 等截面石砌圆端形桥墩如图 3.137 所示，梁及车辆的压力为 $P_1=1500\text{kN}$，列车的制动力为 $P_2=180\text{kN}$，上游流水压力为 $q=15\text{kN/m}$。已知石料容重 $\gamma=22\text{kN/m}^3$，横截面的 $I_z=4.63\text{m}^4$，$I_y=2.12\text{m}^4$，求桥墩的最大压应力及其所在位置。

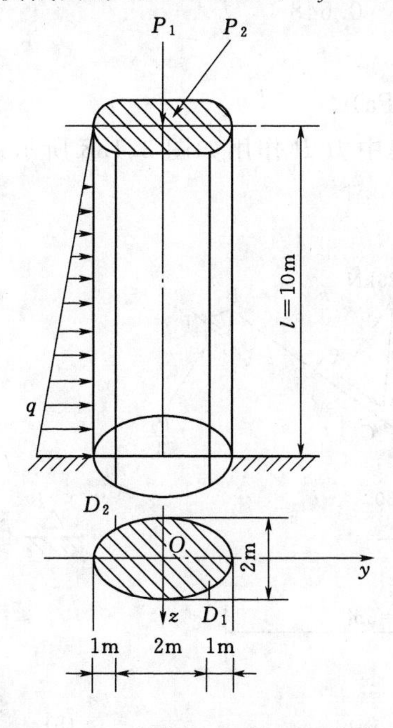

图 3.137 等截面石砌圆端形桥墩

解：

(1) 计算危险截面（桥墩底截面）上的内力。

自重为

$$G=\gamma Al=22\times10\times\left(2\times2+\frac{\pi\times2^2}{4}\right)=1571(\text{kN})$$

轴力为

$$N=P_1+G=1500+1571=3071(\text{kN})$$

弯矩为

$$M_y=P_2l=180\times10=1800(\text{kN}\cdot\text{m})$$

$$M_z=\frac{1}{2}ql\times\frac{1}{3}l=\frac{1}{6}\times15\times10^2=250(\text{kN}\cdot\text{m})$$

(2) 将桥墩底截面上诸内力换算成一个偏心力 P，并求其偏心距。

偏心力为

$$P=N=3071(\text{kN})$$

偏心距为

$$z_P=\frac{M_y}{P}=\frac{1800}{3071}=0.586(\text{m})$$

$$y_P=\frac{M_z}{P}=\frac{250}{3071}=0.0814(\mathrm{m})$$

(3) 求中性轴的截距。设中性轴在 y 和 z 轴上的截距分别为 a_y 和 a_z。于是

$$a_y=-\frac{i_z^2}{y_P},\quad a_z=-\frac{i_y^2}{z_P}$$

又

$$i_z^2=\frac{l_z}{A}=\frac{4.63}{7.14}=0.648(\mathrm{m}^2)$$

$$i_y^2=\frac{l_y}{A}=\frac{2.12}{7.14}=0.297(\mathrm{m}^2)$$

故

$$a_y=-\frac{0.648}{0.0814}=-7.96(\mathrm{m})$$

$$a_z=-\frac{0.297}{0.586}=-0.507(\mathrm{m})$$

(4) 作与中性轴平行且与截面相切的直线，可得切点 D_1 及 D_2，D_1 点发生最大压应力，其坐标值约为

$$y_{D_1}=1.10(\mathrm{m}),\quad z_{D_1}=0.99(\mathrm{m})$$

(5) 计算最大压应力。

$$\begin{aligned}\sigma_{D_1}=\sigma_{\min}&=-\frac{P}{A}\left(1+\frac{z_P z_{D_1}}{i_y^2}+\frac{y_P y_{D_1}}{i_z^2}\right)\\&=-\frac{3071}{7.14}\times\left(1+\frac{0.586\times0.99}{0.297}+\frac{0.0814\times1.10}{0.648}\right)\\&=-430.1\times(1+1.953+0.138)\\&=-1330(\mathrm{kN/m^2})=-1.33\ (\mathrm{MPa})\end{aligned}$$

【例题 8】 斜梁 AB（如楼梯梁）在跨度中央受竖向集中力 P 作用如图 3.138 所示。求梁的最大压应力值及发生位置。

解：

将力 P 沿梁的轴线及与它垂直方向分解，得

$$P_1=P\sin\alpha$$
$$P_2=P\cos\alpha$$

显然，P_1 使梁的 AC 段压缩，P_2 使斜梁 AB 弯曲，故最大压应力发生在截面 C 的左侧的上缘。

最大弯矩为

$$M_{\max}=\frac{P_2 l_{AB}}{4}=\frac{P\cos\alpha\left(\dfrac{l}{\cos\alpha}\right)}{4}=\frac{Pl}{4}=\frac{25\times3}{4}=18.75(\mathrm{kN\cdot m})$$

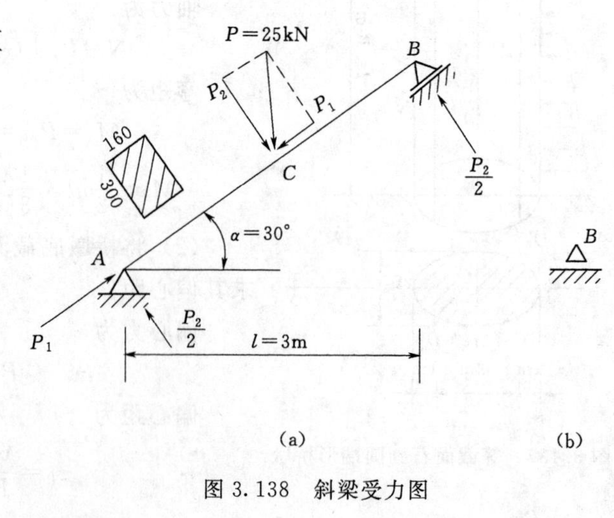

图 3.138　斜梁受力图

它相当于斜梁在水平面上投影的简支梁的最大弯矩。

梁的抗弯截面模量为

$$W=\frac{bh^2}{6}=\frac{160\times300^2}{6}=2.4\times10^6(\text{mm}^3)$$

最大压应力的值为

$$\sigma_{\min}=-\frac{P_1}{A}-\frac{M_{\max}}{W}=-\frac{25000}{2\times48000}-\frac{18.75\times10^6}{2.4\times10^6}$$

$$=-0.26-7.81=-8.07(\text{MPa})$$

讨论：若斜梁的支座 B 只能产生竖向的支座反力，如图 3.138（b）所示，则梁的最大弯矩不变（还是相当于斜梁在水平面上投影的简支梁的跨中弯矩），只是斜梁内的轴力 N 有变化，下半段受压，上半段受拉，其值各为 P_1的一半。

【例题 9】 有一盖板式涵洞是用容重为 $\gamma=24\text{kN/m}^3$ 的材料做成的。设涵洞的形式、尺寸以及荷重情形如图 3.139 所示。试求涵洞边墙上 C、D 两点的应力。

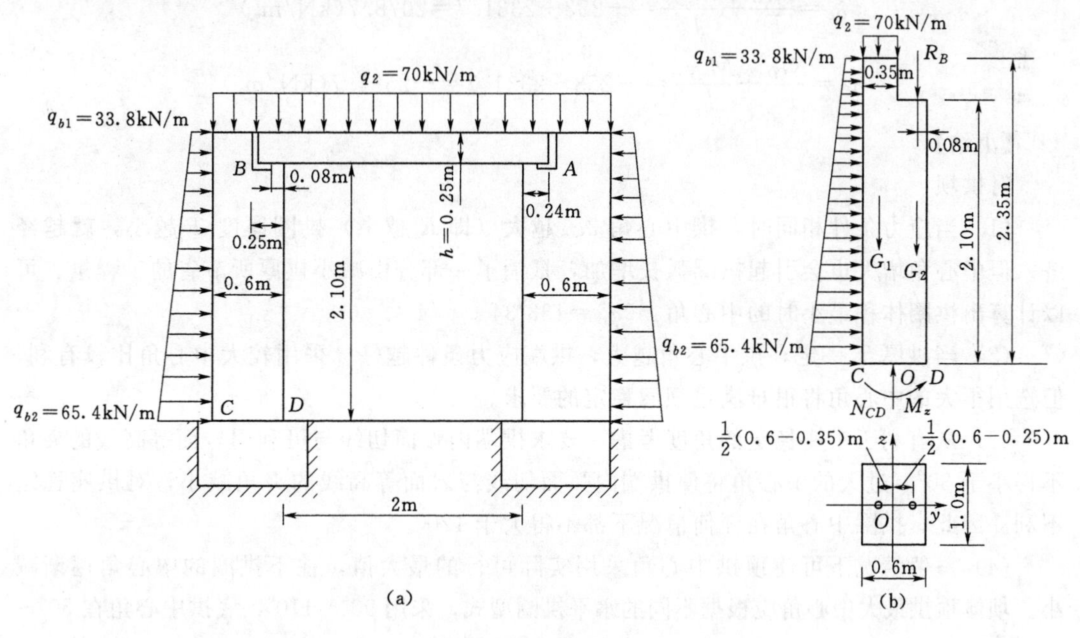

图 3.139 某盖板式涵洞示意图及计算简图

解：

(1) 盖板传给边墙的内力 R_A、R_B 为

$$R_A=R_B=\frac{1}{2}\times[70\times(2+2\times0.24)+1\times0.25\times2.4\times(2+2\times0.24)]$$

$$=\frac{1}{2}\times(175+14.9)=94.95(\text{kN})$$

R_A、R_B的作用点离开边墙内侧面边缘的距离为支承宽度的$\frac{1}{3}$，即$\frac{1}{3}\times0.24=0.08(\text{m})$。

（2）求作用在 CD 截面上的内力［图 3.139（b）］。轴向压力

$$N_{CD}=R_B+0.35q_2+G_1+G_2$$
$$=94.95+0.35\times70+0.35\times1\times2.35\times24+0.25\times1\times2.1\times24$$
$$=151.8(\text{kN})(\uparrow)$$

CD 截面上 z 轴的弯矩（以顺时针为正方向）

$$M_z=-0.22R_B+\frac{1}{2}\times(0.6-0.35)\times0.35q_2+\frac{1}{2}\times(0.6-0.35)G_1-\frac{1}{2}\times(0.6-0.25)G_2$$
$$-\frac{1}{2}\times2.35\times2.35\times1\times q_{b1}-\frac{1}{3}\times2.35\times\frac{1}{2}\times2.35\times1\times(q_{b2}-q_{b1})$$
$$=-139.9(\text{kN}\cdot\text{m})(\uparrow)$$

（3）C、D 两点的应力

$$\sigma_C=\frac{N_{CD}}{F}+\frac{M_z y_c}{J_C}=-253+2331.7=2078.7(\text{kN/m}^2)$$

$$\sigma_D=\frac{N_{CD}}{F}+\frac{M_z y_D}{J_D}=-253-2331.7=-2584.7(\text{kN/m}^2)$$

【小结】

对拱坝：

（1）当应力条件相同时，拱中心角 $2\varphi_A$ 越大（即 R 越小）拱圈厚度 T 越小，就越经济。但中心角增大也会引起拱圈弧长增加，抵消了一部分由减小拱厚所节省的工程量。可以计算出拱圈体积最小时的中心角：$2\varphi_A=133°34'$。

（2）当拱厚 T 一定，拱中心角越大，拱端应力条件越好。采用较大中心角比较有利，但选用很大的中心角将很难满足坝肩稳定的要求。

（3）从有利于拱座稳定的角度考虑，要求拱端内弧面切线与可利用岩面等高线的夹角不得小于 30°。过大的中心角将使拱端内弧面切线与岩面等高线的夹角减小，对拱座稳定不利。因此，拱圈中心角在任何情况下都不得大于 120°。

（4）一般情况下可使顶拱中心角采用实际可行的最大值，往下拱圈的中心角逐渐减小。坝体顶拱最大中心角应根据不同的水平拱圈型式，采用 90°～110°，底拱中心角在 50°～80°之间选取。

习　　题

1. 起重机受力如图 3.140 所示，$F_1=30\text{kN}$，$F_2=220\text{kN}$，$F_3=60\text{kN}$，它们的作用线到立柱中心线的距离分别为 10m、1.2m 和 1.6m。如立柱为实心钢柱，材料的许用应力 $[\sigma]=160\text{MPa}$，试设计其底部 A—A 处的直径。

2. 如图 3.141 所示一浆砌块石挡土墙，墙高 4m。已知：墙背承受的土压力 $P_a=137\text{kN}$，且其作用线与竖直线之间的夹角 $\alpha=45.7°$，浆砌块石的密度 $\rho_1=2.345\times10^3\text{kg/m}^3$，墙基混凝土的密度 $\rho_2=2.396\times10^3\text{kg/m}^3$，其他尺寸如图 3.141 所示。试取 1m 长的墙作为计算对象，求墙上 A、B、C、D 各点处的正应力。

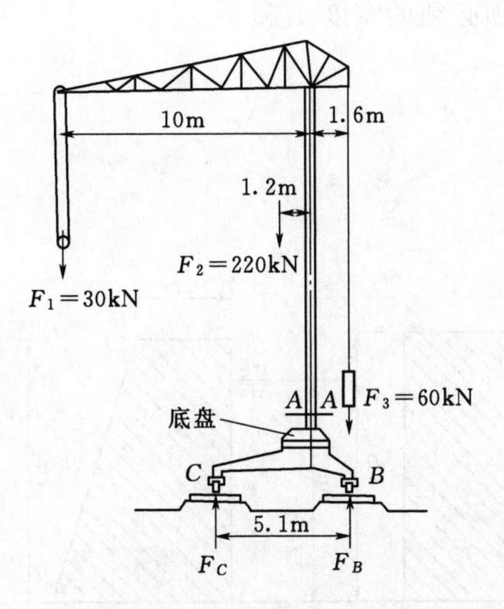

图 3.140 起重机受力图

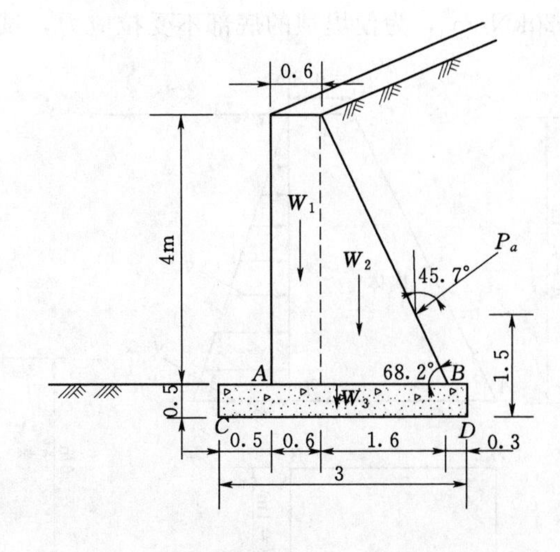

图 3.141 浆砌块石挡土墙受力图（单位：m）

3. 如图 3.142 所示的混凝土重力坝，剖面为三角形，坝高为 $h=30m$，混凝土的密度为 $2.396\times10^3 kg/m^3$。若只考虑上游水压力及坝体自重的作用，在坝底截面上不允许出现拉应力，试求所需的坝底宽度 B 和在坝底上产生的最大压应力。

4. 有一横截面为矩形、支撑沙土填方的砖砌挡土墙（图 3.143）。如果砖砌容重 $\gamma=20kN/m^3$，填土给墙的水平压力按三角形规律分布，且每米长的墙承受压力 $P=50kN$。试求：

（1）墙基平面上的最大拉应力和最大压应力。

（2）欲使此墙不受拉应力，则其厚度 x 应需多少？

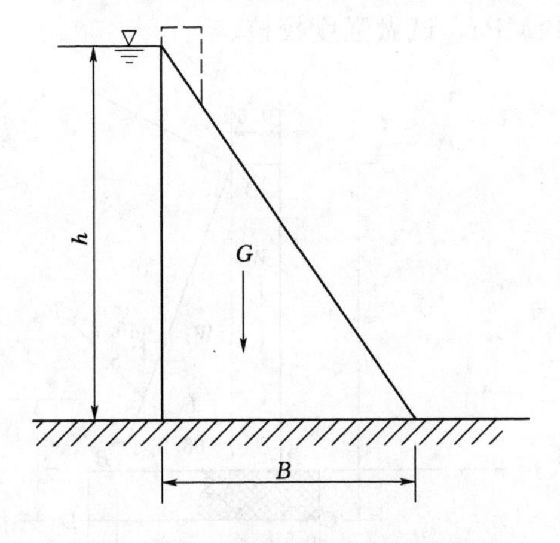

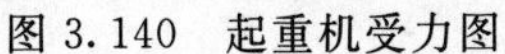

图 3.142 混凝土重力坝剖面图

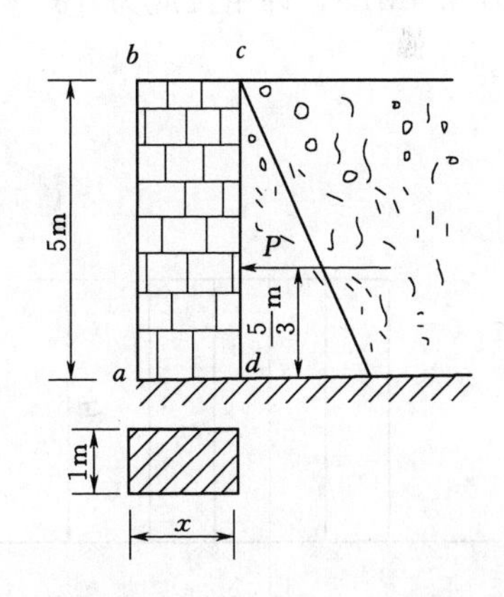

图 3.143 砖砌挡土墙示意图

5. 挡住泥土的土墙如图 3.144 所示。墙体的容重 $\gamma=18kN/m^3$，泥土的压力 q 是水平方向的，并且沿墙的高度按三角形规律分布，在墙根的最大的压力 $q_{max}=15kN/m^3$。试求墙底的最大和最小压应力。

6. 如图 3.145 所示为两种高为 $H=7m$ 的混凝土堤坝的横截面。若取混凝土的容重为

$\gamma=20\text{kN/m}^3$，为使堤坝的底部不受拉应力，试求坝必须的宽度 a_1 和 a_2。

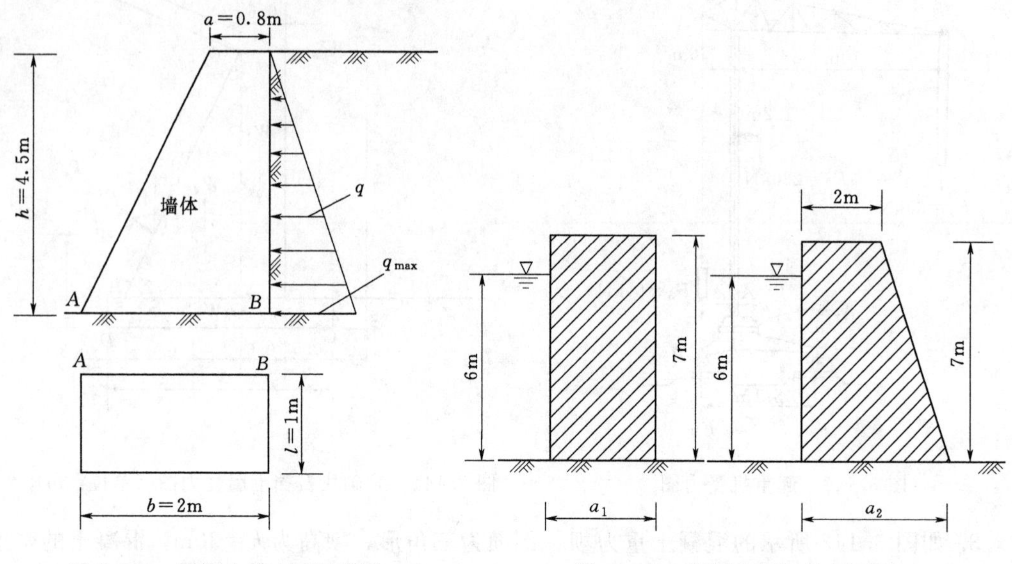

图 3.144　挡泥土的土墙示意图　　　　图 3.145　混凝土堤坝的剖面图

7. 有一圆柱形塔（图 3.146），高为 H，内径为 d_1，外径为 d_2，并有微小倾斜。试问与竖直线所成最大许用倾角 α 为多少时，才能使塔中不产生拉应力（仅考虑塔的自重荷载）?

8. 如图 3.147 所示为某浆砌石挡土墙，墙高 4m，已知墙背承受土压力 $F=137\text{kN}$，并且与铅垂线成 $\alpha=45.7°$，浆砌石的重度为 23kN/m^3，其他尺寸如图 3.147 所示，试取 1m 长墙体作为计算对象，计算 AB 截面上 A 点与 B 点的正应力，又砌体的许用压应力 $[\sigma^-]$ 为 3.5MPa，许用拉应力 $[\sigma^+]$ 为 0.14MPa，试做强度校核。

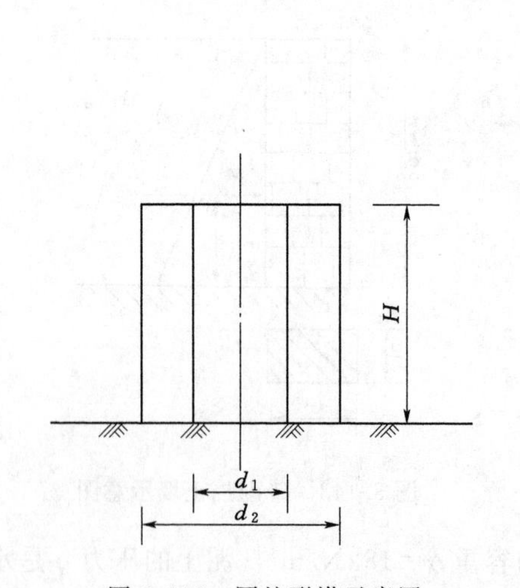

图 3.146　圆柱形塔示意图

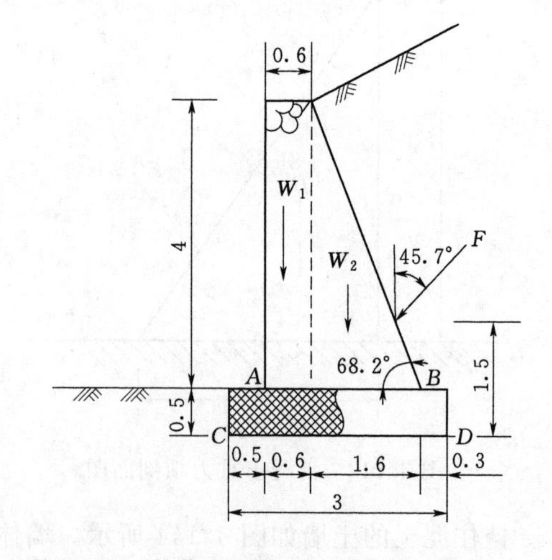

图 3.147　某浆砌石挡土墙受力图（单位：m）

9. 如图 3.148 所示混凝土坝的高度为 h，坝外水面与坝顶相平，设混凝土坝不能抵抗拉应力，又知混凝土的密度是水的 2.5 倍，试按以下两种情况计算坝所需的厚度。

（1）坝截面为矩形。

（2）坝截面为三角形。

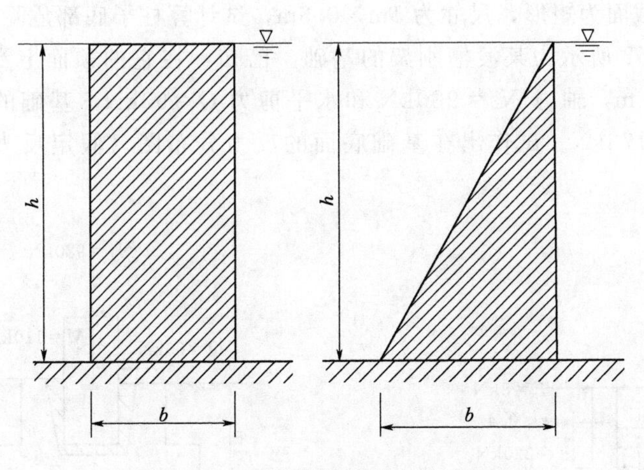

图 3.148　两种情况混凝土坝示意图

10. 厂房的边柱，受屋顶传来的荷载 $P_1=120\text{kN}$ 及吊车传来的荷载 $P_2=100\text{kN}$ 作用，柱的自重 $G=77\text{kN}$，底截面如图 3.149 所示。求：

（1）底截面上的正应力分布图。

（2）若在柱的左侧又受到墙壁传来的向右风力 $q=1\text{kN/m}$ 作用，求底截面上的正应力分布图。

11. 如图 3.150 所示为某渡槽的空心墩。已知：墩上承受的水重 $W_3=2400\text{kN}$，渡槽槽身重 $W_2=2143\text{kN}$，在截面 AB 以上部分墩身的自重 $W_1=5115\text{kN}$，风压力对截面 AB 上 $y-y$ 轴产生的力矩 $M_y=7514\text{kN}\cdot\text{m}$，截面 AB 的面积 $A=4.67\text{m}^2$，抗弯截面模量 $W_z=6.42\text{m}^3$。试求作用在截面 AB 上的最大正应力和最小正应力。

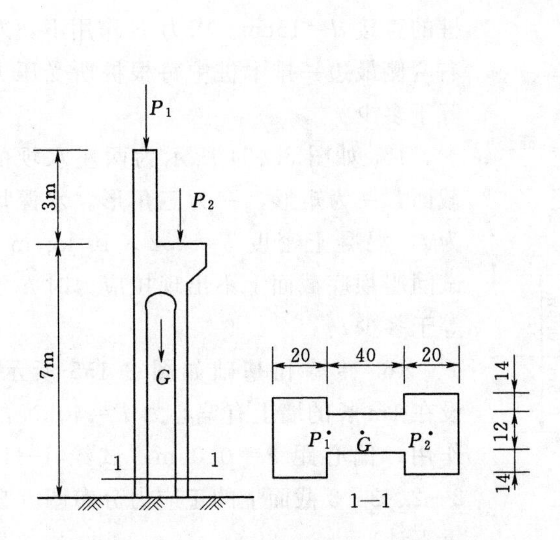

图 3.149　厂房边柱示意图（单位：cm）

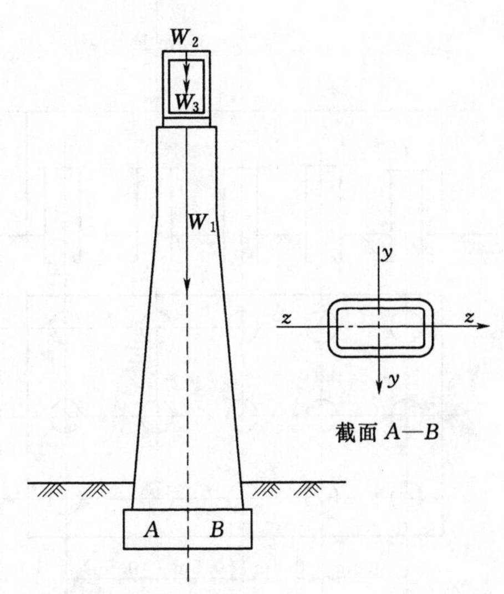

图 3.150　某渡槽的空心墩示意图

12. 如图 3.151 所示某厂房柱子，受到起重机梁的铅垂轮压 $F=220\text{kN}$，屋架传给柱顶的水平力 $F_x=8\text{kN}$，及风荷载 $q=1\text{kN/m}$ 的作用。力 F 的作用线离柱的轴线的距离 $e=0.4\text{m}$，柱子底部截面为矩形，尺寸为 $1\text{m}\times0.3\text{m}$，试计算柱子底部危险点的应力。

13. 如图 3.152 所示为某渡槽刚架的基础。已知：在它的顶面上受到由柱子传来的弯矩 $M=110\text{kN}\cdot\text{m}$，轴力 $N_1=980\text{kN}$ 和水平剪力 $Q=60\text{kN}$，基础的自重和基础上土重的总重为 $N_2=173\text{kN}$。试作出在基础底面的反力分布图（假定反力是按直线规律分布的）。

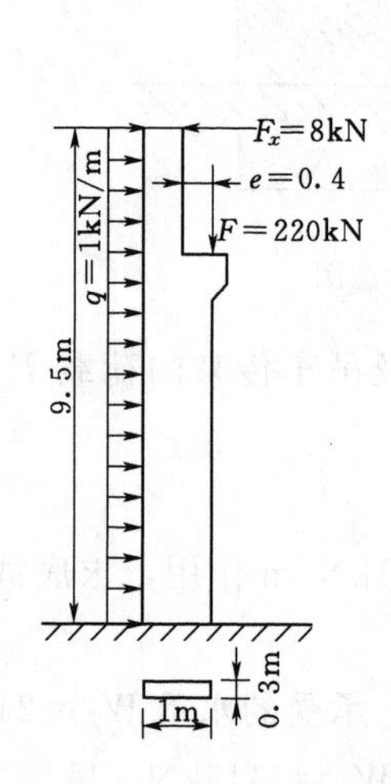

图 3.151　某厂房柱子示意图

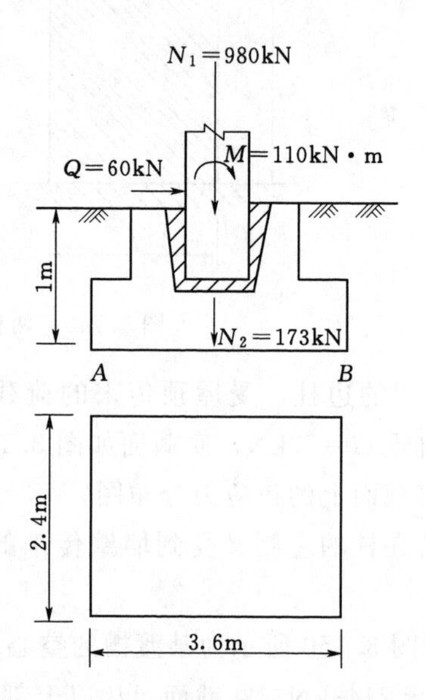

图 3.152　某渡槽刚架的基础示意图

14. 某混凝土桩基础，受偏心压力 $F=1000\text{kN}$ 作用，偏心距 $e=0.5\text{m}$。由 15 根木桩支承，桩的排列如图 3.153 所示。假设桩的直接 $d=15\text{cm}$。求力 F 作用下，左右两侧最边一排木桩中每根桩所受压力等于多少？

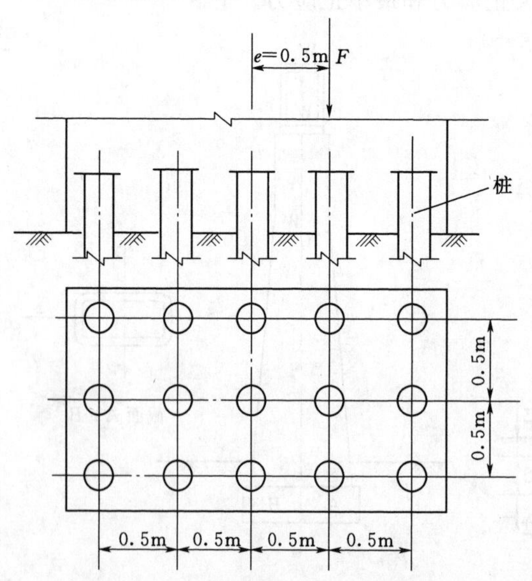

图 3.153　某混凝土桩基础示意图

15. 如图 3.154 所示为两座水坝的截面，一为矩形，一为三角形。水深均为 l，混凝土密度 $\rho=2.2\times10^3\text{kg/m}^3$。试问当坝底截面上不出现拉应力时 h 各等于多少 l？

16. 砖墙和基础如图 3.155 所示。设在 1m 长的墙上有偏心力 $P=40\text{kN}$ 的作用，偏心距 $e=0.05\text{m}$。试绘 1—1、2—2、3—3 截面上的正应力分布图（自重不计）。

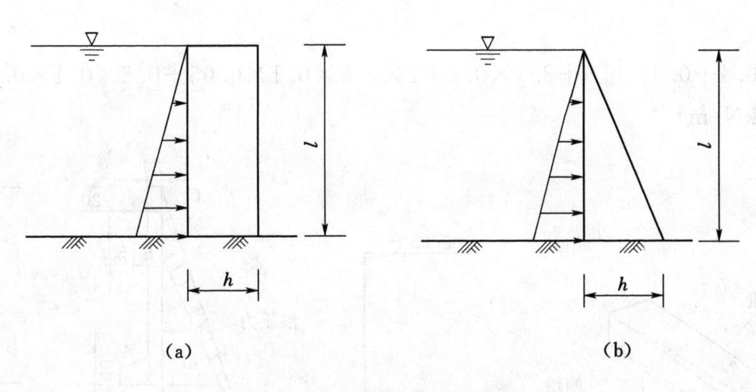

图 3.154 水坝截面示意图

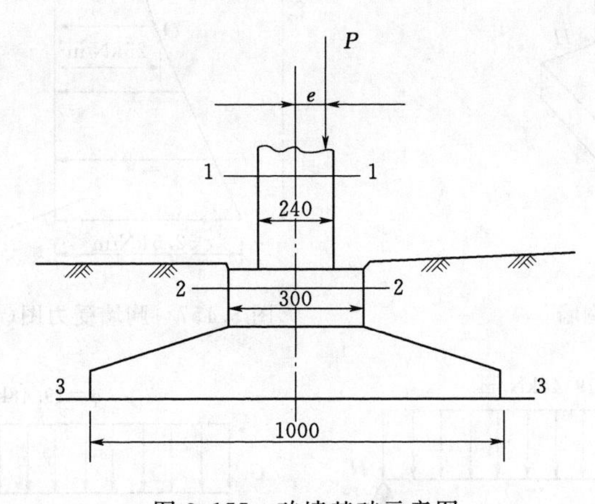

图 3.155 砖墙基础示意图

17. 为什么计算拱圈厚度和中心角时假定拱圈截面上的应力是均匀分布的，计算拱冠梁截面时假定应力分布是线性的？

3.6.2 弯曲与扭转组合

【问题】 胸墙底梁自重应力验算。

分析： 胸墙的顶梁与底梁均承受墙板传来的水平力和扭矩（墙板的支座弯矩）。当梁简支于闸墩时，可只考虑墙板传来的水平力，而不考虑弯矩的作用。当梁固支于闸墩时，水平力和扭矩均应考虑。考虑扭矩对梁的扭曲作用，应把梁作为弯扭构件进行计算。

如图 3.156 所示的水闸胸墙，其顶梁及底梁与闸墩整接，在墙板承受水压力而发生变形时，顶、底梁也随之受扭。

已知胸墙资料（同 3.2 节［工程实例 2］中的［例题］）如图 3.157 所示，对胸墙底梁进行自重应力验算（弯扭组合）。

说明：P_A、P'_A为静水压力和浪压力之和，O 点为浪压力终点，对应的高程为 102.75m，对应的静水压力和浪压力之和为 25kN/m。

解：

底梁先浇，待有强度后，将它当做浇筑墙板和上横梁时的支撑梁。如图 3.158 所示，

梁上荷载为

$$q=(0.3\times0.4+0.4\times0.6+2.1\times0.2+2\times0.5\times0.1\times0.05+0.5\times0.1\times0.2)\times24.5$$
$$=19.48(\text{kN/m})$$

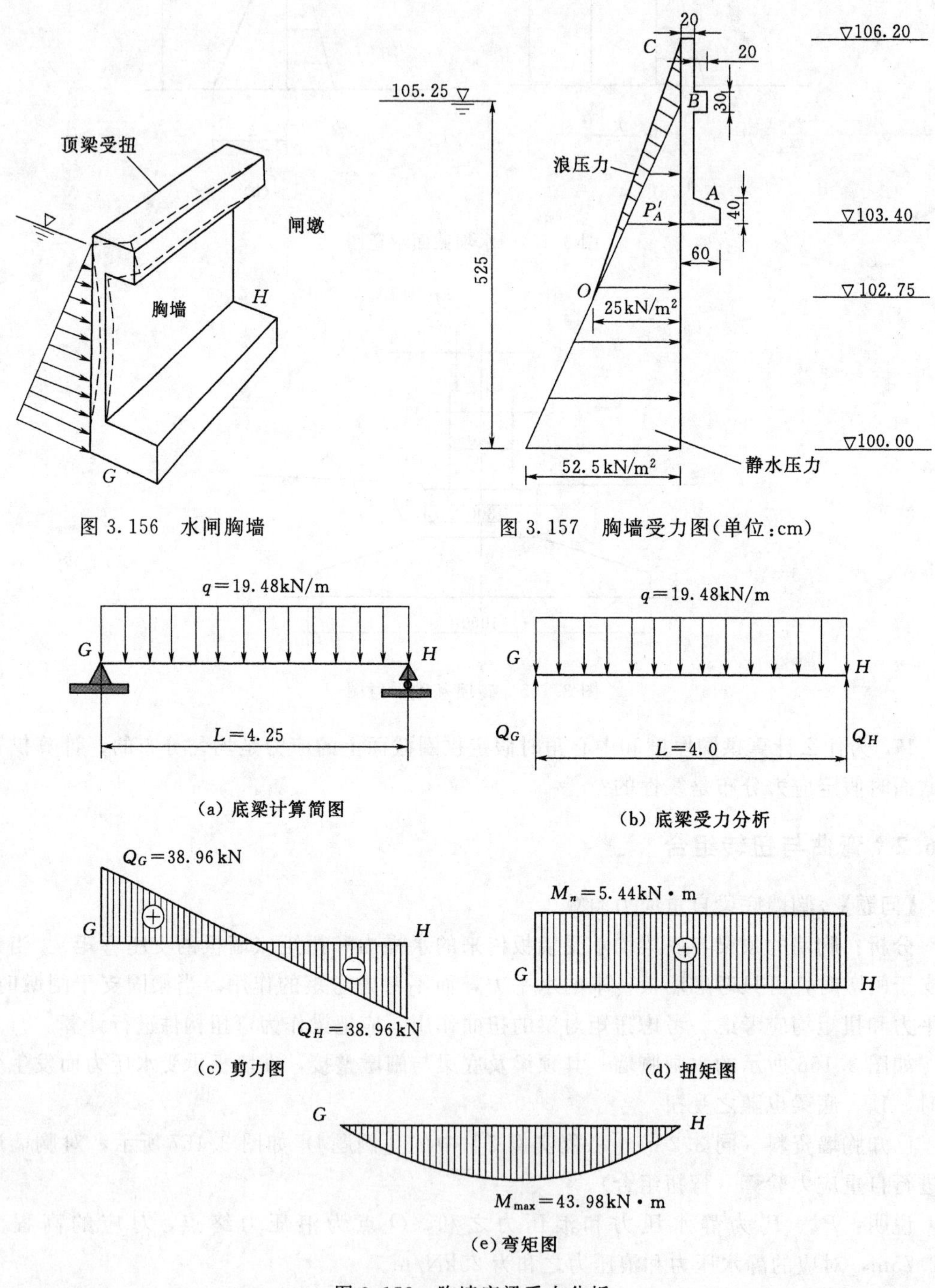

图 3.156　水闸胸墙

图 3.157　胸墙受力图(单位:cm)

(a) 底梁计算简图

(b) 底梁受力分析

(c) 剪力图

(d) 扭矩图

(e) 弯矩图

图 3.158　胸墙底梁受力分析

$$Q_G=Q_H=19.48\times4.0\times\frac{1}{2}=38.96(\text{kN})$$

$$M_{\max}=\frac{1}{8}\times19.48\times4.25^2=43.98(\text{kN}\cdot\text{m})$$

墙板和上横梁的重力近似地认为作用在墙板中心线上，由此产生的扭矩为

$$M_n=(0.3\times0.4+2.1\times0.2+2\times0.5\times0.1\times0.05+0.5\times0.1\times0.2)\times\frac{4.0}{2}\times2.45\times(0.3-0.1)=5.44(\text{kN}\cdot\text{m})$$

【例题】 已知钻探机杆的外径 $D=60\text{mm}$，内径 $d=50\text{mm}$，功率 $P=7.46\text{kW}$，转速 $n=180\text{r/min}$，转杆入土深度 $l=40\text{m}$，$G=80\text{GPa}$，$[\tau]=40\text{MPa}$。设土壤对钻杆的阻力是沿长度均匀分布的［图 3.159（a）］，试求：

（1）单位长度上土壤对钻杆的阻力矩 m。

（2）作钻杆的扭矩图，并进行强度校核。

（3）A、B 两截面相对扭转角。

分析： 根据题意，该题为圆轴扭转问题，土壤对钻杆的阻力形成扭力矩作用在钻杆上，并沿钻杆长度方向均匀分布。

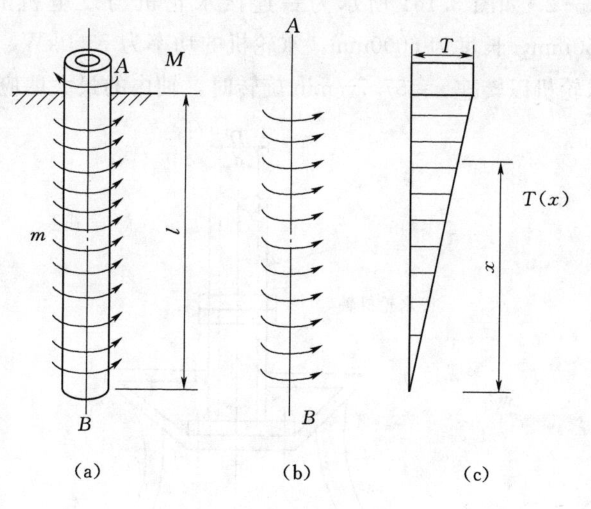

图 3.159 钻探机杆受力分析

解：

（1）求阻力矩集度 m。设钻机输出功率完全用于克服土壤阻力，则有

$$T=9549\frac{P}{n}=9549\times\frac{7.46}{180}=390(\text{N}\cdot\text{m})$$

单位长度阻力矩

$$m=\frac{T}{l}=\frac{390}{40}=9.75(\text{N}\cdot\text{m/m})$$

（2）作扭矩图，进行强度校核。钻杆的扭矩图如图 3.159（c）所示，最大扭矩出现在 A 截面，所以 A 截面为危险截面。其上最大切应力为

$$\tau_{\max}=\frac{T_{\max}R}{I_P}=\frac{390\times0.030}{\frac{\pi}{32}\times(0.060^4-0.050^4)}=17.7(\text{MPa})<[\tau]$$

满足强度要求。

（3）计算 A、B 两截面相对扭转角 φ_{AB}。

$$\varphi_{AB}=\int_0^l \frac{T(x)}{GI_P}\mathrm{d}x=\int_0^l \frac{T\frac{x}{l}}{GI_P}\mathrm{d}x=\frac{Tl}{2GI_P}$$

$$=\frac{32\times390\times40}{2\times80\times10^9\pi\times(0.060^4-0.050^4)}$$

$$=0.148(\mathrm{rad})=8.48°$$

习　题

1. 发电量为 15000kW 的水轮机主轴如图 3.160 所示，$D=55$cm，$d=30$cm，正常转速 $n=250$r/min，材料的许用剪应力 $[\tau]=50$MPa。试校核该水轮机主轴的强度。

2. 如图 3.161 所示为一连接水轮机与发电机的实心钢轴。已知轴横截面的直径为 650mm，长度为 6000mm，水轮机的功率为 7350kW，钢材的剪切弹性模量 $G=79$GPa。问当水轮机以转速 $n=57.7$r/min 旋转时，轴内的最大剪应力和轴两端的相对扭转角各为多大？

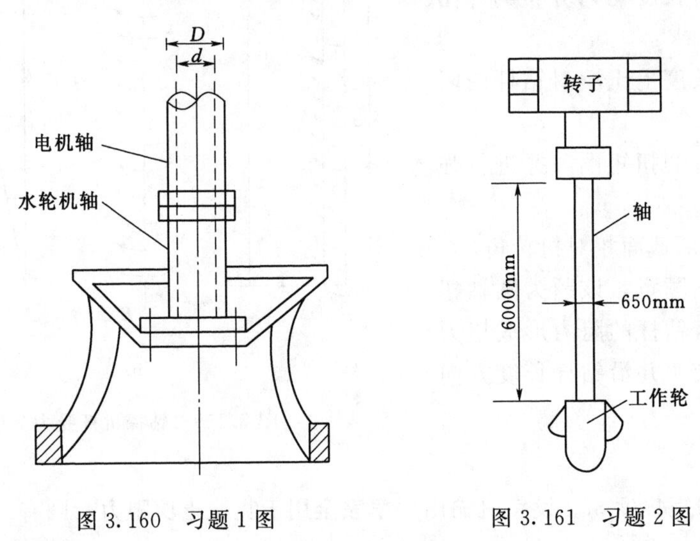

图 3.160　习题 1 图　　图 3.161　习题 2 图

3.7　压杆稳定

【问题】　平面闸门纵向联结系内力计算。

分析：纵向联结系（又称门背联结系）（图 3.162）位于闸门各主梁受拉翼缘之间的纵向竖平面内。它的主要作用是：承受闸门自重和其他竖向荷载；保证闸门在竖平面内的刚度；另外与主梁构成封闭体系共同承受由于偶然外力作用而引起闸门的扭转。

纵向联结系的形式有桁架式［图 3.163 和图 3.164 (a)、(b)］和框架式［图 3.164 (c)］两种。在双主梁闸门中，当跨度大于 6m 时常采用桁架式（图 3.164）。在起吊闸门时，由于该桁架要承担一部分闸门自重，所以也称为起重桁架。它的弦杆即是上、下主梁的下翼缘或主桁架的下弦杆，其竖杆即是横向桁架的下弦杆或横向隔板的下翼缘，只有斜杆是另设的，它被支承在闸门两边梁或装置吊耳的横向联结系上。对于上述这些共用杆

图 3.162 平面闸门纵向联结系（门背联结系）

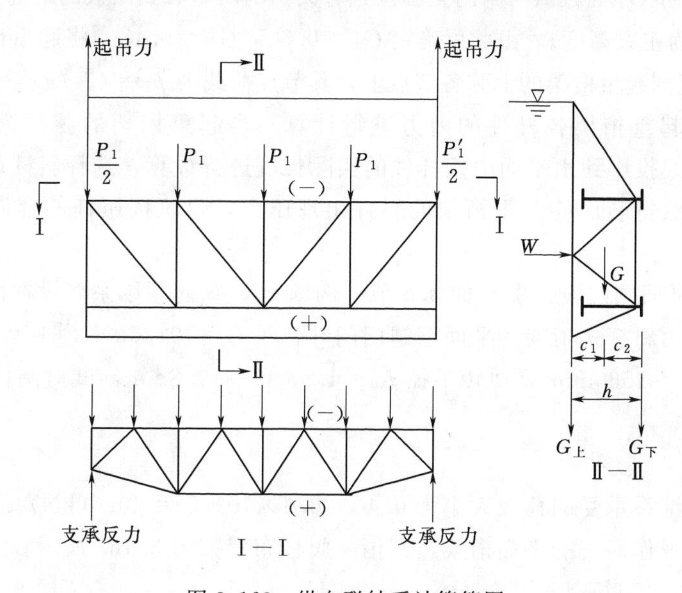

图 3.163 纵向联结系计算简图

件，设计时应考虑其内力叠加。

桁架的杆件，依其所在位置不同，可分为弦杆和腹杆两类。弦杆是指桁架上、下外围的杆件，上边的杆件称为上弦杆，下边的杆件称为下弦杆。桁架上弦杆和下弦杆之间的杆件称为腹杆。腹杆又分为竖杆和斜杆。弦杆上相邻两结点之间的区间称为节间。

在跨度较小，主梁数目较多的闸门中，纵向联结系可采用人字形斜杆［图 3.164 (a)，多用于单吊点］或对角斜杆［图 3.164 (b)，多用于双吊点］。也可以采用框架式的

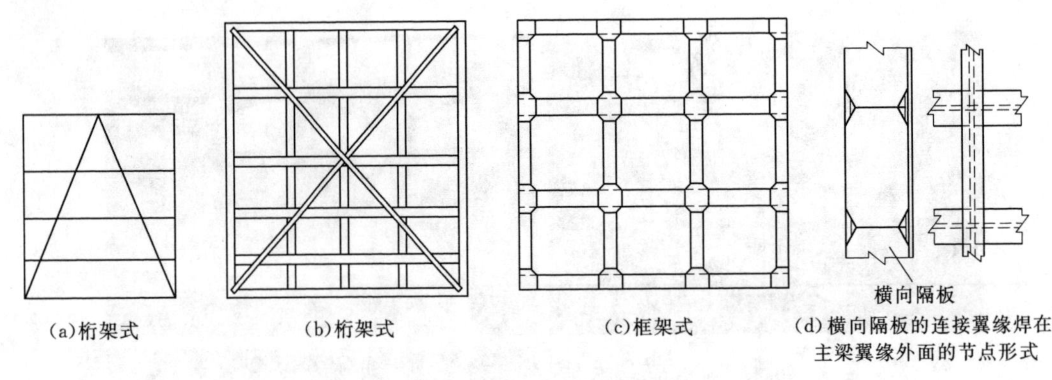

(a)桁架式　(b)桁架式　(c)框架式　(d)横向隔板的连接翼缘焊在主梁翼缘外面的节点形式

图 3.164　纵向联结系的形式

纵向联结系，即在主梁翼缘和横向隔板翼缘相交处设置扩大的节点板而构成刚性节点［图 3.164（c）］，或直接将横向隔板的连续翼缘焊在主梁翼缘的外面［图 3.164（d）］。计算起重桁架时，主要考虑闸门自重的作用。

解：

当起吊闸门离开底坎后，闸门沿跨度方向分布的自重将通过面板和下游的起重桁架传到边梁或装有吊耳的横隔板上。面板与起重桁架所分担的门重分别用 $G_{上}$ 和 $G_{下}$ 表示（图 3.163）。显然 $G_{上}$ 和 $G_{下}$ 的数值与闸门重心位置有关。闸门重心到面板的距离通常偏于安全地取 $C_1=0.4h$（h 为主梁高度），由此可确定 $G_{上}=0.6G$，$G_{下}=0.4G$。将起重桁架所分担的自重 0.4G 平均分配到起重桁架的上弦各节点上，其节点荷载为 $p_1=G_{下}/n$，其中 n 为节间数。

然后即可对起重桁架各杆件的内力进行计算。当起重桁架的弦杆为折线形时（图 3.163），应将桁架投影到水平面内按杆件的实际长度进行计算，选择斜杆截面时，还应考虑闸门可能因偶然扭转而使起重桁架的斜杆出现压力，建议按压杆的容许长细比 $[\lambda]=150$ 来校核。

【例题 1】 平面闸门设计资料如 3.3 节［例题 1］，纵向联结系，设在两个主梁下翼缘的竖平面内，采用斜杆式桁架。平面钢闸门门叶自重 $G=101.5\text{kN}$，$[\lambda]=200$，角钢截面面积 $A=15.6\text{cm}^2=1560\text{mm}^2$，回转半径 $i_{y0}=1.98\text{cm}=19.8\text{mm}$，试对闸门纵向联结系进行强度校核。

解：

下游纵向联结系承受的荷载大小为 $0.4G=0.4\times101.55=40.6(\text{kN})$。

纵向联结系视作简支的平面桁架，其桁架腹杆布置如图 3.165 所示。

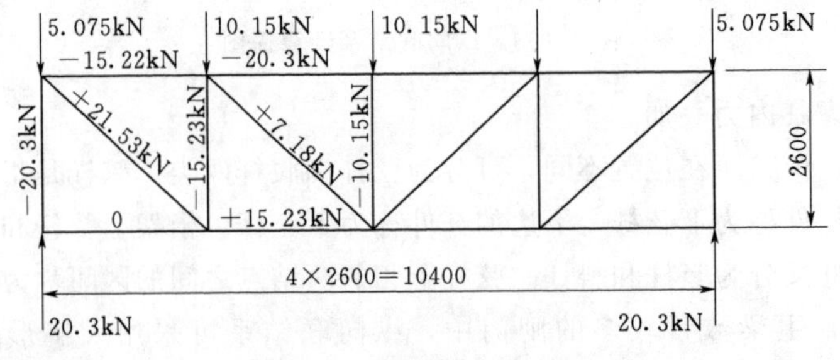

图 3.165　纵向联结系计算图

其节点荷载为

$$\frac{40.6}{4}=101.5(\text{kN})$$

杆件内力计算结果如图 3.165 所示。

斜杆承受最大拉力

$$N=21.53\ (\text{kN})$$

斜杆计算长度

$$l_0=0.9\times\sqrt{2.6^2+2.6^2+0.4^2}=3.33(\text{m})$$

长细比

$$\lambda=\frac{l_0}{i_{y0}}=\frac{3.33\times10^3}{19.8}=168.2<[\lambda]=200$$

验算拉杆强度：

$$\sigma=\frac{21.53\times10^3}{1560}=13.8(\text{N/mm}^2)<0.85[\sigma]=133(\text{N/mm}^2)$$

上式考虑单角钢受力偏心的影响，将容许应力降低 15％进行强度验算，强度满足条件。

【例题 2】 如图 3.166 所示，试分析图中平板坝肋墩的稳定性。

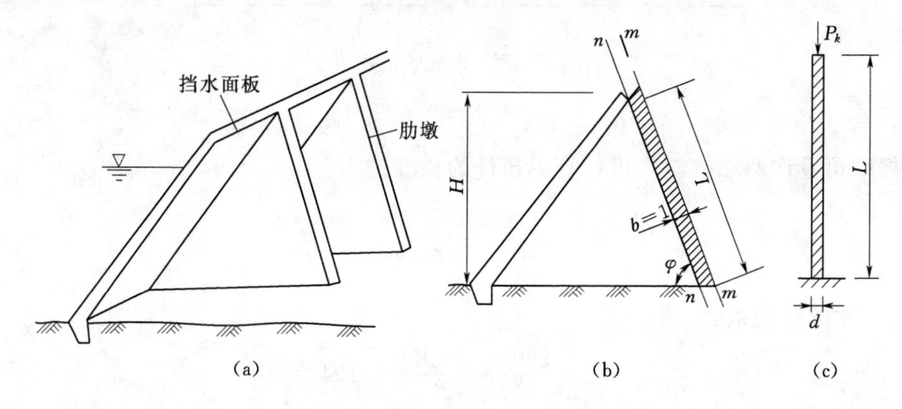

图 3.166 平板坝示意图

解：

在分析平板坝肋墩的稳定性时，通常采用如下分析方法。

应用两个平行于下游面的平面 m—m、n—n，从肋墩中切出一个 $b=1$ 的单位宽度的柱体，然后把它当作一端固定一端自由的压杆，用欧拉公式来计算它的临界压力和临界应力。切出的杆如图 3.166（c）所示。

杆的长度为

$$L=\frac{H}{\sin\varphi}$$

因为杆的支承方式可以看作一端固定一端自由，故杆的计算长度为 $L_k=2L$，截面的形心惯性矩 $J=\frac{d^3}{12}$，代入欧拉公式，得出临界压力为

$$P_k=\frac{\pi^2 EJ}{L_k^2}=\frac{\pi^2 E\frac{d^3}{12}}{(2L)^2}=\frac{\pi^2 E\frac{d^3}{12}}{\left(2\frac{H}{\sin\varphi}\right)^2}=\frac{\pi^2 Ed^3\sin^2\varphi}{48H^2}$$

故肋墩的临界应力为

$$\sigma_k=\frac{P_k}{F}=\frac{P_k}{d}=\frac{\pi^2 Ed^2\sin^2\varphi}{48H^2}$$

【例题 3】 有一木屋架如图 3.167 所示，试对其中的压杆 AB 进行稳定校核，已知杆的长度 $l=3.6$m，两端都可看作为铰接，轴向压力 $N=18.72$kN，材料为 TC13 红松，其顺纹许用压力 $[\sigma]=13$MPa，采用圆木，其平均直径 $d=120$mm。

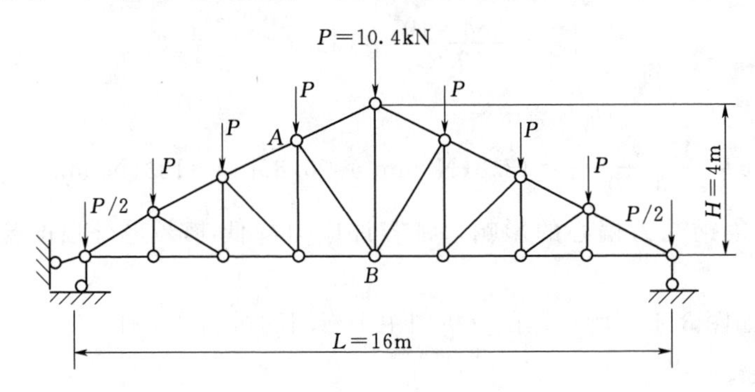

图 3.167　木屋架示意图

解：

因杆端可看作两端铰链，可计算 AB 杆的长细比为

$$\lambda=\frac{\mu l}{r}=\frac{\mu l}{\frac{d}{4}}=\frac{1\times 3600}{\frac{120}{4}}=120>91$$

TC13 红松木的稳定系数

$$\varphi=\frac{2800}{\lambda^2}=\frac{2800}{120^2}=0.194$$

稳定许用应力

$$[\sigma_{cr}]=\varphi[\sigma]=0.194\times 13\times 10^6=2.53(\text{MPa})$$

AB 杆的工作应力

$$\sigma=\frac{N}{A}=\frac{18.72\times 10^3}{\frac{\pi}{4}\times 120^2}=1.66(\text{MPa})<[\sigma_{cr}]$$

故 AB 杆满足稳定条件。

【例题 4】 厂房有一高 4m，上、下两端均固定的立柱，材料为 Q235 钢，用两根 10 号槽钢组成如图 3.168 所示的组合截面，符合 GBJ 17—88《钢结构设计规范》中的实腹式 b 类截面轴心受压杆的要求。许用压力 $[\sigma]=140$MPa。试求此主柱的许可荷载。

解：

由型钢表查得 10 号槽钢的惯性矩、截面面积以及形心位置为

$$I_z=198.3\times10^4(\text{mm}^4)$$

$$I_y=25.6\times10^4(\text{mm}^4)$$

$$A=12.74\times10^2(\text{mm}^2)$$

$$z_o=15.2(\text{mm})$$

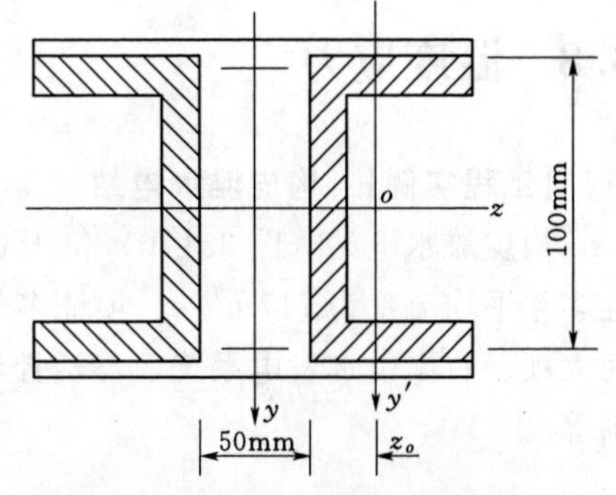

图 3.168 组合截面示意图

求得组合截面的惯性矩为

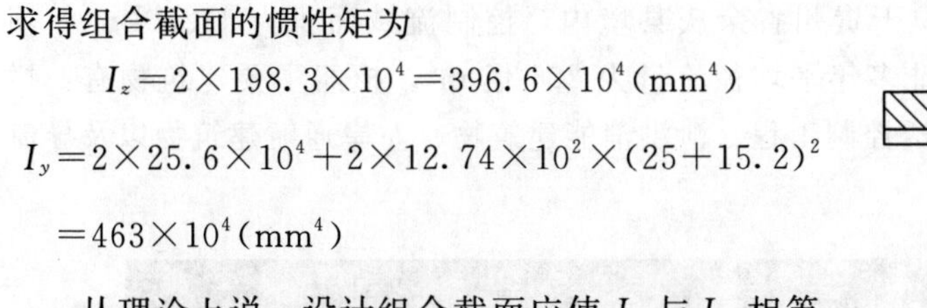

$$I_z=2\times198.3\times10^4=396.6\times10^4(\text{mm}^4)$$

$$I_y=2\times25.6\times10^4+2\times12.74\times10^2\times(25+15.2)^2$$

$$=463\times10^4(\text{mm}^4)$$

从理论上说，设计组合截面应使 I_z 与 I_y 相等，但实际上很难保证缀板能使两根槽钢联合得像一个整体，故应使槽钢截面对垂直于缀板主轴的惯性矩比另一主轴的惯性矩稍大一些，即应使 $I_y>I_z$，现在由

$$r_{\min}=r_z=\sqrt{\frac{396.6\times10^4}{2\times12.74\times10^2}}=39.4(\text{mm})$$

可计算该立柱的柔度为

$$\lambda_{\max}=\frac{\mu l}{r_{\min}}=\frac{0.5\times4000}{39.4}\approx51$$

查表得相应的 $\varphi=0.852$，于是稳定许应力为

$$[\sigma_{cr}]=\varphi[\sigma]=0.852\times140=119.3(\text{MPa})$$

最后得到此立柱的许可荷载为

$$[P]=A[\sigma_{cr}]=2\times12.74\times10^2\times119.3=303.98(\text{kN})$$

故该立柱可承受的最大轴心压力约为 304kN。

习 题

如图 3.169 所示的挡水墙，由间距为 a 的圆木斜撑杆撑住面板所组成。斜撑杆的直径为 $d=200\text{mm}$，弹性模量 $E=0.9\times10^4\text{MPa}$，比例极限 $\sigma_p=8\text{MPa}$，若要求稳定安全系数 $n_w=5$，求斜撑的最大间距 a。

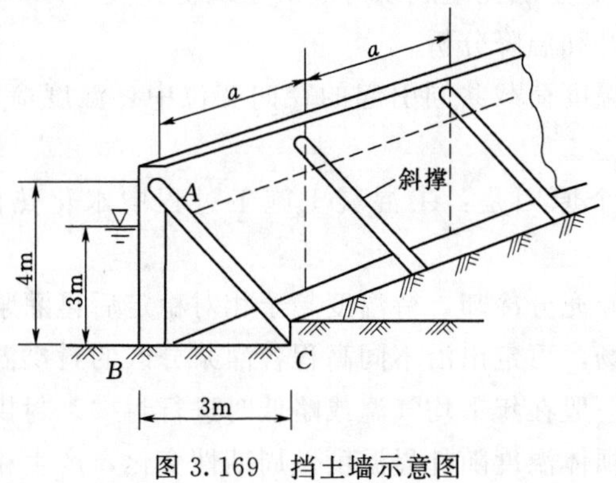

图 3.169 挡土墙示意图

3.8　温度应力

【工程实例】　构皮滩水电站

构皮滩水电站（图 3.170）位于贵州省余庆县境内，控制流域面积为 $43250km^2$，坝址多年平均流量为 $717m^3/s$，坝址多年平均径流量为 226 亿 m^3。枢纽主要建筑物有：拦河大坝、右岸引水发电系统、渗透控制工程、泄洪消能建筑物、左岸通航建筑物以及导流洞等。

图 3.170　乌江构皮滩水电站

构皮滩水电站是乌江干流水电开发的第 5 个梯级电站，拦河大坝为混凝土抛物线形双曲拱坝，最大坝高为 232.5m，为喀斯特地区世界最高的薄拱坝，坝身布置的 6 个溢流表孔、7 个泄洪中孔、2 个放空底孔组成坝身泄洪建筑物。

【问题】　拱坝的温升和温降分析。

分析：在水压力和温度荷载共同引起的径向变位中，温度荷载约占 1/3～1/2，对坝顶部分的影响更大。

产生温度荷载的两个原因是：①混凝土施工过程中水化热的散发；②外界气温的变化。

拱坝是分块浇筑、经充分冷却，待温度趋于相对稳定后再灌浆封拱，形成整体。封拱前，根据坝体稳定温度场，可定出沿不同高程各灌浆分区的封拱温度。封拱温度低有利于降低坝内拉应力，因此一般在年平均气温或略低时进行封拱。封拱温度即作为坝体温升和温降的计算基准，以后坝体温度随外界温度做周期性变化，产生相对于上述稳定温度的改变值。

由于拱座嵌固在基岩中，限制坝体随温度变化而自由伸缩，于是就在坝体内产生了温度应力。坝体温度受外界温度及其变幅、周期、封拱温度、坝体厚度及材料的热学特性等因素制约，在同一高程上沿坝厚呈曲线分布。

当坝体温度低于封拱温度时，坝轴线收缩，使坝体向下游变位，如图 3.171（b）所示，由此产生的弯矩和剪力的方向与水压力作用所产生的相同，但轴力方向相反。

当坝体温度高于封拱温度时，坝轴线伸长，使坝体向上游变位，如图 3.171（c）所示，由此产生的弯矩和剪力的方向与水压力产生的相反，但轴力方向则相同。因此，在一般情况下，温升对坝肩稳定不利，对应力有利；温降对坝肩稳定有利，对应力不利。

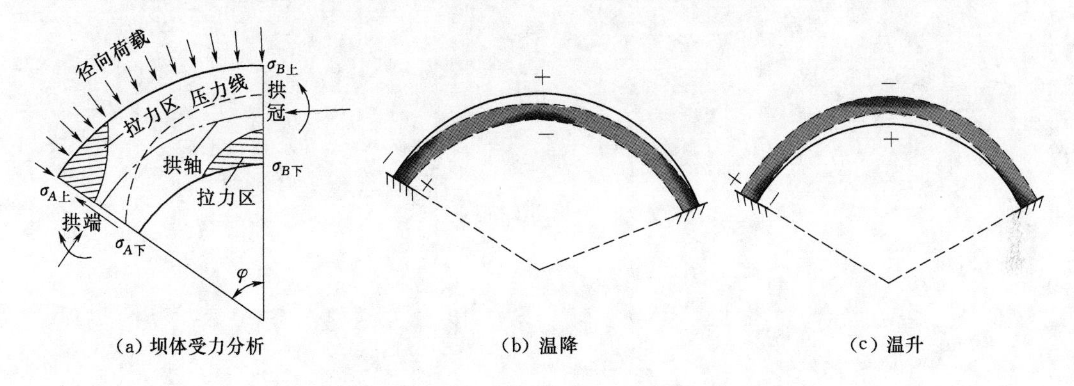

图 3.171　坝体温度变形图

“+”“—”压应力；“−”“—”拉应力

参　考　文　献

［1］　林继镛. 水工建筑物［M］. 北京：中国水利水电出版社，2010.

［2］　孙训方，方孝淑，关来泰. 材料力学［M］. 3 版. 北京：高等教育出版社，1995.

［3］　徐招才，刘申编. 水电站［M］. 北京：中国水利水电出版社，1994.

［4］　张世儒，夏维城. 水闸［M］. 2 版. 北京：水利电力出版社，1988.

［5］　范崇仁. 水工钢结构设计［M］. 北京：水利水电出版社，2000.

［6］　宋森正，张启海. 渡槽设计与电算程序［M］. 山东：山东科学技术出版社，1997.

［7］　华东水利学院. 水闸设计［M］. 上海：上海科学技术出版社，1985.

［8］　刘鸿文. 材料力学［M］. 北京：高等教育出版社，2011.

［9］　汪景琦. 拱坝的计算［M］. 北京：中国工业出版社，1965.

［10］　聂毓琴，孟广伟. 材料力学［M］. 北京：机械工业出版社，2004.

［11］　单辉祖. 材料力学［M］. 北京：高等教育出版社，2009.

［12］　李红云，孔雁，陶昉敏. 材料力学［M］. 北京：机械工业出版社，2015.

［13］　宋子康. 材料力学［M］. 上海：同济大学出版社，1997.

［14］　张新占. 材料力学［M］. 西安：西北工业大学出版社，2004.

［15］　苏志平. 材料力学［M］. 北京：中国建材工业出版社，2004.

［16］　秦飞. 材料力学［M］. 北京：科学出版社，2012.

［17］　佘斌，高慧，孔海陵，等. 材料力学［M］. 北京：机械工业出版社，2014.

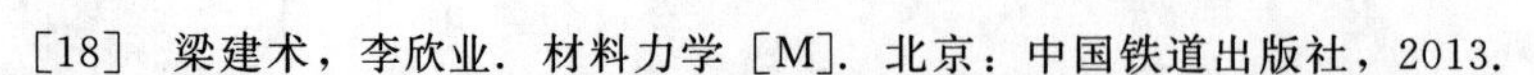

[18]　梁建术，李欣业．材料力学［M］．北京：中国铁道出版社，2013.
[19]　黎明发，张开银，黄莉．材料力学［M］．北京：科学出版社，2007.
[20]　赵鲁光．水工钢筋混凝土结构习题与课程设计［M］．北京：中国水利水电出版社，1998.
[21]　赵诒枢，尹长城，沈勇．理论力学习题详解［M］．武汉：华中科技大学出版社，2004.
[22]　邓训，徐远杰．材料力学［M］．武汉：武汉大学出版社，2002.

第4章　水力学在水利工程中的应用

水力学主要研究液体的机械运动规律及其在生产实践中的应用，通常包括水静力学和水动力学两方面内容。根据液流运动特点，水力学形成了很多各具特色的学科分支，如管道水力学、河渠水力学、水工建筑物水力学、水力机械水力学、河口海岸动力学、地下水水力学等。

水力学在水利工程建设上有着非常广泛的应用，如水利工程中的水闸、土石坝、重力坝等，涉及闸孔出流、堰流、动水作用力、渗流等问题，水电站管道涉及流量、压强、水击、气蚀等水力学问题。

水静力学研究液体在静止或相对平衡状态下的力学规律及其应用，确定液体内部压强分布及液体对固体接触面的压力，以解决蓄水容器，输水管渠，挡水构筑物以及与水作用的构筑物（如水池、水箱、水管、闸门、堤坝、船舶等）的静力荷载计算问题。

水动力学研究液体在运动状态下的力学规律及其应用，主要探讨管流、明渠流、堰流、闸孔出流、射流、多孔介质渗流等的流动规律，以及流速、流量、水深、压力、水工建筑物结构计算等，以解决给水排水、道路桥涵、农田排灌、水力发电、防洪除涝、河道整治及港口工程中的水力学问题。

传统水力学主要随着水利工程（用于防洪、灌溉、水电、水运等）的发展而发展起来的，主要研究水在相对平衡（包括静止）状态时的规律，确定水体对各种边界（包括水工建筑物、河床和孔隙介质等）的作用力；研究在各种情况下所形成的各种水流现象及运动规律，分析各种边界条件下的过水能力、水力荷载、水能消耗、水流形态和混合输移等，为水利工程的勘测、规划、设计、施工和运行管理等提供依据。

现代水力学的主要研究领域已从传统的水利工程扩展为水资源的开发、管理及其对环境的影响，日益遍及各个生产部门，并崛起了一批新兴的水力学分支（如水资源水力学、环境水力学等），研究内容已从水量扩展到水质、单相流动扩展到多相流动、等温流动扩展到变温流动等，其研究方法也有显著的进步与变化，包括实验技术的现代化、计算水力学的建立等，对于水力学的发展将会产生深远的影响。

由于水利工程中常见的液体是水，所以研究对象就以水为代表，统称为“水力学”。

4.1　水静力学问题

4.1.1　概述

水静力学研究处于静止或相对静止状态下的液体对边界的作用力。水利工程中，分析坝体基本剖面，核算坝体、闸室、堤防、码头等水工建筑物的稳定性，计算闸门开启力等情况，就属于水静力学范畴。

由于静止状态的液体内部质点间不存在相对运动，因此可以不考虑液体黏性，表面力只有压应力。对于挡水坝坝面、闸门、桥墩、涵洞等常见建筑物，其受压面为平面或曲面，工程上常根据作用面的特点，将水静力学问题分成平面与曲面上静水总压力计算两类（图 4.1 和图 4.2）。

平面静水总压力常采用图解法（适用于矩形平面）或解析法确定，曲面静水总压力采用“先分力，再合成总力”的力学原理，其中确定铅垂方向的分力需确定压力体体积。

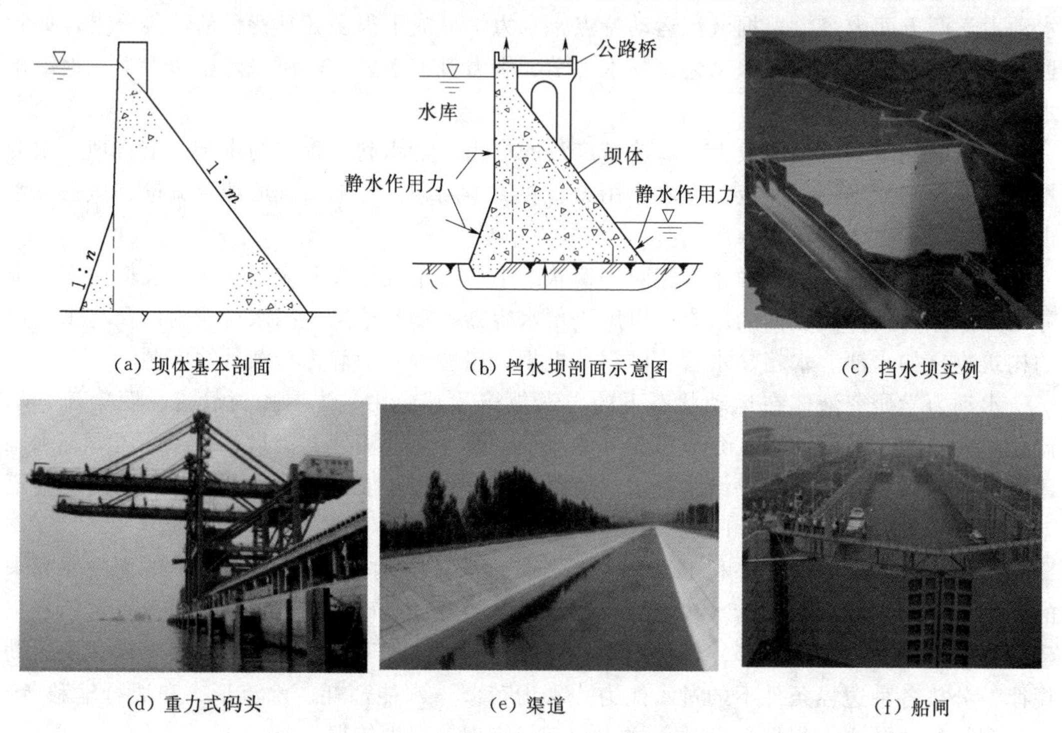

(a) 坝体基本剖面　(b) 挡水坝剖面示意图　(c) 挡水坝实例

(d) 重力式码头　(e) 渠道　(f) 船闸

图 4.1　水静力学应用举例（平面）

(a) 弧形闸门

(b) 拱坝

图 4.2　水静力学应用举例（曲面）

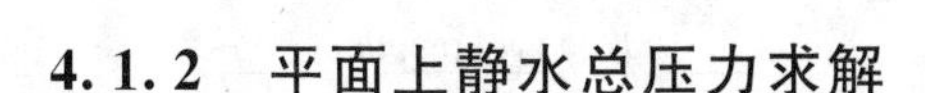

4.1.2 平面上静水总压力求解

【工程实例 1】 水布垭水电站

水布垭水利枢纽坝址位于湖北省巴东县境内，上距恩施市 117km，下距隔河岩水利枢纽 92km，主体建筑物有混凝土面板堆石坝、河岸式溢洪道、右岸地下式电站厂房和放空洞等，总库容 45.8 亿 m^3，装机容量 184 万 kW，是以发电、防洪、航运为主，并兼顾其他功能的一等大型水利枢纽工程。

水布垭水利枢纽坝轴线长 660m，最大坝高为 233m，坝顶宽 12m，面板厚 0.3～1.1m，为目前世界上最高的混凝土面板堆石坝（图 4.3）。

图 4.3 水布垭水利枢纽

【例题】 水布垭水利枢纽正常蓄水位为 400.00m，面板堆石坝剖面如图 4.4 所示，大坝上游坝坡 1：1.4，下游平均坝坡 1：1.4。求最大坝高处单位宽度所受的静水总压力 P。

分析： 为满足大坝稳定及强度要求，确保大坝安全，需要分析并确定坝体的各种荷载，其中静水压力是重力坝的主要荷载之一。单位宽度坝体上静水压力作用面为矩形，边坡系数 m 为 1.4。

解：

如图 4.5 所示，采用图解法确定静水总压力 P，压强分布图为三角形，设其面积为 A。

坝底高程为 409－233＝176(m)，则水深 H＝400－176＝224(m)。

相对压强分布图面积

$$A=\sqrt{1^2+1.4^2}\rho gH\frac{H}{2}$$

(a)水布垭面板堆石坝

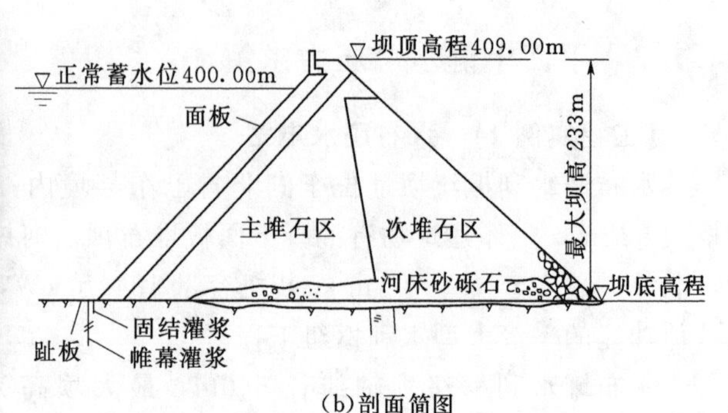

(b)剖面简图

图4.4　水布垭面板堆石坝及其剖面简图

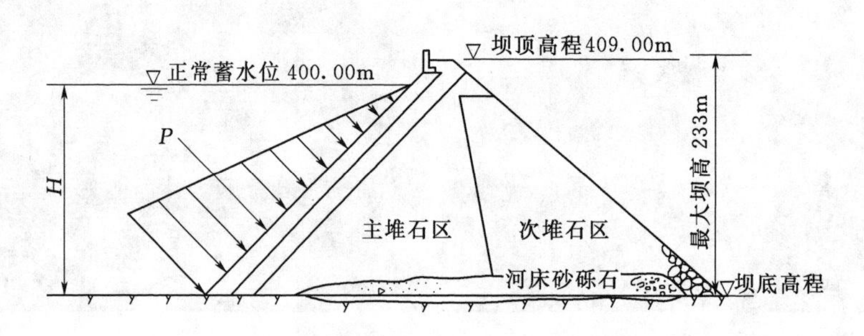

图4.5　水布垭挡水坝静水压力计算示意图

静水总压力

$$P=Ab=\sqrt{1^2+1.4^2}\rho g\frac{H^2 b}{2}=4.23\times10^5(\text{kN})$$

静水总压力作用点距离水面$\frac{2}{3}H=149.3\text{m}$。

【工程实例2】　衡山港千吨级重力式码头

衡山港千吨级重力式码头（图4.6和图4.7）位于衡山县城郊湘江左汊左岸的观湘村，是湘江航运开发株洲航电枢纽工程项目的配套工程，设计年吞吐量18万t，设计年通过能力为22.6万t。码头主体结构采用挡土墙，墙高约17m，码头长80m，码头前沿线布置在河岸顶边线往河外15m处。

按照港口工程技术规范，考虑衡山码头区陆域实际情况，设计河底标高为36.50m，将20年一遇水位51.92m作为设计高水位，39.00m作为设计低水位。

【例题】 根据设计资料，衡山港千吨级码头设计河底标高为36.50m，设计低水位采用39.00m，设计高水位采用51.92m，码头前沿总长度为80m，请分别确定该重力式码头墙身在设计低水位及设计高水位时的静水总压力大小。

解：

(1) 设计低水位时，墙身剖面相对压强分布图为三角形（图4.8），设其面积为A，则相对压强分布图面积为

$$A=\rho gH\frac{H}{2}$$

码头前沿长度

$$b=80\text{m}$$

水深

$$H=39-36.5=2.5(\text{m})$$

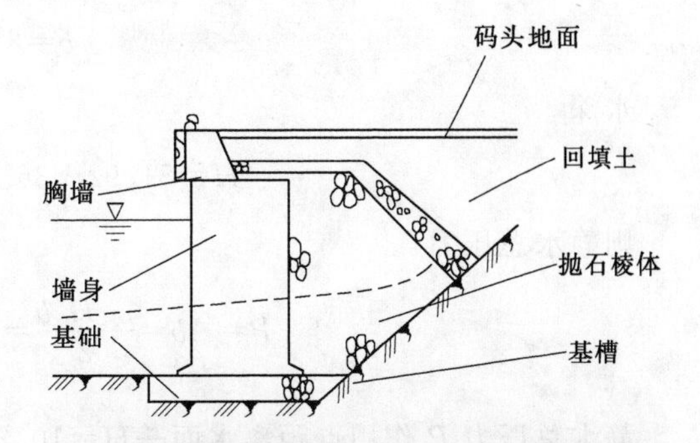

图 4.6 衡山港千吨级重力式码头

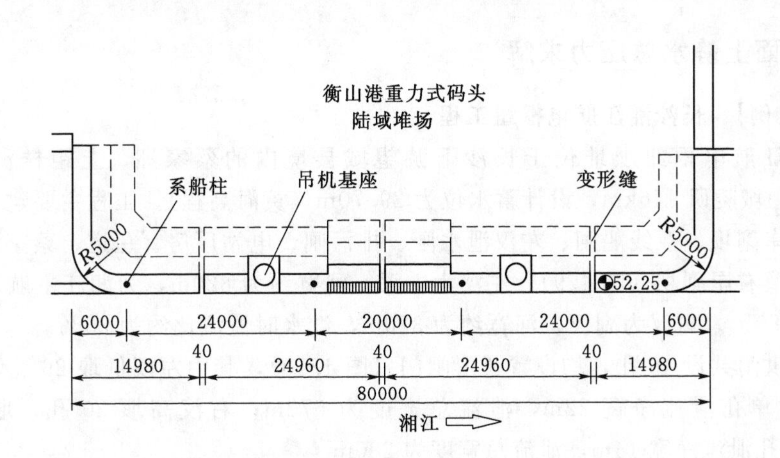

图 4.7 衡山港千吨级重力式码头平面设计图

则静水总压力

$$P=Ab=\frac{\rho g H^2 b}{2}=2450(\text{kN})$$

静水总压力 P 作用点距离水面 $\frac{2}{3}H=1.67\text{m}$。

(2) 设计高水位时，相对压强分布图面积为

$$A=\rho gH\frac{H}{2}$$

码头前沿长度

$$b=80\text{m}$$

水深

$$H=51.92-36.5=15.42(\text{m})$$

则静水总压力

$$P=Ab=\frac{\rho gH^2b}{2}=9.32\times10^4(\text{kN})$$

静水总压力 P 作用点距离水面 $\frac{2}{3}H=10.28\text{m}$。

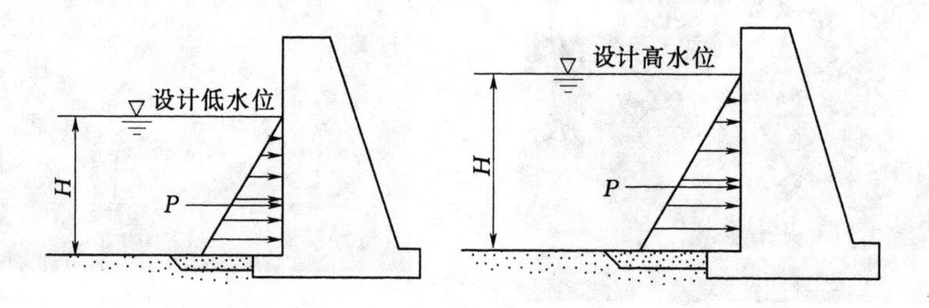

图 4.8　衡山港千吨级重力式码头静水压强分布图

4.1.3　曲面上静水总压力求解

【工程实例】　长沙湘江航电枢纽工程

长沙湘江航电枢纽坝址位于长沙下游望城县境内的蔡家洲，上距株洲航电枢纽 132km，下距城陵矶 146km，设计蓄水位为 29.70m（黄海高程）。工程主要建筑物从左至右依次为左岸副坝、双线船闸、左汊泄水闸、排污闸、电站厂房、鱼道、蔡家洲副坝、右汊泄水闸以及右岸副坝（图 4.9）。左汊为主汊，河宽约为 820m，为湘江主航道，洪水时泄流比约为 80%。右汊为副汊，河宽约为 320m，洪水时泄流比约为 20%。

枢纽泄洪闸共设 46 孔，均设置弧形闸门（图 4.10），其中左汊低堰 26 孔，堰顶高程为 18.50m，单孔泄流净宽 22m，泄流总宽度为 572m；右汊高堰 20 孔，堰顶高程为 25.00m，单孔泄流净宽 14m，泄流总宽度为 280m。

【例题】　长沙湘江航电枢纽工程左汊 26 扇弧形闸门，如图 4.10 所示，请确定水位为 26.50m（黄海高程）时左汊每扇闸门全关挡水时所受的静水总压力 P 大小。

分析： 为配置弧形闸门启闭机械及闸门主梁、次梁、面板及支臂等，需要分析并确定闸门各种荷载，其中静水压力是主要荷载。因题中弧形闸门受压面为柱状曲面，曲面上水深不同的点静水压强方向不同，数值也不同，所以按照静水压力的矢量特点，可分别求水平方向的分力 P_X 及铅垂方向的分力 P_Z，再按照力的合成原理确定静水总压力 P，计算简

图 4.9 长沙湘江航电枢纽工程坝址及枢纽布置

(a) 建设中

(b) 建成运用

图 4.10 长沙湘江航电枢纽弧形闸门

图见图 4.11。

解：

(1) 采用图解法计算水平分力 P_X。如图 4.11 所示，压强分布图为三角形，设其面积为 A，则

$$A=\rho g H \frac{H}{2}$$

水深

$$H=26.5-18.05=8(\mathrm{m})$$

左汊每孔泄流净宽 14m，即闸门宽度 $b=14\mathrm{m}$。

则

$$P_X = Ab = \frac{\rho g H^2 b}{2} = \frac{9.8\times 8^2\times 14}{2}$$
$$= 4.39\times 10^3(\mathrm{kN})$$

水平分力 P_X 作用点距离水面 $\frac{2}{3}H$，约 5.33m。

（2）采用压力体的概念计算铅垂方向分力 P_Z。设不规则的压力体剖面面积为 A'，则

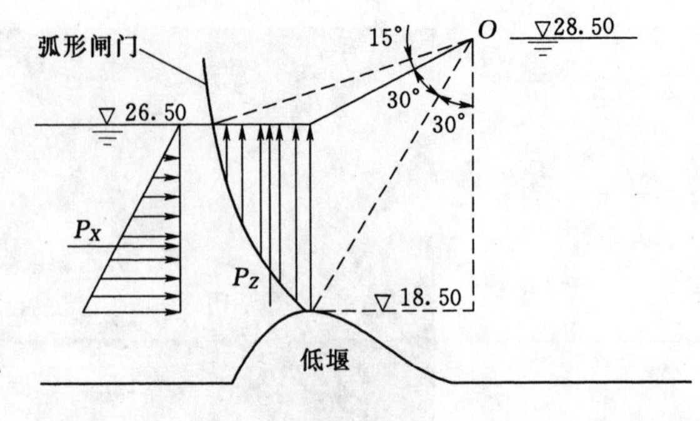

图 4.11　长沙湘江航电枢纽弧形闸门全关时计算简图

$$A' = \frac{\pi r^2}{8} - \frac{1}{2}(4\sin 15° + 4\sin 30°)r$$
$$= 52.36 - 17.53 = 34.83(\mathrm{m}^2)$$
$$P_Z = \rho g A' b = 9.8\times 34.83\times 22 = 5.46\times 10^3(\mathrm{kN})$$

则静水总压力为

$$P = \sqrt{P_X^2 + P_Z^2} = \sqrt{4390^2 + 5460^2} = 7.01\times 10^3(\mathrm{kN})$$

4.1.4　小结

1. 平面上求解静水总压力

（1）泄洪、引水、灌溉、导流等水利工程中，普遍采用平板闸门或弧形闸门作为工作闸门、检修闸门与事故闸门。在作用于闸门的各种荷载中，静水压力是基本荷载之一，其计算方法应该熟练掌握。

（2）平面上的静水压力是工程中计算静水压力相对简单的情形，也是分析曲面静水压力水平分力的基础。对于规则的矩形受压面而言，图解法比较简洁实用。

（3）重力坝在水压力及其他荷载作用下，主要依靠坝体自重产生的抗滑力满足稳定要求，利用坝体自重产生的压应力来抵消由于水压力所引起的拉应力，以满足强度要求。经理论分析与实践证明，重力坝坝体的基本剖面为三角形，上游段可根据要求设置折坡（图 4.12）。

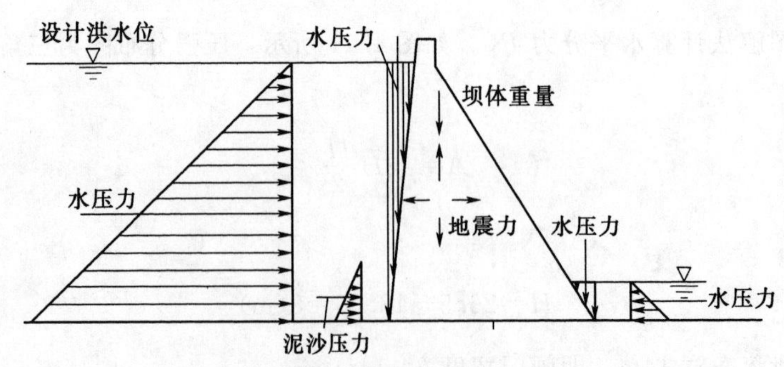

图 4.12　重力坝实用剖面及主要荷载

2. 曲面上求解静水总压力

（1）弧形闸门的启闭力一般较小，无需门槽，水流条件较好，所以广泛用作开敞式溢洪道或泄洪表孔的工作闸门（图 4.13）。

图 4.13　开敞式溢洪道及弧形闸门

（2）弧形闸门上静水压力求解应依据静水压强的基本特性，结合弧形闸门表面的几何特点（图 4.14），依据曲面上静水压力矢量特点，分别确定水平及铅垂方向的分力，再求其合力。

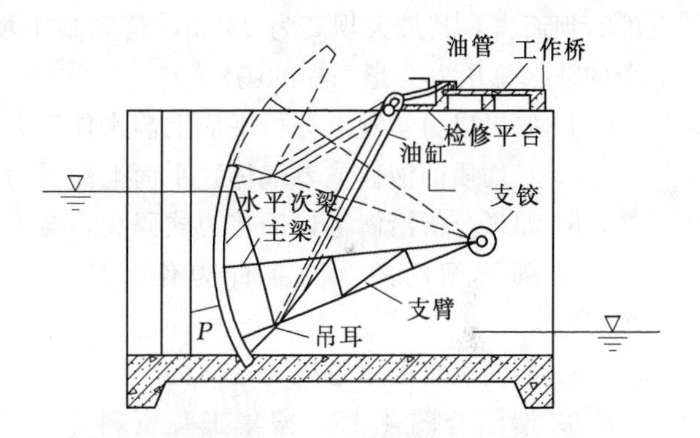

图 4.14　弧形闸门模型及启闭示意图

（3）双曲拱坝。双曲拱坝指的是双向（水平向及竖向）弯曲的拱坝，这是拱坝中最具有代表性的坝型，如我国云南省小湾水电站（图 4.15 和图 4.16），其大坝为混凝土双曲拱坝，坝高 292m，坝顶长 922.74m，拱冠梁顶宽 13m，底宽 69.49m。泄水建筑物由坝顶 5 个开敞式溢流表孔、6 个有压深式泄水中孔，左岸两条泄洪洞，坝后水垫塘及二道坝等部分组成。引水发电系统布置在右岸，为地下厂房方案。

图 4.15　小湾水电站效果图

(a) 小湾水电站拱坝

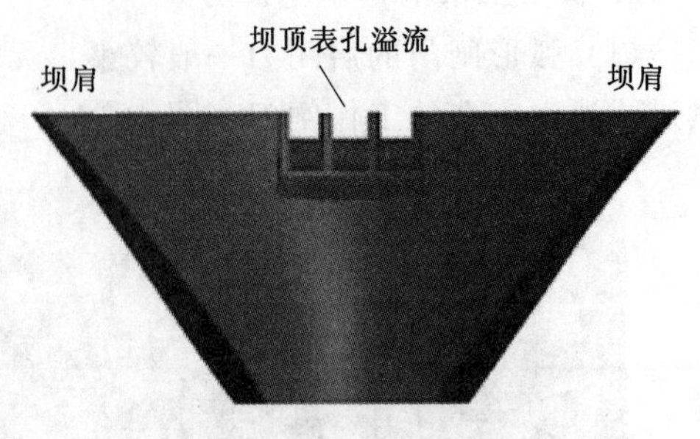

(b) 拱坝下游立视图

图 4.16 小湾水电站拱坝及拱坝下游立视图

习 题

【思考题】

1. 重力坝基本剖面为什么为三角形？上游设置折坡有何利弊？

2. 如何考虑图 4.1 中其他几种水工建筑物水静力学问题？

3. 工程案例 1 中提到的“水布垭面板堆石坝单位宽度”是什么意思？就水布垭面板堆石坝而言，其最大坝高为 233m，请问整个坝轴线 660m 长的范围内，每个单位宽度所受的静水总压力会是一样的吗？

4. 如果以力学观点分析平面上静水作用力，则各分力构成平行力系，这种说法对吗？

5. 对均质的液体或者气体，平面上的受力分析有何异同？

6. 如果分析沿海港口的重力式码头，与本章例题有否区别？

7. 弧形闸门的水力条件为什么比较好？

8. 如何确定静水总压力的方向？

9. 请结合图 4.15，搜集工程资料，分析“三峡最大，小湾最难”这句话在处理水力荷载方面的具体含义。

10. 如图 4.17 所示的各曲面如何确定静水总压力？

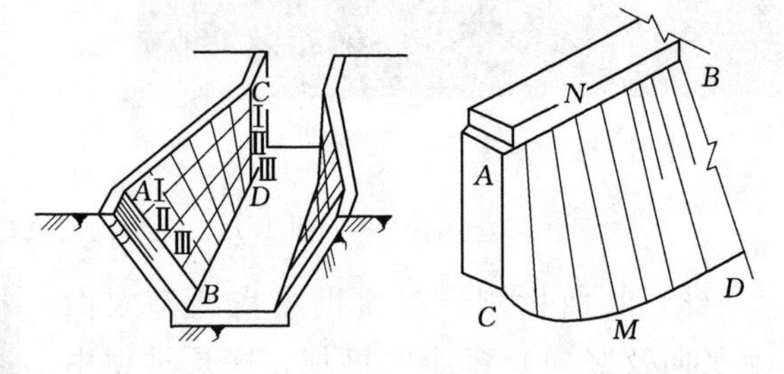

图 4.17 进水口及导墙

【计算题】

1. 某混凝土挡水坝，其剖面尺寸如图 4.18 所示。已知混凝土密度为 2400kg/m^3，上游水深 $H=25\text{m}$，坝基系数 $f=0.6$，若不考虑坝基渗流对坝底作用力的影响，试校核坝的抗滑稳定性。

2. 如图 4.19 所示，管道在输水工作时，压强表的读数为 10at，管道直径 $d=1.0\text{m}$，求作用在管端法兰堵头上的静水总压力及作用点。

3. 图 4.20 所示为一船闸闸室的闸门，已知闸室的宽度 $b=10\text{m}$，上游水深 $h_1=10\text{m}$，闸室中水深 $h_2=5\text{m}$，求每扇闸门上的静水总压力 P 及其作用点。

4. 如图 4.21 所示为一弧形闸门，半径 $R=7.5\text{m}$，挡水深度 $h=4.8\text{m}$，旋转轴距渠底 $H=5.8\text{m}$，闸门宽度 $b=6.4\text{m}$。试求作用于闸门上的静水总压力的大小及作用点。

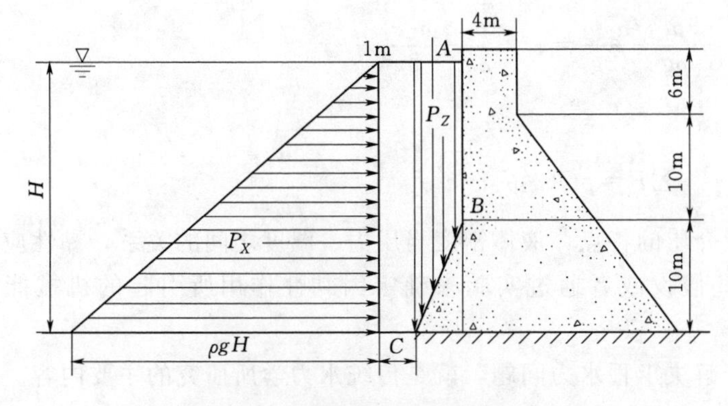

图 4.18　某混凝土挡水坝剖面图

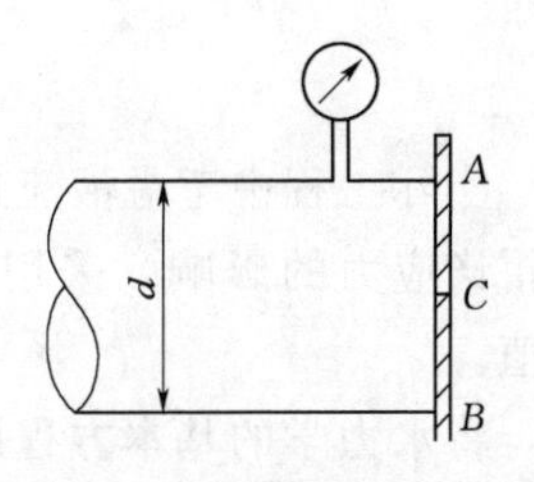

图 4.19　输水管道示意图

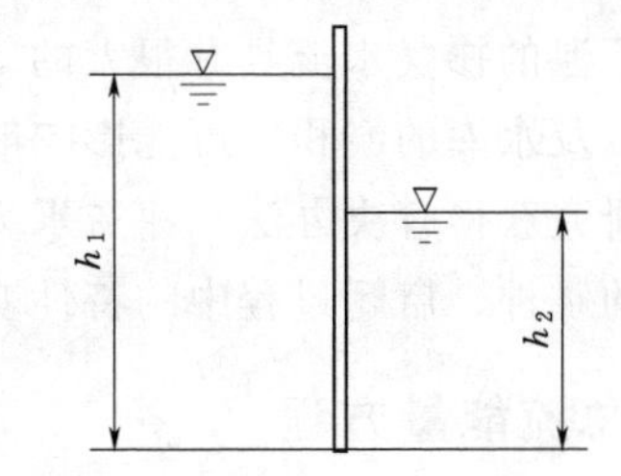

图 4.20　船闸闸室的闸门及其示意图

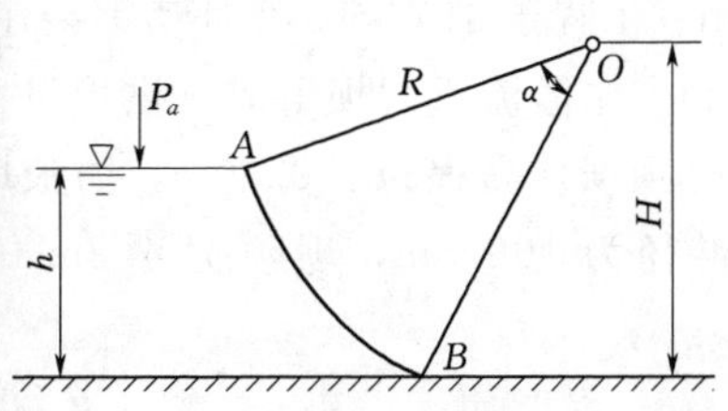

图 4.21　弧形闸门示意图

4.2　水动力学基本方程

4.2.1　概述

水动力学研究以水为代表的液体运动规律及其与边界的相互作用。

水动力学基本方程即恒定总流的 3 个基本运动方程，包括恒定总流的连续方程、能量方程和动量方程。

恒定总流连续方程：

$$\sum Q_{进口}=\sum Q_{出口}$$

恒定总流能量方程：

$$z_1+\frac{p_1}{\rho g}+\frac{\alpha_1 v_1^2}{2g}=z_2+\frac{p_2}{\rho g}+\frac{\alpha_2 v_2^2}{2g}+h_w$$

恒定总流动量方程：

$$\sum\vec{F}=\rho Q(a_2'\vec{v}_2-a_1'\vec{v}_1)$$

实际工程中考虑液流连续介质的特点，液体密度与压力、温度之间的关系，黏性应力和雷诺应力的影响，采用某些假设或者通过实验来确定因黏性作用所引起的机械能耗散值。

将水力学的基本方程用于解决工程水力问题，就是传统水力学所研究的主要内容。水利工程中的水动力学研究内容极其广泛，如：防洪工程中需要决定防洪库容、泄洪容量、堤顶高程等数据；洪水预报需要知道洪水运行规律；为防止污染河流，需要研究明渠水流；通过高坝下泄的掺气水流具有很大的动能，会引起冲刷破坏，需进行消能；多沙河流的河道、河口以及水库的淤积，可能影响航道或使已建的工程丧失作用，这些问题可通过对泥沙运动的研究获得解决办法；建造水力发电站和抽水工程时，需要研究水力机械的出力、发生振动的条件、启闭过程中的特性变化，以防止或减少空蚀破坏等。

4.2.2　恒定总流能量方程

【工程实例】　湖北省宜昌市天福庙水库

宜昌市天福庙水库（图 4.22）是长江北岸支流黄柏河梯级开发的骨干工程之一，距宜昌市城区 80km。工程于 1974 年 12 月动工兴建，1978 年 1 月投入运行。水库大坝由砌石双曲溢流拱坝和左岸溢流重力坝组成，拱坝设 4 孔溢洪道，左岸设两孔溢洪道。

天福庙水库拱坝坝顶高程为 410.30m，防浪墙顶部高程为 411.30m，拱坝坝顶中心角为 91.5°，平均半径为 105.5m，坝顶宽 4.2m，底宽 20m，坝顶全长 232m，最大坝高为 63.3m。

图 4.22　天福庙水库

该坝采用以左岸溢流重力坝表孔泄洪为主，结合拱坝表孔泄洪的泄洪方式，消能方式均为差动鼻坎挑流消能。左岸重力坝两孔表孔泄洪闸尺寸为 13m×11.5m，堰顶高程

398.00m，最大单宽流量 $87m^3/(m\cdot s)$；拱坝顶4孔泄洪闸尺寸为8m×7.4m，堰顶高程402.40m，最大单宽流量 $44m^3/(m\cdot s)$。

【例题】 如图4.23所示的天福庙水库左岸重力式溢流坝泄流示意图，如果坝下游河床高程为385.00m，溢流坝的水头损失 $h_w=0.1\dfrac{v_c^2}{2g}$，若水库水位为400.00m时泄洪，坝趾处过水断面 $c—c$ 的水深 $h_c=1.2m$，如果取 $\alpha_2=1.1$，求该断面的平均流速 v_c。

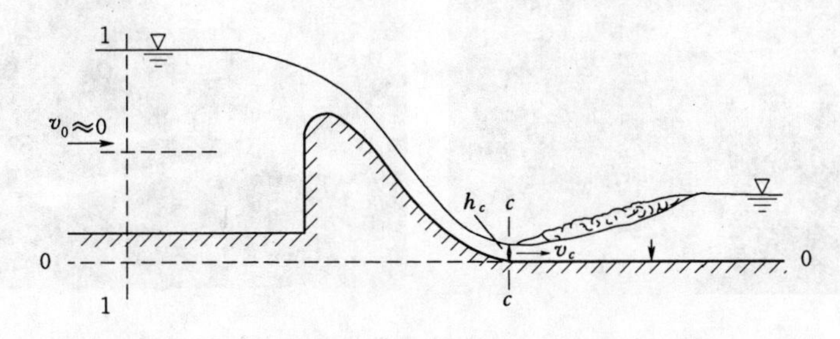

图4.23 天福庙水库左岸重力式溢流坝泄流示意图

解：

应用总流能量方程求断面 $c—c$ 处平均流速 v_c，其步骤如下。

(1) 选择计算断面。因坝面水流为急变流，渐变流断面1—1应选在坝前一段距离的水库中，该处水流为缓变流，且水库过水断面面积很大，流速水头可以忽略不计。渐变流断面2—2选在断面 $c—c$ 处，因该处水流较平直，可认为是渐变流，该断面的流速是待求流速。

(2) 选择基准面。已给出水库水位和下游河床高程，为便于计算位置高度值，基准面可选主水库水面或下游河床，本例选择下游河床所在的水平面为基准面。

(3) 确定计算点。计算点均选择两计算断面的水面。列总流能量方程为

$$z_1+\frac{p_1}{\gamma}+\frac{\alpha_1 v_1^2}{2g}=z_2+\frac{p_2}{\gamma}+\frac{\alpha_2 v_2^2}{2g}+h_w$$

式中，$z_1=400-383=15(m)$；$p_1=0$；$z_2=h_c=1.2(m)$；$p_2=0$。

此外，$v_1\approx0$，$v_2=v_c$，$h_w=0.1\dfrac{v_c^2}{2g}$，取 $\alpha_2=1.1$。

以上各值代入能量方程得

$$15+0+0=1.2+0+\frac{1.1\times v_c^2}{2g}+0.1\frac{v_c^2}{2g}$$

解上式得

$$v_c=\sqrt{\frac{2g(15-1.2)}{1.2}}=\sqrt{\frac{2\times9.8\times13.8}{1.2}}=15(m/s)$$

4.2.3 恒定总流动量方程

【工程实例】 湖南省双牌水电站

湖南省双牌水电站（图4.24）是一座集发电、灌溉、航运与防洪等综合效益于一体的大型水利水电枢纽工程。水库大坝结构为“混凝土双支墩大头坝”，坝高58.8m，坝长

311m，控制流域面积 10594km^2，总库容为 6.9 亿 m^3，是湘江水系调洪调峰的骨干水库。大坝右岸设有溢流坝，坝后式厂房居中，左岸有一座单线双向二级船闸。自投产以来，电站创产值超过国家建站总投资的 20 倍，为湖南省工农业生产和地方经济的发展做出了突出贡献。

图 4.24　双牌水电站全景及大头墩立体剖面图

【例题】 双牌水电站溢流坝段挑流坎剖面图如图 4.25 所示，设反射弧半径 $r=17$m，水流从挑流坎射出时的挑射角 $\theta=35°$，坎宽度 $b=25$m，设计流量 $Q=825m^3/s$，流入反弧段前的水深 $h_1=1.9$m，流速 $v_1=17.4$m/s。坎末段水深 $h_2=1.77$m，流速 $v_2=18.7$m/s。试确定水流作用于单宽挑流坎上的力及其方向。

解：

取缓变流断面 1—1 及 2—2 之间的水为脱离体，作用于脱离体上的力有：两断面上的动水压力 P_1 及 P_2，重力 G 及坎对水流的作用力 R。选取坐标轴 xoz 的方向如计算简图 4.26 所示，R 与 x 轴的夹角为 α。

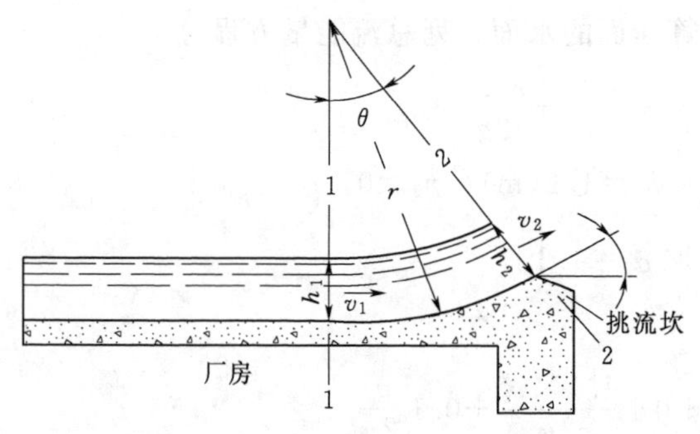

图 4.25　双牌水电站溢流坝段挑流坎剖面图

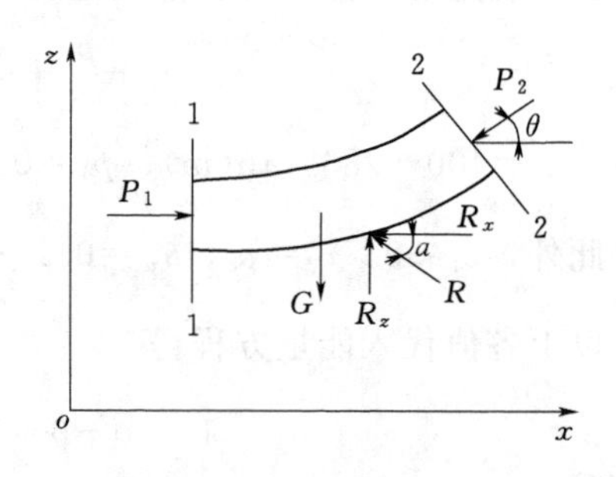

4.26　双牌水电站挑坎段动水压力计算简图

x 方向的合力为

$$\sum F_x = P_1 - P_2\cos\theta - R_x$$

z 方向的合力为

$$\sum F_z = R_z - P_2\sin\theta - G$$

对于单宽挑流坎，可用单宽流量 q 代替 Q 来计算，即

$$q=\frac{Q}{b}=\frac{825}{25}=33[m^3/(m\cdot s)]$$

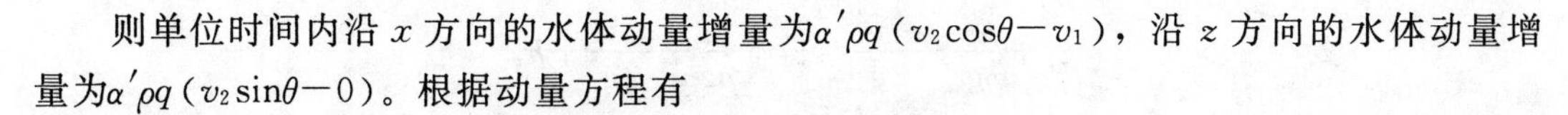

则单位时间内沿 x 方向的水体动量增量为$\alpha'\rho q(v_2\cos\theta-v_1)$，沿 z 方向的水体动量增量为$\alpha'\rho q(v_2\sin\theta-0)$。根据动量方程有

$$P_1-P_2\cos\theta-R_x=\alpha'\rho q(v_2\cos\theta-v_1)$$

$$R_z-P_2\sin\theta-G=\alpha'\rho q\, v_2\sin\theta$$

由以上两式可得

$$R_x=P_1-P_2\cos\theta-\alpha'\rho q(v_2\cos\theta-v_1)$$

$$R_z=G+P_2\sin\theta+\alpha'\rho q\, v_2\sin\theta$$

下面分别计算以上两式中各力的数值：

断面 1—1 上的动水压力 P_1 为

$$P_1=\gamma h_c\omega=\gamma\frac{h_1}{2}h_1\times1=9.8\times\frac{1.9^2}{2}\times1=17.64(\text{kN})$$

断面 2—2 上的动水压力 P_2：因为挑流水股射入大气中，可以近似地认为断面 2—2 上各点的动水压强等于大气压强，则 $P_2=0$。

重力 G：两断面的平均水深为

$$\overline{h}=\frac{h_1+h_2}{2}=\frac{1.9+1.77}{2}=1.83(\text{m})$$

水体的平均反弧半径为 $r-\frac{\overline{h}}{2}$，$\theta=35°$，则

$$G=\gamma\overline{h}\frac{\pi\left(r-\frac{\overline{h}}{2}\right)\theta}{180°}=\frac{9.8\times1.83\times3.14\times\left(17-\frac{1.83}{2}\right)\times35°}{180°}=165.62(\text{kN})$$

将以上各值代入 R_x和 R_z的关系式得

$$R_x=P_1-P_2\cos\theta-\alpha'\rho q(v_2\cos\theta-v_1)=86.73(\text{kN})$$

$$R_z=G+P_2\sin\theta+\alpha'\rho q\, v_2\sin\theta=518.42(\text{kN})$$

则挑流坎对水流的作用力为

$$R=\sqrt{R_x^2+R_z^2}=\sqrt{8.85^2+52.9^2}=524.3(\text{kN})$$

R 与水平面的夹角为

$$\tan\alpha=\frac{R_z}{R_x}=\frac{53.5}{8.85}=6.05\text{，即 }\alpha=80°40'$$

故水流对单宽挑流坎上的作用力为 524.3kN，其方向与 R 的方向相反。

4.2.4 小结

(1) 恒定总流能量方程是流体运动基本规律总结，依据是质点系动能定理，该定理可表述为：质点系在某一段运动过程中，起点和终点的动能的改变量，等于作用于质点系的全部力在这段过程中所做的功的总和。能量方程形式为

$$z_1+\frac{p_1}{\rho g}+\frac{\alpha_1 v_1^2}{2g}=z_2+\frac{p_2}{\rho g}+\frac{\alpha_2 v_2^2}{2g}+h_w$$

式中：z、$\frac{p}{\rho g}$和$\frac{av^2}{2g}$分别为单位位能、单位压能和单位动能；α 为动能修正系数。

有能量加入（如水泵）或分出（如水轮机）的能量方程：

$$z_1+\frac{p_1}{\rho g}+\frac{\alpha_1 v_1^2}{2g}\mp H=z_2+\frac{p_2}{\rho g}+\frac{\alpha_2 v_2^2}{2g}+h_w$$

式中：H 为单位重量液体获得（取正号）或失去（取负号）的能量。

上述能量方程有一定的应用要求，如对象为均质的恒定总流、计算断面为均匀流或渐变流断面等。因渐变流断面上各点的单位势能$z_1+p/\rho g$ 等于常数，其中 z 和 p 值可选断面上任一点求得。为了计算简便，可选水面一点，因该点相对压强为零。

（2）在一般工程问题中，往往只需计算总流断面的平均流速，因此可以考虑用断面流速代替真实流速来计算总流断面的流速动能，这种替换必然引起误差，因此引进动能修正系数 α。α 值决定于断面流速分布的不均匀程度，流速分布愈不均匀，α 值愈大。一般情况下 $\alpha=1.05\sim1.1$，有时也取 $\alpha=1$ 以简化计算。

（3）水利工程中，常需要确定运动水体对边界的作用力，如设计溢流坝，在确定好溢流坝剖面后，需要对作用在溢流坝面上的各种荷载进行计算，以便确定溢流坝内任一点的应力是否满足强度要求，整个坝体是否满足稳定要求等。在荷载计算中，溢流坝的反弧段的动水压力是其中的计算荷载之一，常采用动量方程：

$$\sum\vec{F}_{外}=\rho Q(\alpha_2'\vec{v}_2-\alpha_1'\vec{v}_1)$$

式中：$\sum\vec{F}$、$\vec{v}$ 分别为作用于脱离体上所有外力的矢量和与断面平均流速的矢量形式；α' 为动量修正系数。

动量方程的投影式：

$$\left.\begin{aligned}\sum F_x&=\rho Q(a_2'v_{2x}-a_1'v_{1x})\\\sum F_y&=\rho Q(a_2'v_{2y}-a_1'v_{1y})\\\sum F_z&=\rho Q(a_2'v_{2z}-a_1'v_{1z})\end{aligned}\right\}$$

式中：$\sum F_x$、$\sum F_y$、$\sum F_z$ 为脱离体上所有外力在 x、y、z 3 个方向投影的代数和；v_{1x}、v_{1y}、v_{1z}和v_{2x}、v_{2y}、v_{2z}为$\vec{v}_1$、$\vec{v}_2$ 在 x、y、z 3 个方向投影。

（4）恒定总流基本方程应用举例：涉河水力学问题。近年来，随着城市建设的不断发展，穿河、跨河、沿河等布置的桥梁、码头、管道、隧道、船闸、航电枢纽等涉河工程大量建成投入使用。由于城市往往依水布局，大量涉河工程通常布置在重要的城区河段，由此产生的冲刷破坏、流速与流态变化、壅水等相关水力学问题与城市防洪、河势稳定、堤防安全、工程运用等密切相关，也是相关职能部门或工程管理单位在行使行政职能、进行项目审批等方面的依据。随着城市化进程的加快，解决涉河工程的水力学问题越来越凸现其重要与紧迫。

1）冲刷问题。涉水工程修建后，由于挡水构筑物阻水，从而导致过水断面面积减小，

过流断面流速增大，这种由河道过水断面变化导致的工程河段流速变化引起河床断面的冲刷称为河道一般冲刷；挡水构筑物附近流速增大，水流挟沙力增强，这种因局部水流条件变化引起河床或河岸在有限范围内的冲刷现象称为局部冲刷（图4.27）；河、渠或库岸等岸坡处的土石因为水流冲击引起流失或剥蚀的现象称为岸坡冲刷（图4.28）。其中常把在工程设计年限内河床演变形成的最大冲刷深度称为河槽最大冲刷深度。

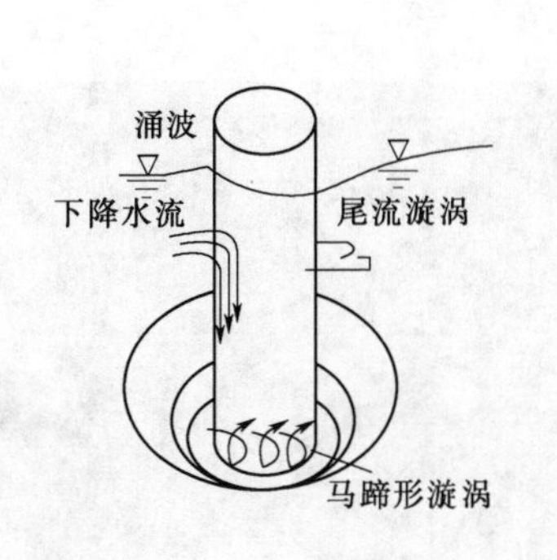

图4.27 桥墩局部冲刷示意图及冲刷破坏实例

图4.28 岸坡冲刷破坏实例

对桥梁、码头工程而言，为避免影响堤防的稳定，宜根据河床组成、堤防条件等情况，选取适当的允许不冲流速进行冲刷计算。为尽量减轻局部冲刷对堤防的安全影响，根据相关经验及科研成果，边墩离堤脚距离宜为边墩（承台）宽度（直径）的8～10倍。

对隧道、管道工程而言，河床冲刷和淤积变化的特征，变化幅度的大小直接影响到施工期工程支护技术与施工安全，并与运营期工程的安全有关。分析工程所处河段的河床冲淤变化的规律，判断工程期间河床最大冲刷深度，是合理确定隧道、管道埋深和支护措施的主要依据，也是勘察工作的重点。

由于河床冲淤变化是一种极为复杂的客观现象，影响因素复杂，目前尚无一个完整描述河床冲淤变化的数学表达式，一般均采用在实测和模型基础上建立的经验公式计算。除了经验公式以外，还常利用天然河道的水文资料分析，或者采用工程地质分析法进行分析确定。

2）流态、流速问题。水利工程中，常见流态问题包括船闸引航道口门及桥梁墩台折冲水流、消能工程下游岸坡的斜蚀水流、码头陆域前沿涌浪、水闸与水电站进水口漩涡及

横向流等，常会引起垮塌、冲刷、震动、淤积、气蚀等不利现象，影响水利工程的正常使用，甚至形成严重的安全隐患。

为满足水利工程规范设计要求与技术标准，保证河道防洪安全与功能要求，规范工程涉河管理事项，必须研究水利工程中与流态有关的水力现象。

【案例分析 1】 湖南省石门县皂市水库导流隧洞泄槽下游护坡发生如图 4.29 所示的破坏现象，请根据水力学相关知识分析其原因。

(a) 2005 年（完好）

(b) 2007 年（破坏）

图 4.29　导流洞出口边坡冲刷破坏实例

分析： 从图 4.29 来看，导流隧洞出口为城门洞型，两侧边墙自出口逐渐倾斜，末端右侧导墙相对斜度较大，河道主流流向为图 4.30 中自西南向东北方向，出流流向与主流斜交。设计的目的是利于水流逐渐扩散，与主流衔接平顺。但在右侧导墙末端，水流由于惯性会脱壁逐渐扩散，产生漩涡区。漩涡区内的回流持续不断冲击淘蚀该处护坡坡脚，尤其在 2007 年流量较大时，护坡坡脚垮塌，护面材料剥离，发生岸坡破坏现象。

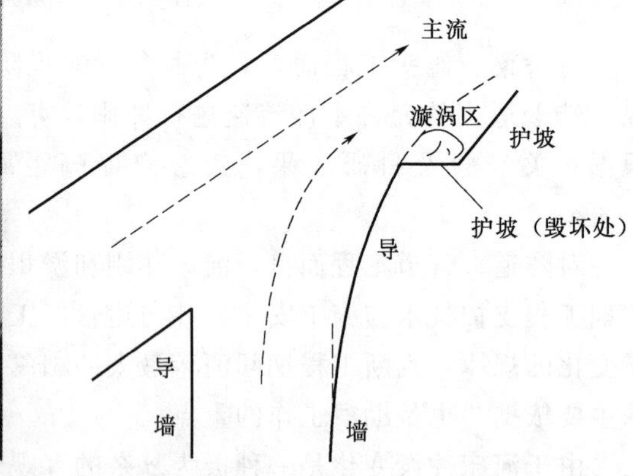

图 4.30　导流洞出口边坡冲刷破坏分析

【案例分析 2】 湖南省江华县涔天河水库导流洞出口泄槽出现漫溢问题。该水利枢纽工程右岸导流隧洞出口为城门洞型，连接矩形断面导槽，槽末设渐缩窄缝高低连续式挑坎。泄洪时发现，大流量时溢洪道工作正常，中小流量时槽内水面反而漫溢出两侧导流墙（图 4.31 和图 4.32）。请依据水力学相关知识，分析此现象产生的可能原因并设计合理有

效的整治措施。

图 4.31 隧洞出口及泄流明槽正常工作状态

图 4.32 槽内漫溢近景与远景

分析：

(1) 从图 4.31 和图 4.32 来看，导流隧洞出口为城门洞型，两侧边墙直立，末端槽底高程逐渐增加，泄槽末端两侧导墙设置高低导流坎（图 4.33）。

图 4.33 泄槽（右侧）末端照片

(2) 由有关水力学知识可知，如果过流断面为圆形，最大流量的充满度为 308°，水流表面尚有一定空间，大流量时为明渠急流。泄槽末段槽底高程沿程增加且设置了高低导流坎，会产生一定阻力，但槽身较短，末端阻力不足，则流态不会改变，泄槽内不会产生水跃，所以槽内水深变化较小，沿程水面相差不大。当流量减小到一定程度，导流隧洞出口水深减小，水面降低，但流态依旧为急流，由于泄槽末段阻力的影响，中小流量时出口处可为缓流，则在槽内产生水跃，激波在隧洞出口下游附近（图 4.34）。依据相关水跃知识点可知，跃前水深越小，跃后缓流断面水深越大，如果考虑末段高程增加及高低导流坎的阻力作用，则跃后缓流水深更大，从而发生图 4.32 所示的侧向漫溢现象。

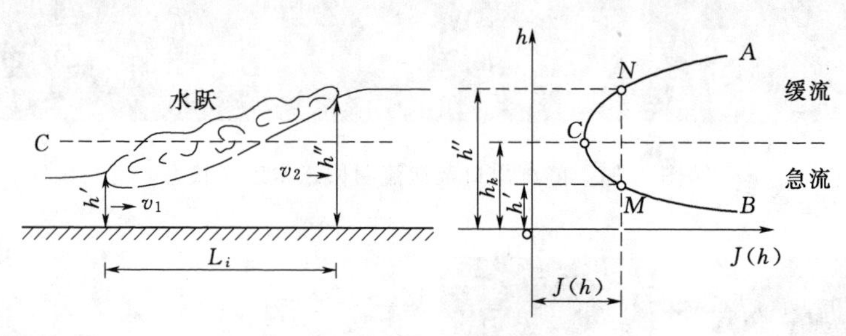

图 4.34　平底矩形棱柱体明渠水跃要素图

(3) 整改措施。经分析，减小泄槽末段阻力是关键。实用措施包括增大过流宽度减小单宽流量以降低水深，或者改变末段结构阻力以增大流速降低水深。实际采用的整改方式是图 4.35 所示的削整左侧出口的导流坎。

图 4.35　工程改造后照片

习　　题

【思考题】

1. 能量方程式中的平均水头损失 h_w 分成哪两种类型？

2. 如何确定能量方程式中的 3 个关键值 z、p、v？

3. 气体与液体均为流体，请问气体的能量方程式可能会是怎样？

4. 水泵、水轮机等水力机械有其固有的运动方式，水体的动量或者能量方程如何？这些方程怎么理解与应用？

5. 应用动量方程式求解动水压力的步骤有哪些？其中隔离体的外力通常怎么确定？

6. 重力属于外力，应用动量方程式时，是否一定要考虑重力呢？什么情况下可以不考虑重力作用？

7. 中高水头溢流坝的溢流面一般采用如图 4.36 所示的 WES 曲线，直线段 bc 的动水压力怎么考虑？上部曲线段 ab 呢？

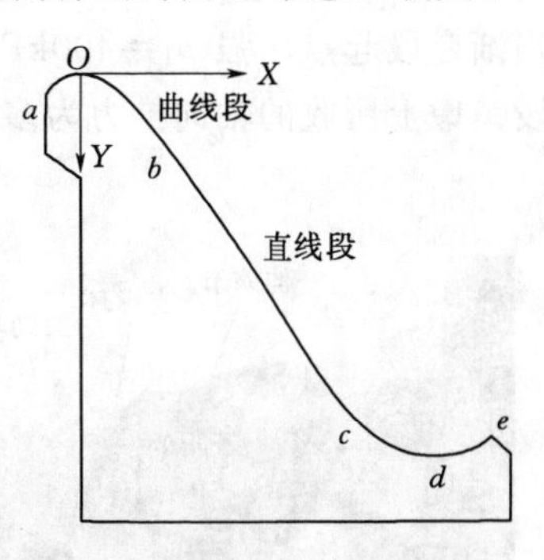

图 4.36　WES 曲线堰剖面

8. 岸坡冲刷破坏一般有哪些补救或整治措施？

【计算题】

1. 某分汊河段如图 4.37 所示，已知在断面 A—A 处左汊河道过水断面面积为 2500m^2，断面平均流速为 0.97m/s；右汊河道过水断面面积为 3400m^2，断面平均流速为 0.62m/s。求：①左、右汊道的分流量及总流量；②各汊道的分流量占总流量的百分比。

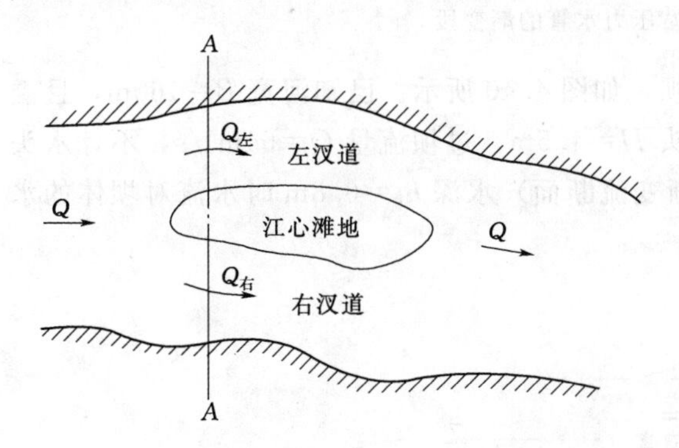

图 4.37　某分汊河段

2. 某抽水系统如图 4.38 所示，已知管径 $d=15\text{cm}$，当抽水流量 $Q=0.03\text{m}^3/\text{s}$ 时，吸水管（包括进口）水头损失 $h_w=1\text{m}$。如限制吸水管末端断面 A—A 中心点的真空值不超过 68.86kN/m^2，求水泵的最大安装高度 $h_{\max}$ 为多少？

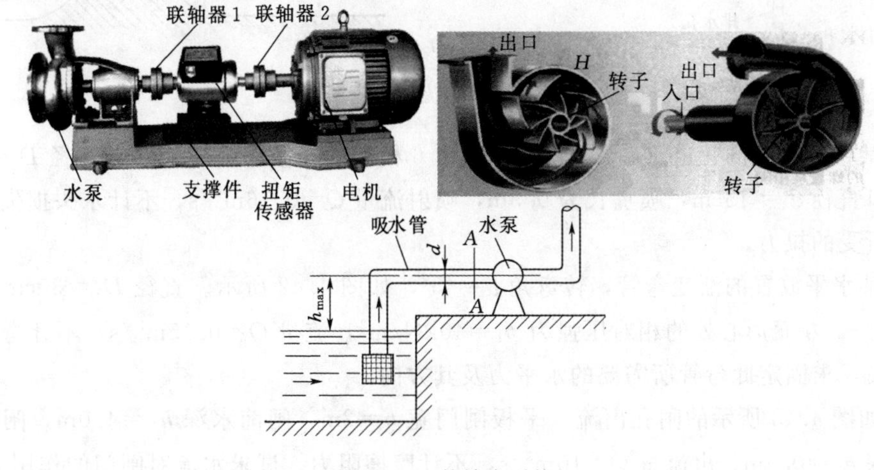

图 4.38　某抽水系统

3. 如图4.39所示为一水电站压力水管的渐变段，直径 $d_1=1500\text{mm}$，$d_2=1000\text{mm}$，当渐变段起点压强 $p_1=400\text{kPa}$（相对压强），流量 $Q=1.8\text{m}^3/\text{s}$，不计水头损失，求渐变段镇墩上所收的轴向推力为多少？

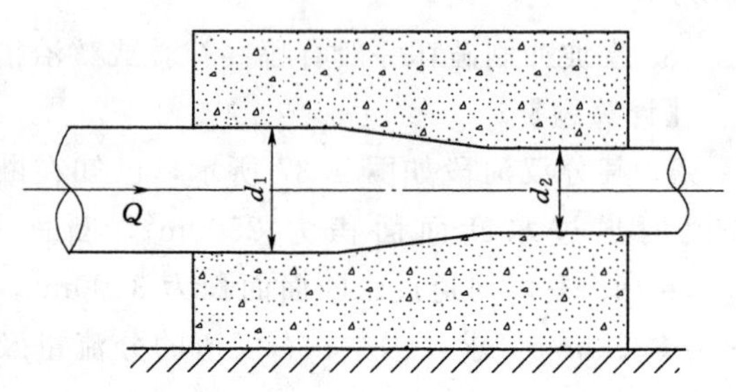

图4.39　水电站压力水管的渐变段

4. 一近似为矩形的河床上建有一溢流坝，如图4.40所示。已知河宽 $B=160\text{m}$，且溢流坝与河床等宽，坝高 $P=2.5\text{m}$，坝前水头 $H=1.5\text{m}$，过坝流量 $Q=64\text{m}^3/\text{s}$，不计水头损失及坝面阻力，求下游收缩断面（视为渐变流断面）水深 $h_c=0.8\text{m}$ 时水流对坝体的水平总作用力。

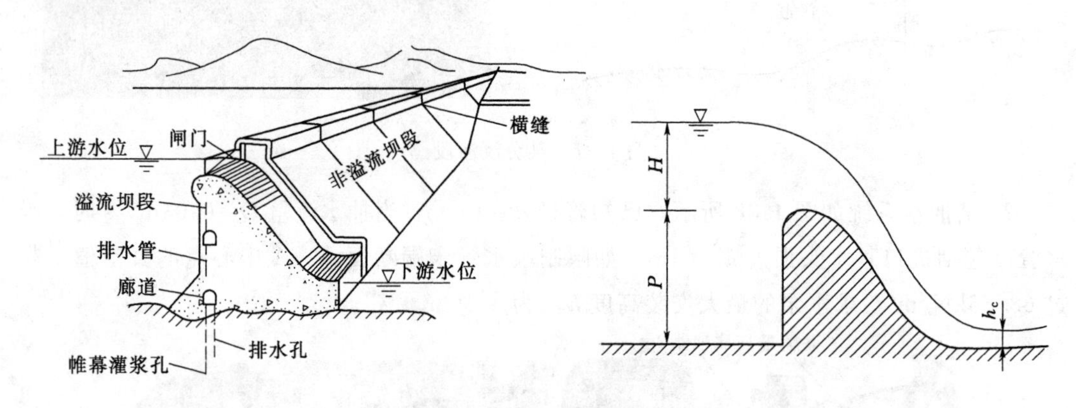

图4.40　溢流坝示意图

5. 某铅直安装的管道（图4.41），末端由6枚螺栓连接一喷嘴。已知管径 $D=30\text{cm}$，喷嘴出口直径 $d_1=15\text{cm}$，喷嘴长为0.5m，喷射流量 $Q=0.16\text{m}^3/\text{s}$，不计水头损失，求每枚螺栓所受的拉力。

6. 某水平放置的渐变弯管，转弯角 $\alpha=45°$，如图4.42所示。直径 $D_1=30\text{cm}$，$D_2=20\text{cm}$，1—1断面形心处的相对压强为 $p_1=40\text{kN/m}^2$，流量 $Q=0.15\text{m}^3/\text{s}$，不计弯管段的水头损失，求固定此弯管所需要的水平力及其方向。

7. 如图4.43所示的闸孔出流，平板闸门宽 $b=2\text{m}$，闸前水深 $h_1=4.0\text{m}$，闸后收缩段面水深 $h_2=0.5\text{m}$，出流量 $Q=10\text{m}^3/\text{s}$，不计摩擦阻力。试求水流对闸门的作用力。

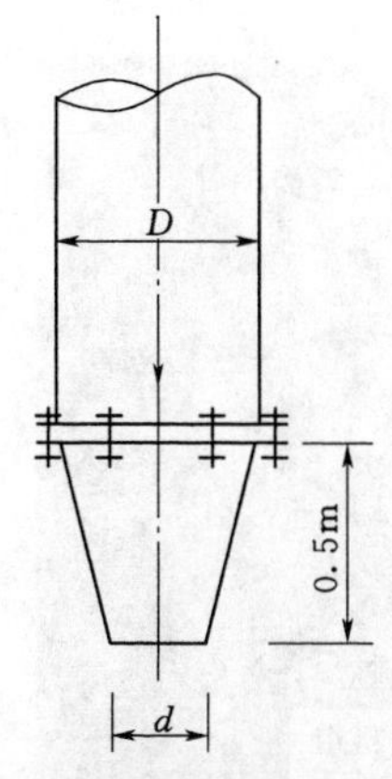

图 4.41 某铅直安装的管道示意图

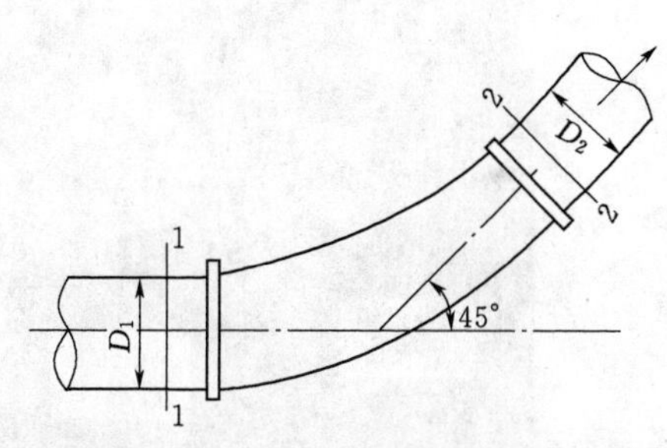

图 4.42 某水平放置的渐变弯管示意图

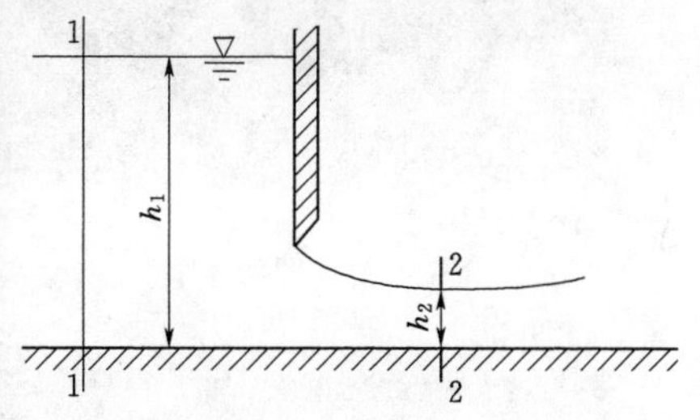

图 4.43 平板闸门及闸孔出流示意图

【案例分析题】 湖南省资江流域××水电站（图 4.44），厂房设置在左岸，竣工投产后发现 3 号和 4 号机组运行工况较差（图 4.45），满负荷生产时观测发现机组进水口前有紊动比较强烈的横流与漩涡。试分析导致不利流态产生的原因，并提出整改措施。

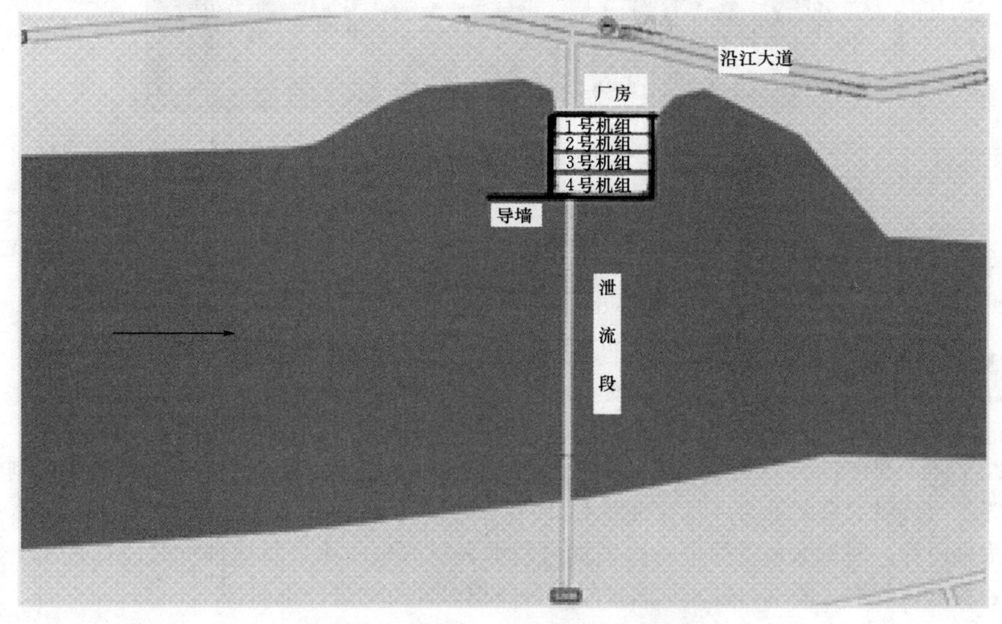

图 4.44（一） ××水电站布置图

图4.44（二）　××水电站布置图

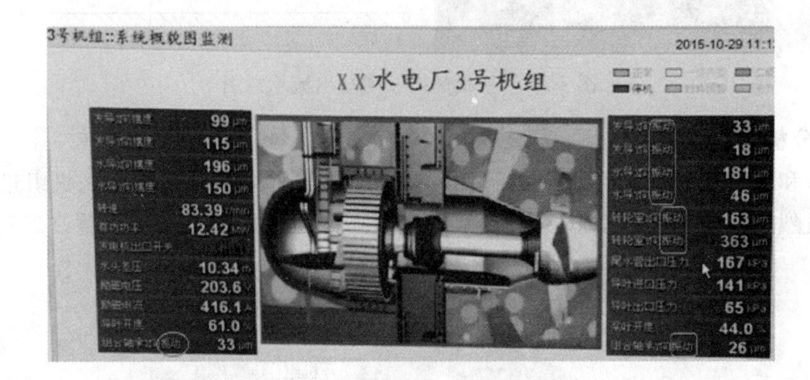

图4.45　××水电站3号机组工况

4.3　有压管流

4.3.1　概述

水流满管流动时管壁处处受到水压力作用的水力现象称为有压管流。

水利工程中，水工压力隧洞、坝式水电站压力引水管、水泵与水泵站、虹吸管、倒虹吸管、市政供水系统等均涉及有压管流知识，需要解决诸如输流能力、管径、流速、水头损失等内容。因为水利工程中的水工隧洞是水利枢纽中的重要组成部分之一，常用于灌溉、发电、供水、泄水、输水、施工导流等，现以其为例进行说明。

水工隧洞一般包括进口建筑物、洞身和出口建筑物3个主要部分。洞身是隧洞的主

体，其断面形式和尺寸取决于水流条件、施工技术情况和运用要求等，断面可为圆形、城门洞形或马蹄形（图 4.46），有压隧洞一般采用圆形断面。

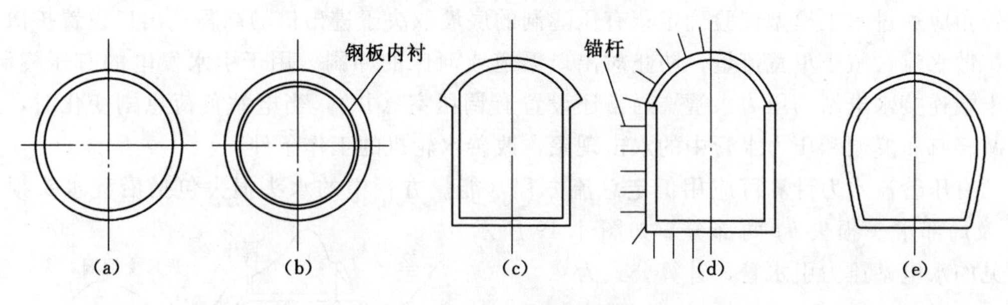

图 4.46 水工隧洞断面类型

根据受压状态的不同，水工隧洞可分为有压隧洞和无压隧洞。水流充满全洞，使洞壁承受一定水压力的，称为有压隧洞；水流不充满全洞，在洞内保持着与大气接触的自由水面，称为无压隧洞（图 4.47）。对跨流域的长距离调水工程，往往不是采用单一的有压或无压引水形式。

(a) 安徽响洪甸水库泄洪隧洞泄洪

(b) 湖南溇天河水库泄洪洞

图 4.47 水工隧洞实例

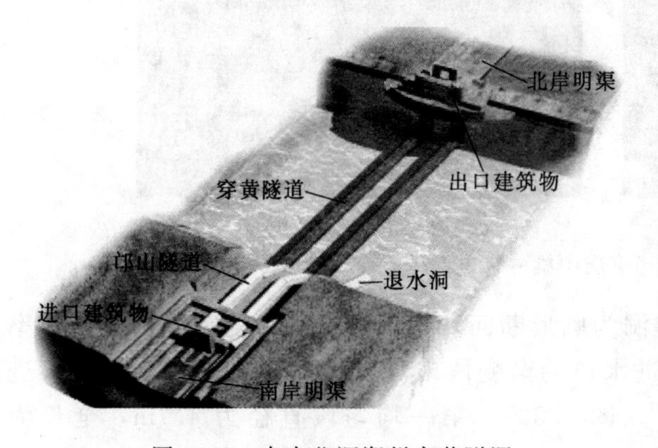

图 4.48 南水北调郑州穿黄隧洞

我国在水利水电建设中，已建成许多大型水工隧洞，如成都市西北的渔子溪一级水电站为高引水头式电站，引水隧洞长 8610m；陕西省宝鸡市冯家山灌区引水隧洞长 12600m；引滦入津工程将河北省迁西县滦河中下游的潘家口水库的水源跨流域引入天津市，其输水隧洞全长为 11380m；郑州市以西约 30km 的南水北调中线郑州穿黄工程开创性地设计了具有内、外两层衬砌的两条内径为 7m，长为 4250m 的隧洞，内、外衬砌分别承受内、外水的压力（图 4.48）。这种结构形式在国内外均属先例，也是国内首例用盾构方式穿越黄河的工程，开创了我国水利水电工程水底隧洞长距离软土

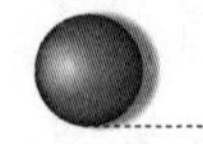

施工新纪录。

高速有压隧洞在平面上采用曲线布置时，为避免水流脱壁，产生负压和空蚀，其半径和转角应通过水工模型试验确定；有压隧洞的底坡取决于进出口的高程；出口设置扩散段以扩散水流，减小单宽流量，防止对出口渠道或河床的冲刷。用于引水发电的有压隧洞，其末端连接水电站的压力水管。通常还设置有调压室（井），当电站负荷急剧变化时，用以减轻有压隧洞和压力水管中的水击现象，改善水轮机的工作条件。

有压管流水力计算可应用恒定总流方程，能量方程中的水头损失包括沿程水头损失 h_f 及局部水头损失 h_j 两部分。如图4.49所示常见的水电站压力引水管，计算公式为

$$h_f=\lambda\frac{l}{d}\frac{v^2}{2g}=\frac{lv^2}{c^2R} \tag{4.1}$$

$$h_j=\xi\frac{v^2}{2g} \tag{4.2}$$

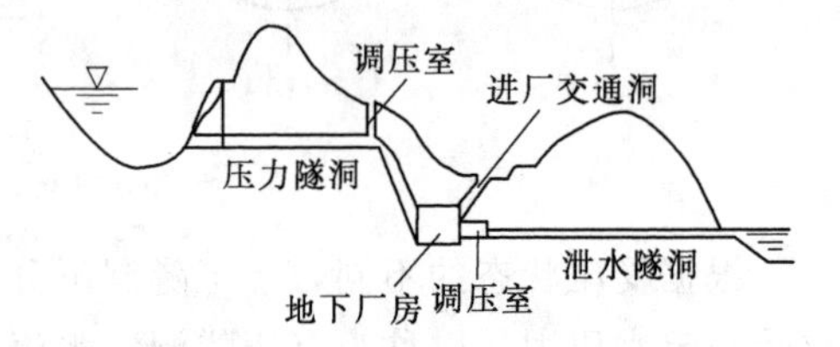

图4.49　水电站压力管引水示意图

4.3.2　有压管流水力计算

【工程实例】　重庆中梁一级电站

中梁梯级电站位于重庆市巫溪县境内，中梁一级电站（图4.50）位于长江三峡段北岸的一级支流大宁河，电站拦河坝采用混凝土面板堆石坝，最大坝高118.5m，引水建筑物布置于右岸山体内，采用圆形断面压力隧洞引水，设计引用流量49.41m³/s，洞末设阻抗式调压井。电站尾部开发地下式厂房布置在沿引水洞线距进水口下游约8160m处，采用联合供水方式。调压井与厂房之间以埋藏式高压钢管相连，为一管三机供水方式（图4.51）。

(a) 中梁一级电站厂房

(b) 中梁一级电站大坝

图4.50　重庆中梁一级电站

【例题】　中梁一级电站有压引水隧洞为圆形断面，采用钢模现浇混凝土衬砌，糙率 $n=0.014$，主要洞段直径为4.7m，从进水口的渐变段末端开始，止于压力钢管主管进口，全长为7887m（含渐变段长度）（图4.52）。第一均匀段直径为4.7m，全长为7867m，坡率为0.425%，管内经济流速 v 为3m/s；渐变段为圆断面缩小的形式，断面直径由4.7m缩小至3.3m，全长为10m，圆锥角为8°；第二均匀段断面直径为3.3m，全长为10m，坡率0，该段布置有调压室。弯道1洞径 D 为4.7m，弯道半径 R 为50m，弯道转角 θ 为55°；弯道2洞径 D 为4.7m，转角16°，弯道半径 R 为500m；弯道3洞径 D 为

4.7m，转角17°，弯道半径R为500m。请确定压力引水隧洞的总水头损失。

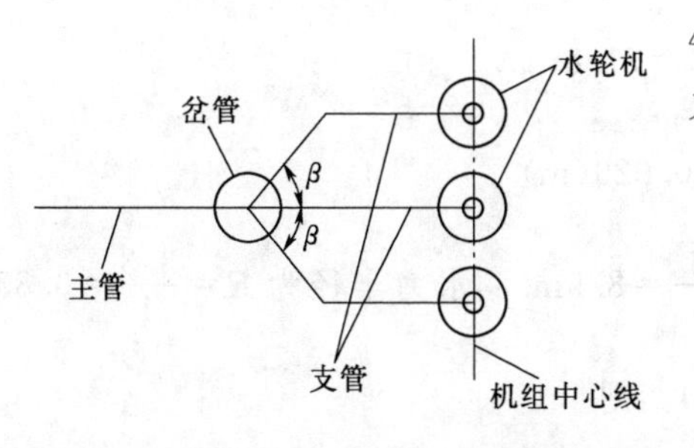

图4.51 中梁一级电站机组供水方式

解：

（1）沿程水头损失计算。

1）第1均匀段。水力半径

$$R=\frac{A}{\chi}=\frac{\pi\left(\frac{D}{2}\right)^2}{\pi D}=\frac{D}{4}=\frac{4.7}{4}=1.18(\text{m})$$

v为经济流速3m/s，$Q=vA=50.9\text{m}^3/\text{s}$，糙率$n=0.014$，则

$$C=\frac{1}{0.014}\times1.18^{\frac{1}{6}}=73.4$$

$$h_{f1}=\frac{7876\times3^2}{73.5^2\times1.18}=11.137(\text{m})$$

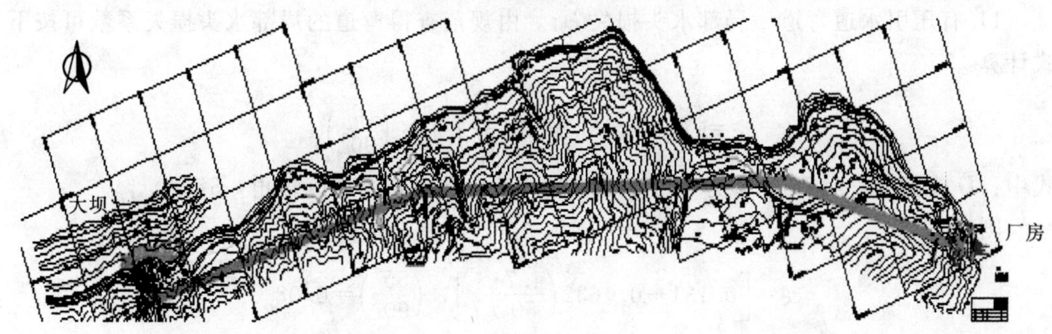

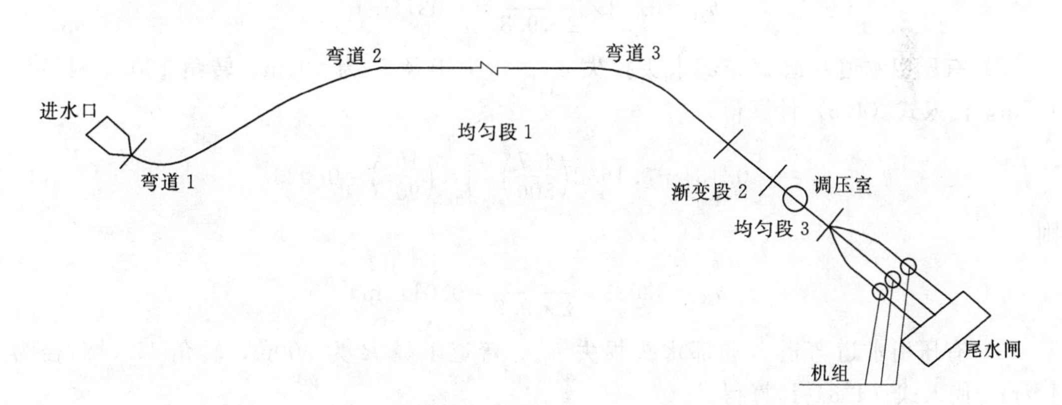

图4.52 中梁一级电站引水工程布置图

2）第2渐变段。该段首尾平均断面面积为$A=\frac{\pi\frac{4.7^2}{4}+\pi\frac{3.3^2}{4}}{2}=12.9(\text{m}^2)$，对应的断面直径为$D=\sqrt{\frac{4\times12.9}{3.13}}=4.1(\text{m})$，水力半径为$R=\frac{4.1}{4}=1.03(\text{m})$，平均流速$v=\frac{50.9}{12.9}=3.9(\text{m/s})$，则

$$C=\frac{1}{0.014}\times1.03^{\frac{1}{6}}=71.8$$

$$h_{f2}=\frac{10\times3.9^2}{71.8^2\times1.03}=0.029(\text{m})$$

3）第3均匀段。该段断面面积为 $A=\pi\times\frac{3.3^2}{4}=8.5\text{m}^2$，水力半径为 $R=\frac{3.3}{4}=0.83$ (m)，流速为 $v=\frac{50.9}{8.5}=6.0(\text{m/s})$，糙率 $n=0.014$。则

$$C=\frac{1}{0.014}\times0.83^{\frac{1}{6}}=69.2$$

$$h_{f3}=\frac{10\times6.0^2}{69.2^2\times0.83}=0.091(\text{m})$$

则压力引水道总沿程水头损失为11.257m。

（2）局部水头损失计算。

1）有压引水道弯道1局部水头损失 h_{j1}。由规范查得弯道的局部水头损失系数可按下式计算：

$$\xi=\left[0.131+0.1632\left(\frac{D}{R}\right)^{\frac{7}{2}}\right]\times\left(\frac{\theta}{90°}\right) \tag{4.3}$$

式中：D 为洞径，4.7m；R 为弯道半径，这里为50m；θ 为弯道转角，55°。

则

$$\xi=\left[0.131+0.1632\left(\frac{4.7}{50}\right)^{\frac{7}{2}}\right]\times\left(\frac{55°}{90°}\right)=0.08$$

$$h_{j1}=0.08\times\frac{3^2}{2\times9.8}=0.037(\text{m})$$

2）有压引水道弯道2局部水头损失 h_{j2}。弯道半径 R 为500m，转角160°，洞径为4.7m，代入式（4.3）计算得

$$\xi=\left[0.131+0.1632\left(\frac{4.7}{500}\right)^{\frac{7}{2}}\right]\times\left(\frac{16°}{90°}\right)=0.023$$

则

$$h_{j2}=0.023\times\frac{3^2}{2\times9.8}=0.011(\text{m})$$

3）有压引水道弯道3局部水头损失 h_{j3}。弯道半径 R 为500m，转角17°，洞径为4.7m，代入式（4.3）计算得

$$\xi=\left[0.131+0.1632\left(\frac{4.7}{500}\right)^{\frac{7}{2}}\right]\times\left(\frac{17°}{90°}\right)=0.025$$

则

$$h_{j3}=0.025\times\frac{3^2}{2\times9.8}=0.011(\text{m})$$

4）渐变段局部水头损失 h_{j4}。因为管段两端断面直径比值为 $D_1/D_2=4.7/3.3=1.4$，收缩角 $\theta=8°$，据此由DL/T 5058—1996《水电站调压室设计规范》“局部水头损失系数 ξ

值表”，查得 $\xi=0.03$。则

$$h_{j4}=0.03\times\frac{3^2}{2\times9.8}=0.014(\mathrm{m})$$

5）调压室水头损失 h_{j5}。按照调压室正常运用条件，取 $\xi=0.1$ 计算，则

$$h_{j5}=0.1\times\frac{6^2}{2\times9.8}=0.184(\mathrm{m})$$

则压力引水道总局部水头损失为

$$\sum h_j=0.257(\mathrm{m})$$

所求中梁一级电站压力引水管总水头损失为

$$\sum h_j+\sum h_f=11.514(\mathrm{m})$$

4.3.3 小结

（1）有压管流按照两类水头损失数值的相对大小，分短管与长管两类进行水力计算。

1）短管水力计算。

自由出流：

$$Q=\mu_C A\sqrt{2gH_0} \tag{4.4}$$

淹没出流：

$$Q=\mu_C' A\sqrt{2gz_0} \tag{4.5}$$

以上两式中：A 为管道过水断面积；μ_C、μ_C'分别为自由出流的流量系数和淹没出流的流量系数；H_0、Z_0分别为自由出流的作用水头和淹没出流的作用水头。

2）长管水力计算。

简单长管：

$$H=h_f=\frac{Q^2}{K^2}l \tag{4.6}$$

式中：H 为简单长管的作用水头；K 为流量模数。

其中，$K=AC\sqrt{R}$，当管道在过渡粗糙区（$v\leqslant1.2\mathrm{m/s}$）工作时，该式右端应乘一修正系数 α（$\alpha<1$）。

（2）水利工程中的倒虹吸管（图 4.53）、虹吸管等，按照有压短管进行水力计算。

图 4.53 倒虹吸管实例

习　　题

【思考题】

1. 无压隧洞的水力计算能否按照明渠流计算？

2. 有压管流具有怎样的水力特性？

3. 水利工程中，确定有压管流流速的标准有哪些？

4. 水电站压力引水管为什么要计算水头损失？水头损失有哪两类？怎么计算？

5. 水利工程中，船闸输水系统、水泵、城市给排水系统等，是否属于有压管流情况？请说明理由。

【计算题】

1. 利用虹吸管将渠道中的水输送到集水池，如图 4.54 所示。已知管径 $d=300$mm，管长 $l_1=260$m，管长 $l_2=40$m，沿程阻力系数 $\lambda_1=\lambda_2=0.025$。滤水网、折管、阀门、出口的局部损失系数分别为 $\xi_1=3.0$、$\xi_2=\xi_4=0.55$、$\xi_3=0.17$、$\xi_5=1.0$。渠道与集水池的恒定水位差 $z=0.54$m。虹吸管允许的真空高度 $h_v=7.0$m 水柱。试求虹吸管的输水流量 Q 和允许安装高度 h_s。

2. 水泵抽水系统如图 4.55 所示，流量 $Q=0.062\text{m}^3/\text{s}$，管径 $d=200$mm，$h_1=3.0$m，$h_2=17$m，$h_3=15$m，管长 $l=12$m，局部阻力系数为：滤水网 $\xi_1=3$，90°弯头 $\xi_2=0.21$，30°折角 $\xi_3=0.073$，出口 $\xi_4=1$。沿程阻力系数 $\lambda=0.023$，求水泵的扬程 H_t。

3. 如图 4.56 所示，离心泵实际抽水量 $Q=8.10$L/s，吸水管长度 $l_a=7.5$m，直径 $d_a=100$mm，沿程阻力系数 $\lambda=0.045$，局部阻力系数为：底阀 $\xi_1=7.0$，弯管 $\xi_2=0.27$。如果允许吸水真空高度 $[h_v]=5.7$m，求水泵的允许安装高度 h_s。

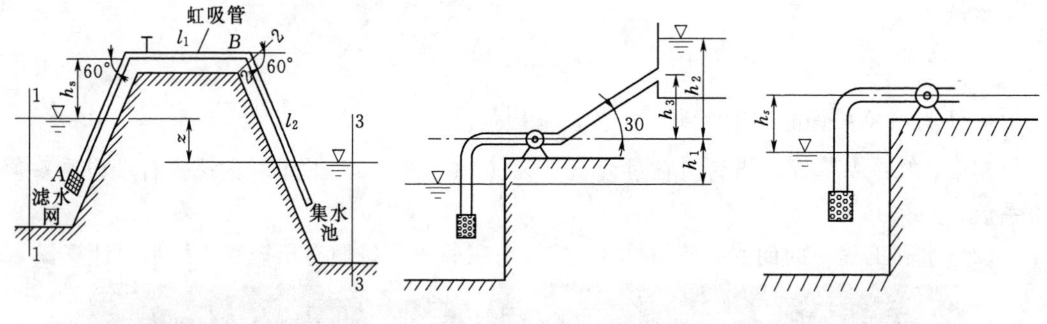

图 4.54　虹吸管工作示意图　　图 4.55　水泵抽水系统　　图 4.56　离心泵抽水示意图

4.4　明渠流

4.4.1　概述

我们把显露于大气中的具有自由水面的水流称为明渠流，如天然河道、人工渠道、无压隧洞中的水流等。

明渠断面形状和大小保持不变的长直渠道称为棱柱形渠道，断面形状和大小沿程变化的渠道称为非棱柱形渠道。

明渠的流量、断面形式、坡度、糙率等的变化，都会引起自由水面的变化，水深和流速也相应变化。在顺直棱柱形长渠道中可形成渠中水深、流速沿程不变的均匀流，均匀流水力计算是非均匀流水力计算的基础。

明渠流水力计算中，自由水面的计算是工程中需解决的一个重要问题，如确定引水或排水渠道的合理断面尺寸和流速大小、拦河筑坝后估算水库淹没范围等，都归结为明渠流水面曲线问题。明渠恒定非均匀渐变流水深 h 沿流程 s 的变化，可通过求解伯努利方程和连续性方程解决，而非棱柱形渠道的水面曲线可用差分法解决。对实际工程中洪水波的演进等明渠非恒定流，其基本特征是流量 Q 和水位 Z 等都是时间 t 和位置 s 的函数，即非恒定流的变量 $Q=Q(s,t)$ 和 $Z=Z(s,t)$，联解符合初始条件和边界条件的明渠非恒定渐变流的圣维南方程组即可求解。

水利工程中，在堰闸下游、陡坡渠道的尾端、桥涵出口、跌水处等水流的流速很大，会冲刷河床，危及建筑物的安全。当水流从急流过渡到缓流状态时，将产生水面突然跃起的局部急变流“水跃”现象。工程中为了把引起冲刷的水流能量在较短的区域内消除，设计有各种消能的措施，如增加渠底粗糙度的人工粗糙和利用水跃消能而建的消力池等。

4.4.2 明渠流水力计算

【工程实例】 南水北调工程之“中线工程”

我国于20世纪50年代提出“南水北调”的设想，南水北调工程分东、中、西三条调水线路，工程总体布局确定为：分别从长江上、中、下游调水，建成后与长江、淮河、黄河、海河相互连接，以改善和修复北方地区的生态环境，适应西北、华北各地的发展需要。近期供水目标为解决城市缺水为主，兼顾生态和农业用水。

南水北调中线工程近期从长江支流汉江上的丹江口水库引水，沿伏牛山和太行山山前平原开渠输水，终点北京。远景考虑从长江三峡水库或以下长江干流引水增加水量。南水北调中线工程具有水质好、覆盖面大、自流输水等优点，是解决华北水资源危机的一项重大基础设施。

南水北调中线主体工程由水源区工程和输水工程两大部分组成（图4.57）。水源区工程为丹江口水利枢纽后期续建和汉江中下游补偿工程，输水工程即引汉总干渠和天津干渠。中线一期工程于2003年12月开工，2014年10月竣工，沿线建成渠道902km，以及渡槽、倒虹吸、隧洞、节制闸、泵站、退水闸、分水口等2385座。

【例题1】 南水北调中线输水工程全线总长1432km，其中包括1196km的明渠，采用泵站加压方式用管道输水的渠段长236km。如果中线某干渠的设计流量 $Q=300\text{m}^3/\text{s}$，渠道截面（图4.58）采用等腰梯形，边坡1∶0.4，渠底宽 $b=25\text{m}$，混凝土护面，底坡 $i=0.0001$，安全超高 $h_1=2.0\text{m}$，请确定该渠段渠顶高度。

解：

渠道过流断面面积

$$A=bh+mh^2=25h+0.4h^2$$

(a) 渠首陶岔闸

(b) 输水渠道

图 4.57　南水北调中线工程

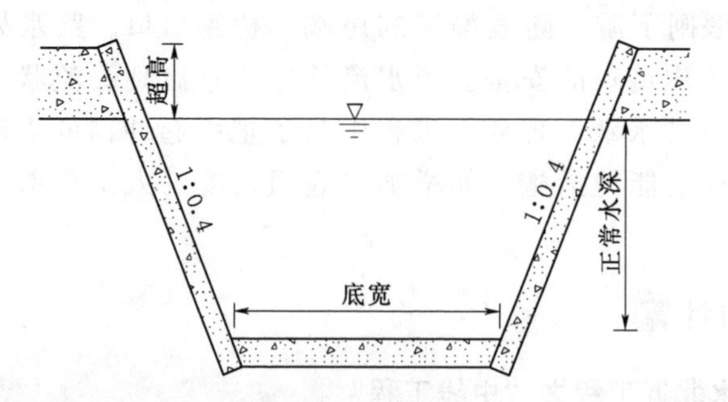

图 4.58　南水北调中线明渠断面及其施工图

湿周

$$\chi = b + 2h\sqrt{1+m^2} = 25 + 2.154h$$

混凝土护面，糙率 n 选择 0.014；代入已知数值，整理得

$$Q = \frac{\sqrt{i}A^{\frac{5}{3}}}{n\chi^{\frac{2}{3}}} = \frac{\sqrt{0.0001}}{0.014}\frac{(25h+0.4h^2)^{\frac{5}{3}}}{(25+2.154h)^{\frac{2}{3}}} = 300$$

采用试算法（表 4.1）求解正常水深 h。

表 4.1 明渠断面水力要素计算表

h/m	A/m^2	χ/m	R/m	Q/(m^3/s)
10	290.0	271.540	1.067983	216.3411
11	323.4	298.694	1.082713	243.4710
12	357.6	325.848	1.097444	271.6548
13	392.6	353.002	1.112175	300.9058
14	428.4	380.156	1.126906	331.2374
15	465.0	407.310	1.141637	362.6629

则设计流量下渠道正常水深可取13m，加上安全超高2.0m，渠道从渠底到渠顶高度为15m。

【例题2】 某渠道断面为矩形，底宽10m，下泄流量 $Q=140\text{m}^3/\text{s}$，拟建泄水建筑物，在下游渠道产生水跃。已知跃前水深 $h'=0.85\text{m}$。

(1) 求跃后水深 h''。

(2) 计算水跃长度 l_j。

(3) 计算水跃段单位宽度上的能量损失和水跃消能效率。

解：

(1) 单宽流量 $q=Q/b=14.0\text{m}^2/\text{s}$，$h'=0.85\text{m}$，设 $\alpha\approx1.0$，则跃前断面弗劳德数

$$Fr_1=\sqrt{\frac{\alpha q^2}{gh'^3}}=\sqrt{\frac{14^2}{9.8\times0.85^3}}=5.71$$

跃后水深

$$h''=\frac{h'}{2}(\sqrt{1+8Fr_1^2}-1)=\frac{0.85}{2}(\sqrt{1+8\times5.71^2}-1)=6.45(\text{m})$$

(2) 水跃长度计算，并比较各经验公式结果。

美国垦务局公式：

$$L_j=6.1h''=39.35(\text{m})$$

厄里瓦托斯基公式：

$$L_j=6.9(h''-h')=38.64(\text{m})$$

成都科技大学公式：

$$L_j=10.8h'(Fr_1-1)^{0.93}=10.8\times0.85\times(5.71-1)^{0.93}=38.79(\text{m})$$

陈椿庭公式：

$$L_j=9.4h'(Fr_1-1)=9.4\times0.85\times(5.71-1)=37.63(\text{m})$$

不同公式的计算结果最大相差不到4.4%。

(3) 水跃水头损失

$$h_w=\frac{(h''-h')^3}{4h'h''}=\frac{(6.45-0.85)^3}{4\times6.45\times0.85}=8.01(\text{m})$$

消能效率

$$K_j=\frac{h_w}{E_1}\times100\%=\frac{h_w}{h'+\dfrac{q^2}{2gh'^2}}\times100\%=\frac{8.01\times100\%}{0.85+\dfrac{14.0^2}{2\times9.8\times0.85^2}}=54.6\%$$

【例题3】 某水库泄水渠纵剖面如图4.59所示，渠道断面为矩形，宽 $b=5\text{m}$，底坡 $i=0.25$，用浆砌块石护面，糙率 $n=0.025$，渠长56m，当泄流量 $Q=30\text{m}^3/\text{s}$ 时，绘制水面曲线。

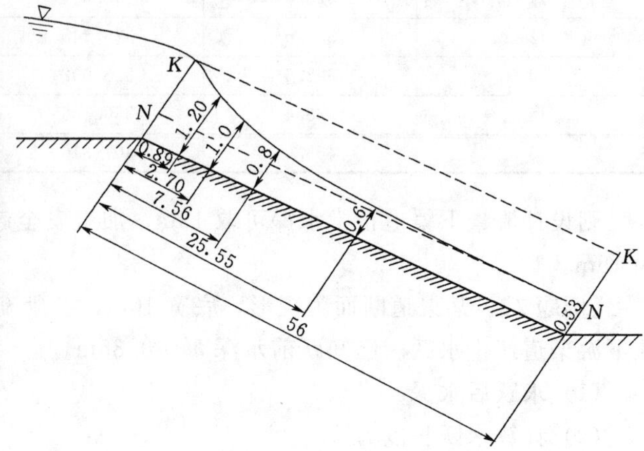

图4.59　某水库泄水渠及其纵剖面图泄水渠（单位：m）

解：

已知 $b=5\text{m}$，$i=0.25$，$n=0.025$，$Q=30\text{m}^3/\text{s}$。

(1) 判断渠道底坡性质和水面曲线形式。

$q=Q/b=6\text{m}^3/(\text{s}\cdot\text{m})$，$\cos\theta=\sqrt{1-i^2}=0.9375$，取 $\alpha=1.05$，临界水深

$$h_K=\sqrt[3]{\alpha q^2/g\cos\theta}=1.5852(\text{m})$$

计算正常水深（过程略），得 $h_0=0.524\text{m}<h_K$，所以渠道为陡坡。

根据以上情况判断水面曲线为降水曲线，进口处水深为临界水深 h_K，渠道中水深变化范围从 h_K 趋向正常水深 h_0。

(2) 用分段求和法计算水面曲线。因流态为急流，进口处为控制断面，$h_1=h_K=1.585\text{m}$，向下游计算水面线，依次取 $h_2=1.2\text{m}$，$h_3=1.0\text{m}$，$h_4=0.8\text{m}$，$h_5=0.6\text{m}$，$h_6=0.53\text{m}$，根据分段求和计算式分段计算，s 为各水深所在断面距起始断面的距离，计算过程见表4.2。

表4.2　水面曲线水力计算表

断面	h /m	A /m²	v /(m·s⁻¹)	$\alpha v^2/2g$ /m	E_S /m	ΔE_S /m	R /m	J	$i-\overline{J}$	Δs /m	s /m
1	1.585	7.925	3.785	0.768	2.254		0.970	0.0093			0
2	1.200	6.000	5.000	1.339	2.464	0.210	0.811	0.0207	0.2350	0.89	0.89
3	1.000	5.000	6.000	1.929	2.866	0.402	0.714	0.0353	0.2220	1.81	2.70
4	0.800	4.000	7.500	3.013	3.763	0.897	0.606	0.0957	0.1845	4.86	7.56
5	0.600	3.000	10.000	5.357	5.920	2.157	0.484	0.1645	0.1199	17.99	25.55
6	0.530	2.650	11.320	6.866	7.363	1.443	0.437	0.2415	0.0470	30.70	56.25

根据计算结果可绘制出水面曲线（图 4.59），可见渠道末端水深已接近正常水深。

【例题 4】 湖南省洞庭湖区某小河上修建双柱式公路桥。已知底坡 $i=0.0001$，河道为梯形断面，河段均匀流水深 $h_0=4.8\text{m}$，临界水深 $h_K=1.73\text{m}$，底宽 $b=20\text{m}$，边坡系数 $m=2.5$，糙率 $n=0.0225$，设计流量 $Q=160\text{m}^3/\text{s}$，桥位断面控制水深 $h=6\text{m}$，试分析其上游壅水情况。

分析：对湖区河段桥梁壅水采用水面曲线法计算，水面曲线方程为

$$Z_{上}+\frac{\alpha V_{上}^2}{2g}=Z_{下}+\frac{\alpha V_{下}^2}{2g}+\frac{Q^2\Delta S}{\overline{K}^2}+\overline{\zeta}\left(\frac{V_{下}^2-V_{上}^2}{2g}\right)+h_e'$$

由于控制断面水深 $h=6\text{m}$，该河段为缓坡，桥位上游为 a_1 型壅水曲线，自桥位断面向上游水深逐渐减小，则可设水深为 5.8m、5.6m、5.4m、5.2m、5.0m、4.95m 等，如能确定不同水深对应的断面位置，则可以确定所求的壅水曲线。

设水深为 5.8m 的断面距离桥位距离为 L，依据已知条件，采用上述水面曲线方程，忽略式中局部水头损失，经计算可得 $L=3880\text{m}$。后续计算控制水深取水深 5.8m，采用水面曲线方程同样可以确定水深为 5.6m 的断面位置。具体结论见表 4.3。

表 4.3 桥位上游壅水计算结果

断面	断面水深 h/m	相邻间距 L/m	断面	断面水深 h/m	相邻间距 L/m
桥位断面	6.00	0	4	5.20	7780
1	5.80	3880	5	5.00	14540
2	5.60	4400	6	4.95	9600
3	5.40	5550			

由计算结果可知，水深 $h=4.95\text{m}$ 断面距离桥位断面 45750m，该断面水深比正常水深 $h_0=4.8\text{m}$ 增加了 3%，说明桥梁阻水产生的壅水消减了堤防安全防洪空间，降低了河道防洪能力，所以河道管理部门必须考虑涉河工程壅水的不利影响。

4.4.3 小结

(1) 天然河道、人工渠道中的水流显露于大气中，具有自由水面，均属于明渠水流。水利工程中的灌渠、渡槽、溢洪道泄槽、无压泄洪或导流隧洞、引水渠等建筑物（图 4.60）都涉及明渠流的水力计算问题。

(2) 明渠均匀流水力计算常采用谢才公式。

谢才公式：

$$v=C\sqrt{Ri} \tag{4.7}$$

曼宁公式：

$$c=\frac{1}{n}R^{\frac{1}{6}}$$

$$R=\frac{A}{\chi}$$

式中：c 为谢才系数，常采用曼宁公式计算；R 为水力半径。

(a) 某灌渠

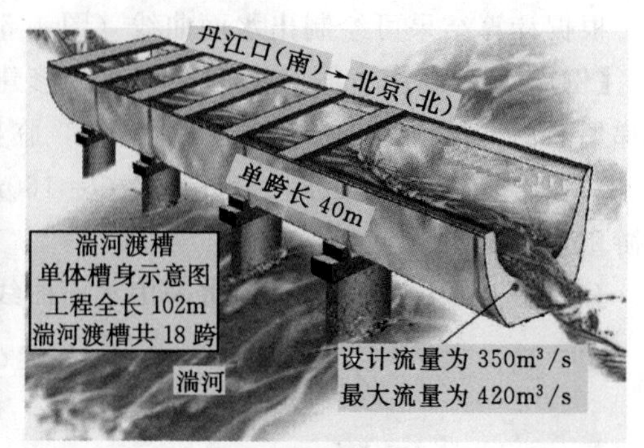

(b) 湍河渡槽

(c) 山东省泰安京杭运河八里湾船闸引航道

(d) 湖南省涔天河导流洞出口

图 4.60　明渠流实例

综合可得

$$Q=\frac{\sqrt{i}}{n}\frac{A^{\frac{5}{3}}}{\chi^{\frac{2}{3}}} \tag{4.8}$$

由于产生明渠均匀流的条件很难满足，人工渠道或天然河道中的水流绝大多数是非均匀流。明渠非均匀流的特点是底坡线、水面线、总水头线彼此互不平行（图 4.61）。若流线是接近于相互平行的直线，或流线间夹角很小、流线的曲率半径很大，这种水流称为明渠非均匀渐变流。反之，则为明渠非均匀急变流（水跃或水跌）。明渠非均匀渐变流着重研究水面曲线变化规律，并进行水面线计算，公式如下：

$$\frac{\mathrm{d}h}{\mathrm{d}s}=\frac{i-\dfrac{Q^2}{K^2}}{1-\dfrac{\alpha Q^2}{g}\dfrac{B}{A^3}}=\frac{i-J}{1-\dfrac{\alpha Q^2}{g}\dfrac{B}{A^3}}=\frac{i-J}{1-Fr^2} \tag{4.9}$$

（3）在影响过水断面的两个变量中，水流的阻力与过水断面的面积 A 负相关，与湿周 χ 正相关。A/χ 最小时，阻力系数最小，此时的过水断面称为最优过水断面。即面积一定而过水能力（流量 Q）最大的明槽（渠）断面，或可定义为通过流量一定而湿周最小的明槽（渠）断面，其实质就是阻力系数最小的水力断面。相同过流断面时圆管最好。一些山区石渠、渡槽和涵洞是按水力最佳断面设计的。

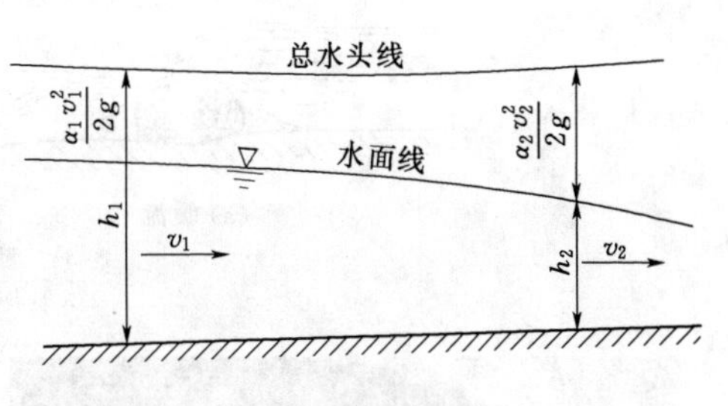

图 4.61　明渠非均匀流

应该指出，水力最佳断面多属于窄深形，从结构和施工角度看，开挖不便，边坡养护困难，有时也难以满足通航和灌溉等要求，虽然水力最佳，但经济上并不最佳。对于大型渠道的断面形式，往往需要由工程量、施工技术、运行管理等各方面因素综合比较后才能决定。

（4）明渠流水力计算包括流量、水面线、底坡、断面形状与尺寸、糙率等问题，其中明渠的流量、断面形式、坡度、糙率等变化，都会引起自由水面变化，相应明渠水深和流速随之发生变化，因此自由水面的计算是工程中需解决的一个重要问题。如拦河筑坝后水库淹没范围的估算、溢洪道边墙高度的确定等，都与明渠流水面曲线的特性有关。

针对恒定非均匀渐变流某一流程为 Δs 的流段，水面曲线采用分段求和法计算：

$$\Delta s=\frac{\Delta E_s}{i-\overline{J}}=\frac{E_{sd}-E_{su}}{i-\overline{J}} \tag{4.10}$$

式中：ΔE_s 为流段 Δs 两端断面上断面比能的差值；E_{sd}、E_{sd} 分别为 Δs 流段下游和上游断面上的断面比能。

$\overline{J}$ 一般计算如下：

$$\overline{J}=\frac{\overline{v}^2}{\overline{C}^2\overline{R}^2} \tag{4.11}$$

$$\left.\begin{aligned}\overline{v}&=\frac{v_1+v_2}{2}\\ \overline{R}&=\frac{R_1+R_2}{2}\\ \overline{C}&=\frac{C_1+C_2}{2}\end{aligned}\right\} \tag{4.12}$$

式中：$\overline{v}$、$\overline{C}$、$\overline{R}$ 为两过水断面的平均水力要素。

利用公式可逐步算出明渠非均匀流中各个断面的水深及它们相隔的距离，从而整个流段的水面线就可定量地确定和绘出。采用分段求和法计算水面曲线，分段越多，计算结果的精度越高，相应的计算量也越大。

（5）明渠流流态包括缓流与急流（图 4.62），当从急流转变为缓流则将产生水跃现象，如从水闸或溢流坝下泄的急流受下游渠道缓流的顶托便发生水跃。

典型的水跃现象是：在很短的距离内，水深急剧增加，流速相应减小。水跃区上部为激烈翻腾的表面旋滚，底部为流速急剧减缓的主流，二者之间的交界面上流速梯度很大，产生漩涡和质量交换，水流内部产生剪切摩擦与混掺，因而消耗能量较大（图 4.63）。水利工程中常利用水跃作为一种有效的消能方式（见本章消能部分）。

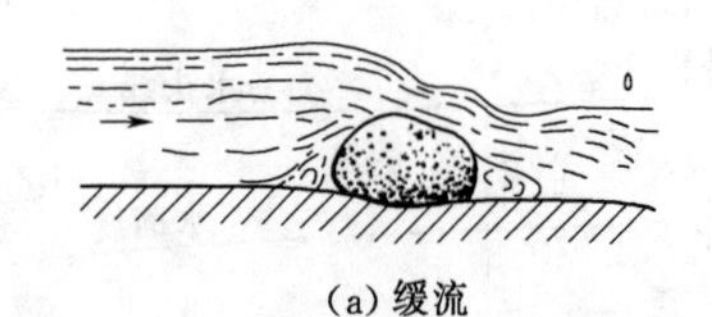

(a) 缓流

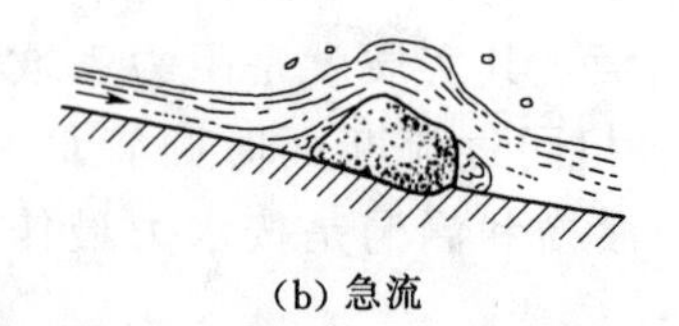

(b) 急流

图 4.62　水流流态

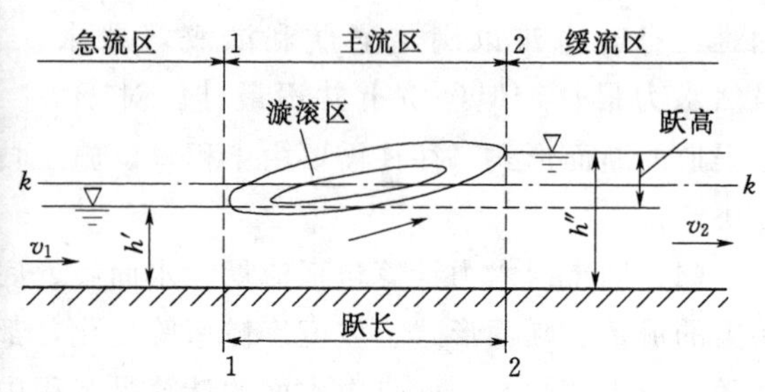

图 4.63　水跃现象及其要素

水跃研究的内容包括水跃长度 L_j、水跃纵剖面形状、水跃位置的确定和控制、水跃能量损失等。其中水跃长度 L_j 为水跃前后两断面的距离，是泄水建筑物消能设计的重要依据之一，其值多由经验公式估算。水跃始端和终端两个断面的水深分别称为跃前水深 h' 和跃后水深 h''。这两个水深之间存在着共轭关系。对于平底棱柱形渠道（即断面形状和尺寸沿流向不变的渠道），共轭水深计算公式为

$$h'=\frac{h''}{2}\left(\sqrt{1+8\frac{q^2}{gh''^3}}-1\right)=\frac{h''}{2}\left(\sqrt{1+8Fr_2}-1\right) \tag{4.13}$$

（6）穿河、临河、沿河布置的涉水建筑（如码头、桥梁、管道等）（图 4.64）修建后，墩、柱、台、板等挡水部位阻挡水流，水流被压缩，上游较大范围的水面抬升高度称为壅水高度，其最大值称为最大壅水高度，水面线抬升的范围称为壅水影响范围。这种情况下的水面线是原河道受工程影响，原河道过流条件被迫发生改变后形成的，影响因素复杂，精确确定很困难。

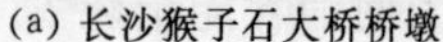

(a) 长沙猴子石大桥桥墩

(b) 内河板梁式集装箱码头

图 4.64　涉河工程实例

堤防工程设计中，设计堤顶高程需要考虑一定的安全加高值，涉河建筑物的壅水高度值，并不包含在该安全加高值中。壅水高度值越大，则堤防实际的安全加高值越小，水位壅高减小了堤防防洪的安全高度，防洪能力降低就越明显。由于设计洪水水面线往往较平缓，较大壅水范围内抬升的水面线增大了堤防临水面与堤防背水面的水力坡度，则可能影响堤防及河势稳定，危及河道防洪安全。随着城市涉河建筑物建设密度不断加大，则会造成叠加壅水，势必会进一步削弱河道行洪能力，增加洪涝灾害发生的概率与严重程度，所以研究壅水问题非常重要。

以桥梁工程为例，如图 4.65 所示，桥前无导流堤时，最大壅水高度位置大约位于桥位中线上游一个桥孔长度 L 处，有导流堤时大约在导流堤的上游坝顶附近。桥前最大壅水高度 ΔZ 可根据水力学原理，列出能量方程求其理论解。但是桥位附近的水流与河床变化非常复杂，很多参数难以精确求得。

涉河桥梁壅水的影响因素多而且复杂，其中壅水高度所受影响因素较多，如河道糙率、桥梁阻水率、流速、桥墩形状、河床底质等，其中阻水率是比较明确的、易于控制的参数，根据对湖南省新建桥梁阻水率的调研与分析，阻水率基本在 3.5%～7%。从实际情况来看，这样的阻水率未对泄洪、防汛以及河势变化造成明显不利的影响。阻水率为设计水位条件下，桥梁阻水结构在垂直于水流方向上的投影面积与河道过水断面面积之比。

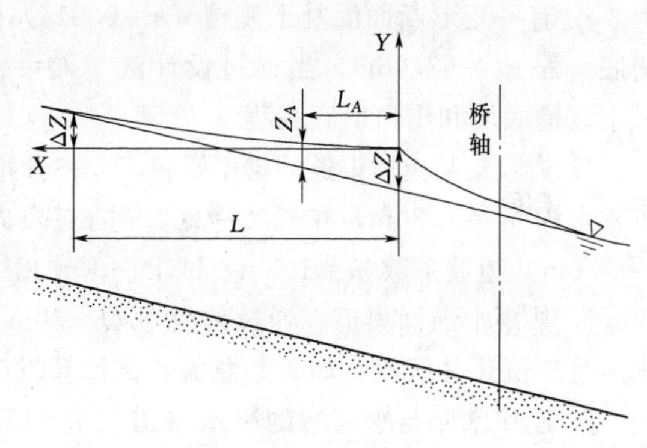

图 4.65 桥梁壅水曲线示意图

目前桥梁工程中大多选择壅水计算的经验公式，涉河码头、管道、隧道等工程的阻水构造物所造成的壅水情况，可参照相应经验公式计算，或采用模型试验或数值计算等方法进行专题研究。

习 题

【思考题】

1. 明渠均匀流的基本特性和产生条件是什么？从能量观点分析明渠均匀流为什么只能发生在正坡长渠道中？

2. 你认为 4.4.2 节［例题 1］中明渠设计适宜采用“最佳水力断面”条件吗？如果采用，计算结果会与结论 15m 相同吗？如果不能采用，理由是什么？

3. 工程中明渠断面糙率依据什么条件确定？从图 4.58 施工照片看出，如果渠底与两侧边坡采用不同的护面材料，糙率该如何确定？

4. 河道行洪或者多级船闸中间渠道灌泄水时常看成明渠非恒定流，其具有哪些基本特性？

5. 两条明渠（均为均匀流），通过的流量、底坡和糙率均相同，但底宽不同，试分析正常水深的大小。

6. 什么是水力最佳断面？它是否渠道设计中的最佳断面？为什么？

7. 从明渠均匀流公式导出糙率的表达式，并说明如何测定渠道的糙率。

8. 试叙述水跃的特征和产生的条件。如何计算矩形断面明渠水跃的共轭水深？在其他条件相同的情况下，当跃前水深发生变化时，跃后水深如何变化？

【计算题】

1. 一梯形灌溉土质渠道，按均匀流设计。根据渠道等级、土质情况，选定底坡 $i=0.001$，$m=1.5$，$n=0.025$，渠道设计流量 $Q=4.2\text{m}^3/\text{s}$，并选定水深 $h=0.95\text{m}$，试设计渠道的底宽 b。

2. 红旗渠某段长而顺直，渠道用浆砌条石筑成（$n=0.028$），断面为矩形，渠道按水力最佳断面设计，底宽 $b=8\text{m}$，底坡 $i=\frac{1}{8000}$，试求通过流量。

3. 有一矩形断面混凝土渡槽（$n=0.014$），底宽 $b=1.5\text{m}$，槽长 $L=116.5\text{m}$。进口处槽底高程 $z_1=52.06\text{m}$，当通过设计流量 $Q=7.65\text{m}^3/\text{s}$ 时，槽中均匀流水深 $h_0=1.7\text{m}$，试求渡槽底坡和出口槽底高程 z_2。

4. 为收集某土质渠道的糙率资料，今在开挖好的渠道中进行实测：流量 $Q=9.45\text{m}^3/\text{s}$，正常水深 $h_0=1.20\text{m}$，在长 $L=200\text{m}$ 的流段内水面降落 $z=0.16\text{m}$，已知梯形断面尺寸 $b=7.0\text{m}$，边坡系数 $m=1.5\text{m}$，试求糙率 n 值。

5. 某矩形断面渠道，通过的流量 $Q=30\text{m}^3/\text{s}$，底宽 $b=5\text{m}$，水深 $h=1\text{m}$，判断渠内水流是急流还是缓流？如果是急流，试计算发生水跃的跃后水深是多少。

6. 连接水库与水电站的引水渠道长 $l=15\text{km}$，$Q=50\text{m}^3/\text{s}$，渠道断面为梯形，底宽 $b=10\text{m}$，边坡 $m=1.5$，$n=0.025$，$i=0.0002$，已知渠道末端水深 $h_n=5.5\text{m}$，试绘制渠道水面曲线。

4.5　堰流水力计算问题

4.5.1　概述

水利工程中，常在河道中常修建拦河闸、溢流坝、溢洪道、水电站等拦河挡水的工程构造物，以控制河流或渠道的水位与流量，达到引水灌溉、宣泄洪水、排除内涝等目的。由于此类挡水构造物壅高了明渠缓流水位，当水面超过坝顶时，在重力作用下自坝顶泄至下游，坝上水面线为一光滑连续的曲线。该段水流势能减小，动能增加，沿程水头损失可忽略不计，称这种局部水力现象为堰流（图4.66）。将在明渠缓流中，为控制水位和流量而设置的，顶部可以溢流的构造物称为堰。在给排水工程中，堰是常用的集水设施与量水设备；在交通土建工程中，小桥与涵洞前的壅水现象，是桥涵对水流的侧向约束，其过流水力特性与上述溢流坝等水工建筑物对水流的垂向约束类似，堰流理论是小桥涵孔径的水力设计基础。

堰流计算基本公式为

$$Q=m\varepsilon\sigma_s b\sqrt{2g}H_0^{\frac{3}{2}} \tag{4.14}$$

式中：m 为堰流流量系数，与堰型、进口形式、堰高及堰顶水头 H 有关；ε 为侧收缩系数，与堰型、边壁的形式、淹没程度、作用水头、孔宽及孔数有关；σ_s 为淹没系数，与堰高、堰顶水头及下游水深有关；H_0 为堰顶总水头。当堰较高时，行近流速水头可以忽略不计，$H_0 \approx H$。

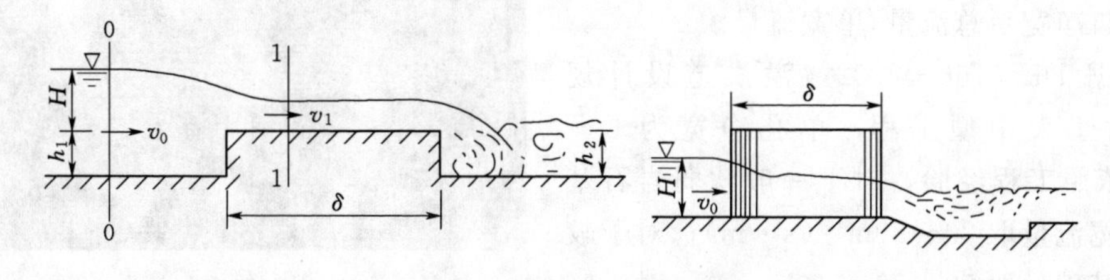

图 4.66 堰流与桥涵过流

根据堰顶宽度 δ 与堰顶水头 H 的比值可将堰分为三类。

（1）当 $\delta/H<0.67$ 时为薄壁堰。薄壁堰具有稳定的水位流量关系，常用于实验室或者野外量测流量。

（2）当 $0.67<\delta/H<2.5$ 时为实用堰，用做水利枢纽的挡水或泄水建筑物。

（3）当 $2.5<\delta/H<10$ 时为宽顶堰，在渠系中有广泛应用。

工程中的实用堰与宽顶堰按照剖面形状划分为曲线型和折线型两类，其中曲线型实用堰常见的有 WES 剖面和克—奥剖面。WES 剖面由四部分组成：上游圆弧段、曲线段、下游直线段和反弧段。上游圆弧段用三段圆弧与上游面连接。当上游面铅直，曲线段由下面方程式控制：

$$\frac{y}{H_d}=0.5\left(\frac{x}{H_d}\right)^{1.85} \tag{4.15}$$

式中：y、x 为纵横方向坐标；H_d 为设计水头。

式（4.15）中，一般取 $H_d=(0.75\sim0.95)H_{\max}$。下游直线段的斜率 m_2 由堰体的稳定和强度确定，一般取 $m_2=0.65\sim0.75$。

4.5.2 堰流水力计算

【工程实例】 西江水利枢纽工程（图 4.67）

湖南省沅江支流西江全长约 140km，流域面积共 3200km²。西江中上游地处山脉丘陵地带，河道曲折，两岸高地环列，坝址处缩窄成瓶口，坝址处河底高程 307.00m，河宽仅百余米。

西江水利枢纽坝址处要求泄水建筑物有较大的过水能力。依据地形、泄流要求及下游防洪标准综合考虑，西江水利枢纽选定黏土心墙土石坝，右岸布置岸边开敞式溢洪道。由于溢洪道进口段水力条件相对比较好，不再设置引水渠道，选择喇叭式的进水口。溢洪道控制段采用 WES 型实用堰溢流，3 个表孔，堰顶高程为 336.00m，堰总净宽为 42m，堰顶设弧形工作闸门，闸门尺寸为 14m×12m（宽×高），在尾水渠部分转弯进入下游河道。

【例题 1】 西江水利枢纽的校核流量为 3670.5m³/s，出于安全考虑选用 3700m³/s，对应的下游水位为 316.00m。溢流堰前的进水口底板高程开挖至 330.00m，下游堰底开挖

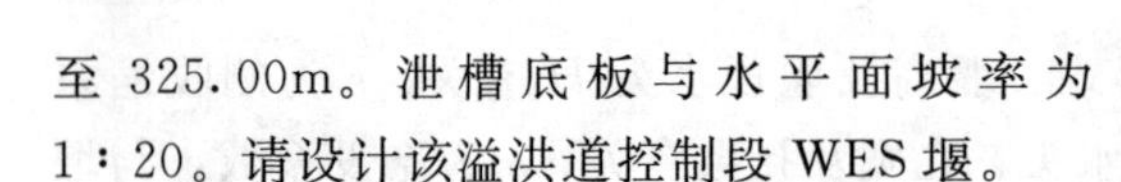

至 325.00m。泄槽底板与水平面坡率为 1∶20。请设计该溢洪道控制段 WES 堰。

图 4.67　西江水利枢纽工程（修建中）

解：

1. 孔口尺寸确定

孔口净宽=总流量/单宽流量。

根据 DL 5166—2002《溢洪道设计规范》，对于大中型工程，单孔净宽为 8～16m。依照工程经验，对于一般软弱岩石基础，单宽流量取 20～50m^3/(s·m)；对于较好岩石基础，取 50～70m^3/(s·m)；对于坚硬岩石基础，取 70～90m^3/(s·m)。

为增大泄流能力，孔数较少为宜。结合调洪演算时选取泄洪方案进行对比（表 4.4），综合考虑采用方案一：3 孔泄流，单孔净宽 14m，孔口净宽 42m，中墩厚度为 2m，边墩厚度为 1m，闸墩头部为圆头型，溢洪道总宽度为 48m。

表 4.4　　孔口尺寸设计方案

方案	孔数	单孔净宽/m	孔口净宽/m	中墩厚度/m	边墩厚度/m	总宽度/m
一	3	14	42	2	1	48
二	5	10	50	1	1	56

右岸垭口为坚硬基岩，本题单宽流量 $q=\frac{Q}{B}=\frac{3700}{42}=88.1[m^3/(s\cdot m)]$，满足要求。

由闸墩与边墩的布置情况，可查得侧收缩系数 $\varepsilon=0.85$。

2. 堰顶高程确定

利用公式 $Q=mB\varepsilon\sigma\sqrt{2g}H_0^{\frac{3}{2}}$，采用试算法确定堰顶高程，其中校核洪水位减去 H_0 即为堰顶高程。

假设流量系数 $m=0.499$，则

$$3700=0.499\times42\times0.85\times1\times\sqrt{2\times9.8}H_0^{\frac{3}{2}}$$

计算得 $H_0=13.01$m，堰顶高程为 348.20－13.01=335.19m，采用 335m。

验算：堰顶高程采用 335.00m 时，堰上水头

$$H=348.2-335.0=13.2(m)$$

堰上最大水头

$$h_{max}=348.2-335.0=13.2(m)$$

设计水头

$$h_d=(0.75\sim0.95)h_{max}$$

取

$$h_d=(0.75\sim0.95)h_{max}=0.8\times13.2=10.5(m)$$

上游堰高

$$P_1=335-330=5(\mathrm{m})$$

$$\frac{P_1}{h_d}=\frac{5}{10.56}=0.47<1.33$$

该堰为低堰，需要计入行近流速水头$\frac{v^2}{2g}$：

$$v=\frac{Q}{A}=\frac{3700}{48\times(348.2-330)}=4.24(\mathrm{m/s})$$

$$\frac{v^2}{2g}=0.92(\mathrm{m})$$

$$H_0=H+\frac{v^2}{2g}=13.2+0.92=14.12(\mathrm{m})$$

查得流量系数 $m=0.499$，与假设一致，所以堰顶高程实际采用 335.00m。

3. WES堰剖面设计

由上述计算过程可得：开敞式堰面堰顶下游堰面采用 WES 幂曲线（图 4.68），堰顶高程为 335.00m，进水口底板高程为 330.00m，上游堰高为 5m，定型设计水头为 10.56m。

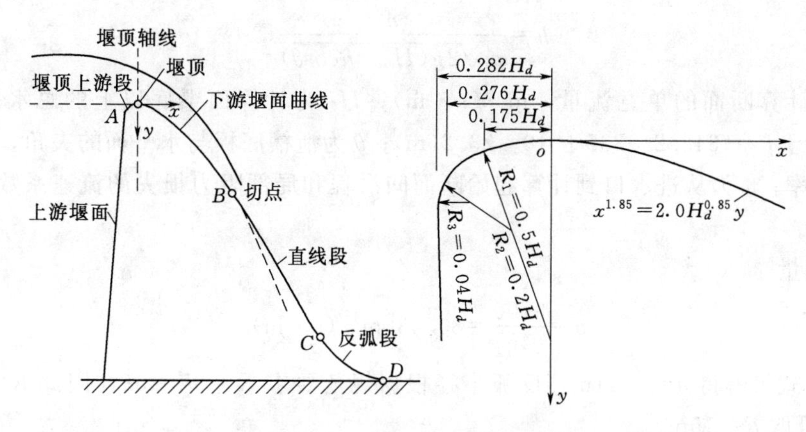

图 4.68 曲线形 WES 堰剖面

（1）堰顶上游段设计。如图 4.68 所示：$R_1=0.5H_d=5.28$m；$R_2=0.2H_d=2.11$m；$R_3=0.04H_d=0.42$m；$B_1=0.282H_d=2.98$m；$B_2=0.276H_d=2.91$m；$B_3=0.175H_d=1.85$m。

（2）下游堰面曲线设计。WES 幂曲线为

$$x^n=KH_d^{n-1}y \tag{4.16}$$

式中：H_d 为堰面曲线定型水头，本题为 10.56m；x、y 分别为原点上下游堰面曲线横、纵坐标；n、K 为系数，弧顶上游段三段圆弧连接，则 $n=1.85$，$K=2$。则堰面曲线方程为

$$x^{1.85}=2\times10.56^{0.85}y$$

即

$$y=\frac{x^{1.85}}{14.83}$$

根据规范要求，低实用堰下游堰面坡度最好陡于1：1，此处选用1：0.9。

(3) 直线段BC设计。为了抬高堰底高程，在这里不必设置直线段，图4.68上B、C两点重合，即反弧段直接切于点 (x_c, y_c)，则坐标 x_c 与 y_c：

$$x_c = AH_d(\text{tg}\theta_1)^a$$

$$y_c = BH_d(\text{tg}\theta_1)^b$$

$$\text{tg}\theta_1 = \frac{1}{m}$$

其中，$A=1.096$；$B=0.529$；$a=1/0.85$；$b=2.176$；$m=0.9$，赋值代入上述公式得

$$x_c = 1.096\times 10.56\times\left(\frac{1}{0.9}\right)^{\frac{1}{0.85}} = 13.10$$

$$y_c = 0.529\times 10.56\times\left(\frac{1}{0.9}\right)^{2.176} = 7.03$$

即切点坐标为 $C(13.10, 7.03)$。

(4) 反弧段CD设计。根据规范要求，反弧段半径范围通常为 $3h\sim 6h$，h 是校核洪水为 $3700\text{m}^3/\text{s}$ 条件下，闸门全开时反弧段最低点D的水深，计算公式为

$$h = \frac{q}{\varphi\sqrt{2g(H_0 - h\cos\theta)}} \tag{4.17}$$

式中：q 为计算断面的单宽流量，$\text{m}^3/(\text{s}\cdot\text{m})$；$H_0$ 为计算面渠底以上的总水头，$H_0 = 348.2-335+P_2 = 348.2-335+10 = 23.2(\text{m})$；$\theta$ 为泄槽底板与水平面的夹角，本设计取1：20的坡率；φ 为从进水口到计算起始断面间沿程和局部阻力损失的流速系数，计算时取 $\varphi=0.95$。

单宽流量

$$q = \frac{3700}{46} = 80.43[\text{m}^3/(\text{s}\cdot\text{m})]$$

代入公式可解得 $h=4.41\text{m}$。反弧半径根据规范要求 $R=3h\sim 6h$，因此 $R=13.23\sim 26.46\text{m}$，可取 $R=15\text{m}$。

【例题2】 某曲线形实用堰，堰宽 $b=50\text{m}$，堰孔数 $n=1$（即无闸墩），堰与非溢流的混凝土坝相接，边墩头部为半圆形，边墩形状系数 $K_a=0.7$，上下游堰高 P_1 与 P_2 相同均为15m，下游水深 $h_t=7\text{m}$，设计水头 $H_d=3.11\text{m}$，流量系数 $m=0.514$，试求堰顶水头 $H=5\text{m}$ 时通过溢流坝的流量。

解：

流量计算公式为

$$Q = \varepsilon\sigma_s mnb\sqrt{2g}H_0^{\frac{3}{2}}$$

当 $H=5\text{m}$ 时，$\frac{P_1}{H}=\frac{15}{5}=3>1.33$，为高堰，故可以不考虑行近流速水头，$H_0=H=5\text{m}$；侧收缩系数

$$\varepsilon = 1-2[K_a+(n-1)K_P]\frac{H_0}{nb}$$

其中，$n=1$；$H_0=h=5\text{m}$；$K_a=0.7$；没有闸墩，闸墩形状系数 $K_P=0$；b 为墩间净距，

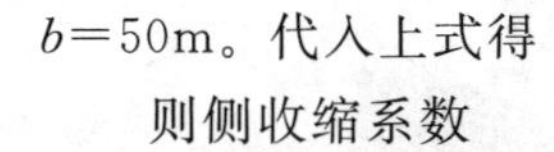

$b=50\text{m}$。代入上式得

则侧收缩系数

$$\varepsilon=1-2\times[0.7+(1-1)\times 0]\times\frac{5}{1\times 50}=0.86$$

因为 $h_t<P_2$，则堰流为自由出流，淹没系数 $\sigma_s=1$，则

$$Q=0.86\times 1\times 0.514\times 1\times 43\times 4.43\times 4^{\frac{3}{2}}=673.6(\text{m}^3/\text{s})$$

4.5.3 小结

(1) 水利工程中，堰是普遍应用于溢流坝段、溢洪道控制段、无压引水渠及压力前池、拱坝坝身表孔等，既能挡水又能开敞式泄水的一种重要水工建筑物。如图 4.69 所示。

(a) 云南省澜沧江中游大朝山水电站

(b) 贵州省天柱县白市镇水电站

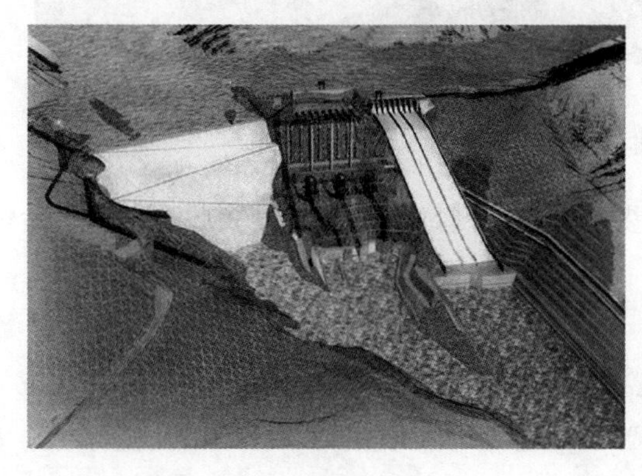

(c) 糯扎渡水电工程溢洪道

(d) 晋城市沁水县张峰水电站及其溢洪道

图 4.69 堰流工程实例

(2) 按照堰的剖面形状划分，可分成折线形堰与曲线形堰两类；按照堰顶过流的水力特性常分成宽顶堰与实用堰两类。一般折线形堰施工简便，曲线形堰水力条件较好，剖面经济，但施工较复杂（图 4.70）。

大中型工程的堰顶设闸门用来调节库水位和下泄流量，对小型工程而言往往堰顶不设闸门，这样结构简单，管理方便。堰还可以结合胸墙及闸门形成大孔口泄流（图 4.71），大孔口溢流式上部由于设置胸墙，从而降低了堰顶高程，因此减小了闸门高度，可根据洪水预报提前放水，提高了调洪能力。

(a) 某溢流坝 8 号曲线形堰

(b) 白市镇水电站溢流坝段

图 4.70　曲线形实用堰（建设中）

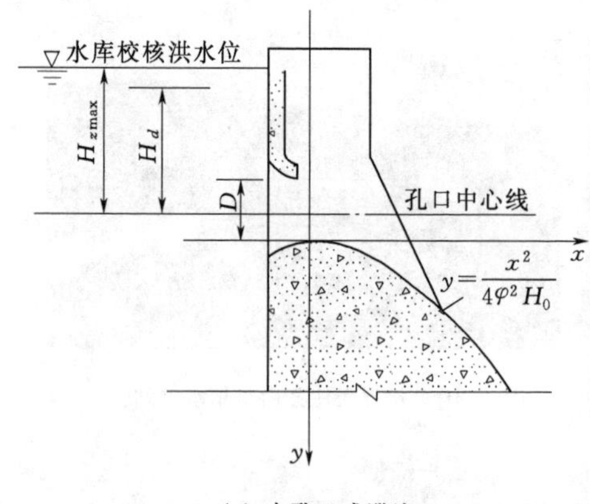

(a) 大孔口式泄流

(b) 重庆江口椭圆形双曲拱坝

图 4.71　曲线形堰过流

(3) 在实际工程中，影响堰流的因素较多，如堰上闸墩与闸孔情况、堰型、侧收缩情况、堰高与堰上水头等。

堰流水力计算公式为

$$Q=cmB\varepsilon\sigma\sqrt{2g}H_0^{\frac{3}{2}}$$

式中：c 为上游堰面垂直程度影响系数，上游堰面垂直时 c 取值为 1；m 为流量系数；B 为堰顶闸孔总净宽；ε 为侧收缩系数；σ 为堰下游淹没系数，自由出流 $\sigma=1.0$；H_0 为堰上总水头。

(4) 溢流堰的设计，既有结构问题，也有水力学问题，如空蚀、脉动、掺气、消能等。所以溢流堰剖面设计内容就要涉及孔口设计、溢流堰形态以及消能方式等的合理选定。溢流堰的设计要求有如下几点。

1) 有足够的孔口尺寸、良好的孔口体形和泄水时具有较高的流量系数。

2) 使水流平顺地流过坝体，避免不利的负压和振动，避免发生空蚀现象。

3) 保证下游河床不产生危及坝体安全的局部冲刷。

4) 溢流坝段在枢纽中的位置，应使下游流态平顺，不产生折冲水流，不影响枢纽中其他建筑物的正常运行。

5）有灵活控制水流下泄的设备，如闸门、启闭机等。

(5) 如用闸墩将溢流坝段分隔成若干个等宽的溢流孔口（图 4.72），确定孔口尺寸时应考虑的因素有如下几点。

1）满足泄洪要求。

2）孔口宽度越大，闸门尺寸越大，启门力越大，闸门和启闭机的构造就较复杂。

3）孔口高度越大，单宽流量大，溢流坝段越短；孔口宽度越小，孔数多、闸门多，溢流段总长也相应加大。

4）单宽流量大，消能困难，为了对称均衡开启闸门，以控制下游河床流态，孔口数目最好采用奇数。

图 4.72　河北省黄壁庄水库溢洪道控制段（7 孔）

习　题

【思考题】

1. 堰流具有哪些水力特性？

2. 你认为曲线形堰水力条件比较好的关键原因是什么？

3. 例题中曲线形堰的设计一般包含哪些主要步骤？

4. 折线形堰的设计与曲线形比较，可能在哪些方面有差异？

5. 大孔口溢流堰联合胸墙一起工作，水力条件与 WES 堰有何差异？

6. 堰流计算公式 $Q=cmB\varepsilon\sigma\sqrt{2g}H_0^{\frac{3}{2}}$ 中，如何考虑侧收缩系数与淹没系数的取值？

7. 堰流和闸孔出流有哪些特点？如何判别？它们的流量系数与哪些因素有关？

8. 堰分为哪三种类型？如何区分？在工程中各有什么应用？

9. 什么是 WES 实用堰的设计水头 H_d 和设计流量系数 m_d？当其他条件相同时，实际作用水头小于或大于设计水头时，对实用堰过流能力产生什么影响？

10. 实用堰和宽顶堰的水流运动有什么区别？对过流能力有何影响？

11. 堰流与闸孔出流的过流能力与水头的关系有什么不同？它们在工程中各有什么应用？

12. 为什么无坎宽顶堰水力计算，不计算侧收缩系数？

【计算题】

1. 有一个矩形薄壁堰，堰上游明渠水面宽与堰宽相同，为 1.0m，堰顶水头为 0.8m，堰高为 0.6m，求自由出流时通过堰的流量大小。

2. 修建一无侧收缩的宽顶堰，堰高 $P_1=P_2=3.4\text{m}$，堰顶水头 $H=0.86\text{m}$，进口修圆，流量 $Q=22\text{m}^3/\text{s}$，求自由出流时的堰宽 b。另外，为保持自由出流，下游最大水深 H_t 为多少？

3. 某单孔溢流坝采用WES堰剖面，已知上游堰高 $P_1=8\text{m}$，堰上水头 $H=1.5\text{m}$，上游河道宽 $B=100\text{m}$，边墩头部为圆弧形，求无侧收缩时通过流量为多少？

4. 某单孔泄洪道采用具有水平顶的堰，已知条件有：上游堰高 $P_1=2\text{m}$，堰上水头 $H=5\text{m}$，上游河道宽 $B=10\text{m}$，边墩修圆，堰宽 $b=6\text{m}$，下游堰顶水位超高 $h_t=4.5\text{m}$，请判断堰的出流类型并计算堰顶通过流量为多少？

4.6　泄水建筑物下游水流衔接与消能

4.6.1　概述

经堰、闸、桥、涵、陡坎等泄水建筑物下泄的水流，流速高，动能大，必须采取工程措施消耗水流多余的能量，防止其对下游河床产生严重冲刷，避免破坏水工建筑物的正常运行。

常用的消能方式有底流消能、挑流消能和面流消能3类。

底流消能（图4.73）也称为水跃消能，它是通过修建消力池来控制水跃发生的位置，消耗大量多余的能量。底流消能一般适用于软土地基和中低水头泄水建筑物，是在渠系中最常见的消能方式。挑流消能在岩石基础和高水头水利枢纽中得到广泛应用。面流消能适用于下游水深较大而且稳定的情况，可以将急流导向下游河流的表面，避免主流冲刷河床。

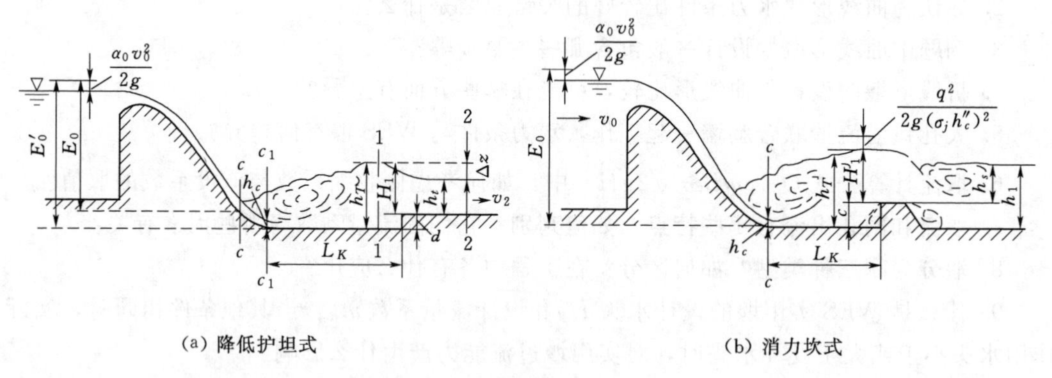

图4.73　底流消能工示意图

4.6.2　实用消能方式举例：挑流消能

【工程实例】　凤滩水电站高低坎

凤滩水电站（图4.74）位于湖南省沅水支流酉水下游，距沅陵县城45km，校核洪水流量为29400m³/s，相应洪水位为209.56m；正常蓄水位为205.00m，相应库容为13.9亿m³；死水位为170.00m，相应库容为3.3亿m³。枢纽工程属一等工程，以发电为主，

兼有防洪、灌溉、航运、过木和养鱼等综合效益。枢纽主要建筑物有混凝土空腹重力坝，坝内厂房，溢洪道，放空兼泄洪底孔，灌溉涵管，过船、过木筏道等。凤滩水电站混凝土空腹重力拱坝最大坝高 112.5m，是我国第一座空腹重力拱坝。

图 4.74 凤滩水电站高低挑流消能

凤滩水电站溢洪道布置在厂房坝段和溢流坝段上，净宽 182m，堰顶高程为 193.00m，共有 13 孔，装有宽 14m、高 13.13m 的弧形钢闸门，最大单宽流量为 $170m^3/(s \cdot m)$。为了防止下泄量大时出现水流集中、下游冲刷加剧现象，减少水流及回流淘刷坝脚，并考虑下游水垫浅、地质条件不利、抗冲能力低的情况，采用高低坎挑流消能方式。6 孔高坎与 7 孔低坎相间布置，挑坎高差达 28m。低挑坎为连续式，高挑坎为舌式扩散型。泄洪时形成上下两层水流，在横向和纵向碰撞，强烈扰动，扩散掺气，消能效果良好。

【例题】 凤滩水电站上游校核水位为 209.56m，下游河床高程为 115.00m，正常水位为 119.00m，最高水位为 121.00m，溢洪道净宽 182m，堰顶高程为 193.00m，共有 13 孔，每孔最大单宽流量为 $170m^3/(s \cdot m)$。采用高低坎挑流消能方式，6 孔高坎，7 孔低坎，高低坎相间布置，混凝土护面。低挑坎为连续式，高挑坎为舌式扩散型，挑坎高差达 28m，低坎溢流段水平投影长 80m，请确定低坎挑流鼻坎参数（挑距 L 与冲坑深本例题从略）。

解：

挑流消能工设计主要包括鼻坎高程、反弧半径、挑角、挑距及冲坑深度等内容（图 4.75）。本工程消能鼻坎属于连续式，一般根据规范推荐公式或者经验公式确定。

（1）鼻坎高程。挑流鼻坎的高程，根据建筑物布置、工程结构和水力条件等综合要求确定，一般可略高于下游最高水位 1～2m，取鼻坎高程为 122.00m，则挑流鼻坎高 $a=$

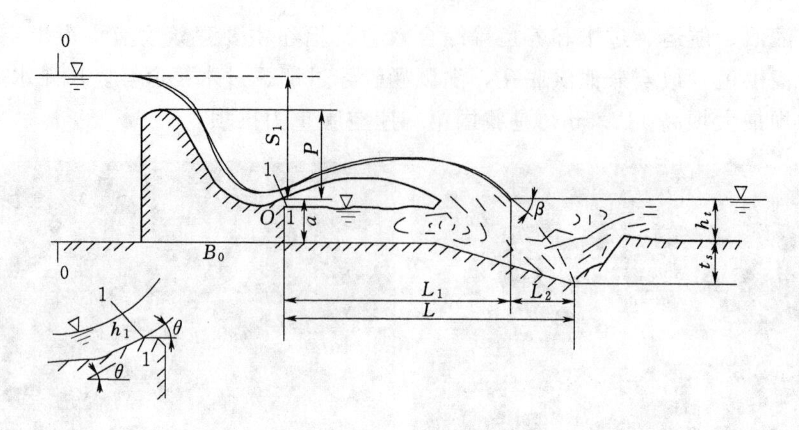

图 4.75　挑流消能示意图

122－115＝7(m)。

(2) 鼻坎反弧半径 R。挑坎的反弧半径应结合泄槽的底坡、反弧段的流速、单宽流量等综合考虑，R 过大，鼻坎向下游延伸太长，增加工程量；R 过小则挑射条件不好，至少应使 $R \geqslant 4h$，h 为反弧最低点水深。工程实际中 SL 253—2000《溢洪道设计规范》推荐采用 $R=6h \sim 12h$。h 根据辽宁省水勘院编《中小型水库设计》推荐的式（4.18）计算：

$$h=\frac{q}{\varphi\sqrt{2g(H+P-Z)}} \tag{4.18}$$

式中：q 为单宽流量，此处取 $170\mathrm{m^3/(s \cdot m)}$；$H$ 为堰上水深，此处取 $H=209.56-193=16.56(\mathrm{m})$；$P$ 为堰顶与下游河床高差，此处取 $P=193-115=78(\mathrm{m})$；Z 为坎顶与出口地面高差，选用正常蓄水位时的下游水位作为溢洪道出口地面高程，此处取 $Z=122-119=3(\mathrm{m})$；φ 为流速系数。

推荐采用经验公式计算 φ：

$$\varphi=1-\frac{0.0077}{(q^{2/3}/S_0)^{1.15}}$$

$$S_0=\sqrt{P_0^2+B_0^2} \tag{4.19}$$

式中：P_0 为堰顶高程与坎顶高程之差，此处取 $P_0=193-122=71(\mathrm{m})$；$B_0$ 为溢流区的水平投影，80m。

计算得

$$S_0=107\mathrm{m}$$

$$\varphi=0.90$$

$$h=4.36\mathrm{m}$$

$$R=(6 \sim 12)h=26.14 \sim 52.31\mathrm{m}，取 R=40\mathrm{m}$$

(3) 鼻坎挑角。根据 DL 5166—2002《溢洪道设计规范》规定，挑坎挑角一般为 15°～35°，可取挑坎挑角 25°。

4.6.3　小结

(1) 水流经泄水建筑物或落差建筑物下泄时，由于水流势能转化为动能，使下泄水流

具有很高的流速和紊动性。为保护枢纽建筑物的安全，防止或减轻水流对水工建筑物及其下游河渠的冲刷破坏，需要修建消能工程设施（简称消能工），尽可能在较短的距离内消耗、分散下泄水流的巨大动能，以使下泄水流与下游水流顺利安全衔接。

消能工的功能常通过以下方面的综合作用而实现：水流内部的紊动扩散和摩擦、水流与边壁的摩擦与碰撞、水流在空气中的扩散以及与空气的强烈掺混等。消能工的实质是促进水流的动能最终转变成热量而耗损，或使水流的动能分散以减小对建筑物及河渠的破坏。

（2）工程上常采用底流、挑流、面流（含戽流消能）、收缩流（包括窄缝挑流和宽尾墩）等消能形式，此外还有沿程消能（含阶梯坝面消能）、自由跌落式消能、压力消能（竖井消能）、孔板消能等（图 4.76）。

(a) 东江水库泄洪

(b) 向家坝底流（水跃式）消能

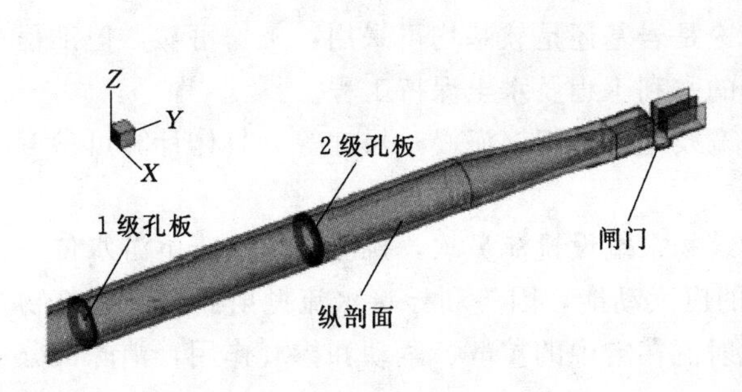

(c) 孔板消能

(d) 竖井消能

图 4.76 消能方式

在工程实践中，有时将两种或两种以上类型的消能工组合起来运用。如在潘家口水利枢纽溢流坝和水布垭水利枢纽溢流坝上应用的宽尾墩挑流消能工（图 4.77），在五强溪水电站溢流坝和桃江水利枢纽溢流坝上采用的宽尾墩和消力池联合消能工等。

（3）底流消能。底流消能是在坝址下游设置消力池、消力坎等工程措施形成消力池（图 4.78），促使水流在限定范围内产生水跃，通过水跃产生的表面旋滚和强烈的紊动，使水流的能量通过掺气、水分子的相互撞击、摩擦而有一定程度的消耗，从而使池水流与下游的正常缓流衔接起来。这种衔接形式中，高流速的主流在底部，故称为底流消能。

(a) 潘家口水利枢纽溢流坝

(b) 水布垭水利枢纽溢流坝

图 4.77 联合消能方式

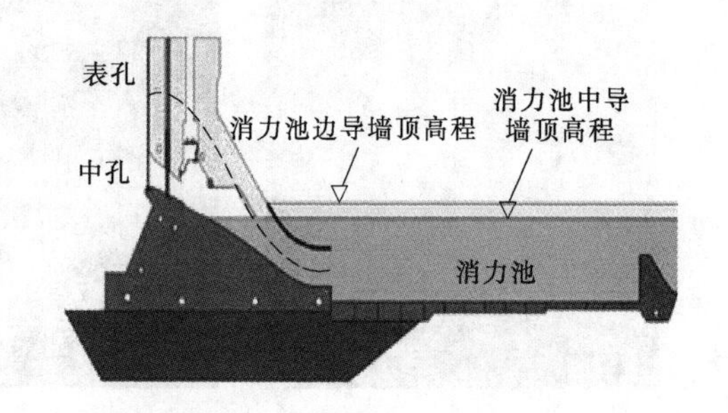

图 4.78 消力池（向家坝水电站）

底流消能适用于各种地质的河床，无论是岩基还是软基均可采用，工作可靠，但工程量较大，多用于中低水头及地质条件较差的水利工程及水土保持工程。

底流消能工设计主要确定消力池长、宽及池后护坦（海漫）尺寸等，具体计算可参考相关规范或资料。

(4) 挑流消能。挑流消能是在泄水建筑物末端设挑流鼻坎，挑流鼻坎高于下游水位一定高度（图 4.79），利用下泄水流所挟带的巨大动能，因势利导将水流抛射到远离建筑物下游的河道内。当水股抛入空中时，通过射流在空中的扩散、紊动和掺气作用，消除部分能量，当水股落入远离建筑物的下游时，与冲刷坑内水垫及河床碰撞并形成强烈水滚，消耗大量的机械能，最后以环流的形式与下游水面衔接。

挑流消能通过鼻坎可在挑流范围内有效地控制射流落入下游河床的位置、范围及流量分布，对尾水变幅适应性强，结构简单，施工、维修方便，要求下游河床的地质条件要好，最好为基岩。由于水流被挑到离建筑物较远的下游，河床一般可不加保护，节约下游护坦，广泛应用于中、高水头，大、中、小流量的各类建筑物。但其下游冲刷较严重，堆积物较多，尾水波动与雾化都较大。

挑流消能设计的主要内容有选择鼻坎形式，确定鼻坎高程、反弧半径、挑角，计算挑距和下游冲刷坑深度等。

挑流消能的鼻坎形式很多，常用的有连续式鼻坎、矩形差动式鼻坎，还有扭曲鼻坎、扩散式斜切鼻坎、扩散式鼻坎和窄缝式鼻坎等（图 4.80），对鼻坎尤其是对差动式鼻坎，要注意防范可能的空蚀破坏。

(a) 湖南省水府庙水电站连续式挑流

(b) 湖北省水布垭水电站窄缝挑流消能

(c) 安化柘溪水电站挑流消能实况

图 4.79　挑流消能工实例

挑流泄洪雾化大，要考虑对岸坡、附近建筑物及设施产生的不利影响。冲刷坑的深度与范围是研究挑流消能冲刷对建筑物和河岸稳定影响的依据，冲刷坑深度与射流的单宽流量、落差、岩基构造和特性以及水力因素有关，其中单宽流量最为关键。当坝址处下游尾水较浅，地质条件不好时，宜采用壅水措施增加水垫深度，如在冲刷坑下游修二道堰；地质条件差的地段冲刷坑可能很深，需修建防冲护坦。冲坑下游堆积物多，要注意避免影响电站出力或通航。

(5) 面流消能。在泄水建筑物的末端做成低于下游水位的跌坎，将下泄的高速水流导入下游水流的表面，主流与河床之间形成一个巨大的底部旋滚，避免主流直接冲击河床，

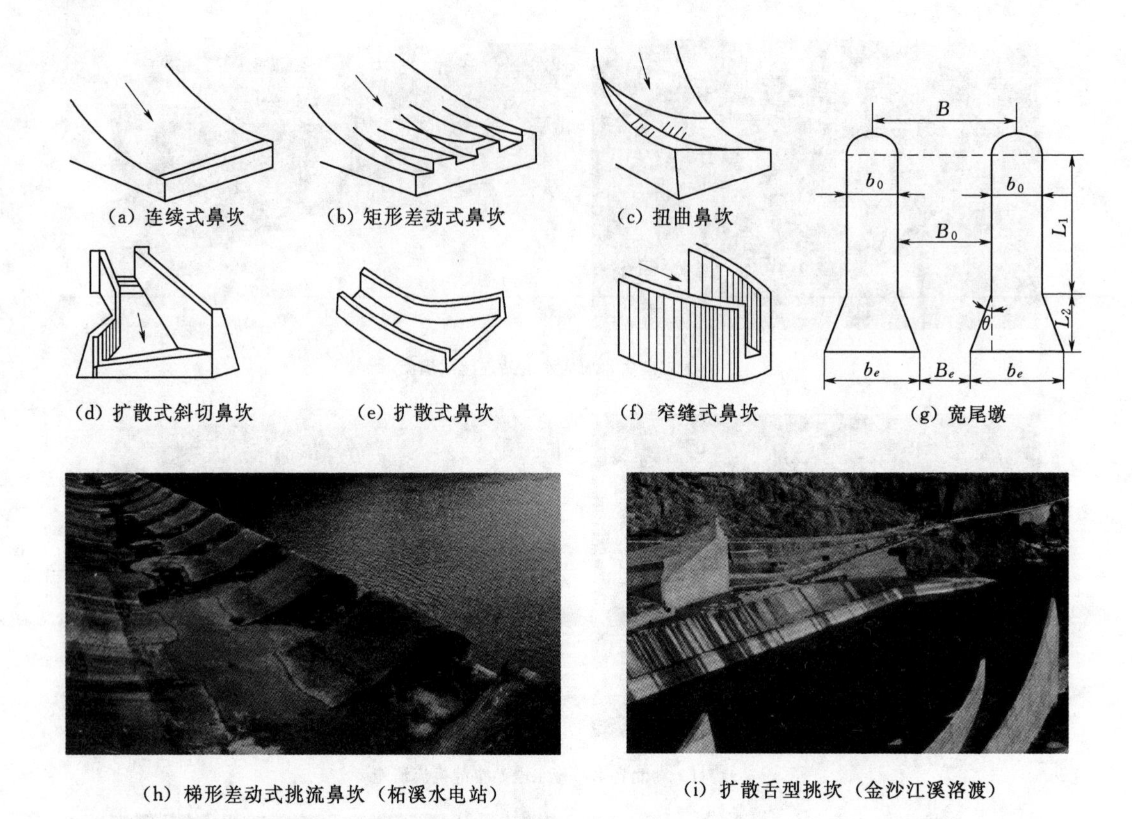

图 4.80　挑流鼻坎类型

这种消能形式称为面流消能。

面流式消能主要通过水舌扩散、流速分布调整、底部旋滚的激烈紊动消能，由于高速主流位于表面，故称为面流式消能。这种消能方式的适用条件是下游水深大，水位随季节变幅小。由于主流在表面，有利于通过表流迅速排泄冰块及其他漂浮物而避免撞击坝面和护坦，另外由于主流在表层，对河床冲刷作用小。缺点是下游水面剧烈波动，对岸坡稳定和航运不利。中国西津、青铜峡、富春江（图 4.81）、龚咀水电站的泄洪消能方式，均采用面流消能，其中龚咀溢流坝泄洪单宽流量达 $242m^3/(s \cdot m)$。

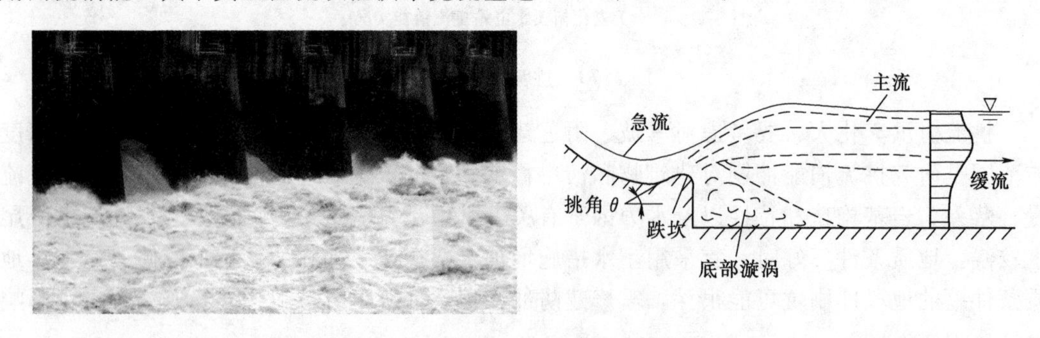

图 4.81　富春江水电站泄洪实况及面流消能示意图

(6) 戽流消能（图 4.82）是综合上述 3 种基本消能方式的消能方式。实际工程中，为了提高效能效率，有时也设置趾墩、消力墩等辅助消能工。

消能工的选型和设计是一个十分复杂的问题。一般情况下，应综合分析泄流要求、上下游水位、地形、地质以及施工和运用要求等因素，通过技术经济比较、科研试验等综合论证确定，大中型和重要工程的消能工需经水工模型试验验证，复杂情况下可以采取不同类型消能联合消能的方式（图 4.83）。

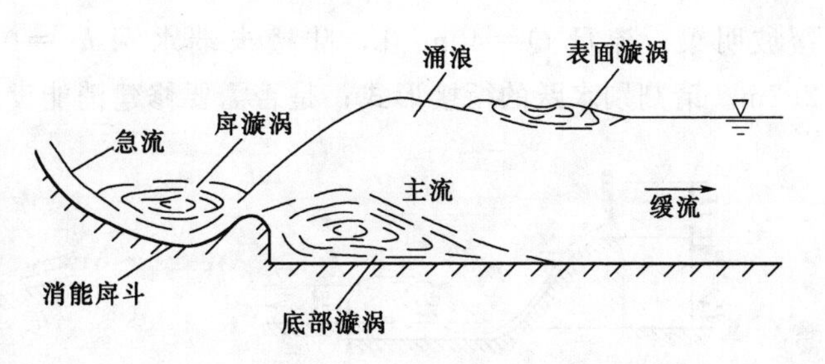

图 4.82 戽流消能工示意图

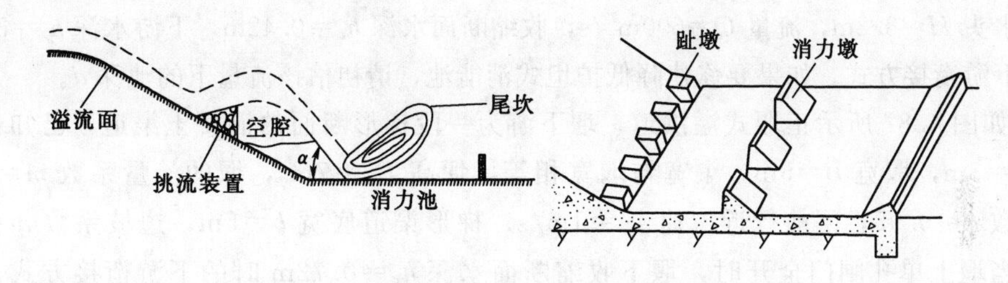

图 4.83 挑流消能＋底流消能及辅助消能工

习 题

【思考题】

1. 泄水建筑物下游的水流具有什么特点？为什么需要进行消能？

2. 泄水建筑物下游有哪几种消能形式？它们消能的原理是什么？

3. 底流消能有哪几种形式？

4. 如何确定降低护坦式消力池的设计流量？

5. 底流消能工需要确定的基本参数有哪些？简单叙述降低护坦式消力池和修建消能坎式消力池的设计步骤。

6. 挑流消能有哪些基本适用条件？

7. 挑流消能的挑距与冲坑如何确定或估算？

8. 挑流消能的雾化情况会产生哪些不利影响？

9. 挑流消能与底流消能各有何优缺点？

10. 你了解哪些新型的消能工？请举例说明其优点与应用条件。

11. 你了解哪些辅助消能工？请举例说明。

【计算题】

1. 某渠首采用单孔溢流坝，护坦宽与堰宽相同（图 4.84）。已知上游堰高与下游堰高相等，即 $P_1=P_2$，单宽流量 $q=10\text{m}^3/(\text{s}\cdot\text{m})$，流量系数 $m=0.49$，流速系数 $\varphi=0.95$，明渠下游正常水深 $h_t=3\text{m}$，堰上水头 $H_0=2.5\text{m}$。如果需要，请设计一个消能坎或降低护坦式的消能池。

2. 如图 4.85 所示，一段矩形断面的陡槽，宽度 $b=10\text{m}$，下游连接一段宽度相同的缓坡明渠。流量 $Q=40m^3/s$，陡槽末端水深 $h_1=0.5m$，缓坡明渠的均匀流水深 $h_t=2.2m$。请判别水跃的衔接形式；是否需要修建消能设施？

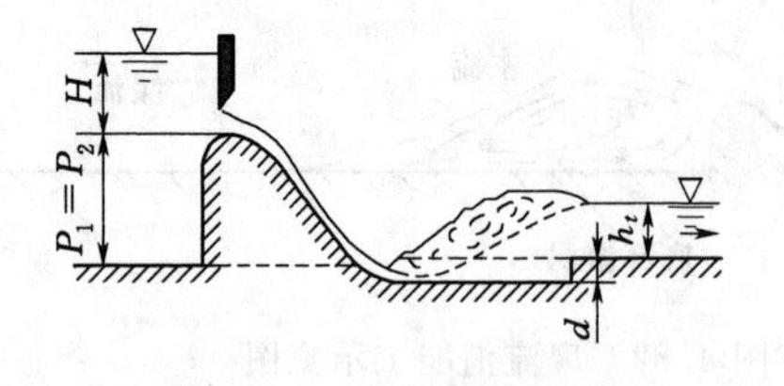

图 4.84　[计算题] 1 图

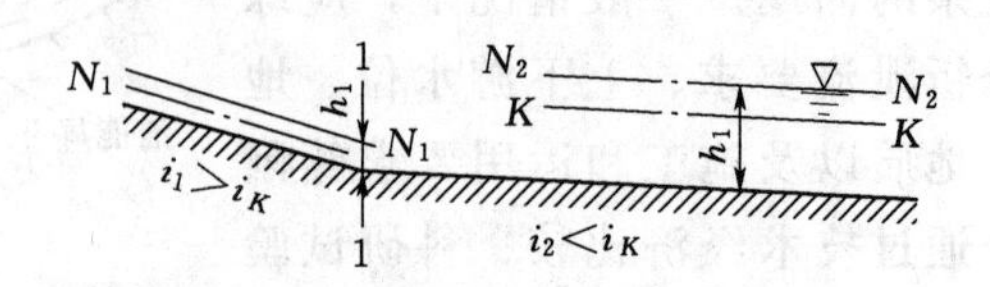

图 4.85　[计算题] 2 图

3. 某 WES 剖面的溢流坝采用闸门控制流量，坝宽 100m，坝高 10m，如图 4.86 所示。当堰上水头 $H=3.2m$，流量 $Q=600m^3/s$，收缩断面水深 $h_c=0.42m$，下游水深 $h_t=3.05m$。试判别下游衔接方式。如果要修建降低护坦式消能池，请初估该流量下的池深 d。

4. 如图 4.87 所示正堰式溢洪道，堰下游为一段梯形断面的混凝土渠道，已知：堰上水头 $H=3m$，堰宽 $B=5m$，渠宽与堰宽相等，堰高 $P_2=7m$，堰的流量系数 $m=0.45$，流速系数 $\varphi=0.95$，闸前行近流速 $v_0=1m/s$；梯形渠道底宽 $b=5m$，边坡系数 $m=1.50$ 试求：当堰上单孔闸门全开时，堰下收缩断面水深 $h_c=0.72m$ 时的下游衔接方式，如果要设计降低护坦式消能池，请初估消能池池深。

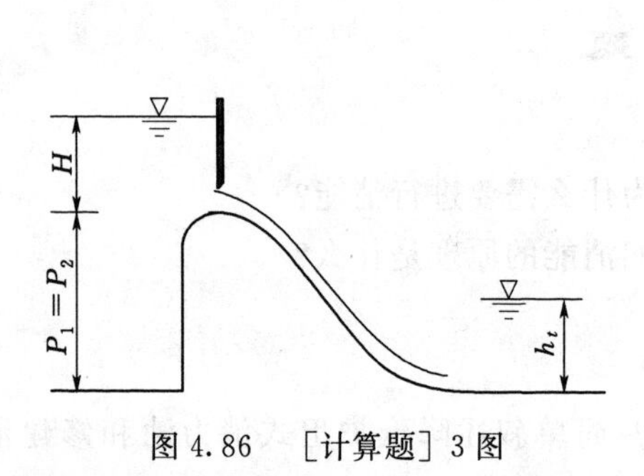

图 4.86　[计算题] 3 图

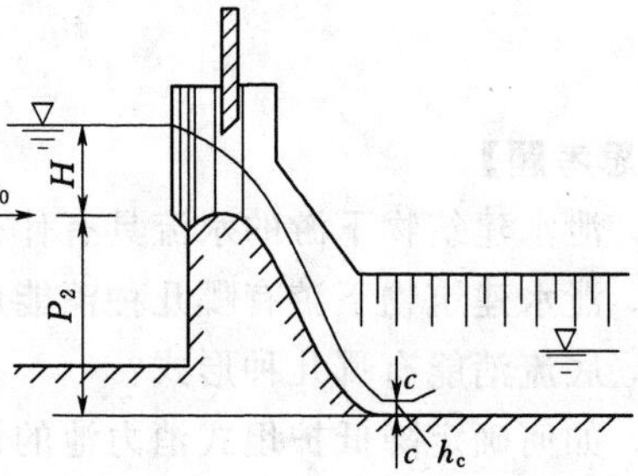

图 4.87　[计算题] 4 图

5. 某矩形断面渠道中筑有一溢流坝。已知渠宽 $B=18m$，流量 $Q=265m^3/s$，坝下收缩断面处水深 $h_c=1.1m$，当坝下游水深 $h_t=4.7m$ 时，坝下游是否发生水跃？如发生水跃，属于何种形式的水跃？是否需要修建消能工？若需要修建消能池，估算消力池深。

4.7　港航工程（以船闸、航道整治为例）水力学问题

4.7.1　概述

港航工程包括码头、护岸、堆场道路、船闸、航道整治、疏浚与吹填造地、水下基础等，其中船闸、航道工程、港口为核心内容。

船闸由闸首、闸室、引航道三部分及输水系统、闸门等相关设备组成。船闸水力学研究范围主要包括船闸输水系统、输水阀门与工作闸门以及上、下游引航道水力学三部分，

涉及输水过程中的边界作用力、流态、消能等问题，需要应用连续方程、能量方程、动量方程等基础知识及相关方法解决工程问题。随着船闸建设的不断发展，基于大量的船闸水力学科研成果，在工程水力学的基础上，发展了船闸水力学。

我国西南地区的西江、红水河、乌江、大渡河、金沙江等河流，能源建设与水运通航建设正在同步加速开发，将兴建许多高水头船闸。在对于高水头船闸的研究，将会出现新的技术问题，诸如船闸输水系统新型式、与水头分级的省水船闸相结合等，船闸水力学内容将更复杂。

航道整治指的是用丁坝、顺坝等整治建筑物调整和控制水流，稳定有利河势，以改善航道航行条件，有时也包括炸礁、疏浚和裁弯取直等工程措施。

航道整治的主要任务是稳定航槽、刷深浅滩、增加航道水深、拓宽航道宽度、增大弯曲半径、降低急流滩的流速、改善险滩的流态。常用的航道整治建筑物有丁坝、顺坝、护岸、锁坝等，其中丁坝是最常用的整治建筑物。

4.7.2 船闸水力计算

【工程实例 1】 龙船厂航电枢纽船闸

龙船厂航电枢纽工程（图 4.88）位于广东省连州市连州镇境内，地处北江最大支流连江干流上游，为连江渠化航运梯级的第一级。工程以航运为主，兼顾改善水环境、发电和旅游。

(a) 原址

(b) 枢纽建设中

图 4.88 龙船厂航电枢纽工程

龙船厂航电枢纽船闸为 100t 级船闸。根据《内河通航标准》，船闸采用单线 100t 级船闸，船闸闸室有效尺寸为 100m×16m×1.6m（长×宽×门槛水深）。船闸单向年通过能力为近期船舶总吨位 362 万 t，货物 173 万 t；远期船舶总吨位 402 万 t，货物 223 万 t。

设计船型为 100t 级机动船，船队尺寸为 45m×5.5m×1.0m，最大干舷高为 1.0m。

上游校核洪水位为 96.40m，枢纽正常蓄水位为 86.00m，上游最高通航水位为 86.50m，上游最低通航水位为 86.00m，下游最高通航水位为 85.51m，下游最低通航水位为 81.00m，航道宽度与引航道宽度均为 30m。

船闸闸室尺寸为 100m×16m×1.6m（长×宽×门槛水深），上下闸首长 20m，槛上

最小水深 $S_c=1.6\text{m}$。拟定门闸灌水时间 $T=6\text{min}$，输水廊道采用平面阀门。

船闸、电站、泄水闸和副坝沿坝轴线布置总长度144m，船闸布置在左岸阶地，船闸轴线与坝轴线正交，引航道及船闸主体建筑物均在干地开挖施工，上、下游引航道均由开挖后形成的分水堤与河道分隔。引航道采用直线进闸，曲线出闸的不对称型布置方式。

【例题】 龙船厂航电枢纽已知条件如上所述，请确定：

(1) 船闸引航道直线段长度、口门区尺度。

(2) 输水系统类型。

(3) 输水系统消能工类型。

解：

(1) 确定船闸引航道直线段长度、口门区尺度。

分析： 引航道（图4.89）和口门区航行条件及泊稳条件，应考虑风浪的影响以及枢纽泄水在引航道和口门区产生的非恒定往复流的水面波动、比降等，须不影响过闸船舶、船队安全航行和停泊，不影响闸门运用。当上、下游引航道及口门区有较严重淤积时，隔流堤的布置要避免形成引航道内的回流边界条件，减少冲沙时的次生淤积。引航道的直线段长度由导航段、调顺段、停泊段、过渡段等组成。

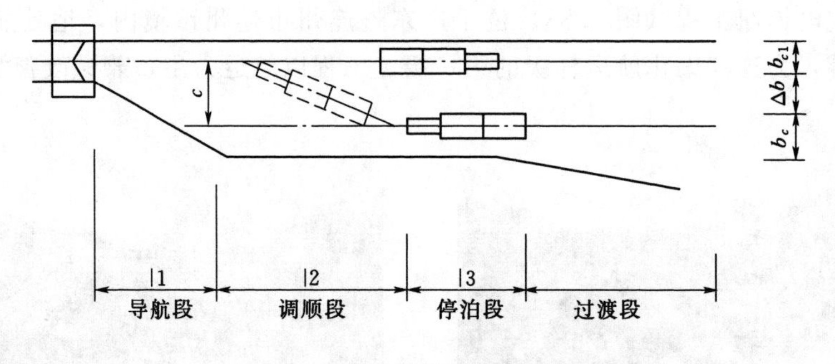

图4.89　引航道平面尺度示意图

1) 导航段长度 l_1 为

$$l_1 \geqslant L_c \tag{4.20}$$

式中：L_c 为设计最大过闸船队（船舶）的长度，m。

$l_1 \geqslant L_c=45\text{m}$，故取 $l_1=45\text{m}$。

2) 调顺段长度 l_2 为

$$l_2 \geqslant (1.5\sim2.0)L_c=(1.5\sim2.0)\times45=67.5\sim90(\text{m})$$

取 $l_2=70\text{m}$。

3) 停泊段长度 l_3：引航道内停泊的船舶、船队数为1时，$l_3 \geqslant L_c=45\text{m}$，取 $l_3=45\text{m}$。

4) 过渡段长度 l_4 为

$$l_4 \geqslant 10\Delta B \tag{4.21}$$

式中：ΔB 为引航道宽度与航道宽度之差，$\Delta B=|B_0-B|=30-30=0$，取 $l_4=0$。

5) 口门宽度及长度：引航道的口门宽度不宜小于1.5倍的引航道宽度，取口门宽度为45m；口门宽度向引航道内延伸 $(0.5\sim1.0)L_c$ 的长度，即引航道口门长度 $L=(0.5\sim1.0)L_c=(0.5\sim1.0)\times45=(22.5\sim45)\text{m}$，取引航道口门长度 $L=30\text{m}$。

(2) 确定输水系统类型。按灌泄水方式不同，船闸输水系统可分为集中输水系统和分散输水系统两大类。集中输水系统是将输水系统的全部设备集中在闸首段。其中分散输水系统是输水设备布置在闸首及闸室内，灌泄水通过布置在闸墙及闸底板内的输水廊道上的出水孔进行。

根据国内外已建船闸的运转资料，可根据 m 值初步选定输水系统类型。m 值计算如下：

$$m=\frac{T}{\sqrt{H}} \tag{4.22}$$

式中：T 为门闸灌水时间，min，$T=6\mathrm{min}$；H 为闸室设计水头。

m 的量纲见式 (4.22)。当 $m>3.5$ 时，采用集中输水系统；当 $m<2.5$ 时，采用分散输水系统；当 $2.5<m<3.5$ 时，进行技术经济比较。

作用在船闸上水头的大小，是影响船闸输水系统型式的一个重要因素。本船闸设计水头取枢纽正常蓄水位与下游最低通航水位之差作为设计水头。

根据资料中给出的特征水位，可得 $H=86.0-81.0=5(\mathrm{m})$。

计算得 $m=2.68$，综合考虑其他因素，初步选定短廊道的集中输水系统。

(3) 确定输水系统消能工类型。集中输水系统的消能工主要包括消能室、消力齿、消力槛、消力梁、消力隔栅、垂直挡板、水平遮板、消力池和消力墩等。

集中输水系统的消能措施可分为无消能工、简单消能工和复杂消能工 3 种。

集中输水系统上、下闸首断面最大平均流速可分别按下列近似公式计算：

上闸首：

$$\overline{V}_{\max}=2L_cH\frac{1}{T\left(S_c+\frac{H}{2}\right)}$$

下闸首：

$$\overline{V}_{\max}=1.8L_cH\frac{1}{TS_c}$$

式中：$\overline{V}_{\max}$为断面平均流速，对上闸首灌水时为闸室最大的断面平均流速，对下闸首泄水时为下闸首门后段最大的断面平均流速，m/s；L_c 为闸室水域长度，m，取$L_c=100\mathrm{m}$；H 为设计水头，m，取 $H=5\mathrm{m}$；T 为闸室灌泄水时间，s，取 $T=6\mathrm{min}=360\mathrm{s}$；$S_c$ 为槛上最小水深，m，取 $S_c=1.6\mathrm{m}$。

故上闸首：

$$\overline{V}_{\max}=2\times100\times5\times\frac{1}{360\times\left(1.6+\frac{5}{2}\right)}=0.68(\mathrm{m/s})$$

下闸首：

$$\overline{V}_{\max}=1.8\times100\times5\times\frac{1}{360\times1.6}=1.56(\mathrm{m/s})$$

集中输水系统消能工的类型可根据上、下闸首处断面最大平均流速和水头按表 4.5 选用。

表 4.5　　各类消能工的水力指标

消能工部位	无消能工		简单消能工		复杂消能工	
	$\overline{V}_{max}$/(m/s)	H/m	$\overline{V}_{max}$/(m/s)	H/m	$\overline{V}_{max}$/(m/s)	H/m
上闸首	0.25～0.45	≤4	0.45～0.65	4～7	0.65～0.9	7～11
下闸首	≤0.8	≤4	0.8～1.9	4～8	1.9～2.3	8～11

根据表 4.5，设计水头为 5m 时，上闸首采用复杂消能工，下闸首采用简单消能工。

【工程实例 2】　湘江湘钢段浅滩整治

湖南华菱湘潭钢铁有限公司（简称湘钢）位于湖南省湘潭市岳塘区，是国内线、棒材和宽厚板专业生产优钢企业之一。厂址地理位置航运基本条件优越，但航道上存在一段碍航的沙质浅滩，其特点是：满足航深要求的上、下深槽宽浅且基本稳定，水深相差不大，曲率小；上、下边滩低坦，过渡段河面宽阔，水流分散。

根据航道实际情况，拟采用的整治措施为：沿溪线布置挖槽，增加航深；边岸用丁坝束窄过渡段河面宽度，抬高边滩，稳固中水及枯水河槽及其流向，加大流速，提高输沙能力，确保挖槽稳定。

【例题】 如图 4.90 所示，已知湘江湘钢段浅滩整治水位对应流量 $Q=581.41\text{m}^3/\text{s}$，$B_1=682.3\text{m}$，$H_1=1.91\text{m}$，要求整治后通航水深 $t=2.5\text{m}$，假设整治前后 Q、J、n 不变，请采用水力学方法，确定整治水位对应宽度 B_2。

解：

整治线宽度常采用水力学计算方法，假设整治前后流量不变的前提下，其依据是恒定流连续方程及谢才公式：

$$Q_1=B_1H_1V_1=Q_2=B_2H_2V_2 \tag{4.23}$$

$$V=\frac{1}{n}H^{\frac{2}{3}}J^{\frac{1}{2}} \tag{4.24}$$

式（4.24）中 $H_2=\eta t$，其中 t 为航道要求水深，平原河流 $\eta=0.8\sim0.9$，长沙湘钢段地势平

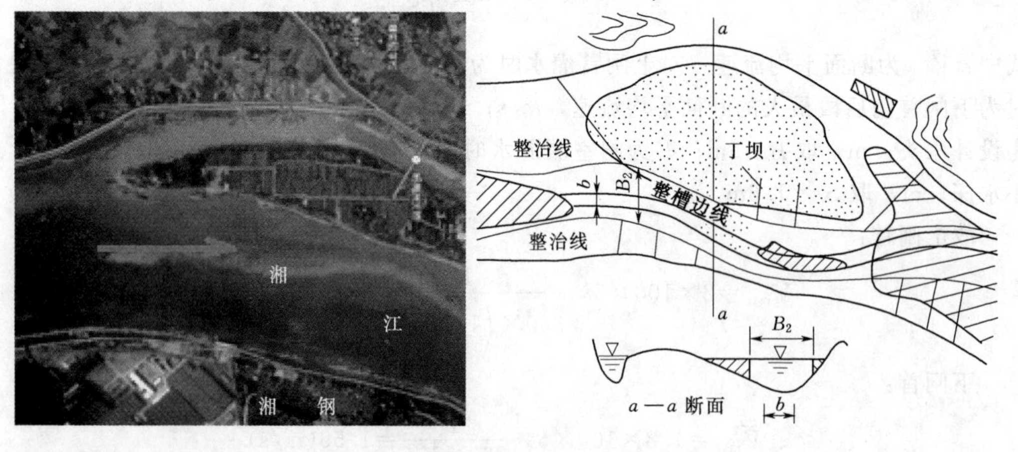

图 4.90　湘江湘钢段整治线平面布置图

缓，选择 $\eta=0.9$，则整治线宽度 $B_2=B_1\left(\frac{H_1}{\eta t}\right)^{\frac{5}{3}}$，代值计算可得整治线宽度 $B_2=B_1\left(\frac{H_1}{\eta t}\right)^{\frac{5}{3}}=682.37\times\left(\frac{1.91}{0.9\times2.5}\right)^{\frac{5}{3}}=519.32(\text{m})$。

4.7.3　小结

1. 船闸基础知识

船闸由闸首、闸室、引航道三部分及输水系统、闸门等相关设备组成。

闸首是将闸室与上、下游引航道或将相邻两级闸室隔开，具有挡水、过船功能的结构物，分上闸首和下闸首（图 4.91）。

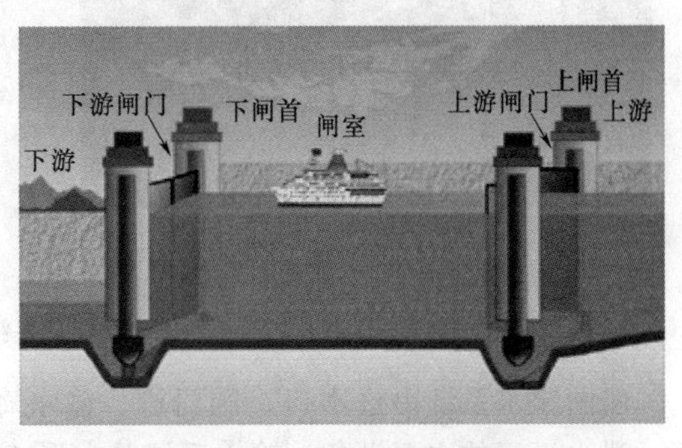

图 4.91　船闸闸首示意图

闸室（图 4.92）是由船闸的上、下闸首和两侧的闸墙围成的空间。闸墙上设有系船柱、浮式系船环等，供船舶在闸室内停泊时系缆用。过闸船舶在闸室中随着闸室内水面升降而升降。闸室一般采用圬工或钢筋混凝土结构。

(a) 三峡五级船闸闸室（检修）

(b) 湘江长沙航电枢纽船闸

(c) 葛洲坝三号船闸

(d) 三峡船闸

图 4.92　船闸闸室示意图

引航道是连接船闸和主航道的一段过渡性航道，分上游引航道和下游引航道（图4.93），其平面形状和宽度、水深要能使船舶安全迅速地进出闸室。引航道进出口处水流流向与流速要能满足船舶安全进入和驶出的要求，并防止泥沙由于回流的作用而淤积在引航道上。对于大型船闸，这两者通常要进行模型试验来研究确定。

(a) 效果图

(b) 施工实况

图4.93 富春江船闸引航道

船闸输水系统由进水口、阀门段、输水廊道、出水口、消能工等组成，是完成闸室灌、泄水运行的主要设备。输水系统基本形式有两种（图4.94）。

(1) 集中输水系统。闸室灌水、泄水分别通过设在上、下闸首内的输水廊道在闸首处集中进行，又称为头部输水系统。

(2) 散输水系统。闸室灌水、泄水由输水廊道通过沿着闸室长度分布于闸室底板或闸墙内的出水口进行。输水廊道上设有输水阀门。

水头（船闸上、下游的最大水位落差）在15m以内的船闸，一般采用集中输水系统；水头较大时多用分散输水系统。

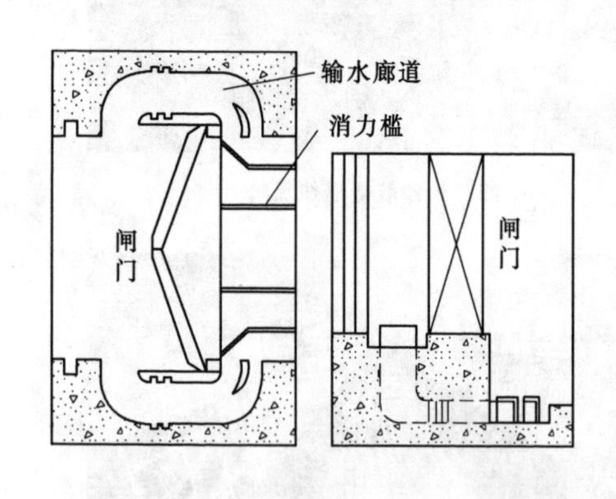

(a) 集中输水系统（短廊道上闸首）示意图

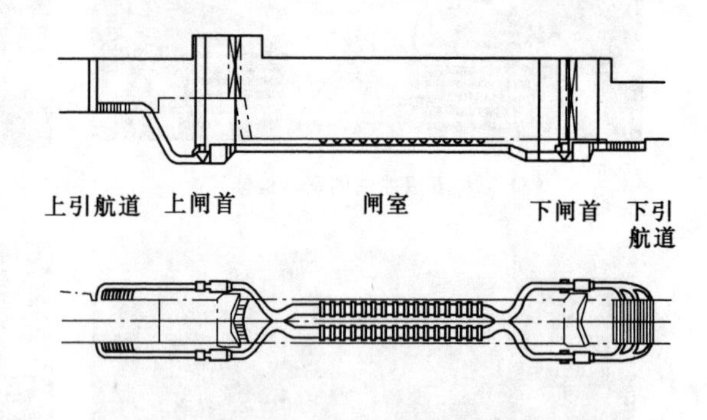

(b) 分散输水系统（闸底长廊道顶支孔）示意图

图4.94 船闸输水系统示意图

船闸的工作闸门是设在上、下闸首上的活动挡水设备。常用的门型有人字闸门、平板升降闸门、横拉闸门、扇形闸门（又称为三角闸门）等，以人字闸门应用最广（图4.95）。

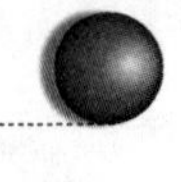

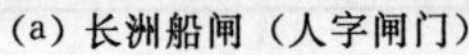

(a) 长洲船闸（人字闸门）

(b) 江苏扬州邵伯船闸（扇形闸门）

图 4.95　船闸闸门

2. 船闸水力学基本内容

船闸水力学研究范围主要包括船闸输水系统、输水阀门与工作闸门以及上、下游引航道水力学三部分，涉及输水过程中的边界作用力、流态、消能等问题，需要应用连续方程、能量方程、动量方程等基础知识及相关方法解决工程问题。

(1) 引航道水力学基本内容。由于船舶在引航道中航速较小，对水流和侧向风的影响比较敏感，进出闸时容易撞击墙角或船舶相互碰撞而造成事故，必须十分重视引航道水力学的问题。

对引航道，由于船闸闸室尺度加大和输水效率提高，单闸灌、泄水流量增大，则巨大的水体进入引航道（或中间渠道），这种灌（泄）水非恒定流，造成引航道内的长波运动。由于引航道内的水面宽度和水深基本不变，船闸泄水时，引航道内的水流条件和停泊条件成为控制因素。对高坝通航建筑物通常采用的中间渠道而言，由于其两端封闭，上游船闸泄水或者下游船闸取水，中间渠道会产生非恒定波流。据有关研究成果，水体波动的特性主要取决于中间渠道的尺度，如渠道长度、宽度、断面形状及水深等。

(2) 船闸输水系统水力计算基本内容。船闸输水系统由进水口、阀门段、输水廊道、出水口、消能设施等组成，是完成闸室灌、泄水运行的主要设备。现以集中输水（短廊道）系统为例，其输水系统水力计算的主要内容如下。

1) 输水阀门处廊道断面面积的确定。集中输水廊道阀门处廊道断面面积计算如下：

$$\omega=\frac{2C\sqrt{H}}{\mu T\sqrt{2g}\left[1-(1-\alpha)K_V\right]} \tag{4.25}$$

2) 输水廊道的阻力系数和流量系数的确定。输水系统总阻力系数包括进口、拦污栅、转弯、扩大、收缩、出口等局部阻力系数以及沿程摩阻损失的阻力系数。

输水系统的流量系数 μ_t 是随输水阀门的阻力系数亦即阀门开启度而变化的，在阀门全开后可认为保持一常数。当阀门均匀而连续开启时，在阀门开启过程中，流量系数 μ_t 是时间的函数。

$$\mu_t=\frac{1}{\sqrt{\xi_{vn}+\xi'+\xi_c}} \tag{4.26}$$

式中：μ_t 为时刻 t 的输水系统流量系数；ξ_{vn} 为时刻 t 阀门开度 n 时的阀门局部阻力系数，

可按表4.6选用；ξ'为阀门井或门槽的损失系数；平面阀门取0.10；反弧形阀门取零；ξ_c为阀门全开后输水系统总阻力系数，包括进口、出口、拦污栅，转弯、扩大、收缩等局部阻力系数，以及沿程摩阻损失的阻力系数。以上各阻力系数均应换算为阀门处廊道断面的阻力系数。

表4.6　　闸门开度 n 与 ξ_{vn}、ξ_n 值的关系表

开度 n	0.1	0.2	0.3	0.4	0.5	0.6	0.7	0.8	0.9	1.0
ξ_{vn}	186.200	43.780	17.480	8.380	4.280	2.160	1.010	0.390	0.090	0
ξ_n	0.683	0.656	0.643	0.642	0.652	0.675	0.713	0.771	0.855	1.000

3）输水阀门开启时间为

$$t_v=\frac{K_r\omega DW\ \sqrt{2gH}}{P_L(\omega_c-\chi)} \tag{4.27}$$

4）灌泄水时间的校核。根据确定的阀门开启时间和流量系数计算闸门灌泄水时间 T，并与拟定灌泄水时间 T_0 比较，如果 $T<T_0$，则拟定的灌泄水时间满足年通过能力要求。

$$T=\frac{2C\ \sqrt{H}}{\mu\omega\ \sqrt{2g}}+(1-\alpha)t_v \tag{4.28}$$

5）闸室输水的水力特性曲线。闸室输水的水力特性曲线包括：流量系数与时间 μ_t-t 曲线、闸室水位与时间 $h-t$ 关系曲线、流量与时间关系 Q_t-t 曲线、能量与时间 E_t-t 曲线、比能与时间 $E_{pt}-t$ 曲线及闸室断面纵向平均流速与时间关系 V_t-t 曲线等。

6）船舶停泊条件校核。按照闸室与引航道停泊条件分别校核。

闸室灌水时，闸室内停泊条件：

$$P_B\leqslant P_L \tag{4.29}$$

式中：P_B 为闸室内灌水初期的波浪力；P_L 为允许缆绳拉力的纵向水平分力。

闸室泄水时，船舶在闸室内所受的水流作用力取为由泄水水面坡降所产生的作用力 P_i 与闸室纵向流速所产生的流速力 P_v 之和，停泊条件为

$$P_1=P_i+P_v<P_L \tag{4.30}$$

引航道内的船队在闸室灌泄水时，所受的水流作用力为船队所受的波浪力 P'_B 和由上、下游引航道纵向流速所产生的流速力 P'_V 之和，其最大值发生在流量最大的时候。如设允许缆绳拉力的纵向水平分力为 P_L，则船舶在引航道内的停泊条件要求

$$P_2=P'_B+P'_V\leqslant P_L \tag{4.31}$$

（3）船闸阀门水力学问题。输水阀门一般有密封式和开敞式两种，阀门的开启方式影响输水时间、上下游引航道航行条件、闸室水流条件与船舶的停泊条件。对开敞式阀门，应校核输水阀门后廊道内是否产生远驱式水跃；对密封式阀门，需要验算阀门后水流收缩断面处廊道顶部的压力水头。对于短廊道的集中输水系统，为防止灌水时带入空气，阀门一般采用密封式。由于水位差较小，一般不产生空蚀，因而只需核算阀门后水流收缩断面处廊道顶部的压力水头。

3. 航道整治水力学问题

（1）我国大中型河流的上游，多流经地势险峻、地形复杂的山区，河流滩险纵横，流态紊乱。中下游多流经广阔的冲积平原，河床往复变形，沿程深槽与浅滩相间。

面对复杂的河床演变和水沙运动，为了实现防洪、航运等功能目标，就需要综合不同要求，因势利导。一般情况下，长河段河道整治目的主要是为了防洪和航运，而局部河段的河道整治则是为了防止河岸坍塌、稳定工农业引水口及保护桥渡安全（图 4.96 和图 4.97）。

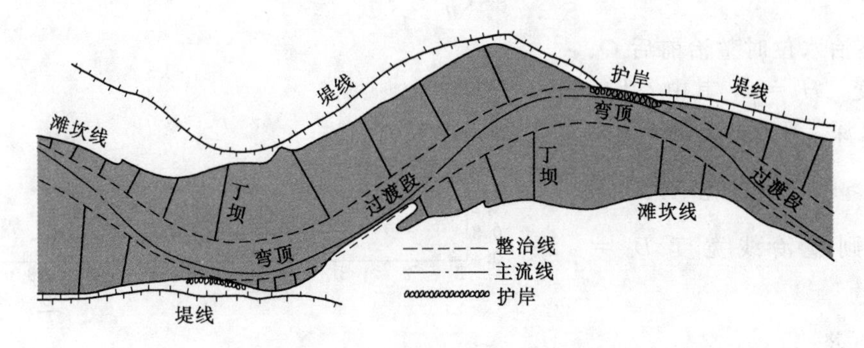

图 4.96 平原航道整治线布置

(a) 黄河中牟段河岸整治

(b) 欧洲莱茵河双岸整治

图 4.97 河岸整治工程实例

由于水流、泥沙和河床的相互作用十分复杂，航道整治工程的有关数据多依赖工程实践积累的经验和航道的变化情况确定。有条件时，对重要和复杂的河段可进行水流和泥沙模型试验，验证和改进整治工程的规划与设计。

（2）在航道整治工程中，整治设计参数包括设计水位、整治水位与整治线宽度等，其中整治线宽度是断面设计中重要的技术参数。

整治线宽度就是整治水位时的河面宽度（图 4.98）。如果整治线过宽，束水作

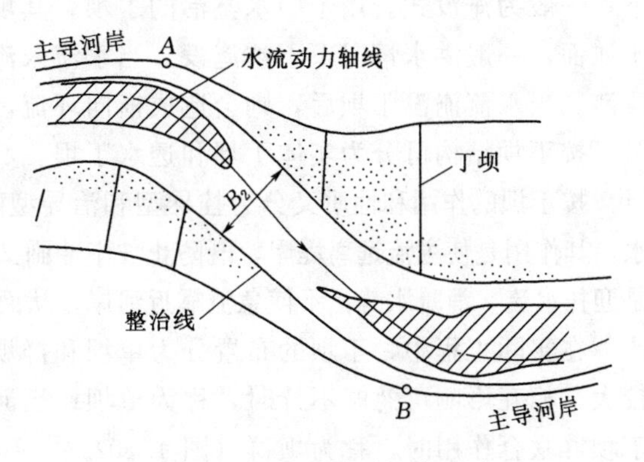

图 4.98 整治线平面布置图

用不明显。整治线过窄，流速过大可使航行条件恶化，局部冲刷过强，引起下游河段淤积。

整治线宽度确定方法有：经验法，理论计算法（水力学计算方法、输沙平衡方法），流速控制法。工程中常采用水力学公式确定该参数。

水力学计算方法：

$$Q=BHV \tag{4.32}$$

$$V=\frac{1}{n}H^{\frac{2}{3}}J^{\frac{1}{2}} \tag{4.33}$$

设整治水位时整治前后 Q、J、n 不变，$H_2=\eta t$，其中 t 为航道要求水深，平原河流 $\eta=0.8\sim0.9$，$\frac{B}{b}>4$ 时，η 变化不大（图4.99）。则整治线宽度 $B_2=B_1\left(\frac{H_1}{\eta t}\right)^{\frac{5}{3}}$。

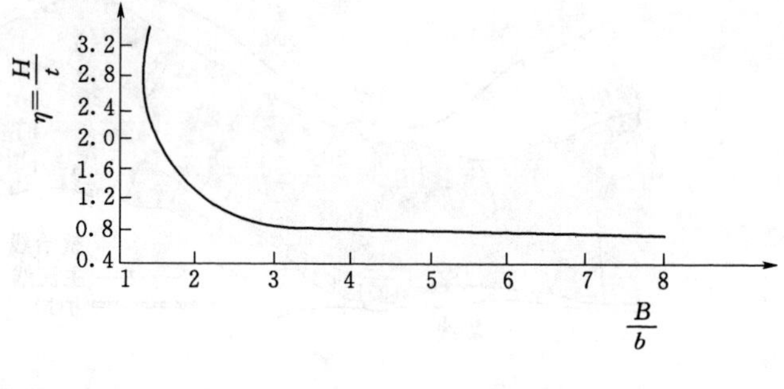

图4.99　相关曲线图

4. 丁坝及其水力学问题

（1）丁坝又称为“挑流坝”，为横向阻水的整治建筑物，是河道整治与航道整治中最常见的建筑物。丁坝常用作护岸、航道整治以及河道整治，如引水、分流、堵汊、造滩等。短坝俗称“垛”，起局部调整水流、保护河岸的作用。除此之外，丁坝还能调整分汊河道的分流比，控制分流，淤高河滩，保护河岸和海塘，挑出主流以防顶冲河岸和堤防。

丁坝底端与堤岸相接呈“T”字形，与河岸正交或斜交伸入河道中。

按丁坝平面形状分类有直线型、拐头型和抛物线型等（图4.100），直线型丁坝是常用的较好型式。

按丁坝与河宽的相对尺度分类有长丁坝、中长丁坝与短丁坝。长丁坝使水流动力轴线发生偏转，趋向对岸，起挑流作用。

按丁坝与水流方向的夹角，图4.101依次为上挑丁坝、下挑丁坝、正挑丁坝。

按丁坝与水位的关系有淹没丁坝和非淹没丁坝。用于航道枯水整治的丁坝经常处于水下，一般为淹没式。用于中水整治的丁坝，其坝顶高程有的稍高出设计洪水位，或者略高于滩面，一般洪水情况下不被淹没。当水流未淹没丁坝时，它能束窄河槽，提高流速冲刷浅滩。当水流淹没丁坝后，则会造成横向环流，横向导沙，增加航道水深。

按丁坝结构可分为实体丁坝和透水丁坝。

按丁坝的作用和性质又分为控导型和治导型两种。控导型丁坝坝身较长，一般坝顶不过水，其作用是使主流远离堤岸，既防止坡岸冲刷又改变河道流势。治导型丁坝工程的主要作用是迎托水流，消减水势，不使急流靠近河岸，从而护岸护滩、防止或减轻水流对岸滩的冲刷。

在实际工程中，丁坝的布置分为单坝和群坝。当在河道上只布置一道坝或两道坝间距较大，相互影响可忽略不计时，称为单坝；当河道上连续布置两道或两道以上丁坝，组成丁坝群联合作用时，称为坝群（图4.102）。

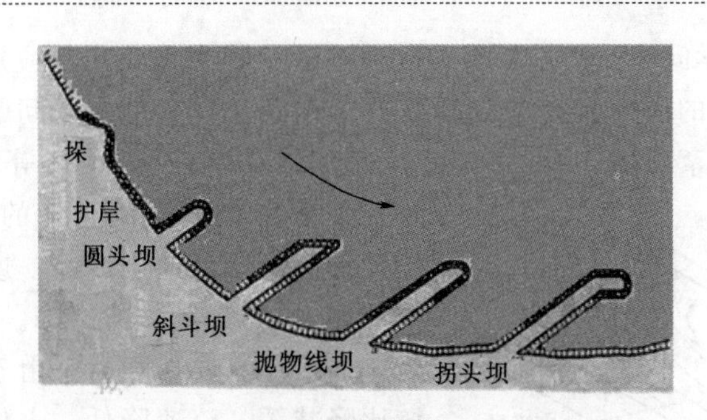

(a)丁坝平面图

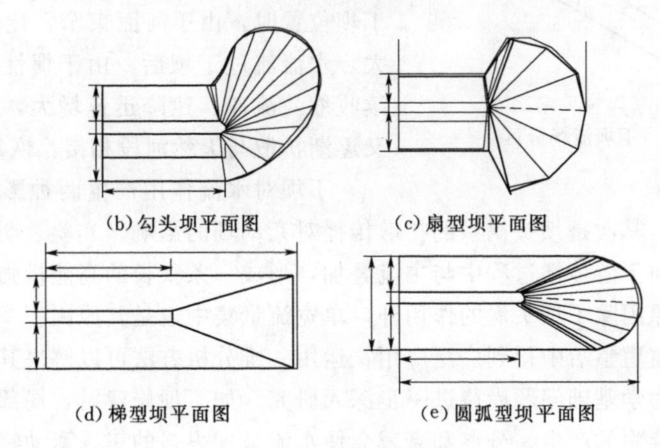

(b)勾头坝平面图　(c)扇型坝平面图

(d)梯型坝平面图　(e)圆弧型坝平面图

图 4.100　丁坝平面及坝头类型

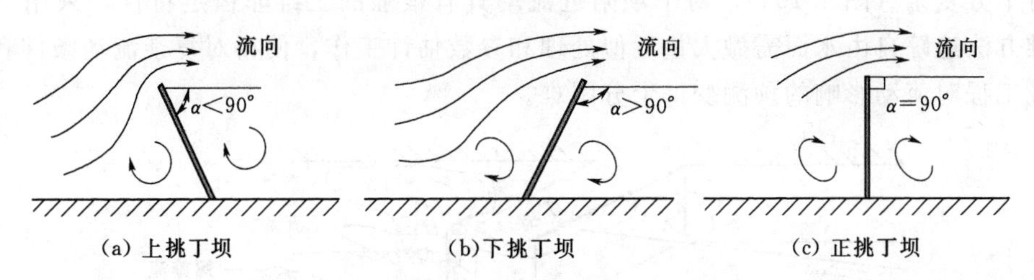

(a) 上挑丁坝　(b)下挑丁坝　(c) 正挑丁坝

图 4.101　丁坝布置形式

图 4.102　丁坝坝群示意图

（2）丁坝水力学问题。由于丁坝在航道整治工程中得到广泛应用，因而对其水力学特性及与之关联问题的研究具有十分重要的工程意义，其中主要问题包括水面线、回流区、丁坝附近流场和紊动场、坝头冲刷、丁坝坝体及周围的压力场等（图4.103）。

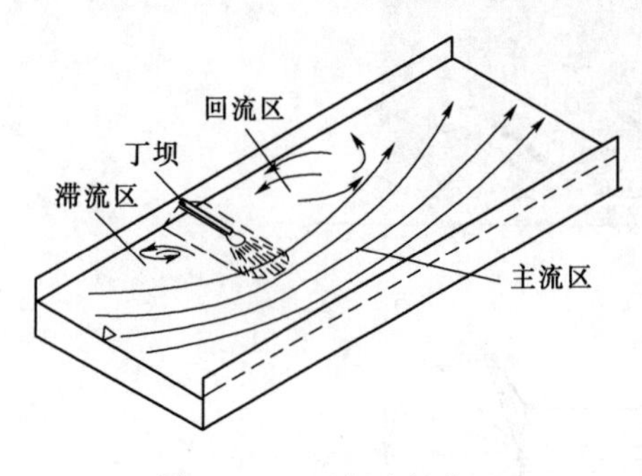

图4.103 丁坝流场分区

丁坝在非淹没情况下的主要作用是束窄河床，提高流速以冲刷浅滩；或阻挡水流，以壅高上游水位、减缓水流比降。在河段修建丁坝以后，当水流流向丁坝时，由于受丁坝壅阻，使上游比降减缓、流速降低、水位壅高。当水流到达丁坝位置时，由于河面束窄，比降和流速迅速增大。水流流过丁坝后，由于惯性作用，水流会继续收缩，流速、比降迅速增大，水位降低，然后又逐渐扩散与天然河段相接，恢复到天然情况。

丁坝对水流作用产生两种影响：一是对主流时均运动的影响；其次是坝头涡系的扩散传播对紊动场的影响。实验表明：丁坝坝头诱发的剪切涡带在其向下游传播过程中与主流叠加，形成一条狭长的高能量强冲刷带向下游延伸。坝头冲刷的原因除了坝头涡的作用外，单宽流量集中也是其原因。

尽管丁坝在航道整治中得到广泛应用，运用一维分析方法可以解决其中一些不复杂的情况，但许多水力学基础问题尚待进一步深入研究。如丁坝修建后，局部地改变了流动形态，而坝体尾部旋涡的产生、分离和衰减会使水流呈现很强的三维紊动特性，相应流动结构变得十分复杂（图4.104）。对丁坝附近流动具有很强的三维非恒定特性，采用一维甚至二维方法追踪自由水面需做大量近似处理和参数估计工作，使得对复杂流动条件和对尚未建成工程对流动影响的预测变得十分困难。

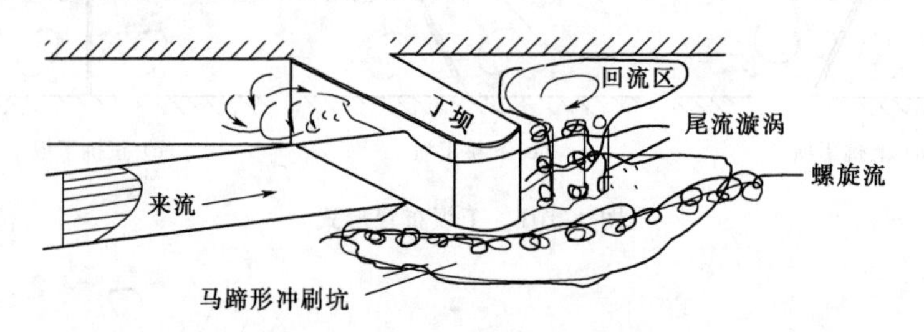

图4.104 丁坝流场立体示意图

（3）丁坝水力计算公式。丁坝水力学要素包括水位、水深、流速等。在航道整治中首先要确定的是水面线，其目的是了解浅滩、急滩及险滩在整治前后各水力要素的沿程变化，以判断不同整治工程方案的效果及其对相邻河段的影响。

目前国内外在航道整治研究中对水面线计算一般仍采用恒定流的连续方程及伯努利能量方程式，该方法也纳入了我国航道整治水力计算规范（JTJ 312—2003《航道整治工程技术规范》）。

连续方程为

$$Q=Bhv$$

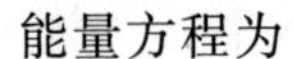

能量方程为

$$H_1+\frac{\alpha_1 v_1^2}{2g}=H_2+\frac{\alpha_2 v_2^2}{2g}+h_f+h_j \tag{4.34}$$

$$h_f=\frac{Q^2}{\overline{K}^2}\Delta L \quad \overline{K}=\frac{1}{n}Bh^{\frac{5}{3}} \quad h_j=\xi\frac{v_1^2}{2g}$$

式中：Q 为计算流量，m^3/s；g 为重力加速度；α 为动能校正系数；$\overline{K}$ 为计算段平均流量模数，取$\overline{K}^2=\frac{1}{2}(k_上^2+k_下^2)$；$\xi$ 为局部阻力系数；n 为河段糙率；H_1、H_2 为计算段上、下游断面的水位；v_1、v_2 为计算段上、下游断面流速，m/s；h_f 为沿程水头损失，m；ΔL 为上、下断面间距，m；h_j 为局部水头损失，m。

应用上述方程来求解水面线时，常用的方法有逐段试算法和图解法。该方法在应用中，河段糙率和局部水头损失系数对所推求的河道水面线精度影响很大，而这两个系数的准确率定一直是个难点。另外，当河段内沿程流速及上下断面形状变化较大时，计算会出现较大误差。

单丁坝壅水高度计算公式：

$$\Delta Z=\frac{Q^2}{2g(\varepsilon\varphi B_2 H)^2}-\frac{v_0^2}{2g} \tag{4.35}$$

式中：ΔZ 为单丁坝壅水高度，m；Q 为计算流量，m^3/s；g 为重力加速度；ε 为侧收缩系数，根据试验确定或采用类似情况的实测值，无资料时取 0.80；φ 为流速系数，根据试验确定或采用类似情况的实测值，无资料时取 0.85；B_2 为建坝后计算流量下丁坝处水面宽度，m；H 为 B_2 范围内平均水深，m；v_0 为行近流速，m/s。

航道整治水力学内容十分丰富，可参考有关规范或文献。

习　　题

1. 依据连续方程，丁坝坝头区域流态为什么可能是急流区？丁坝断面与收缩断面（图 4.105）比较，哪个断面流速大？可能会发生何种不良情况？需要采取哪些相应的工程措施？

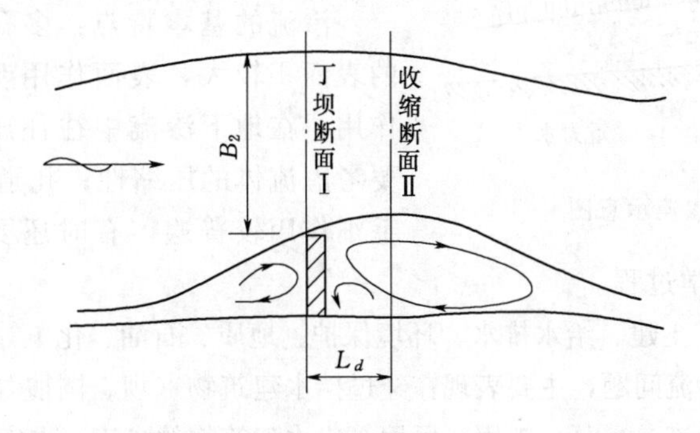

图 4.105　丁坝束水平面图

2. 分析上挑丁坝［图 4.106（a）］根部为什么产生泥沙沉积？为什么下挑丁坝［图 4.106（b）］根部产生冲刷现象？各有何利弊？

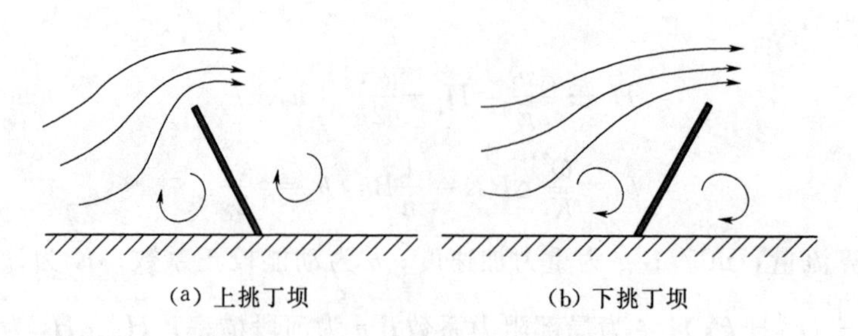

图 4.106　非正挑丁坝过流结构

3. 某山区河道进行航道整治，浅滩整治水位对应流量为 $538m^3/s$，$B_1=650m$，$H_1=1.6m$，床沙平均粒径为 1mm。假设整治前后流量不变，要求整治后设计水位时航道水深 1.6m，求对应的整治线宽度 B_2。

4. 引航道布置需要确定哪些内容？一般采用哪些方法去确定这些内容？

5. 例题在选择输水系统问题中提到"综合考虑其他因素"，请问通常要考虑哪些因素？如何考虑？为什么？

6. 船闸输水系统常见的消能工有哪些类型？

7. 船闸输水系统消能工一般如何布置？其水力计算的原则是什么？

8. 如何确定短廊道的综合阻力系数？

4.8　水利工程中的渗流问题

4.8.1　概述

渗流现象普遍存在于自然界中，如地下水、热水和盐水的渗流（图 4.107），石油、天然气和煤层气的渗流，动物体内的血液微循环和微细支气管的渗流等。

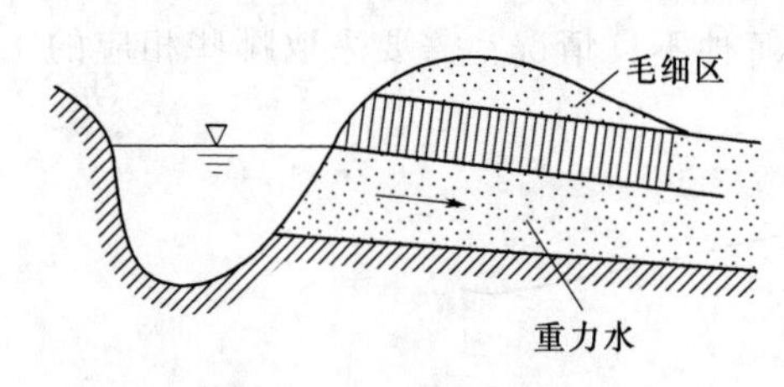

图 4.107　渗流示意图

水在岩土中的状态有气态水、附着水、薄膜水与重力水，参与渗流的主要是重力水。

渗流的基本特点：多孔介质单位体积空隙的表面积较大，表面作用明显，必须考虑黏性作用；在地下渗流中往往压力较大，因而通常要考虑流体的压缩性；孔道形状复杂、阻力大、毛细作用较普遍，有时还要考虑分子力；往往伴随有复杂的物理化学过程。

渗流理论在水利、土建、给水排水、环境保护、地质、石油、化工等许多领域都有广泛的应用。水利工程中的渗流问题，主要表现在经过挡水建筑物（坝、围堰等）的渗流，水电站等水工建筑物地基中的渗流，灌溉、工用、民用等集水建筑物的渗流，水库及河渠的渗流等。

渗流水力学主要内容有：确定渗流流量、确定浸润线的位置及水力坡度、确定渗透压强和渗透压力、确定渗透流速等。

4.8.2 渗流水力计算

【工程实例】 黑龙江音河水库防渗除险工程

黑龙江省甘南县音河水库（图4.108）是一座结合防洪、灌溉、养鱼、发电及旅游等综合利用的大型水库，水库枢纽工程主要由主坝、副坝、溢洪道、放水闸等建筑物组成，坝址距齐齐哈尔市70km。

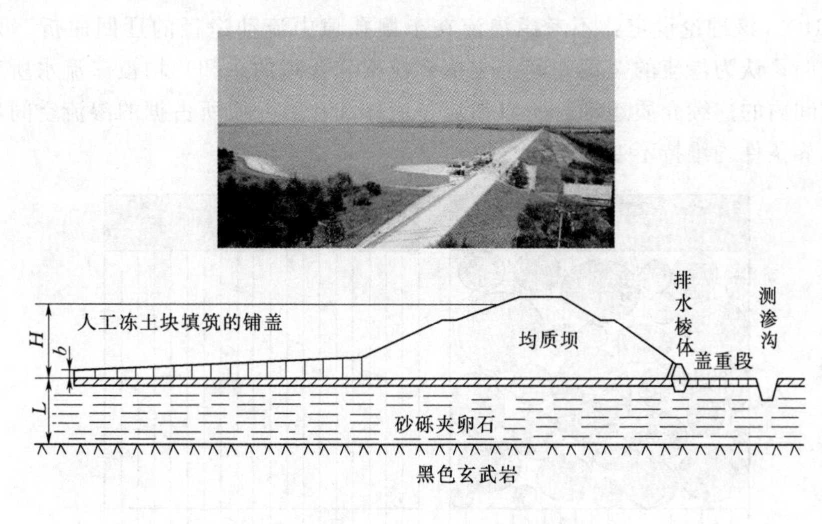

图4.108 音河水库防渗典型断面

1959年工程建成后，坝后出现翻砂、涌泉，导致大面积沼泽化，实测渗流0.87m³/s。1979年，根据实测渗流量、浸润线、库水位、大坝和铺盖质量检测、工程地质等资料，判定是流土和管涌后，经验算分析，确认工程防渗问题有：铺盖短、薄、差；坝体薄，质量差，浸润线偏高，坝后排水减压不强。决定采取防渗与排渗相结合的渗流控制措施：铺盖由60m延长至100m，60cm等厚铺盖改为梯形断面1.0～2.0m；加高培厚续建土坝，翻修加大坝后块石棱体排水；不透水盖重改透水盖重；翻修扩建坝后截渗沟。工程建成后，坝后管涌及沼泽化消除。

【例题】 已知音河水库坝长1750m，绘制音河水库典型断面流网图，取$\frac{\Delta b}{\Delta s}\approx 1$，水头$H_1=8$m，$H_2=2$m，渗流系数$k=2\times 10^{-4}$m/s，试求图4.109中渗流流网的单宽流量$q$，并计算一个月内的渗水量。

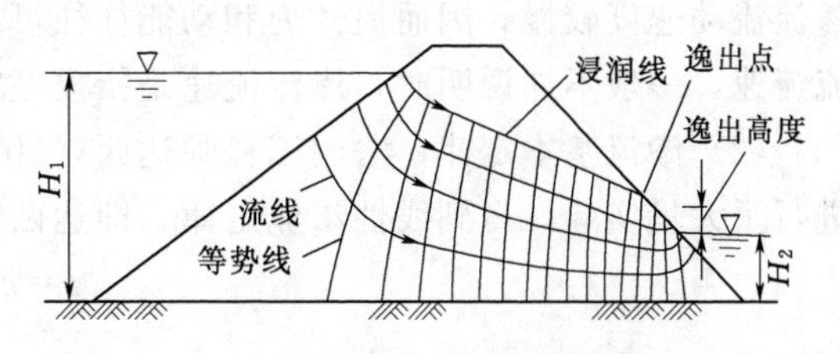

图4.109 均质坝流网图

解：

已知$H=H_1-H_2=8-2=6$m，且等势线根数$m=18$，流线根数$n=5$，则单宽流量

$$q=\frac{kH(n-1)}{m-1}\frac{\Delta b}{\Delta s}=\frac{2\times 10^{-4}\times 4\times 5}{17}\times 1=2.35\times 10^{-4}[\mathrm{m^3/(s\cdot m)}]$$

则渗流流量

$$Q=qb=1750\times 2.35\times 10^{-4}=0.41(\mathrm{m^3/s})$$

每月漏水量

$$V=Qt=0.41\times2592000=1.06\times10^{6}(\mathrm{m}^{3})$$

4.8.3　小结

1. 渗流理论基础

（1）渗流模型。由于自然界中孔隙分布情况十分复杂，为简化分析，引进渗流模型理论（图 4.110）。该理论设定：不考虑渗流在土壤孔隙中流动途径的迂回曲折，只考虑渗流的主要流向；认为渗流的全部空间（土壤颗粒架和孔隙的总和）均被渗流水所充满；看作是连续空间内的连续介质运动。所以渗流是流体和孔隙介质所占据的渗流空间场，其边界形状和边界条件均维持不变。

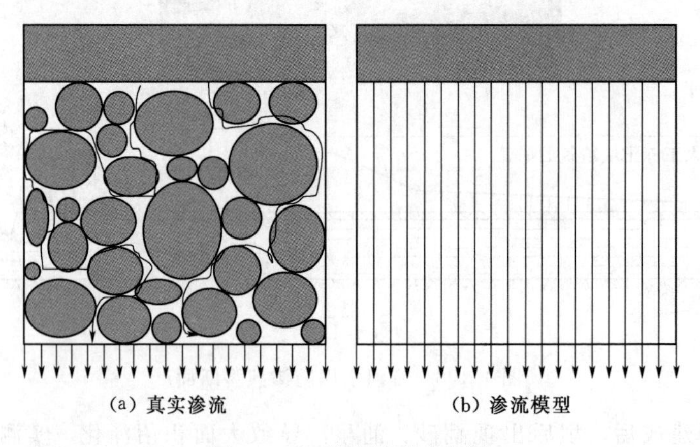

(a) 真实渗流　　(b) 渗流模型

图 4.110　渗流模型示意图

为了使假想的渗流模型在水力特征方面和真实渗流相一致，渗流模型必须满足下列条件：对于同一过水断面，模型的渗流量等于实际的渗流量；作用于模型中某一作用面上的渗流压力等于真实的渗流压力；模型中任意体积内所受的阻力等于同体积内真实渗流的阻力，也就是说两者水头损失相等。

由于作为渗流通道的孔隙尺寸微小但数量众多，且表面积很大，所以渗流阻力较大，渗流流动速度较慢，因而惯性力和动能往往可以忽略不计。由于模型渗流流速小于真实渗流流速，一般不加说明时，渗流流速是指模型中的渗流流速。

（2）渗流基本定律。法国工程师达西（Henri Darcy）在 1852—1855 年利用沙质土壤进行了大量实验，得到线性渗流定律，即达西定律：

$$v=kJ \tag{4.36}$$

式中：v 为渗流断面各点渗流流速，m/s；J 为水力坡度，且 $J=-\dfrac{\Delta H}{l}$；k 为渗透系数，孔隙介质透水能力系数，常通过实验室试验、现场测定、经验公式计算等方法确定，可参考表 4.7。

达西定律适用于无压均匀渗流，也可写成如下形式：

$$Q=Av=AkJ=-Ak\frac{\Delta H}{l} \tag{4.37}$$

无压渐变渗流的一般公式为裘皮幼（J. Dupuit）公式：

$$v=kJ=-k\frac{\mathrm{d}H}{\mathrm{d}s} \tag{4.38}$$

在无压渗流中，其自由液面称为浸润面，顺流向所作的铅垂面与浸润面的交线称为浸润线（图 4.111）。

表 4.7　　土壤渗透系数参考值

土壤名称	渗流系数 /(m/d)	渗流系数 /(cm/s)	土壤名称	渗流系数 /(m/d)	渗流系数 /(cm/s)
黏土	<0.005	$<6\times10^{-6}$	粗砂	20～50	$2\times10^{-2}\sim6\times10^{-2}$
亚黏土	0.005～0.1	$6\times10^{-6}\sim1\times10^{-4}$	均质粗砂	60～75	$7\times10^{-2}\sim8\times10^{-2}$
轻亚黏土	0.1～0.5	$1\times10^{-4}\sim6\times10^{-4}$	圆砾	50～100	$6\times10^{-2}\sim1\times10^{-1}$
黄土	0.25～0.5	$3\times10^{-4}\sim6\times10^{-4}$	卵石	100～500	$1\times10^{-1}\sim6\times10^{-1}$
粉砂	0.5～1.0	$6\times10^{-4}\sim1\times10^{-3}$	无填充物卵石	500～1000	$6\times10^{-1}\sim1\times10$
细砂	1.0～5.0	$1\times10^{-3}\sim6\times10^{-3}$	稍有裂隙岩石	20～60	$2\times10^{-2}\sim7\times10^{-2}$
中砂	5.0～20.0	$6\times10^{-3}\sim2\times10^{-2}$	裂隙多的岩石	>60	$>7\times10^{-2}$
均质中砂	35～50	$4\times10^{-2}\sim6\times10^{-2}$			

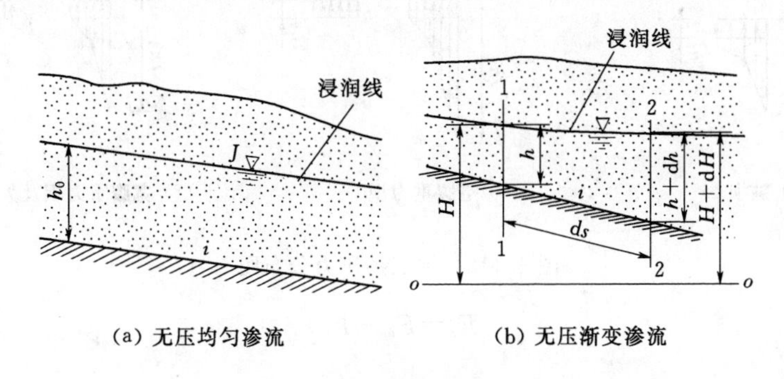

图 4.111　无压渗流示意图

2. 坝（闸）基渗透压力计算方法

(1) 坝基的扬压力包括浮托力以及渗透压力。浮托力是由坝体下游水深产生的，渗透压力是在上下游水头的作用下，水流通过裂隙、软弱破碎带产生的向上静水压力。

扬压力是一个铅直向上的力（图 4.112），它减小了建筑物作用在地基上的有效压力，从而降低了坝底的抗滑能力，因此它是一种不利荷载。为此，常在建筑物及其地基内设置阻渗和排水设施以减小扬压力。通常在坝踵附近的基岩内灌浆形成防渗帷幕，并在防渗帷幕的下游侧钻孔形成排水帷幕；在距上游坝面 3～5m 处设置坝身孔，有时还在孔前采用抗渗能力较强的混凝土形成防渗层。当下游尾水位较高、浮托力较大时，可采用抽排降压措施，以减小浮托力。对于土基，常在坝踵或闸的上游端附近采用防渗措施，如铺盖、板桩、混凝土防渗墙以及灌浆帷幕等。

如图 4.112 (b) 所示，设坝基沿轴线长度为 L，宽为 B，则扬压力 F_z 为

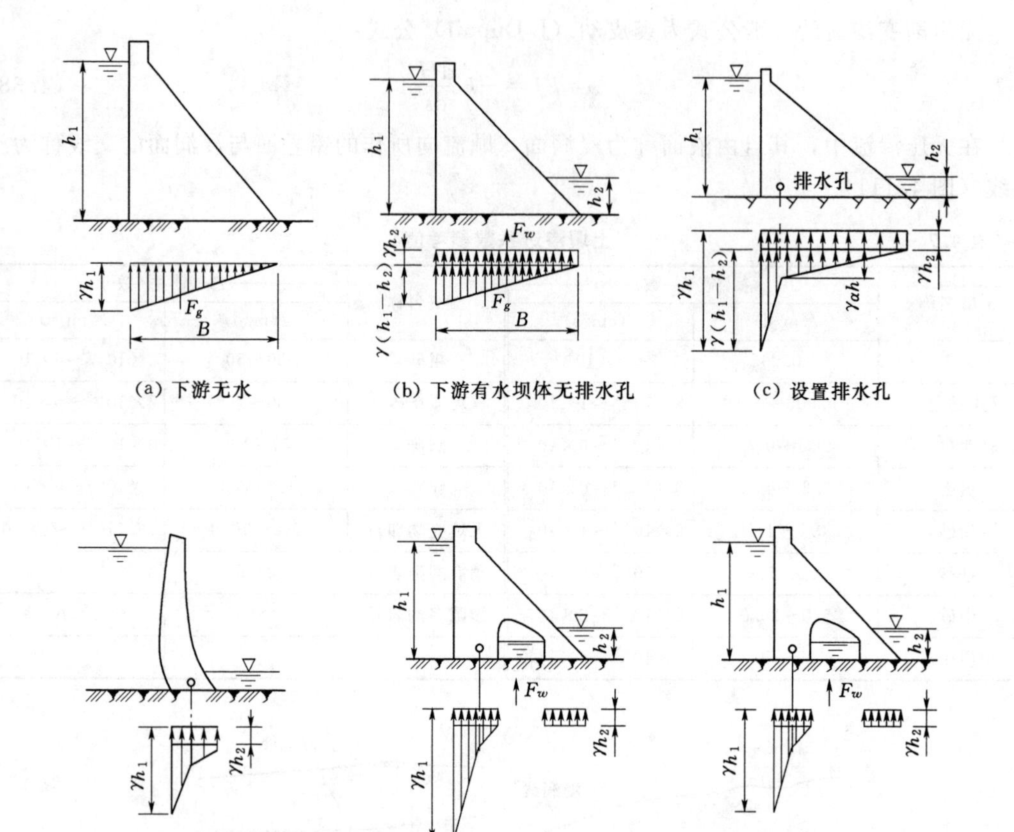

(a) 下游无水　(b) 下游有水坝体无排水孔　(c) 设置排水孔

(d) 拱坝　(e) 空腹重力坝　(f) 宽腹重力坝及大头支墩坝

图 4.112　坝底扬压力分布图

$$F_z = F_w + F_g \tag{4.39}$$

其中，浮托力

$$F_w = \rho bBLH_2 \tag{4.40}$$

渗透力

$$F_g = \frac{\rho g(h_1 - h_2)}{2}BL \tag{4.41}$$

如果考虑设置防渗设施和排水孔时对降低渗透压力的作用和效果，渗透力需要乘以一个折减系数 α。

(2) 与上述情况类似，闸基渗流降低了闸室的抗滑稳定及两岸翼墙和边墩的侧向稳定性，可能引起地基的渗透变形，严重的渗透变形会使地基受到破坏，甚至失事，所以要进行防渗排水设计。岩基上的水闸基底渗透压力计算可采用 4.8.2 节例题中采用的流网法，也可参考坝基全截面直线分布渗透压力计算法，如图 4.113 所示，同时也要考虑设置防渗帷幕和排水孔时对降低渗透压力的作用和效果（图 4.114）。

土基上水闸基底渗透压力计算可采用改进阻力系数法或流网法；复杂土质地基上的重要水闸，推荐采用数值计算法。

3. 土石坝渗流分析

土石坝挡水时，由于上下游水位差的作用，水将经坝体和坝基的颗粒孔隙向下游渗透，将使水库水量流失，而且可能引起坝体或者坝基产生管涌、流土等渗透变形，导致溃坝事故。坝体浸润线以下土体为饱和状态，其抗剪强度指标也将相应降低，对坝坡稳定不利。为此，应设置防渗和排水措施，以保证坝坡的稳定性及减少水库的渗漏损失。

(1) 渗流分析目的：确定坝体浸润线的位置，为坝体稳定分析和布置观测设备提供依据；确定坝体和坝基的渗透流量，以估算水库的渗漏损失；确定坝体和坝基渗流逸出区的渗透坡降，检查产生渗透变形的可能性，以便采取适当的防渗反虑控制措施。

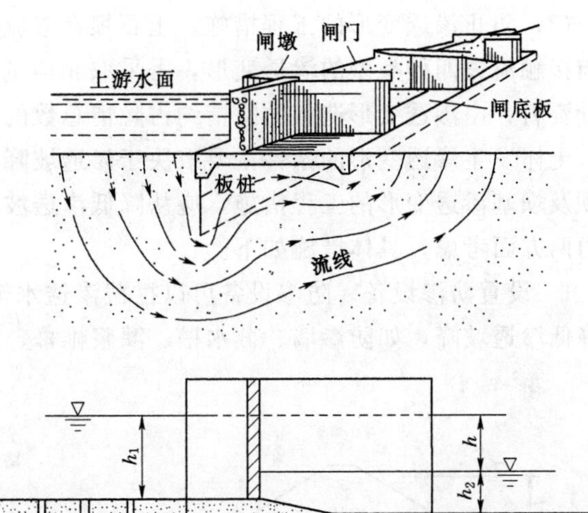

图 4.113　闸底渗流及流网图

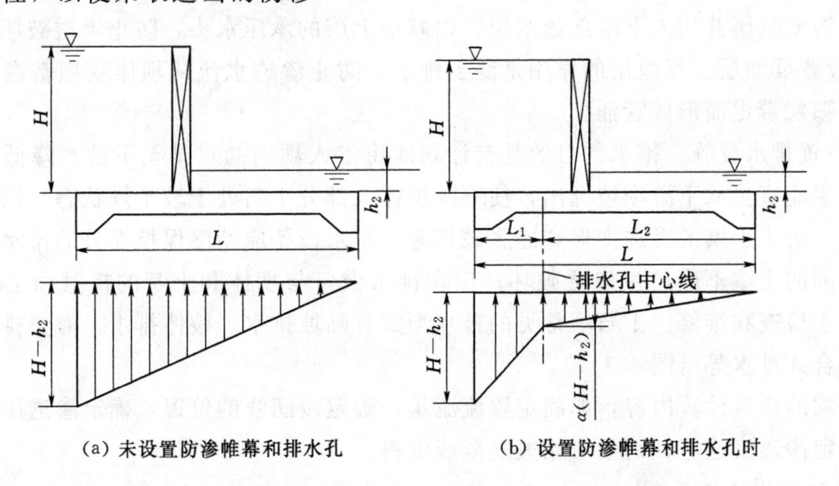

(a) 未设置防渗帷幕和排水孔　　(b) 设置防渗帷幕和排水孔时

图 4.114　岩基上水闸基底渗透压力计算示意图

(2) 分析方法包括流体力学法、水力学法、流网法、数值解法、试验方法等。其中水力学法是在一些假定基础上的近似解法，只能求得某一断面的平均渗透要素，不能准确求出任一点的渗透要素。此法计算简单，所确定的浸润线、平均流速、平均坡降和渗流量等，一般也能满足工程设计要求的精度，所以在实际工程中应用广泛。流网法是用绘制流网来求解平面渗流问题中的各个渗流要素，故又称为图解法，可用于边界条件复杂的情况。

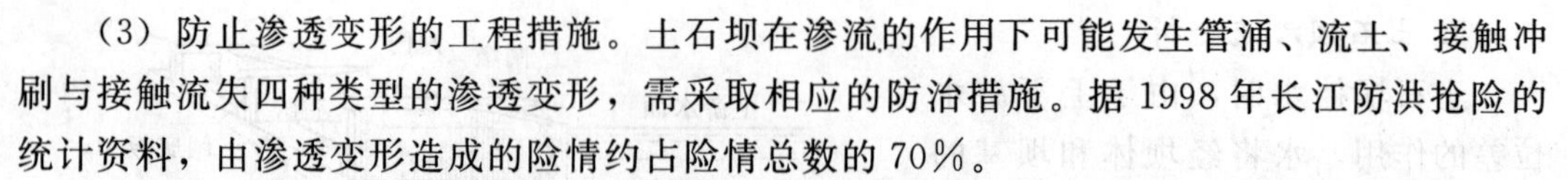

(3) 防止渗透变形的工程措施。土石坝在渗流的作用下可能发生管涌、流土、接触冲刷与接触流失四种类型的渗透变形，需采取相应的防治措施。据1998年长江防洪抢险的统计资料，由渗透变形造成的险情约占险情总数的70%。

土体发生渗透变形的条件主要取决于渗透坡降和土料性质、颗粒组成等。因此，防止土坝及坝基渗透变形的工程措施，应从降低渗透坡降和增加渗流逸出处土体抵抗渗透变形能力两方面考虑，具体措施如下。

1) 设置防渗设备。防渗设备可以拦截渗透水流，增加渗流途径，消耗渗透水头，从而降低渗透坡降，如防渗墙、截水槽、灌浆帷幕、防渗铺盖等（图4.115和图4.116）。

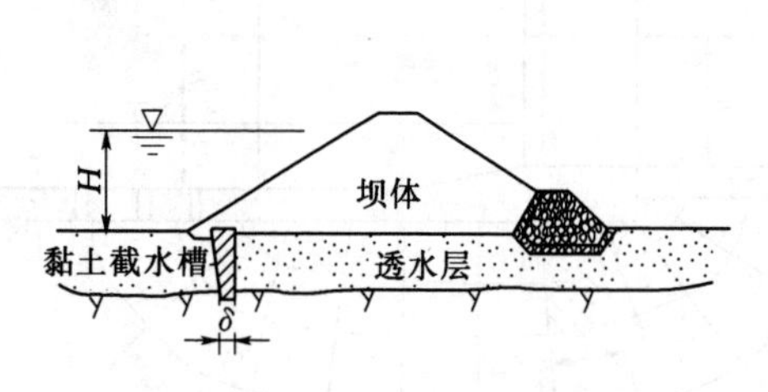

图4.115　黏土截水槽

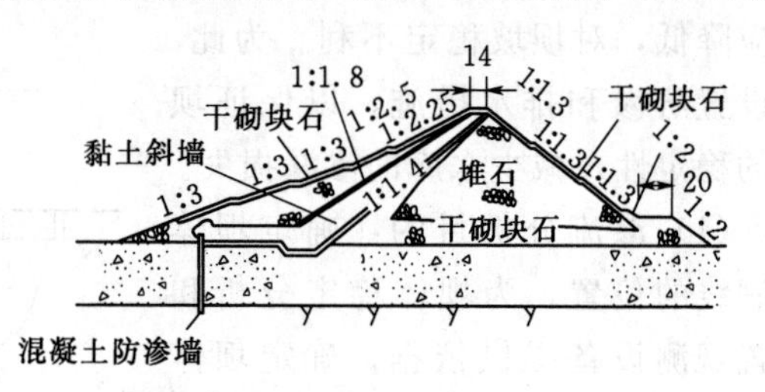

图4.116　混凝土防渗墙（单位：m）

2) 设置排水沟或减压井。当坝基透水层的上面有相对不透水层，且未设置截断透水层的垂直防渗体时，为消除由于水库蓄水后引起承压水头的危害，可根据不透水层的厚薄采用排水沟或减压井切入下游部透水层，以减小上层的承压水头，防止渗透破坏。

3) 设置反滤层。反滤层的作用是滤土排水，防止渗透水流从坝体或坝基逸出处将土体中的细颗粒带走而形成管涌。

4) 设置排水设施。排水的目的是有计划地将渗入坝内的水排至下游，降低浸润线位置，避免渗流直接从下游坝坡逸出，使下游坝体大部分土料处于较干燥状态，以增加坝坡的稳定性，防止土壤的渗透变形和冻胀破坏等。排水设备应始终保持充分的排水能力，排水设备周围的土壤不应产生渗透破坏；应在排水设备与坝体和土基的接触面上设置反滤层；应便于检查和维修。土石坝常见的排水型式有贴坡排水、棱体排水、褥垫排水、管式排水、综合式排水等（图4.117）。

土石坝的渗流计算内容，如确定渗流流量，确定浸润线的位置，确定渗透压强和渗透压力，确定渗透流速等，请参考相关规范或资料。

4. 堤防渗流险情简介

我国堤防在防洪减灾方面发挥重要作用，但每年汛期，各江河堤防总有险情出现。与堤防渗流情况有关的堤防险情通常包括堤身漏洞、堤基管涌、堤坡渗水、堤防滑坡、河堤崩岸等（图4.118）。

(1) 堤身漏洞。漏洞的出口一般发生在背水坡或堤脚附近（图4.119），如漏洞出浑水，或由清变浑，或时清时浑，则表明漏洞正在迅速扩大，堤防有发生蛰陷、坍塌甚至溃口的危险。漏洞险情的另一个表现特征是水深较浅时，漏洞进水口的水面上往往会形成漩涡，在背水侧查险发现渗水点时，应立即到临水侧查看是否有漩涡产生。因此，若发生浑水漏洞，必须慎重对待，全力以赴，迅速进行抢护。

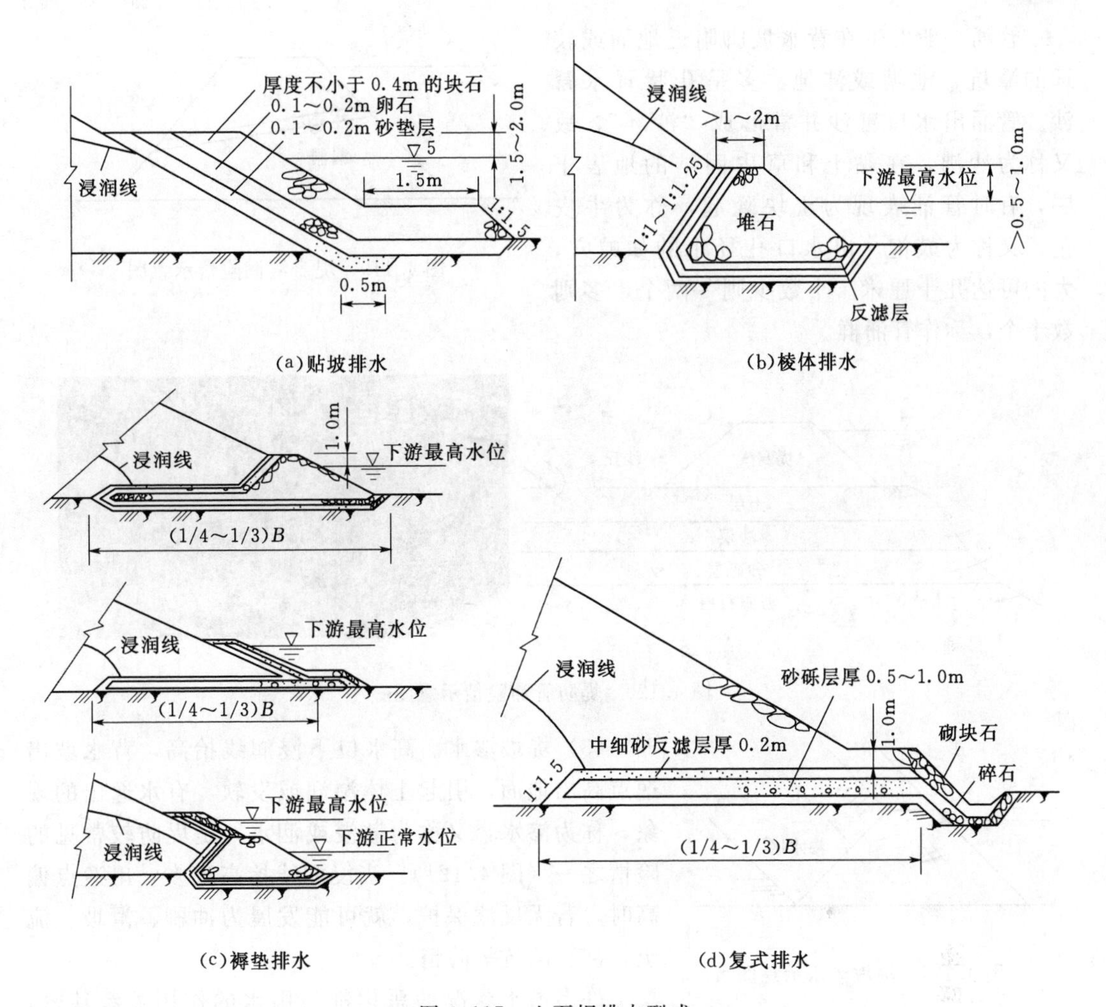

图4.117 土石坝排水型式

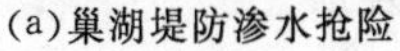

(a)巢湖堤防渗水抢险

(b)湖北省阳新县军垦农场堤防溃口抢险

图4.118 堤防抢险实例

(2) 堤基管涌。汛期高水位时，沙性土在渗流力作用下被水流不断带走，形成管状渗流通道的现象，即为管涌（图4.120）。

管涌一般发生在背水坡脚附近地面或较远的潭坑、池塘或洼地，多呈孔状冒水冒沙。管涌出水口冒沙并常形成“沙环”，故又称为沙沸。在黏土和草皮固结的地表土层，有时管涌表现为土块隆起，称为牛皮包，又称为鼓泡。出水口孔径小的如蚁穴，大的可达几十厘米。个数少则一两个，多则数十个，称作管涌群。

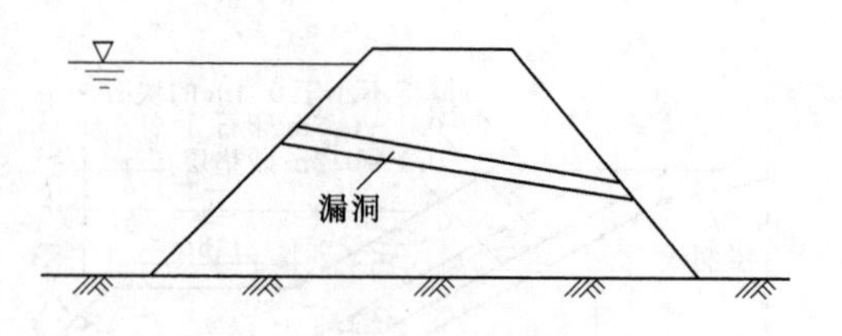

图 4.119　堤身漏洞险情示意图

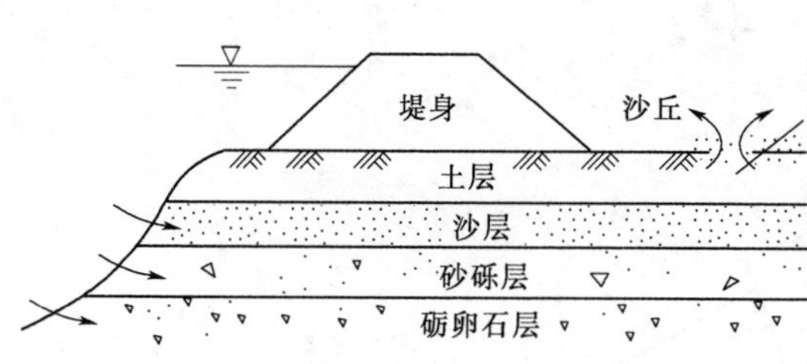

图 4.120　堤防管涌险情示意图

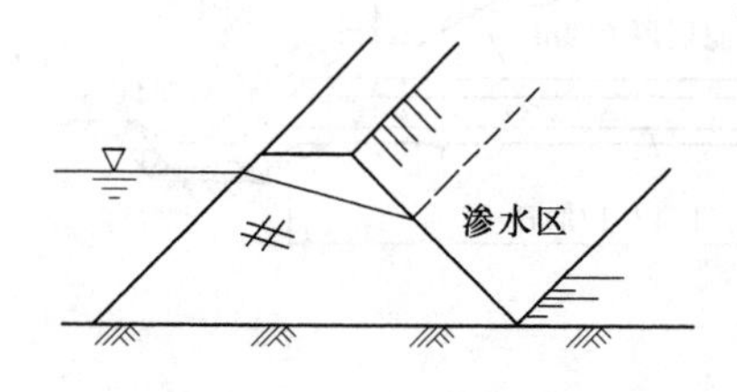

图 4.121　堤坡渗水示意图

（3）堤坡渗水。高水位下浸润线抬高，背水坡出逸点高出地面，引起土体湿润或发软，有水逸出的现象，称为渗水，又称为散浸或洇水，是堤防较常见的险情之一（图 4.121）。当浸润线抬高过多，出逸点偏高时，若无反滤保护，就可能发展为冲刷、滑坡、流土，甚至陷坑等险情。

许多渗水状况的恶化都与雨水的作用关系甚密，特别是填土不密实的堤段。在降雨过程中应密切注意渗水的发展，该类渗水易引起堤身凹陷，从而使一般渗水险情转化为重大险情。另外，穿堤建筑物与土体结合部位，由于施工质量问题，或不均匀沉陷等因素发生开裂、裂缝，形成渗水通道，造成结合部位土体的渗透破坏。这种险情造成的危害往往比较严重。

（4）堤防滑坡。堤防滑坡俗称脱坡，是由于边坡失稳下滑造成的险情。堤防滑坡通常先由裂缝开始，开始在堤顶或堤坡上产生裂缝或蛰裂，随着裂缝的逐步发展，主裂缝两端有向堤坡下部弯曲的趋势，且主裂缝两侧往往有错动。根据滑坡范围，一般可分为深层滑动和浅层滑动。堤身与基础一起滑动为深层滑动，滑动面较深，滑动面多呈圆弧形，滑动体较大，堤脚附近地面往往被推挤外移、隆起；堤身局部滑动为浅层滑动，滑动范围较小，滑裂面较浅。以上两种滑坡都应及时抢护，防止继续发展。

汛期一旦发现堤顶或堤坡出现了与堤轴线平行而较长的纵向裂缝时，必须引起高度警惕。如果裂缝开度继续增大，裂缝的尾部走向出现了如图 4.122 所示的明显向下弯曲的趋势，发生滑坡的可能性很大。

（5）河堤崩岸。河堤崩岸是在水流冲刷下堤防临水面土体崩落的险情（图 4.123）。

当堤外无滩或滩地极窄的情况下，崩岸将会危及堤防的安全。堤岸被强环流或高速水流冲刷淘深，岸坡变陡，使上层土体失稳而崩塌。

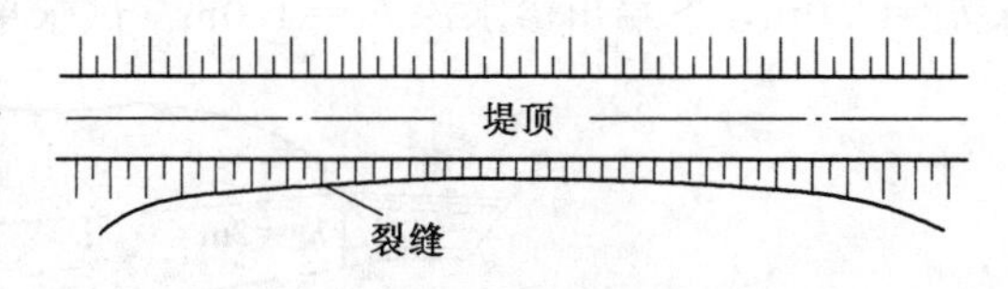

图 4.122　堤防滑坡险情示意图

崩岸险情发生前，堤防临水坡面或顶部常出现纵向或圆弧形裂缝，进而发生沉陷和局部坍塌。因此，裂缝往往是崩岸险情发生的预兆。必须仔细分析裂缝的成因及其发展趋势，及时做好抢护崩岸险情的准备工作。

图 4.123　2016 年湖北咸宁河堤崩岸抢险

崩岸险情的发生往往比较突然，事先较难判断。不仅常发生在汛期的涨、落水期，在枯水季节也时有发生；随着河势的变化和控导工程的建设，原来从未发生过崩岸的平工也会变为险工。因此，凡属主流靠岸、堤外无滩、急流顶冲的部位，都有发生崩岸险情的可能，都要加强巡查，加强观察。

习　　题

【思考题】

1. 渗流分析的目的是什么？
2. 达西定律的适用范围是什么？
3. 达西公式与杜比幼公式形式相似，本质上有什么不同？
4. 土石坝渗透变形有哪几种型式？该采取哪些工程措施？
5. 闸基渗透压力如何确定？
6. 为什么要设置排水？
7. 渗流有哪些主要特征？
8. 什么是渗流模型？它应满足哪些条件？它与实际渗流有什么区别？

【计算题】

某渠道与河道平行，中间为透水土层，如计算题图 4.124 所示。已知不透水层底坡 $i=0.025$，土层的渗透系数 $k=0.002\text{cm/s}$，河道与渠道之间距离 $l=300\text{m}$，上端入渗水

深 $h_1=2.0$m，下端出渗水深 $h_2=4.0$m。试求单宽渗流量 q，并计算浸润线。

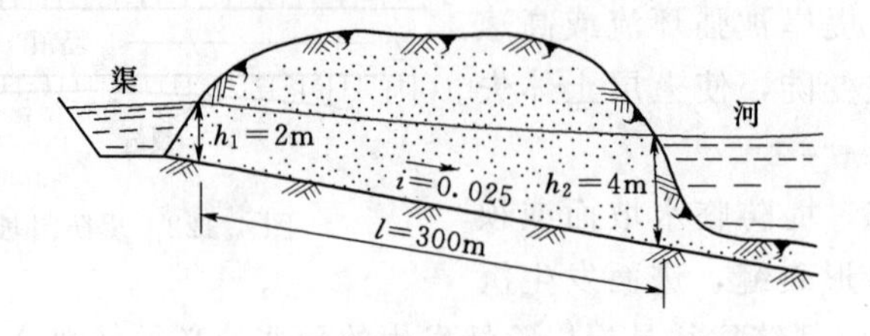

图 4.124　[计算题] 图

参　考　文　献

[1]　刘晓平. 渠化工程 [M]. 北京：人民交通出版社，2009.

[2]　王作高. 船闸设计 [M]. 北京：水利电力出版社，1992.

[3]　程昌华. 航道工程学 [M]. 北京：人民交通出版社，2001.

[4]　詹世富. 航道工程学（Ⅱ）[M]. 北京：人民交通出版社，2003.

[5]　沈小雄，等. 工程流体力学 [M]. 长沙：中南大学出版社，2017.

[6]　孙东坡，丁新求. 水力学 [M]. 郑州：黄河水利出版社，2016.

[7]　黄智敏，陈卓英，朱红华，等. 龙船厂航电枢纽泄洪闸布置优化试验研究 [J]. 水利科技与经济，2013.

[8]　周华兴. 船闸集中输水系统复合阻力系数的试验研究 [J]. 水运工程，1992 (4)：48-54.

[9]　Zhou Huaxing，Zheng Baoyou . Discussion on Scale Effects of Ship Lock Models [A]. International Symposium on Hydraulic Research in Nature and Laboratory [C]. Wuhan：Wuhan Academy of Science of the Yangtse River，1992 (2)：353-358.

[10]　周华兴，郑宝友. 船闸水力学研究的回顾与展望 [J]. 水道港口，2004 (3)：42-47.

[11]　蒋筱民. 三峡船闸水力学关键技术研究与实践检验 [J]. 湖北水力发电，2007 (5)：55-59.

[12]　李云，胡亚安，宣国祥. 通航船闸水力学研究进展 [J]. 水动力学研究与进展，1999 (6)：232-238.

[13]　乔文荃，李定方，董风林. 三峡工程下游引航道通航水流条件与布置优化研究 [J]. 水力发电，1991 (8)：13-18.

[14]　华东水利学院，重庆交通学院. 渠化工程学 [M]. 北京：人民交通出版社，1981.

[15]　宁利中. 溢流坝反弧水深的计算及反弧半径的选择 [J]. 西安理工大学学报，1986 (1)：96-108.

[16]　宁利中. 泄水建筑物反弧径的选择 [J]. 高速水流，1988 (3).

[17]　张帝. 高坝的二级挑流消能研究 [D]. 大连：大连理工大学，2010.

[18]　靳大雪. 曲线型挑流鼻坎的水力特性研究 [D]. 大连：大连理工大学，2007.

[19]　林继镛. 水工建筑物 [M]. 北京：中国水利水电出版社，2005.

[20]　吴持恭. 水力学 [M]. 北京：北京高等教育出版社，2003.

[21]　杨涛. 挑流、底流联合消能研究 [D]. 大连：大连理工大学，2009.

[22]　童显武. 中国水工水力学的发展综述 [J]. 水力发电，2004，30 (1)：60-65.

[23]　肖兴斌. 中小型水利工程消能工的新发展 [J]. 长江水利教育，1995，12 (3)：58-63.

[24]　张昌兵. 孔板型内消能工水力特性试验研究及数值模拟 [D]. 成都：四川大学，2003.

[25]　张可. 不同结构型式丁坝水流特性研究 [D]. 重庆：重庆交通大学，2012.

[26]　中华人民共和国交通部. 航道整治工程技术规范：JTJ 312—2003 [S]. 北京：人民交通出版

社，2004.
[27]　李洪．丁坝水力学特性研究［D］．成都：四川大学，2003.
[28]　戴小罡．重力式码头前沿挡土墙设计及稳定性分析研究［D］．武汉：武汉科技大学，2007.
[29]　耿贺松，耿敬．管涌、流土渗流破坏的判别及实例［J］．黑龙江水利科技，2004，31（3）：14－15.